中国轻工业“十四五”规划教材

高等职业教育食品类专业教材

食品化学
（第三版）

杨玉红
主 编

中国轻工业出版社

图书在版编目（CIP）数据

食品化学/杨玉红主编. —3版. —北京：中国轻工业出版社，2025. 10
ISBN 978-7-5184-4737-4

Ⅰ. ①食… Ⅱ. ①杨… Ⅲ. ①食品化学—高等职业教育—教材 Ⅳ. ①TS201. 2

中国国家版本馆CIP数据核字（2024）第055822号

责任编辑：马 妍 巩孟悦
策划编辑：马 妍 责任终审：白 洁 封面设计：锋尚设计
版式设计：砚祥志远 责任校对：吴大朋 责任监印：张 可

出版发行：中国轻工业出版社（北京鲁谷东街5号，邮编：100040）
印 刷：三河市万龙印装有限公司
经 销：各地新华书店
版 次：2025年10月第3版第3次印刷
开 本：787×1092 1/16 印张：21. 25
字 数：491千字
书 号：ISBN 978-7-5184-4737-4 定价：49. 00元
邮购电话：010-85119873
发行电话：010-85119832 010-85119912
网 址：http://www. chlip. com. cn
Email：club@ chlip. com. cn

251822J2C303ZBW

本书编写人员

主　　编　杨玉红（鹤壁职业技术学院）

副 主 编　王育红（河南农业职业学院）

郝慧敏（鹤壁职业技术学院）

张守花（鹤壁职业技术学院）

张阳迪（鹤壁职业技术学院）

参　　编　裴保河（鹤壁市疾病预防控制中心）

刘　凯（许昌职业技术学院）

肖付才（许昌职业技术学院）

马艳华（濮阳职业技术学院）

魏　平（鹤壁市疾病预防控制中心）

蒋明利（鹤壁金地食品配料有限公司）

第三版前言

食品化学是食品类专业群的一门专业基础课程和必修课程，是学好各门专业课程的前提和基础。食品化学通过对食品营养价值、安全性和风味特征的研究，揭示食品的化学组成、结构、功能和理化性质，以及这些性质在食品加工过程中的化学变化规律。食品原料保鲜，加工方法改进，新型食品开发，贮藏方式选择，食品安全与质量控制，都需要建立在食品化学的理论与技能基础上。其教学目标是使学生具有扎实的理论基础、综合分析和解决问题的能力、熟练的实验动手技能，为学习后续课程及职业能力、创新精神、工匠精神、科学作风和综合素质的全面提升打下良好基础。

教材中有机融入我国科学家在食品化学方面的科研成果，引导学生坚定文化自信，学习科学家的创新精神，为我国今后的科研工作贡献力量。教材中指出正确认识和使用食品原料、食品添加剂的科学方法，食品中嫌忌成分的消除方法，增强食品从业人员的责任担当和法治意识。

本《食品化学》教材第一版、第二版在全国广泛使用，得到用书单位师生的认可与好评。为了落实《职业院校教材管理办法》，依据职业教育国家教学标准，保持教材对接职业标准和岗位（群）能力要求，同时也顺应广大读者的要求，在对原版教材进行改进和修订的基础上，推出了《食品化学》（第三版）。

《食品化学》（第三版）在传承和发扬第二版编写风格的基础上，对体例和内容进行了适当调整和增减。增加了“素质目标”“思政案例”等模块，强化课程思政意识，体现立德树人。增加了“学习导图”“重点小结”等模块，帮助学生提纲挈领地掌握重点内容。更新了“知识链接”“小资料”等内容，提高了教材的趣味性、可读性。

根据食品产业发展动态、食品法律法规及标准更新状态，对教材内容进行了相应的补充和更新，删除了与现行食品标准不吻合的内容。结合教学实践及读者反馈意见，调整或补充了一些拓展内容，更新了部分插图，对学生不太容易理解的内容进行了补充或优化，删减了一些过时或不必要的内容，进一步提升了教材的新颖性、适用性。同时，本教材增加了教学视频等数字化资源。

本教材产教融合，紧密联系生产实际，追踪前沿科技成果和国家标准，由浅入深，化难为易，理实一体，方便教与学。

全书由杨玉红任主编并统稿。具体编写分工如下：绪论由刘凯编写，模块一、四由王育红编写，模块二由裴保河、魏平、蒋明利编写，模块三由郝慧敏编写，模块五由张守花编写，模块六、模块八由张阳迪编写，模块七由肖付才、马艳华编写，模块九至十二由杨玉红编写。

本教材可供全国高等职业教育食品智能加工技术、食品质量与安全专业教学使用，也可作为食品营养与健康、食品贮运与营销、食品检验检测技术、绿色食品生产技术及保健食品质量与管理专业用书，同时也可供从事营养、食品、生物等专业工作人员参考。

本教材在编写过程中，得到国内各有关高等院校、企业领导、食品专家的热情帮助和支持，在此谨致以诚挚的谢意。由于编者水平有限，书中难免存在遗漏和不妥之处，恳请同仁和读者批评指正。

编　者

2024 年 4 月

第二版前言

本书是《食品化学》（2012 年出版）的修订版，该书自第一版出版以来，受到了广大高等职业院校的好评，教材不断重印，在相关专业的高等职业院校中起到了良好的示范和导向作用。应广大读者的要求，在对第一版教材进行改进和修订的基础上，推出了《食品化学》第二版。

本书第二版根据教育部《关于深化职业教育教学改革全面提高人才培养质量的若干意见》教职成［2015］6 号文件精神，贯彻落实《国务院关于加快发展现代职业教育的决定》《高等职业教育创新发展行动计划（2015—2018 年）》，按照高等职业教育食品类专业规定的职业培养目标要求，在保留原有教材特色的基础上，结合多所高职高专院校本课程的教学及实践发现的问题，对教材存在的疏漏及不当之处加以修正；删除了与现行食品标准不吻合的内容，增加了食品添加剂安全性等内容。同时新增了知识链接、小资料等内容。修订后的教材实用性更强，内容更新，但篇幅与第一版相近。

本书可作为高职高专食品加工技术专业、食品营养与检测专业、食品贮运与营销专业、食品机械与管理专业、食品生物技术专业、食品药品监督管理专业、粮食工程专业等教学用书，同时也可供食品企业、质量管理部门等相关人员参考。

本书由杨玉红（鹤壁职业技术学院）担任主编并统稿。孙秀青、张守花（鹤壁职业技术学院）、肖付才（许昌职业技术学院）、贾娟（漯河职业技术学院）、马艳华（濮阳职业技术学院）任副主编。编者具体编写分工如下：第一、三章由孙秀青编写，第二章由贾娟编写，第四章由郝慧敏（鹤壁职业技术学院）编写，第五、六章由张守花编写，第七章由马艳华编写，第八章由肖付才编写，第九至十四章由杨玉红编写。赵丽丽（长垣烹饪职业技术学院）、金俊艳（黑龙江农业职业技术学院）、曹娅（河南农业职业学院）、胡海霞（内蒙古农业大学职业技术学院）、陈静颖（马鞍山师范专科高等学校）、孙丽萍（山东药品食品职业学院）、刘宏伟（鹤壁市农产品质量安全监测检验中心）、陈旭明（广东省潮州市质量计量监督检测所）参加了大纲审定及部分材料组织编写工作。

本教材在编写过程中得到了编者所在学院及中国轻工业出版社的大力支持，还参考了许多文献、资料，在此一并表示感谢。

由于编者水平有限，加之时间仓促，收集和组织材料有限，疏漏和不足之处在所难免。敬请同行专家和广大读者批评指正。

编者

2017 年 4 月

目 录 CONTENTS

本书数字资源索引

绪　论

学习目标

【知识目标】

1. 了解食品化学的研究内容。

2. 理解食品的化学组成及食品的分类。

3. 了解食品化学在食品工业发展中的作用。

【素质目标】

通过学习了解中国古代对食品发展的贡献，了解国内外食品工业发展现状及食品工业发展与社会民生之间的密切联系，增强民族自豪感，以及对未来职业发展的信心与决心。

学习导图

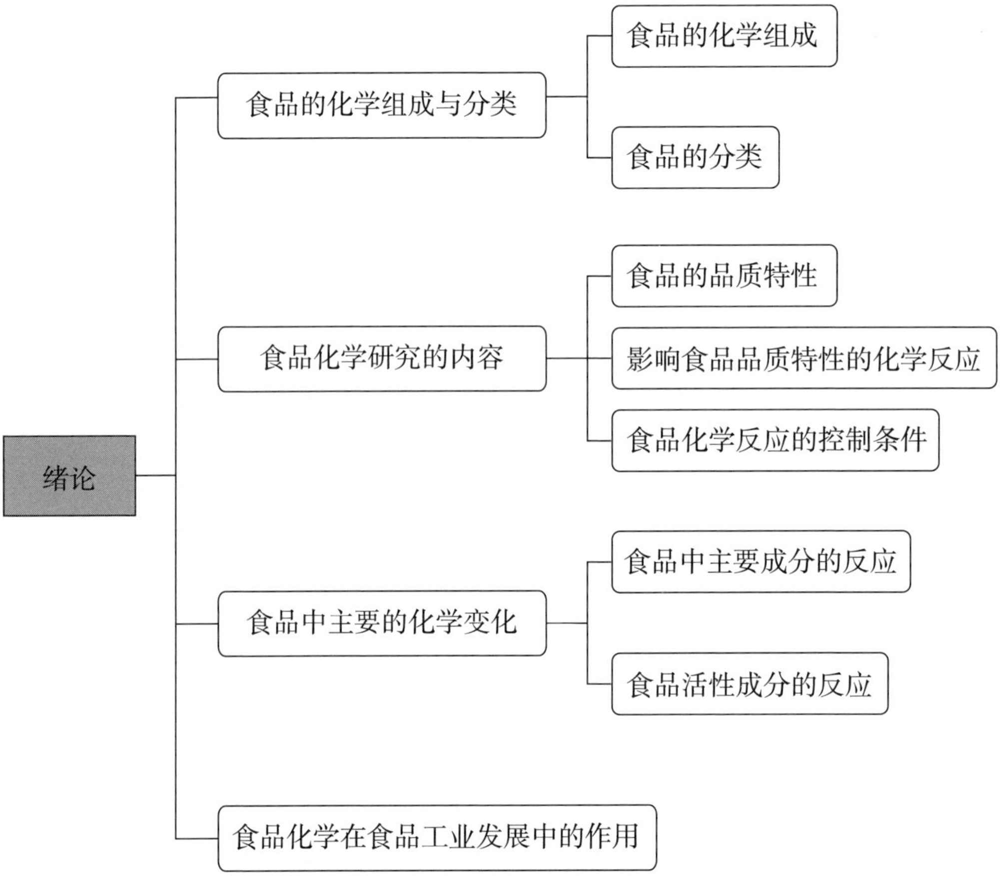
绪论
食品的化学组成与分类
食品的化学组成
食品的分类
食品化学研究的内容
食品的品质特性
影响食品品质特性的化学反应
食品化学反应的控制条件
食品中主要的化学变化
食品中主要成分的反应
食品活性成分的反应
食品化学在食品工业发展中的作用

基础知识

知识点一 食品的化学组成与分类

食物是维持人类生存和健康的物质基础，是指能被食用并经消化吸收后给机体提供营养成分、供给活动所需能量或调节生理机能以及促进生长发育的无毒物质。我们把经过加工的食物称为食品。但在一般情况下，两者的概念并非很明确，通常也泛指一切食物为食品。食品中的营养素是指那些能维持人体正常生长发育和新陈代谢所必需的物质，通常所说的六大营养素包括蛋白质、脂类、碳水化合物、矿物质、维生素和水。

一、食品的化学组成

食品中大部分的成分来自天然的原材料，属于自然组成，但在加工、贮藏和运输的过程中也有一些非天然成分的介入，是人为添加的。

- 食品的化学组成
  - 天然成分（自然组成）
    - 无机成分
      - 水
      - 矿物质
    - 有机成分
      - 蛋白质
      - 碳水化合物（糖类）
      - 脂类化合物
      - 维生素
      - 激素
      - 色素、香味物质
      - 其他成分（有毒物质）
  - 非天然成分（人为添加）
    - 食品添加剂
    - 污染物质

二、食品的分类

食品的种类很多，分类的方法也很多。按照保藏方法的不同可以将食品分为罐藏食品、干藏食品、腌渍食品、烟熏食品、发酵食品、辐射食品等；按照原料种类的不同可以分为果蔬制品、谷物制品、乳制品、水产制品、肉禽制品等；按照原料和加工方法的不同可以分为焙烤食品、饮料、挤压食品、糖果、速冻食品等；按照产品性质的不同又可以分为方便食品、婴儿食品、休闲食品、快餐食品、功能食品等。

根据研究对象的不同，可以将食品化学进行如表 0-1 所示的分类。

表 0-1　　食品化学的分类

分类	研究对象
食品成分化学	研究食品中各种化学成分的含量和理化性质等

续表

分类	研究对象
食品分析化学	研究食品成分分析和食品分析方法
食品生物化学	研究食品的生理变化
食品工艺化学	研究食品在加工和贮藏过程中的化学变化
食品功能化学	研究食物成分对人体的作用
食品风味化学	研究食品风味的形成、消失及食品风味成分

知识点二 食品化学研究的内容

食品化学研究的内容是食品的化学组成、结构、理化性质、功能特性和安全性，食品的色、香、味变化，以及食品在生产、加工、运输、贮藏和销售过程中所涉及的化学变化。食品化学是食品科学一个非常重要的组成部分，其核心是探讨在食品的生产、贮藏和加工过程中如何提高和保证食品的质量。对一类食品或一种食品成分的基本介绍，一般涉及三个层面的问题。

（1）明确食品的品质特性。

（2）分析影响食品质量的化学成分和化学反应。

（3）找出影响食品质量的主要反应的控制条件。

一、食品的品质特性

食品的品质特性通俗地讲就是食品的质量问题，食品的质量包括食品的色、香、味、质构、营养、安全六个方面，不同的食品对其品质特性有不同的要求。食品在加工或贮藏中可能发生的品质变化如表 0-2 所示。

表 0-2　　食品在加工或贮藏中可能发生的变化

属性	变化
质构	失去溶解性、失去分散性、失去持水力、质地硬化、质地软化
风味	出现酸败、出现焦味、出现异味、出现美味和芳香
颜色	褐变（暗色）、漂白（褪色）、出现异常颜色、出现诱人色泽
营养价值	蛋白质、脂类、维生素和矿物质的降解或损失及生物利用性改变
安全性	产生毒物、钝化毒物，产生有调节生理机能作用的物质

（一）食品的安全性

民以食为天，食以安为先。不管什么食品，安全性是首要的。食品的安全性是指食品被食用后，在一定时间内对人体不产生可观察到的毒害。如对低酸性的肉类罐头，除有基本的食品安全要求外，如对致病菌、重金属和食品添加剂的要求，还要重点检查肉毒梭状芽孢杆菌是否存在；对花生类制品则要强调有无霉变；对添加天门冬酰苯丙氨酸甲酯的食品，则应标明“对苯丙酸酮尿症者不宜”。

不安全食品及食品成分主要在以下几种情况下出现：第一，天然存在于食物中的有害物质，如大豆中的有害物，牛奶中的有害物，蘑菇中的毒素；第二，食品生产与加工时有意或无意添加到食品中的有害物质，如过量的添加剂、兽药与农药残留等；第三，食品在贮藏和运输过程中产生的微生物毒素及不良化学反应形成的有害物质。

因此，现代食品工业要求每一种食品必须有明确的安全性指标，而且上市之前要经过充分的安全性评价。与食品安全性相关的内容包括食品质量安全市场准入制度、HACCP质量安全控制体系以及其他质量管理体系。

（二）食品的感官质量特性

食品的感官质量特性也称为食品的直观性品质特性，是可以被消费者了解的，这些特性包括色泽、风味、质构，用俗语来讲是色、香、味、形，它们是衡量食品质量的重要指标。

（1）质构　包含了食品的质地（软、脆、硬、绵）、形状（大、小、粗、细）、形态（新鲜、衰竭、枯萎）。不同的食品，其质构方面的要求差异很大，如口香糖需要有韧性，饼干需要有脆性，肉制品需要软嫩等。质构的化学本质一般是食品中的大分子自身的作用，以及它们与金属离子、水之间的相互作用。最常见的导致食品质构劣变的原因是食物成分失去溶解性、失去持水力及各种引起硬化与软化的反应。

（2）色　是指食品中各类有色物质赋予食品的外在特征，是消费者评价食品新鲜与否，正常与否的重要的感官指标。一种食品应具有人们习惯接受的色泽，天然未加工食品应呈现其新鲜状态的色泽，加工食品应呈现加工反应中正常生成的色泽，如新鲜瘦猪肉应为红色，酱油应为黑色。引起食品色泽变化的主要反应为褐变、褪色或产生其他不正常颜色。

（3）香　是指食品中宜人的挥发性成分刺激人的嗅觉器官产生的效果，加工的食品一般具有特征香气。

（4）味　俗称味道，是指食品中非挥发性成分作用于人的味觉器官所产生的效果。香气和味道有时统称“风味”，其内涵就是上述两方面的内容。只有品质特性符合消费者心理的食品，才是好的食品。

（三）食品的营养特性

食品的营养特性又称食品的非直观性品质特征，消费者很难从食品的外观特征进行判断，即便是专家也不能直接看出产品该项指标的优劣。食品的营养特性是所有消费者都关注的问题，也是食品重要的质量指标之一。在食品加工和贮藏中常遇到食品营养成分的损失，主要是维生素、蛋白质、矿物质的损失，如何避免损失，这是食品生产者要考虑的问题。

二、影响食品品质特性的化学反应

影响食品品质特性的化学反应是食品的贮藏与加工过程中常见的化学反应。尽管各类物质之间的反应繁多，但是已知的明显影响食品质量的反应还是不多，仅十余种反应类型，它们是：非酶褐变、酶促褐变、脂类水解、脂类氧化、蛋白质变性、蛋白质交联、蛋白质水解、低聚糖和多糖的水解、多糖的合成、糖酵解和天然色素的降解等。以上反应可分为食品主要成分的反应和食品活性成分的反应，具体内容在本模块知识点三中介绍。

三、食品化学反应的控制条件

任何一种化学反应都有反应发生的条件，掌握了这些条件就能调控反应速度。食品加工和贮藏过程中主要关注以下几个关键条件：温度（T）、时间（t）、温变率（dT/dt）、pH、产品的成分、气相的成分和水分活度（A_w）。决定食品在加工和贮藏中稳定性的重要因素如表 0-3 所示。

表 0-3　决定食品在加工和贮藏中稳定性的重要因素

因素类型	具体内容
产品自身的因素	各组成成分（包括催化剂）的化学性质、氧气含量、pH、水分活度（A_w）、玻璃化温度时的含水量
环境因素	温度（T）、处理时间（t）、经受的化学和物理及生物处理、光照、污染、极端的物理环境

（1）温度　对食品加工和贮藏过程中可能发生的所有类型的反应都有影响。在一个指定的食品体系中，各种化学反应发生的时间与程度决定了产品的具体贮藏寿命；温变率的控制，广泛应用于多种食品反应体系中，特别是在食品的杀菌工艺与速冻工艺中，可以说是决定产品质量的第一因素。

（2）pH　影响食品中许多化学反应和酶催化反应的速度。如酸性条件可抑制碳水化合物与蛋白质的褐变反应；蛋白质对 pH 的变化很敏感，通过调节 pH 到蛋白质的等电点可使蛋白质沉淀，有利于分离与纯化蛋白质；用缓冲液调节反应体系的 pH 到酶最适宜的 pH 范围，有利于发挥酶的作用。调节 pH 来控制反应速度，提高加工食品的质量，几乎成为一种常规手段。从化学原理来讲，调节反应体系的 pH 很容易，但对食品来说，有时也很难，当加入的酸和碱要影响最终产品的 pH 时，pH 太高和太低都不行，因为人的味觉对食品的 pH 也有一个最适范围。

（3）水分活度（A_w）　通俗地讲是指食品中化学反应和微生物生长能够利用的水的多少。水分活度在酶反应、脂类氧化、非酶褐变、蔗糖水解、叶绿素降解、花色苷降解和许多其他反应中是决定反应速度的重要可变因素。

（4）气相的组成　主要是指食品包装中气体的组成。水果、蔬菜的保鲜可通过适当的包装材料和充气处理，降低气相中的氧含量，提高二氧化碳气体的含量，来降低呼吸强度，延长保质期。对一些特别不好贮藏的食品，如高级茶叶，可在包装中充入惰性气体，以维持其特有的色泽和香气。罐头和瓶装食品如果排除罐顶和瓶口的氧气，有利于延长产品的保质期。

知识点三　食品中主要的化学变化

食品化学的学习重点就是要掌握在食品加工和贮藏中常见的化学反应。表 0-4 所示为常见的一些改变食品品质的化学反应和生物化学反应。

表 0-4　　改变食品品质的化学反应和生物化学反应

反应类型	举例
非酶褐变	焙烤食品表面成色
酶促褐变	切开的水果迅速变色
氧化	脂肪产生异味、色素褪色、蛋白质营养损失
水解	脂类、蛋白质、碳水化合物、维生素、色素水解
金属反应	金属与花青素作用改变颜色、维生素脱镁、作为自动氧化的催化剂
脂类异构化	顺→反异构化、非共轭脂→共轭脂
脂类环化	产生单环脂肪酸
脂类聚合	油炸中油起泡沫
蛋白质变性	卵清凝固、酶失活
蛋白质交联	在碱性条件下加工蛋白质使营养价值降低
糖酵解	宰杀后动物组织和采摘后植物组织的无氧呼吸

一、食品中主要成分的反应

食品中的主要成分是指食品中的脂肪、碳水化合物及蛋白质三大类物质。

（1）从单一成分自身的反应来看，其反应的活性顺序为：脂肪>蛋白质>碳水化合物。脂肪与蛋白质都能在常温下反应，但脂肪的反应具有自身催化作用，因此食品主要成分中脂肪是最不稳定的，很多食品通常是先由脂肪变化而导致食品变质。碳水化合物一般条件下是比较稳定的，它只有在加热、酸或碱性较强的情况下才发生反应，但是绝不能小看该类反应对食品质量的影响，因为使用酸、碱和加热是食品加工的常用手段。

（2）食品主要成分之间存在各种反应。脂肪是通过氧化的中间产物与蛋白质和碳水化合物反应；在加热、酸或碱性条件下蛋白质和碳水化合物互相反应。

（3）反应体系中过氧化物与活性羰基化合物是参与反应的最主要的活性基团。

（4）色素、风味物质、维生素在各种反应中最易发生变化。

表 0-5 所示为一些食品加工或贮藏中变化的因果关系。

表 0-5　　食品加工或贮藏中变化的因果关系

初期变化	二级变化	影响
脂类水解	游离脂肪酸与蛋白质反应	质地、风味、营养价值
多糖水解	糖与蛋白质反应	质地、风味、营养价值、颜色
脂类氧化	氧化产物与许多其他成分反应	质地、风味、营养价值、颜色、毒物产生
水果破损	细胞打破、酶释放、氧气进入	质地、风味、营养价值、颜色
绿色蔬菜加热	细胞壁、膜的完整性破坏，酶释放，酶失活	质地、风味、营养价值、颜色

续表

初期变化	二级变化	影响
肌肉组织加热	蛋白质变性凝聚、酶失活	质地、风味、营养价值、颜色
脂类的顺反异构化	在深锅油炸中热聚合	油炸过度时起泡沫、降低油脂的营养价值

二、食品活性成分的反应

食品活性成分主要指食品中各种酶类及催化活性高的一些离子。食品中只要以上物质存在，就很容易发生各类反应。酶促褐变、脂类水解、脂类氧化、蛋白质水解、低聚糖和多糖的水解、多糖的合成、糖酵解等都是与酶相关的反应。

酶的反应是双刃剑，既可损害食品质量又可用于食品工业。在食品加工中杀灭酶是为了稳定食品质量，如蔬菜加工中的热烫工艺就是为了控制酶的活性，不致使产品变色、变味；另外，食品工业中应用酶是食品加工技术发展的方向，如淀粉酶广泛用于淀粉糖工业。食品中一些高活性的离子一般在食物原料中较少，往往是在加工过程中由加工试剂和加工设备引入的，由于它们的存在，酶参与的反应和非酶反应都会加速，这也是食品加工中需要高度关注的反应。

综上所述，食品中常见的化学反应虽不多，但是对于一种天然食品来说，常常有多种能够相互反应的物质同时存在，也同时会发生几种类型的反应，因而就组成了一个十分复杂的反应体系。学习食品化学就是要学会甄别不同的反应，了解反应对食品质量的影响，从中找出影响食品质量的主要反应，并实施控制方案。

知识点四 食品化学在食品工业发展中的作用

现代食品工业正朝着加强营养、保健、安全和享受性等方面发展，食品化学则是根据现代食品工业发展的需要，在多种相关学科理论与技术发展的基础上形成和发展的。食品化学具有多元性、综合性、应用性，它的基础理论和应用研究成果，正指导人们依靠科技进步，健康并且持续地发展现代食品工业。食品化学指导下的现代食品工业的发展如表 0-6 所示。

表 0-6　食品化学指导下的现代食品工业的发展

方面	过去	发展
食品配方	依靠经验	依据原料组成、性质分析和理性设计
工艺	依据传统经验和粗放小试	依据原料及同类产品组成、特性的分析，根据优化理论设计
开发食品	依据传统的感受和盲目的开发	依据科学的研究资料、目的明确的开发，并增大了功能性食品的开发
控制加工和贮藏变化	依据经验，尝试性简单控制	依据变化机理，科学控制
开发食品资源	盲目甚至破坏性开发	科学地、综合地开发现有资源和新资源
深加工	规模小、浪费大、效率低	规模增大、范围加宽、浪费少、效益高

现代食品注重保健作用，包装精良和食用方便。食品化学对各个食品行业技术进步的影响如表0-7所示。

表0-7　　食品化学对各个食品行业技术进步的影响

食品行业	影响
基础食品工业	面粉改良、变性淀粉及新型可食用材料，高果糖浆、食品酶制剂、食品营养的分子基础，开发新型甜味剂及其他天然食品添加剂，生产新型低聚糖，改性油脂，分离植物蛋白质，生产功能性肽，开发微生物多糖和单细胞蛋白质，野生、海洋和药食两用资源的开发利用
果蔬加工和贮藏	化学去皮、护色、质构控制、维生素保留、脱涩脱苦、打蜡涂膜、化学保鲜、气调贮藏、活性包装、酶促榨汁、过滤和澄清及化学防腐
肉制品加工和贮藏	宰杀后处理、保汁和嫩化、护色和发色，提供肉糜乳化力、凝胶性和黏弹性，蛋白质的冷冻变性，超市鲜肉包装，烟熏剂的生产和应用，人造肉的生产，内脏的综合利用等
饮料工业	速溶，克服上浮下沉，稳定蛋白质饮料，水质处理，稳定带肉果汁，果汁护色，控制澄清度，提高风味，白酒降度、啤酒澄清，啤酒汁泡沫和苦味改善，啤酒的非生物稳定性的化学本质及防止啤酒异味，果汁脱涩、大豆饮料脱腥等
乳品工业	稳定酸乳和果汁乳，开发凝乳酶代用品及再制乳酪、乳清的利用，乳品的营养强化等
焙烤工业	生产高效膨松剂、增加酥脆性，改善面包成色和质构，防止产品老化和霉变等
食品油脂工业	精炼，油脂改性DHA、EPA和MCT的开发利用，食用乳化剂生产，抗氧化剂，减少油炸食品吸油量等
调味品工业	生产肉味汤料、核苷酸鲜味剂、碘盐和有机硒盐等
发酵食品工业	发酵产品的后处理，后发酵期间的风味变化，菌体和残渣的综合利用等
食品检验	检验标准的制定，快速分析，生物传感器的研制，不同产品的指纹图谱等

重点小结

食品化学是一门研究食品中的化学变化与食品质量相关性的科学。食品化学以食物中重要成分：水、碳水化合物、脂类、蛋白质、维生素、矿物质、色素、酶等为主要线索，系统地讨论各主要成分的化学特性、功能特性及各类反应对食品质量的影响。食品化学包括食品成分化学、食品分析化学、食品生物化学、食品工艺化学等。在食品的加工与贮藏过程中明显影响食品质量的反应类型为非酶褐变、酶促褐变、脂类水解、脂类氧化、蛋白质变性、蛋白质交联、蛋白质水解、低聚糖和多糖的水解、多糖的合成、糖酵解和天然色素的降解。食品化学具有多元性、综合性、应用性，它的基础理论和应用研究成果，正指导人们依靠科技进步，健康并且持续地发展现代食品工业。

思政案例

食品掺假代价沉痛，诚信教育永不缺席

食品化学起源可追溯至18~19世纪，那时食品掺假事件频发，科学家们付出巨大的努力研究食品的天然性质，推动了食品化学的发展，伴随有效检测方法的出现及相

关法规的制约，违法掺假现象得以控制。时至今日，掺假现象仍未杜绝，典型案例如2008年的三鹿奶粉掺假事件导致婴儿肾结石，我国启动重大食品安全事故一级响应预案。奶粉中蛋白质的检测方法是凯氏定氮法（由含氮量换算成蛋白质含量），不法商贩利用低成本、高含氮量的化工原料——三聚氰胺生产所谓的“蛋白粉”，添加至原奶中并销售给乳制品生产企业，非法牟取利润，危害数万婴幼儿健康，重创我国奶业信誉。

参考文献：滕静，张晶，等. 食品化学课程融合思政教学探索［J］. 安徽农业科学，2021，49（17）：269-271，275.

育人目标：作为食品从业人员，要坚守善良的道德意愿和道德情感，践行遵纪守法的社会公德，爱岗敬业、诚实守信的职业道德以及善良自律、宽厚正直的个人品德，正确运用所学知识真正为人类社会造福。

复习思考

1. 食品化学的主要内容包括哪些？
2. 食品中主要的化学变化有哪些？
3. 食品化学在食品工业发展中的积极作用有哪些？

模块一

食品中的水分

学习目标

【知识目标】

1. 了解水在食品中的重要作用。

2. 理解水与食品中非水物质之间作用及作用类型；水分活度的定义及其意义；MSI 的形成及其分区和水与食品的稳定性。

3. 掌握水在食品中的存在状态，水分活度和水分等温吸湿曲线的概念及意义，水分活度与食品的稳定性之间的关系。

4. 能够依据水分活度和水分等温吸湿曲线，设定提高食品稳定性的条件。

【素质目标】

通过认识水对人类生命和生活的重要性影响，增强对水资源的合理利用与保护意识以及社会责任感。

学习导图

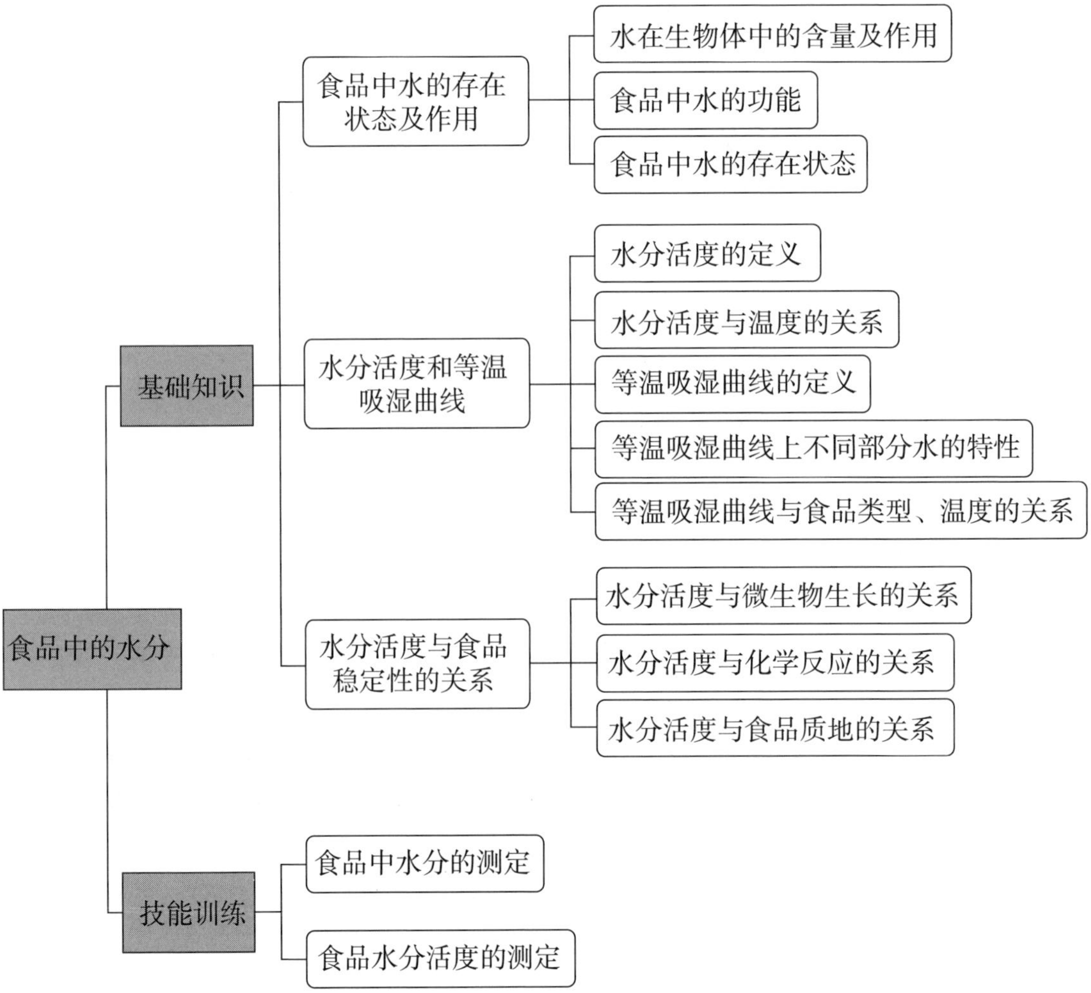
食品中的水分
基础知识
食品中水的存在状态及作用
水在生物体中的含量及作用
食品中水的功能
食品中水的存在状态
水分活度和等温吸湿曲线
水分活度的定义
水分活度与温度的关系
等温吸湿曲线的定义
等温吸湿曲线上不同部分水的特性
等温吸湿曲线与食品类型、温度的关系
水分活度与食品稳定性的关系
水分活度与微生物生长的关系
水分活度与化学反应的关系
水分活度与食品质地的关系
技能训练
食品中水分的测定
食品水分活度的测定

基础知识

知识点一 食品中水的存在状态及作用

一、水在生物体中的含量及作用

（一）水在生物体中的含量

水分是生物体中最普遍存在的组分，每一种生物体都有特定的水分含量，表 1-1 所示为一些具有代表性食品的水分含量。

（二）水在生物体中的作用

由于水为必需的生物化学反应提供一个物理环境，因此它对所有已知的生命形式是绝对重要的。它对生命活动的重要性仅次于氧气。水是生物体内化学作用的介质，也是化学反应的反应物和产物，是组织或细胞所需养分和代谢物质以及排泄物质转运的载体；水的比热容大，是体温良好的稳定剂；水是构成机体的重要成分；水可对生物体内的机械摩擦产生润滑，减少损伤。

表 1-1　具有代表性食品的水分含量

食品类别	食品名称	水分含量/%
谷类及谷类制品	全粒谷物	10~12
	面粉、粗燕麦粉、挂面	10~13
	方便面、饼干	3.6~8
	面包	35~45
干豆类及豆制品	腐竹	7.9
	千张、香干	52~69.2
	豆腐、豆浆	82.8~96.4
	黄豆	10.2
蔬菜	甜菜、硬花甘蓝、胡萝卜、马铃薯	80~85
	大白菜、莴苣、番茄、西蓝花	90~95
水果	香蕉、柿、红果	75~80
	荔枝、金橘、桂圆、苹果	80~85
	菠萝、柑橘、梨、芒果	85~90
	草莓、西瓜	90~95

续表

食品类别	食品名称	水分含量/%
乳及乳制品	全脂奶粉	2.3
	奶油	18
	冰淇淋	65
	酸奶	84.7
	牛奶	89.8
肉类	猪肉（生的分割肉）	53~60
	牛肉（生的零售分割肉）	50~70
	鸡肉（各种级别的去皮生肉）	74
	鱼	70~80
蛋类	新鲜蛋	74
	鸭蛋	70.3
	松花蛋（鸭）	68.4
	干蛋	5
其他	蜂蜜和其他糖浆	20~40
	果冻、果酱	≤35
	白糖（蔗糖或甜菜糖）、硬糖	≤1

二、食品中水的功能

（一）主要的营养素

食品中的营养素主要有碳水化合物、脂肪、蛋白质、维生素、无机盐和水分。

（二）对食品加工的影响

（1）从食品理化性质讲，水在食品中起着溶解、分散蛋白质、淀粉等水溶性成分的作用，使它们形成溶液或凝胶。

（2）从食品质地方面讲，水对食品的鲜度、硬度、流动性、呈味、耐贮性和加工适应性都具有重要的影响。

（3）从食品安全性讲，水是微生物繁殖的必需条件。

（4）从食品工艺的角度讲，水起着膨润、浸透、均匀化等功能。

（三）对食品贮藏期的影响

在食品贮藏、加工过程中使用的很多延长贮藏期的方法，在很大程度上都针对食品中的水分。例如，大多数新鲜食品和液态食品，其水分含量都较高，若长期贮藏这类食品，则应该限制水分所参与的各类反应或降低其活度；新鲜蔬菜的脱水和水果加糖制成蜜饯等工艺就是降低水分活度以提高贮藏期；面包加工过程中加水是利用水作为介质，与其他成分相互作用，生产出可口的产品。

三、食品中水的存在状态

（一）水与溶质的相互作用

1. 水与离子和离子基团的相互作用

与离子或离子基团相互作用的水是食品中结合得最紧密的一部分水。因为水-离子相互作用的强度大于水-水氢键的强度，但是小于共价键的强度。纯水靠氢键键合形成的四面体排列的正常结构可以通过加入电离溶质被破坏。水和简单的无机离子（既不具有氢键受体又没有供体）会产生极性结合即偶极-离子相互作用。图 1-1 所示为邻近 NaCl 的水分子之间可能出现的相互作用方式。这种作用通常称为离子水合作用。图中描述了纸平面的第一层水分子。在稀的离子水溶液中，由于第一层水分子和处在更远的以四面体方式定向的体相水所产生的相互矛盾的结构的影响，因此可以认为第二层水是以结构被扰乱的状态存在。在浓的盐溶液中，或许不存在体相水，而离子或许支配着水的结构。

食品中水分状态与分类

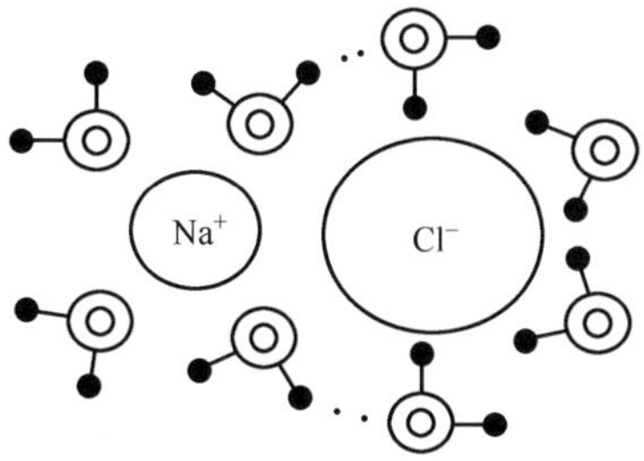

图 1-1　邻近 NaCl 的水分子之间可能出现的相互作用方式
图中只显示出纸平面上的水分子

在不同的稀盐溶液中，离子对水结构的影响是不同的。一类是电场强度较强、离子半径小/多价离子，大多数阳离子，它们有助于水形成网状结构，因此这类离子的水溶液比纯水的流动性小，例如 Li^+、Na^+、Ca^{2+}、Ba^{2+}、Mg^{2+}、Al^{3+}、F^- 和 OH^-。另外一类是电场强度较弱、离子半径大/单价离子，大多数阴离子和大多数阳离子，能阻碍水形成网状结构，这类盐的溶液比纯水的流动性大，例如 K^+、Rb^+、Cs^+、NH_4^+、Cl^-、Br^-、I^-、NO_3^-、BrO_3^-、IO_3^- 和 ClO_4^- 等，实际上，从水的正常结构来看，所有的离子对水的结构都起破坏作用，因为它们能阻止水在 0℃ 下结冰。

2. 水与具有氢键键合能力的中性基团（亲水性溶质）的相互作用

食品中蛋白质、淀粉、果胶物质、纤维素等成分通过氢键与水结合。水与亲水性溶质的相互作用弱于水-离子相互作用，强于水-溶质之间的相互作用，后者主要取决于水-溶质氢键的强度。人们或许认为能形成氢键的溶质会促进或至少不会打破纯水的正常结构，然而，在某些情况下，溶质氢键部位的分布和定向与正常水的结构是不相容的，这些类型的溶质对水的正常结构往往都具有一种破坏作用。例如，尿素是具有形成氢键能力的小分子溶质，由于几何构型原因，它对水的正常结构具有明显的破坏作用。但当体系中添加具有氢键键合能力的溶质时，每摩尔溶液中的氢键总数并不会明显地改变。这可能是由于已断裂的水-水氢键被水-溶质氢键所代替的缘故，因此，这类溶质对水的网状结构几乎没有影响。

氢键结合水和其邻近的水虽然数量有限，但其作用和性质常常非常重要。例如，水能与各种潜在的合适基团（如羟基、氨基、羰基、酰胺或亚氨基）形成氢键。它们有时可形成“水桥”（指一个水分子与一个或多个溶质分子的两个合适的氢键部位相互作用），维持大分子的特定构象。图 1-2 和图 1-3 所示分别为水与木瓜蛋白酶分子中的两种功能团之间形成的氢键（虚线）和木瓜蛋白酶肽链之间存在一个 3 分子水构成的“水桥”，木瓜蛋白酶和核糖核酸酶肽键之间由水分子构成“水桥”，将肽键之间维持在一定的构象，很显然这 3 分子水成了该酶的整体构成部分。

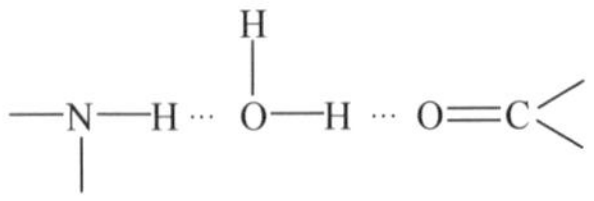

图 1-2　水与蛋白质中两种功能团形成的氢键（虚线）

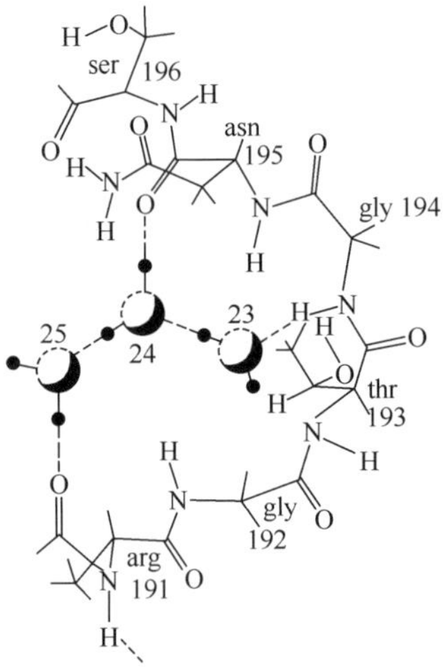

图 1-3　木瓜蛋白酶中的一个 3 分子“水桥”
23，24，25 是水分子

3. 水与非极性物质的相互作用

向水中加入疏水性物质，如烃、稀有气体及引入脂肪酸、氨基酸、蛋白质的非极性基团，由于它们与水分子产生斥力，从而使疏水基团附近的水分子之间的氢键键合增强。由于在这些不相容的非极性实体邻近的水形成了特殊的结构，处于这种特殊的结构下的水与纯水的结构相似，使得熵下降，此过程被称为疏水水合（Hydrophobic Hydration），如图 1-4（1）所示。

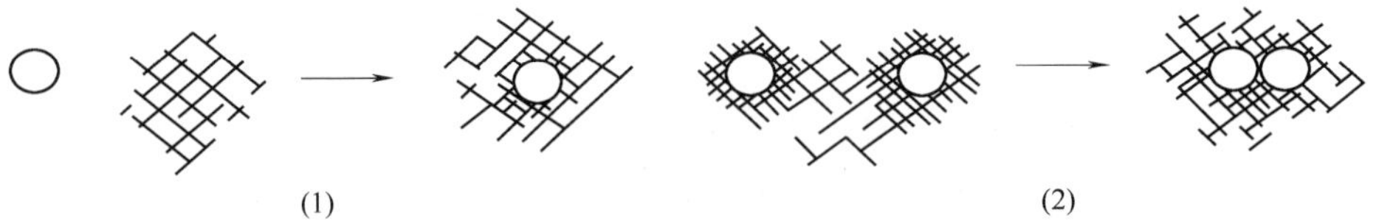

图 1-4　疏水水合（1）和疏水相互作用（2）的图示
空心圆球—疏水基团；影线区域—水

由于疏水水合在热力学上是不利的，因此水倾向于尽可能地减少与共存的非极性物质的缔合。当存在两个分离的非极性基团，不相容的水环境将促进它们之间的缔合，从而减少水-非极性界面面积，这是一个热力学上有利的过程。此过程是疏水水合的部分逆转，被称为疏水相互作用（Hydrophobic Interaction）[图 1-4(2)]。

非极性物质具有能和水形成笼形水合物，以及能和蛋白质分子产生疏水相互作用两种特殊的性质。笼形水合物是一种像冰一样的包合物，“主人”物质就是水靠氢键键合形成像笼子一样的结构，将一种“客人”物质就是小的非极性物质通过物理作用方式截留。笼形水合物的“主人”一般由 20~74 个水分子组成，“客人”是一些低分子质量的化合物，只有它们的形状和大小适合于笼子的“主人”才能被截留。笼形水合物的微结晶与冰的晶体很相似，它们易于生长且可见大小，当形成大的晶体时，原来的四面体结构逐渐变成多面体结构，其在外表上与冰的结构就存在很大差异。一些笼形水合物晶体在 0℃ 以上和适当压力下仍能保持稳定的晶体结构。

典型的“客人”包括低分子质量烃、卤代烃、稀有气体、短链第一级、二级和三级胺、烷基铵盐、二氧化碳、二氧化硫、环氧乙烷、乙醇等。“主人”水分子与“客人”分子的相互作用是轻微的，一般是弱的范德华力。此外，分子质量大的“客人”，如一些蛋白质、糖类、脂类和生物细胞内的其他物质也能与水形成笼形水合物，使水合物的凝固点降低。

水分子和蛋白质疏水基团的缔合对蛋白质的功能性质是非常重要的，因为典型的蛋白质分子中大约 40% 的氨基酸含有非极性基团（丙氨酸-甲基、苯丙氨酸-苯基、缬氨酸-异丙基、半胱氨酸-巯基甲基、亮氨酸-仲丁基）。由于蛋白质 1/3 的非极性基团暴露在水中，这在热力学上是不利的，暴露的疏水基团与邻近的水除了产生微弱的范德华力外，它们之间并无吸引力。从图 1-5 可看出，疏水基团周围的水分子对正离子产生排斥，而吸引负离子，这与许多蛋白质在等电点以上 pH 时能结合某些负离子的实验结果一致。

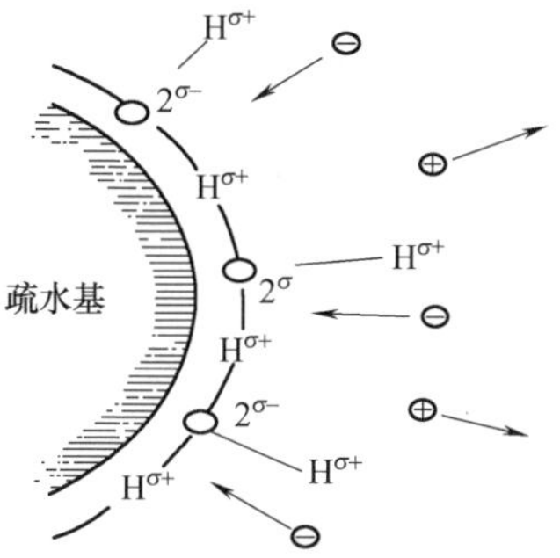

图 1-5 水在疏水表面的倾向

（二）水的存在状态

按照食品中的水与其他成分之间相互作用强弱可将食品中的水分成结合水（或称束缚水、固定水）和自由水（或称游离水、体相水）。

1. 结合水（束缚水、固定水）

结合水是指存在于溶质或其他非水组分附近的、与溶质分子之间通过化学键结合的那部分水。结合水根据被结合牢固程度的不同，被分为几种不同的形式。

（1）化合水　是结合得最牢固的、构成非水物质组成的那些水。例如，化学水合物中的水。

（2）邻近水　处在非水组分亲水性最强的基团周围的第一层位置，与离子或离子基团缔合的水是结合最紧密的邻近水。主要的结合力包括：水-离子和水-偶极缔合作用，其次是一些具有呈电离或离子状态的基团的中性分子与水形成的水-溶质氢键力。

（3）多层水　是指位于以上所说的第一层的剩余位置的水和在邻近水的外层形成的几个层。多层水主要是靠水-水和水-溶质间氢键而形成。尽管多层水不像邻近水那样牢固地结合，但仍然与非水组分结合得紧密，且性质与纯水的性质也不相同。因此，这里所指的结合水包括化合水和邻近水以及几乎全部多层水。

2. 自由水（游离水、体相水）

自由水是指没有被非水物质化学结合的水。自由水分为三类：不移动水或滞化水、毛细管水和自由流动水。

（1）滞化水　是指被组织中的显微和亚显微结构与膜所截留住的水，由于这些水不能自动流动，所以称为不移动水或滞化水。

（2）毛细管水　是指在生物组织的细胞间隙和制成食品的结构组织中存在着的一种由毛细管力所截留的水，在生物组织中又称细胞间水，其物理和化学性质与滞化水相同。

（3）自由流动水　是指动物的血浆、淋巴和尿液、植物的导管和细胞内液泡中的水，因为都可以自由流动，所以称为自由流动水。

食品中水分的划分是相对的。食品中所说的水分含量，一般指在常压下，105℃左右直接干燥情况下，所失去物质的总量。

3. 结合水和自由水的区别

结合水和自由水之间的界限很难定量地做截然的区分。只能根据物理、化学性质做定性的区分。

（1）食品中结合水对食品的风味起着重大作用，当结合水被强行与食品分离时，食品风味、质量就会改变。这主要是由于结合水的量与食品中有机大分子的极性基团的数量有比较固定的比例关系。

（2）食品中的结合水比自由水难除去。

（3）结合水冰点大为降低，甚至在-40℃都不易结冰，而游离水能结冰，冰点略微降低。

（4）结合水不能作为溶质的溶剂，而自由水可以作为溶剂。

（5）结合水不能被微生物利用，而游离水可以被微生物利用，所以当食品中含有较多的游离水时，易腐败变质。

小资料

水是营养素吗？

水是一切生命活动必需的物质。成年男子60%的体重都是水，成年女子则为50%~55%，可见，水是人体中含量最多的成分。水是营养素的一种，我们必须每天喝水。每人每日的需水量因气温、身体状况、工作条件和环境状况而有很大的变动，补充水分要少量多次。成年人每天应摄入不少于2000mL的水分，中小学生的饮水量每天在1200~1500mL较为适宜。合格的自来水应成为主要的饮用水来源。此外，还有纯净水和矿泉水。

知识点二　水分活度和等温吸湿曲线

一、水分活度的定义

许多研究结果表明，食品的易腐败性与水分含量有密切的关系。一般情况下，水分含量高的食品比水分含量低的食品容易腐败变质，但是某些高水分含量的食品却很稳定，而另一些低水分含量食品却是不稳定的。也就是说不同种类的食品即使水分含量相同，其腐败变质的难易程度也存在着明显的差异。这说明以水分含量作为判断食品稳定性的指标是不完全可靠的。

随后人们逐步认识到食品的安全性与食品的水分活度有着密切的关系。水分活度是确定贮藏期限的一个重要因素。当温度、酸碱度和其他几个因素影响食品中的微生物快速生长的时候，水分活度可以说是控制腐败最重要的因素。总的趋势是水分活度越小食品越稳定，越不容易出现腐败变质现象。

1. 水分活度的定义

G. N. Lewis 从平衡热力学推导出了物质活度的概念，Scott 首先将它应用于食品。严格地讲，水分活度应按式（1-1）定义：

$$A_w = \frac{f}{f_0} \tag{1-1}$$

式中 f——溶剂的逸度（逸度是溶剂从溶液逃脱的趋势）；

f_0——纯溶剂的逸度。

在低压（例如室温）时，f/f_0 和 p/p_0 之间的差别很小（<1%），因此可以用 p/p_0 代替 f/f_0，则式（1-1）变为式（1-2）：

$$A_w = \frac{p}{p_0} \tag{1-2}$$

式中 p——食品中水的蒸气压；

p_0——纯水的蒸气压。

式（1-2）成立只适用于理想溶液和热力学平衡体系。然而，食品体系一般不符合上述两个条件，因此，式（1-2）更确切的表述为式（1-3）：

$$A_w \approx \frac{p}{p_0} \tag{1-3}$$

由于 p/p_0 是实际测定值，有时不等于 A_w，因此，使用 p/p_0 比 A_w 更为准确。p/p_0 又称相对蒸气压（RVP）。尽管对于食品体系来说，RVP 在科学意义上比 A_w 更确切，然而 A_w 是被普遍使用的术语，因此本书在大多数情况使用 A_w。

A_w 与食品周围环境空气的平衡相对湿度（ERH）有关，可以用式（1-4）表示：

$$A_w = \frac{\text{ERH}}{100} \tag{1-4}$$

一般情况下，物质溶于水后，该溶液的蒸气压总是低于纯水的蒸气压，所以食品中的 A_w 总在 0~1 之间。

2. 测定食品中 A_w 的方法

（1）水分活度仪法　在一定温度下，用标准饱和 $BaCl_2$ 溶液校正水分活度仪的 A_w 值。在同一条件下测定样品，利用水分活度仪中的传感器，根据食品中水蒸气压力的变化，从仪器的表头上可读出指针所指的 A_w。

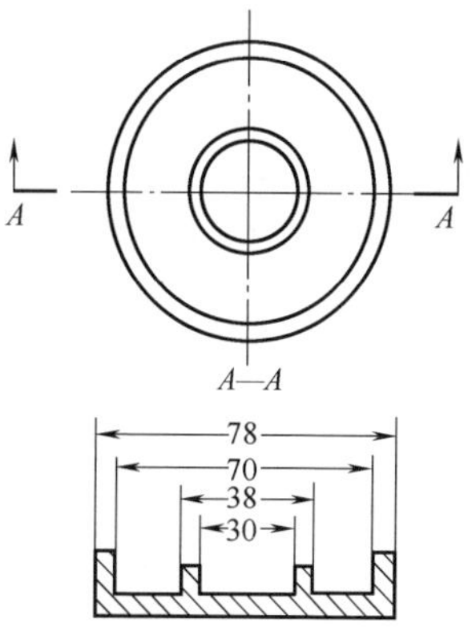

图 1-6　康威氏微量扩散仪器

单位：mm

（2）扩散法　置样品于康威氏微量扩散仪器（图 1-6）

中，密封和恒温条件下，分别在 A_w 值较高和较低的标准饱和溶液中扩散平衡后，根据样品质量的增减为纵坐标，各个标准试剂的水分活度为横坐标，计算 A_w（表 1-2）。

表 1-2　　A_w 的温度校正表

温度/℃	校正值	温度/℃	校正值
15	-0.010	21	+0.002
16	-0.008	22	+0.004
17	-0.006	23	+0.006
18	-0.004	24	+0.008
19	-0.002	25	+0.010

（3）恒定 ERH 平衡室法　置样品于恒温密闭的小容器中，用一定种类的饱和盐溶液使容器内样品的环境空气的相对湿度恒定，待平衡后测定样品的水分含量。通常情况下，温度恒定在 25℃，扩散时间为 20min，样品量为 1g，并且是在一种水分活度较高和另一种水分活度较低的饱和盐溶液下分别测定样品吸收或散失水分的质量，然后按式（1-5）计算 A_w。

$$A_w = \frac{Ax+By}{x+y} \tag{1-5}$$

式中　A——水分活度较低的饱和盐溶液的标准水分活度；

B——水分活度较高的饱和盐溶液的标准水分活度；

x——使用 B 液时样品质量的净增值；

y——使用 A 液时样品质量的净减值。

二、水分活度与温度的关系

A_w 与温度有关，所以测定样品 A_w 时，必须标明温度。A_w 与热力学温度 T 之间的关系可以用经修改的克劳修斯-克拉伯龙（Clausius-Clapeyron）方程［式（1-6）］表示。

$$\frac{d\ln A_w}{d(1/T)} = \frac{-\Delta H}{R} \tag{1-6}$$

式中　T——热力学温度；

R——气体常数；

ΔH——样品中水分的等量净吸附热。

式（1-6）经过整理，可推出式（1-7）：

$$\ln A_w = -k\Delta H/R\ (1/T) \tag{1-7}$$

式中，A_w 和 R、T 的意义与式（1-6）相同，ΔH 则为纯水的汽化潜热（40.537 2kJ/mol）。k 的意义可由式（1-8）表示：

$$k = \frac{\text{样品的热力学温度}-\text{纯水的蒸气压为 } p \text{ 时的热力学温度}}{\text{纯水的蒸气压为 } p \text{ 时的热力学温度}} \tag{1-8}$$

通过对 $\ln A_w-1/T$ 作图，应该是一条直线。也就是说，一定水分含量的食品，在一定的温度范围内，A_w 随热力学温度升高而呈正比例升高。具有不同水分含量的天然马铃薯淀粉的 $\ln A_w-1/T$ 图证明了这种理论推断，如图 1-7 所示。

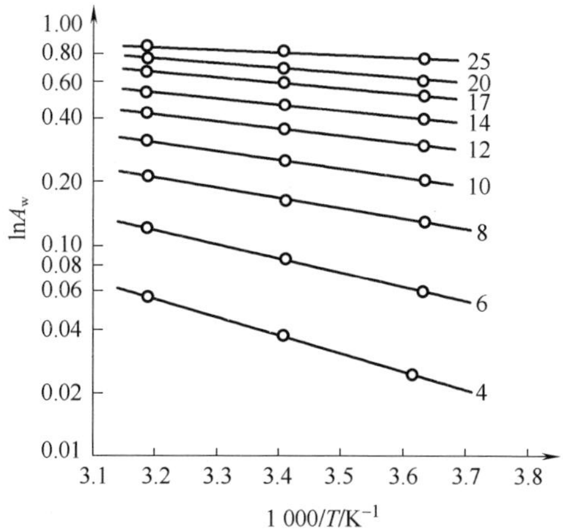

图 1-7　不同水分含量天然马铃薯淀粉的 A_w 和温度的关系

（每条直线上标明了每克干淀粉水分含量，单位:%）

当温度范围扩大时，$\ln A_w-1/T$ 在较大的温度范围内图线并非始终是一条直线；当冰开始形成时，图线出现明显的折断。在冰点以下 $\ln A_w$ 随 $1/T$ 的变化率明显加大，并且不再受样品中的非水物质影响，如图 1-8 所示。因此，冰点温度以下的 A_w 应按照式（1-9）计算。

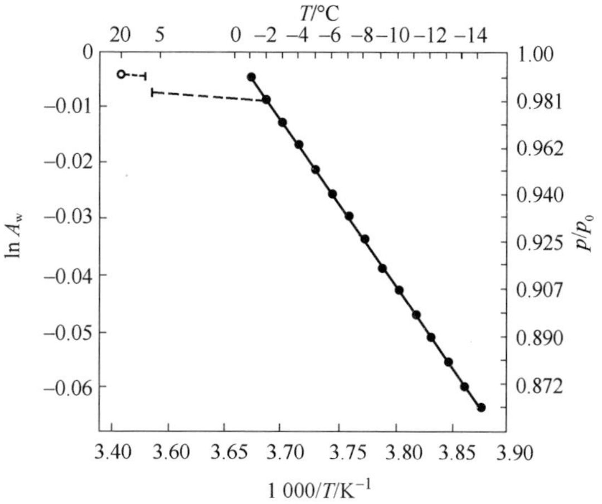

图 1-8　食品（冰或含冰的生物材料）在冰点以上和冰点以下时 A_w 和温度的关系

（虚线表示此处有间断）

$$A_w=\frac{p_{ff}}{p_{0(scw)}}=\frac{p_{ice}}{p_{0(scw)}} \tag{1-9}$$

式中　p_{ff}——部分冷冻样品的蒸气压；

$p_{0(scw)}$——相同温度下纯过冷水的蒸气压；

p_{ice}——相同温度下纯冰的蒸气压。

图 1-8 说明：①在低于冰点温度时也是线性关系；②温度对 A_w 的影响在低于冰点温度时远比在高于冰点温度以上时要大得多；③样品在冰点时，图中直线出现明显的折断。

在比较冰点以上和冰点以下温度的 A_w 时，应注意以下两个重要的区别：①在冰点温度以上，A_w 是样品成分和温度的函数，成分是影响 A_w 的主要因素；但在冰点温度以下时，A_w 只取决于温度，与样品中的成分无关。②温度在冰点以上和以下时，就食品而言，A_w 对稳定性的影响是不一样的。例如，在 A_w 为 0.86 的-15℃的产品中，微生物不再生长，而且化学反应缓慢进行，但是，在同样 A_w 的 20℃情况下，一些化学反应将快速进行，一些微生物将以中等速度生长。

小资料

冷冻食品解冻后不宜再进冰箱

含水食品在冻结过程中导致其组织结构遭到破坏，如细胞壁或细胞膜破裂，导致解冻后部分水分流失，且微生物会快速繁殖。反复解冻冷冻后，食品品质开始变化，原有的营养成分、新鲜度、口感都会受到不同程度的影响。

三、等温吸湿曲线的定义

在恒定温度下，食品水分含量（每单位质量干物质中水的质量）与 A_w 之间的关系图称为等温吸湿曲线（Moisture Sorption Isotherms，MSI）。

图 1-9 表示在高水分含量食品中（水分含量超过干物质），A_w 接近于 1.0；当水分含量低于干物质时，A_w<1.0。食品中水分含量>10%时，只要水分含量有微小的变化，其 A_w 就有较大的变化；而在低水分含量时，水分含量微小的改变，其 A_w 不能非常明确地表示出来。因此，扩大低水分含量范围，就得到如图 1-10 所示的 MSI 图。

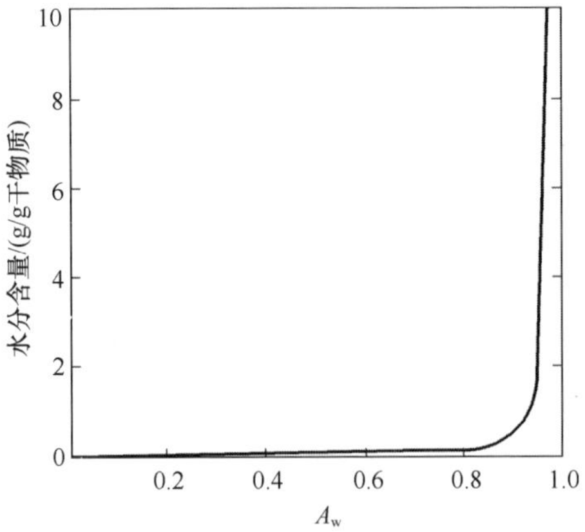

图 1-9　等温吸湿曲线

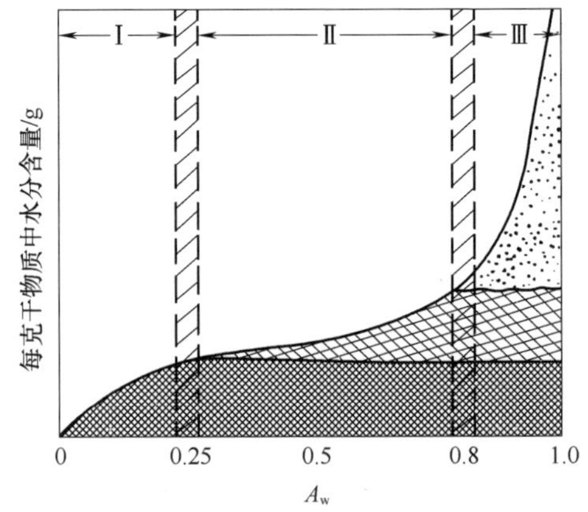

图 1-10　食品低水分含量范围内的等温吸湿曲线

四、等温吸湿曲线上不同部分水的特性

为了更好地理解 A_w 与水分含量的关系，可将图 1-10 食品低水分含量范围内的等温吸湿曲线分成三个区间。等温吸湿曲线上不同区水分特性如表 1-3 所示。

表 1-3　　等温吸湿曲线上不同区水分特性

水分特性	区间及 A_w		
	Ⅰ区 0~0.25	Ⅱ区 0.25~0.8	Ⅲ区 0.8~0.99
在-40℃冻结	不能	大部分不能	可以
溶解能力	无	轻微至适度	正常
水分状态	单分子水层吸附 化学吸附结合水	多分子水层凝聚 物理吸附	毛细管凝聚 自由流动水
微生物利用	不可利用	部分可利用	可利用

Ⅰ区：是食品中吸附最牢固和最不易移动的水，水分子是通过水-离子或水-偶极相互作用而牢固结合的那部分水，A_w 也最低，一般在 0~0.25。这种水不能作为溶剂，而且在-40℃不结冰。对固体没有显著的增塑作用，它可以简单地被看作固体的一部分。在区间Ⅰ高水分末端（区间Ⅰ和区间Ⅱ的分界线）位置的这部分水相当于食品的“单分子层水（BET）”含量，最恰当的解释是这部分水可看成在干物质可接近的强极性基团周围形成一个单分子层所需水的近似量，根据近似的估计，水与强极性基团间的摩尔比为 1∶1。

Ⅱ区：水分占据固形物表面第一层的剩余位置和亲水基团（如酰胺基、羧基等）周围的另外几层位置，形成多分子层结合水，主要靠水-水和水-溶质的氢键键合作用与邻近的分子缔合，同时还包括直径<1μm 的毛细管中的水。A_w 在 0.25~0.8。当食品中的水分含量达到相当于区间Ⅰ和区间Ⅱ的边界时，水将引起溶解过程，这种水大部分在-40℃不结冰，并且还起了增塑剂的作用，促使固体骨架开始肿胀。溶解过程的开始将使反应物质流动，因此加速了大多数反应的速度。

Ⅲ区：是毛细管凝聚的自由水，A_w 在 0.8~0.99。这部分水是食品中结合最不牢固和最容易流动的水，又称体相水，在凝胶和细胞体系中，因为体相水以物理方式被截留，所以宏观流动性受到阻碍，但它与稀盐溶液中水的性质相似。这部分水既可以结冰也可作为溶剂，并且还有利于化学反应的进行和微生物的生长。

虽然等温吸湿曲线可划分为三个区间，但还不能准确地确定各区间的分界线，而且除化学吸附结合水外，等温吸湿曲线每一个区间内和区间与区间之间的水都能发生交换。另外，向干物质中增加水虽然能够稍微改变原来所含水的性质，即基质的溶胀和溶解过程，但是当等温吸湿曲线的区间Ⅱ增加水时，区间Ⅰ水的性质几乎保持不变；同样，在区间Ⅲ内增加水，区间Ⅱ水的性质也几乎保持不变（图 1-10）。从而可以说明，食品中结合得最不牢固的那部分水对食品的稳定性起着重要作用。

五、等温吸湿曲线与食品类型、温度的关系

（一）等温吸湿曲线与食品类型的关系

不同物质的 MSI 图也具有显著不同的形状，如图 1-11 所示。制作的方法是将水加入预先干燥的试样中。大部分食品的等温吸湿曲线呈 S 形，而水果、糖制品和咖啡提取物含有大量糖和其他可溶性小分子，它们的等温吸湿曲线呈 J 形。决定等温吸湿曲线形状和位置的因素包括试样的成分、试样的物理结构（例如结晶或无定型）、试样的预处理、温度和制作等温吸湿曲线的方法。

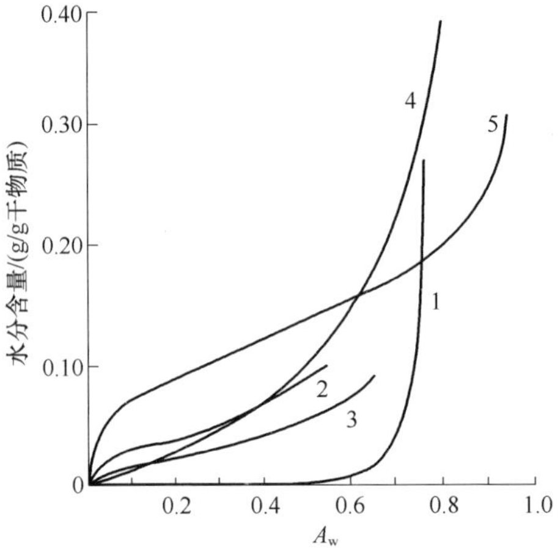

图 1-11　各种食品和生物物质的等温吸湿曲线（除 1 为 40℃，其余均为 20℃）

1—糖果（主要组分为蔗糖粉）　2—喷雾干燥的菊苣提取物　3—焙烤的哥伦比亚咖啡　4—猪胰脏提取物　5—天然大米淀粉

（二）等温吸湿曲线与温度的关系

由于水分活度与温度有关，所以等温吸湿曲线也与温度有关。在相同的水分含量时，温度升高会导致水分活度增加。图 1-12 所示为不同温度下马铃薯片的等温吸湿曲线。对于吸湿产物，需要用吸湿等温线来研究；对于干燥过程，就需用解吸等温线来研究。吸湿等温线是把完全干燥的样品放置在相对湿度不断增加的环境里，根据样品质量的增加所绘制而成（回吸曲线）；解吸等温线是把潮湿样品放置在同一相对湿度下，根据样品质量减少绘制而成。食品的等温吸湿-解吸曲线如图 1-13 所示。理论上它们应该是一致的，但实际上它们不能重叠，有滞后现象。滞后所形成的环状区域一般称为滞后环，随着食品品种不同、温度不同而异，但总的趋势是解吸过程中水分含量大于回吸过程中水分含量，解吸曲线在回吸曲线之上。另外，其他的一些因素如水分除去的程度、解吸速度、加入水分或除去水分时发生的物理变化等，均能够影响滞后环的形状。

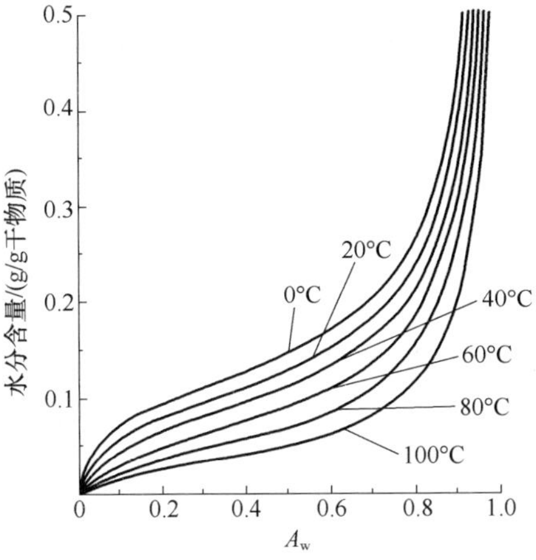

图 1-12　不同温度下马铃薯片的等温吸湿曲线

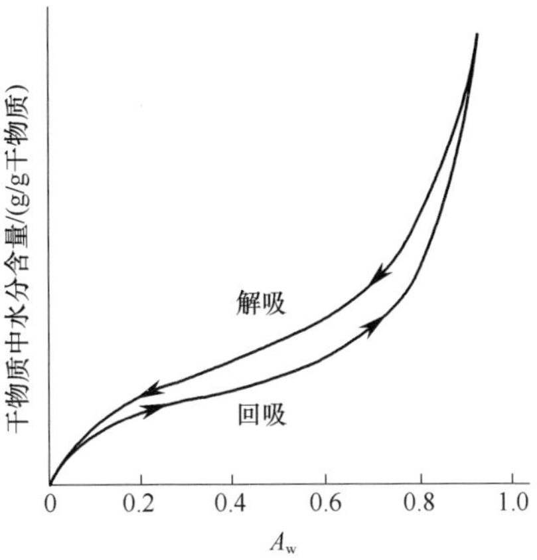

图 1-13　食品的等温吸湿-解吸曲线

知识点三　水分活度与食品稳定性的关系

一、水分活度与微生物生长的关系

微生物在生长时期需要一定的水分才能进行一系列正常代谢。通常影响食品稳定性的微生物是细菌、酵母和霉菌，表 1-4 表明了适合这些微生物生长繁殖的 A_w 范围，如果食品的 A_w 低于这一数值，微生物的生长繁殖就会受到抑制。从表 1-4 可以看出适合细菌的 A_w 最高（0.99~0.94），其次为霉菌（0.94~0.80），酵母菌需要较低的 A_w，在 A_w<0.60 时，绝大多数微生物无法生长。

表 1-4　不同微生物生长所需水分活度范围

A_w 范围	在此范围最低 A_w 所抑制的微生物	A_w 范围内的食品
1.00~0.95	假单胞菌、大肠杆菌变形杆菌、志贺菌属、克霍伯菌属、芽孢杆菌、产气荚膜梭状芽孢杆菌、一些酵母	极易腐败变质（新鲜）食品、罐头水果、蔬菜、肉、鱼以及牛奶，含有约 40%（质量分数）蔗糖或 7%氯化钠的食品，熟香肠和面包
0.95~0.91	沙门菌属、副溶血性弧菌、肉毒梭状芽孢杆菌、沙雷菌、乳酸杆菌属、足球菌、一些霉菌、酵母	一些干酪、腌制肉、一些水果汁浓缩物，含有 55%（质量分数）蔗糖（饱和）或 12%氯化钠的食品
0.91~0.87	许多酵母菌、微球菌属	发酵香肠、松蛋糕、干的干酪、人造奶油、含 65%（质量分数）蔗糖（饱和）或 15%氯化钠的食品
0.87~0.80	大多数霉菌、金黄色葡萄球菌、大多数酵母菌属	大多数浓缩水果汁、甜炼乳、巧克力糖浆、翻糖浆和水果糖浆，面粉，米，含有 15%~17%水分的豆类食品、水果蛋糕、家庭自制火腿、微晶糖膏、重油蛋糕
0.80~0.75	大多数嗜盐细菌、产真菌毒素的曲霉	果酱、加柑橘皮丝的果冻、杏仁酥糖、糖渍水果、一些棉花糖

续表

A_w 范围	在此范围最低 A_w 所抑制的微生物	A_w 范围内的食品
0.75~0.65	嗜旱霉菌、二孢酵母	含约10%水分的燕麦片，砂性软糖、棉花糖、果冻、糖蜜、粗蔗糖、一些干果、坚果
0.65~0.60	耐渗透压酵母、少数霉菌	含15%~20%水分的果干、一些太妃糖与焦糖、蜂蜜
0.50	微生物不增殖	含约12%水分的酱、含约10%水分的调味料
0.40	微生物不增殖	含约5%水分的全蛋粉
0.30	微生物不增殖	含3%~5%水分的曲奇饼、脆饼干、面包硬皮等
0.20	微生物不增殖	含2%~3%水分的全脂奶粉，含约5%水分的脱水蔬菜，含约5%水分的玉米片、家庭自制的曲奇、脆饼干

二、水分活度与化学反应的关系

降低食品的 A_w，可以延缓酶促褐变和非酶褐变的进行，减少食品营养成分的破坏。但 A_w 过低，则会加速脂肪的氧化酸败，还能引起非酶褐变。要使食品具有较高的稳定性，最好将 A_w 保持在结合水范围内。这样，既能使化学变化难以发生，同时又不会使食品丧失吸水性和复原性。

（一）水分活度与脂类氧化的关系

在极低的 A_w，脂类氧化速度随着 A_w 增加而降低，直到 A_w 接近等温吸湿曲线的区域Ⅰ和区域Ⅱ的边界；若进一步加水就使氧化速度增加直到 A_w 接近区域Ⅱ与Ⅲ的边界，再进一步加水又引起氧化速度降低。一般脂类非酶氧化在 A_w 0.35 左右。

食品水分对脂类氧化既有促进作用，又有抑制作用。当食品处于单分子层水（A_w 0.35 左右）时，加入水会明显地干扰氧化，这是因为，其一是与氢过氧化物形成氢键，此氢键可以保护过氧化物的分解；其二是与微量的金属离子水合作用，消除由金属离子引发的氧化作用。当水加到超过区域Ⅰ和区域Ⅱ的边界时，氧化速度增加，这是因为，其一是水分的溶剂化作用，使反应物和产物便于移动，有利于氧化的进行；其二是所加入的水增加了氧的溶解度和使脂肪大分子肿胀，暴露更多催化部位，从而加速了氧化。当 A_w 较大（>0.8）时，进一步加入水可以降低氧化速度，可能是因为水对催化剂的稀释从而降低了它们的催化效力和降低了反应物的浓度。

（二）水分活度与酶促反应的关系

当 A_w 降低到 0.25~0.30 的范围，就能有效地减慢或阻止酶促褐变的进行。

（三）水分活度与非酶褐变的关系

当食品的 A_w 在一定的范围内时，非酶褐变随着 A_w 的增大而加速，A_w 在 0.6~0.7 时，褐变最为严重；随着 A_w 的下降，非酶褐变就会受到抑制而减弱；当 A_w 降低到 0.2 以下时，褐变就难以发生。但如果 A_w 大于褐变高峰的 A_w，则由于溶质的浓度下降而导致褐变速度减慢。在一般情况下，浓缩的液态食品和中湿食品位于非酶褐变的最适水分含量的范围内。

三、水分活度与食品质地的关系

水分活度可以影响干燥和半干燥食品的质地，所以要保持饼干、油炸马铃薯片等食品的脆性，防止砂糖、奶粉、速溶咖啡等结块，防止糖果、蜜饯等的黏结，需要保持适当的水分活度。

重点小结

水在食品中起着溶解、分散蛋白质、淀粉等水溶性成分的作用，使它们形成溶液或凝胶，对食品的鲜度、硬度、流动性、呈味、耐贮性和加工适应性都具有重要的影响，起着膨润、浸透、均匀化等功能。水分活度是控制腐败最重要的因素，总的趋势是水分活度越小的食品越稳定，越不易出现腐败变质现象。大部分食品的等温吸湿曲线为 S 形，而水果、糖制品和咖啡提取物含有大量糖和其他可溶性小分子，它们的等温吸湿曲线呈 J 形。决定等温吸湿曲线形状和位置的因素包括试样的成分、试样的物理结构（如结晶或无定型）、试样的预处理、温度和制作等温吸湿曲线的方法。食品的稳定性与水分活度之间有着密切的联系。食品中的多种化学反应的反应速度以及曲线的位置与形状是随样品的组成、物理状态及其结构（毛细管现象）而改变，也随大气组成（特别是氧气）、温度以及滞后效应而改变。

微生物在生长时间需要一定的水分才能进行一系列正常代谢。影响食品稳定性的微生物是细菌、酵母和霉菌。适合细菌的 A_w 最高（0.99~0.94），其次为霉菌（0.94~0.80），酵母菌需要较低的 A_w，在 $A_w<0.60$ 时，绝大多数微生物就无法生长。降低食品的 A_w，可以延缓酶促褐变和非酶褐变的进行，减少食品营养成分的破坏。A_w 保持在结合水范围内，既可使化学变化难以发生，同时又不会使食品丧失吸水性和复原性。水分活度与食品质地也有一定的关系。

技能训练

技能训练一　食品中水分的测定

一、目的要求

（1）了解水分测定的意义和原理。
（2）掌握直接干燥法的操作技术和注意事项。
（3）会分析影响实验测定准确性的因素。

二、实验原理

在一定的温度（95~105℃）和压力（常压）下，将样品在电热恒温干燥箱中加热干燥，除去水分，干燥前后样品的质量之差即为样品的水分含量。此方法适用于在 95~

105℃下，不含或含其他挥发性物质甚微且对热稳定的食品。

三、实验试剂和器材

（1）实验器材　电热恒温干燥箱、扁形铝制或玻璃制称量瓶（选择称量瓶的大小要合适，一般样品厚度不得超过称量瓶的 1/3 高度）、干燥器、分析天平或电子天平。

（2）实验试剂

①盐酸溶液（6mol/L）：量取 100mL 浓盐酸，缓缓倒入水中并稀释至 200mL；

②氢氧化钠溶液（6mol/L）：称取 24g 氢氧化钠，加水溶解并稀释至 100mL；

③海砂　取用水洗去泥土的海砂或河砂，先用 6mol/L 盐酸煮沸 0.5h，用水洗至中性，再用 6mol/L 氢氧化钠溶液煮沸 0.5h，用水洗至中性，经 105℃干燥备用。

（3）实验材料　原粮或其他食品。

四、操作步骤

1. 样品的处理

样品一般控制在干燥后的残留物为 1.5~3g；固态、浓稠态样品控制在 3~5g；含水分较高的样品控制在 15~20g。采集、处理、保存过程中，要防止组分发生变化，特别要防止受潮或水分的丢失。

（1）固体样品要磨碎（粉碎），谷类达 18 目，其他 30~40 目。

（2）液态样品要在水浴上先浓缩，然后再进干燥箱干燥。

（3）浓稠液体（如糖浆、炼乳等）应先加水稀释，加入海砂混匀，样品、海砂与玻璃棒在水浴上干燥后入干燥箱，海砂与玻璃棒要先干燥至恒重，最后要将加入的水、海砂与玻璃棒的质量除去。

（4）对于水分含量>16%的谷类食品，应采用两步干燥法。如面包，切成薄片，自然风干 15~20h，再称量，磨碎，过筛，烘干 。

2. 称量瓶的准备

取洁净称量瓶，置于 95~105℃干燥箱中，瓶盖斜支于称量瓶边，加热干燥 0.5~1.0h 后，盖好取出，置干燥器内冷却 0.5h，称量。并重复干燥至恒重。

3. 样品测定

以固体试样为例，准确称取 2.000~5.000g 切碎或磨细的试样，放入已称至恒重的称量瓶中，弄平，立即加盖，精密称量后，置 95~105℃干燥箱中，瓶盖斜支于称量瓶边，干燥 2~4h 后，盖好取出。放入干燥器内冷却 0.5h 后称量。然后再放入 95~105℃干燥箱中干燥 1h 左右，取出，放干燥器内冷却 0.5h 后再称量。至前后两次质量差不超过 2mg，即为恒重。

五、结果计算

$$X = \frac{m_1 - m_2}{m_1 - m_0} \times 100 \tag{1-10}$$

式中　X——样品的水分含量，g/100g；

m_0——称量瓶的质量，g；

m_1——称量瓶和样品的质量，g；

m_2——称量瓶和样品干燥后的质量，g。

计算结果保留三位有效数字。

六、注意事项

（1）本法适用于在 95～105℃ 下，不含或含其他挥发性物质甚微且对热稳定的食品。加热过程中，一些物质发生的化学反应，会使测定结果产生误差；对于含挥发性组分较多的食品可采用蒸馏法测定。

（2）测定过程中，盛有试样的称量器皿从干燥箱中取出后，应迅速放入干燥器中进行冷却，否则不易达到恒重。

（3）干燥器内一般用硅胶作为干燥剂，当硅胶蓝色减退或变红时，应及时更换。再生方法：于 135℃ 条件下烘干 2～3h 后，即可再重新使用。硅胶吸附油脂等后，去湿力会大大降低。

（4）直接干燥法的最低检出限为 2mg，所以干燥过程中，恒重一般指两次称量之差不大于 2mg，根据食品的类型和测定要求来确定。

（5）固态样品的颗粒细度要均匀一致，达到标准的要求，否则会影响结果。

七、 思考题

（1）样品粉碎不充分、样品中含较多挥发性成分、干燥器中硅胶已受潮等情况会使水分测定的结果偏高还是偏低？

（2）干燥器有什么作用？怎样正确地使用和维护干燥器？

技能训练二　食品水分活度的测定

一、目的要求

（1）进一步了解水分活度的概念和扩散法测定水分活度的原理。

（2）学会扩散法测定食品中水分活度的操作技术。

食品中水分活度的测定——扩散法

二、实验原理

食品中的水分，随环境条件的变化而变化。当环境空气的相对湿度低于食品的水分活度时，食品中的水分向空气中蒸发，食品的质量减轻；相反，当环境空气的相对湿度高于食品的水分活度时，食品就会从空气中吸收水分，使质量增加。不管是蒸发水分还是吸收水分，最终是食品和环境的水分达平衡。据此原理，我们采用标准水分活度的试剂，形成相应湿度的空气环境，在密封和恒温条件下，观察食品试样在此空气环境中因水分变化而引起的质量变化，通常使试样分别在 A_w 较高、中等和较低的标准饱和盐溶液中扩散平衡后，根据试样质量的增加（即在较高 A_w 标准饱和盐溶液达平衡）和减少（即在较低 A_w 标准饱和盐溶液达平衡）的量，计算试样的 A_w，食品试样放在以此为相对湿度的空气中时，既不吸湿也不解吸，即其质量保持不变。

三、实验试剂和器材

（1）实验仪器　分析天平、恒温箱、康威氏微量扩散仪、坐标纸、小玻璃皿或小铝皿（直径 25~28mm、深度 7mm）。

（2）实验试剂　至少选取 3 种标准饱和盐溶液，标准饱和盐溶液的 A_w（25℃）如表 1-5 所示；凡士林。

（3）实验材料　各种水果、蔬菜等食品。

表 1-5　标准饱和盐溶液的 A_w（25℃）

试剂名称	A_w	试剂名称	A_w	试剂名称	A_w
硝酸钾（KNO_3）	0.924	硝酸钠（$NaNO_3$）	0.737	碳酸钾（$K_2CO_3 \cdot 2H_2O$）	0.427
氯化钡（$BaCl_2 \cdot 2H_2O$）	0.901	氯化锶（$SrCl_2 \cdot 6H_2O$）	0.708	氯化镁（$MgCl_2 \cdot 6H_2O$）	0.330
氯化钾（KCl）	0.842	溴化钠（$NaBr \cdot 2H_2O$）	0.577	醋酸钾（$KAc \cdot H_2O$）	0.224
溴化钾（KBr）	0.807	硝酸镁［$Mg(NO_3)_2 \cdot 6H_2O$］	0.528	氯化锂（$LiCl \cdot H_2O$）	0.110
氯化钠（NaCl）	0.752	硝酸锂（$LiNO_3 \cdot 3H_2O$）	0.476	氢氧化钠（NaOH）	0.070

四、操作步骤

（1）在 3 个康威氏微量扩散仪的外室分别加入 A_w 高、中、低的 3 种标准饱和盐溶液 5.0mL，并在磨口处涂一层凡士林。

（2）将 3 个小玻璃皿准确称重，然后分别称取约 1g 的试样于皿内（准确至毫克数，每皿试样质量应相近）。迅速依次放入上述 3 个康威氏微量扩散仪的内室中，马上加盖密封，记录每个扩散仪器中小玻璃皿和试样的总质量。

（3）在 25℃的恒温箱中放置（2±0.5）h 后，取出小玻璃皿准确称重，以后每隔 30min 称重一次，至恒重为止。记录每个扩散仪器中小玻璃皿和试样的总质量。

五、结果处理

（1）计算每个康威氏微量扩散仪中试样的质量增减值。

（2）以各种标准饱和盐溶液在25℃时的 A_w 为横坐标，被测试样的增减质量 Δm 为纵坐标做图。并将各点连接成一条直线，此线与横坐标的交点即为被测试样的 A_w。

六、注意事项

（1）称重要精确迅速。

（2）扩散仪器密封性要好。

（3）对试样的 A_w 范围预先有一估计，以便正确选择标准饱和盐溶液。

（4）测定时也可选择2种或4种标准饱和盐溶液（水分活度大于或小于试样的标准盐溶液各1种或2种）。

七、思考题

（1）扩散法测定水分活度的原理是什么？

（2）为什么试样中含有水溶性挥发性物质影响水分活度的准确测定？

思政案例

携馕重温丝绸之路，中华文化源远流长

自西汉张骞出使西域，新疆逐渐成为文化交融枢纽，饮食文明成果得以传播。胡饼作为丝绸之路上商人最受欢迎的干粮之一，是以小麦粉为主要原料，经烤制后水分蒸发制得，水分活度降低抑制微生物生长，故不易变质且方便携带，《后汉书》有“灵帝好胡饼，京师皆食胡饼”的记载；唐朝胡饼文化发展至鼎盛；明代杰出地理学家徐霞客在旅途中也常“出胡饼啖之”。尽管后期名称有变更，但其制作方法自汉代开始一直在发展中不断创新，带着丝绸之路的历史印记，飘香至今，制作经验留传千年。现在新疆的“馕”已有百余种产品，品牌鲜明，丰富着人们的生活，作为具有代表性的“一带一路”民族特色产品，已伴随着产业结构升级销至我国21个省（市），并积极拓展远销国外市场。

参考文献：滕静，张晶，等. 食品化学课程融合思政教学探索［J］. 安徽农业科学，2021，49（17）：269-271，275.

育人目标：中华文化源远流长，我们要在“一带一路”倡议的指引下，积极打造经济融合与文化包容命运共同体，向世界展示伟大的中国。

复习思考

1. 简要概括食品中水分的存在状态。

2. 简述食品中结合水和自由水的性质区别。
3. 简述 MSI 在食品工业中的意义。
4. 论述滞后现象产生的主要原因。
5. 简要说明水分含量和水分活度之间的关系。
6. 不同的物质其等温吸湿曲线不同，其曲线形状受哪些因素的影响？
7. 简述食品中 A_w 与化学及酶促反应之间的关系。
8. 简述食品中 A_w 与脂类氧化反应的关系。
9. 简述食品中 A_w 与非酶褐变的关系。

模块二

食品中的矿物质

学习目标

【知识目标】

1. 了解矿物质对维持人类生命健康的作用。

2. 理解矿物质在补充营养、构成机体和维持内环境稳定等方面的重要功能。

3. 掌握矿物质在人类健康方面的主要应用及运用营养强化手段进行相关产品的生产技术。

4. 初步学会运用有效的食品加工方法减少食品中矿物质的损失。

5. 初步学会使用食品强化原则对相应的食品种类进行营养强化。

【素质目标】

通过了解中国古代和近代在矿物质营养方面对食品工业发展的贡献，培养民族自豪感，增强对专业的认同感。

学习导图

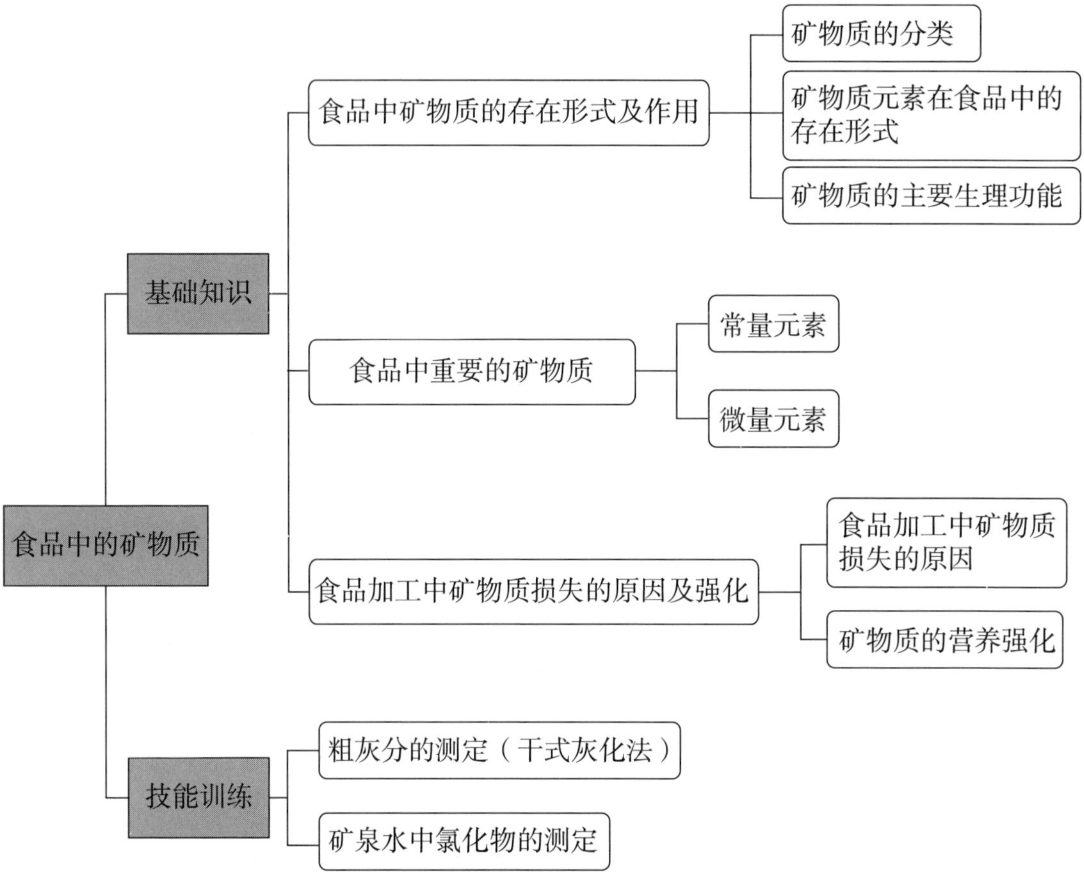
食品中的矿物质
基础知识
食品中矿物质的存在形式及作用
矿物质的分类
矿物质元素在食品中的存在形式
矿物质的主要生理功能
食品中重要的矿物质
常量元素
微量元素
食品加工中矿物质损失的原因及强化
食品加工中矿物质损失的原因
矿物质的营养强化
技能训练
粗灰分的测定（干式灰化法）
矿泉水中氯化物的测定

基础知识

知识点一 食品中矿物质的存在形式及作用

食品是一个多成分的复杂体系。组成食品成分的元素有许多，其中碳、氢、氧、氮4种元素主要以有机化合物和水的形式存在，除此4种元素之外，其他的元素成分均称为矿物质或无机盐。矿物质是指食品中各种无机化合物，大多数相当于食品灰化后剩余的成分，故又称粗灰分。因此，食品中矿物质的含量通常又以灰分的多少来衡量。矿物质是由不同种类的元素和离子组成的，在食品中的含量较少，但其中有许多是人类营养必不可少的，不仅是构成人体组织的重要材料，同时还具有维持体液的渗透压及机体的酸碱平衡、参与体内生化反应等作用，具有调节机体生理机能的功效；但矿物质摄入过量时又会成为有害的因素，并且有些还对人体具有一定的毒性。因此，研究食品中的矿物质，为人体提供一个最佳健康需求浓度或安全浓度范围，为建立合理膳食结构提供依据，从而保证人体能够按需补充适量有益矿物质，减少有毒矿物质的摄入，维持生命体系处于最佳平衡状态。

矿物质在营养学上的重要意义还在于它的外源性，人体必须从食品中摄入所必需的矿物元素，而食品中矿物质含量的变化主要取决于环境因素。比如，植物可以从土壤中获得矿物质并贮存于根、茎和叶中；动物通过摄食饲料而获得矿物质。食品中的矿物质以无机盐、有机盐等形式存在，有离子状态、可溶性盐和不溶性盐等形式；有些矿物质在食品中往往以螯合物或复合物的形式存在。食品中矿物质的存在形式会影响其生物可利用性。

一、矿物质的分类

食品中的矿物质按其对人体健康的影响可分为必需元素、非必需元素和有毒元素三类。必需元素是指这类元素存在于机体的健康组织中，含量比较稳定，对机体自身的稳定具有重要作用。当缺乏或不足时，机体出现各种功能异常现象。例如，缺铁导致贫血，缺硒出现白肌病，缺碘易患甲状腺肿等。当补充这种元素后，机体即可恢复正常或可防止出现异常。但必需元素摄入过多会对人体造成危害，引起中毒。非必需元素又称辅助营养元素。有毒元素是指能显著毒害机体的元素，当人体大量摄入被它们污染的食品后，会阻碍机体的生理功能及正常的代谢，造成人体中毒。

食品中的矿物质按在体内含量的多少可分为常量元素和微量元素两类。常量元素是指在人体内含量在0.01%以上的元素，如钙、镁、钾、钠、磷、氯、硫等，人们对它们的日常需求量在100mg/d以上；含量在0.01%以下的或日常需求量小于100mg/d的元素，称为微量元素，如碘、氟、铜、锌、锰、溴、铝、硅、镍、钴等。无论是常量元素还是微量元素，在适当的范围内对维持人体正常的代谢与健康都具有十分重要的作用。

二、矿物质元素在食品中的存在形式

（一）动物性食品中的矿物质

动物性食品包括畜禽乳类、肉类、蛋类、鱼贝类等。这一类食品为人类提供蛋白质、脂肪等多种营养成分，也是人类膳食中矿物质的良好来源。

食品中矿物质的分类、存在形式及其功能

1. 乳中的矿物质

乳中的矿物质含量约为 0.7%，其中钠、钾、钙、磷、硫、氯等含量较高，铁、铜、锌等含量较低。乳因富含钙常作为人体钙的主要来源。乳清中的钙占总钙的 30%且以溶解态存在；剩余的钙大部分与酪蛋白结合，以磷酸钙胶体形式存在；少量的钙与 α-乳清蛋白和 β-乳球蛋白结合而存在。钙之所以能维持酪蛋白的稳定主要是钙在磷酸根和酪蛋白磷酸基团之间形成“钙桥”。牛奶加热时钙、磷从溶解态转变为胶体态。牛奶中的主要矿物质含量如表 2-1 所示。

表 2-1　　牛奶中主要矿物质含量

矿物质	范围/（mg/100g）	平均值/（mg/100g）	溶解相分布/%	胶体相分布/%
总钙	110.9～120.3	117.7	33	67
离子钙	10.5～12.8	11.4	100	0
镁	11.4～13.0	12.1	67	33
钠	47～77	58	94	6
钾	113～171	140	93	7
磷	79.8～101.7	95.1	45	55
氯	89.8～127	104.5	100	0

2. 肉中的矿物质

肉类是矿物质的良好来源，牛肉中的矿物质含量如表 2-2 所示。其中钾、钠、磷含量相当高，铁、铜、锰、锌含量也较多。肉中的矿物质有的呈溶解状态，有的呈不溶解状态。不溶解的矿物质元素与蛋白质结合在一起。肉在解冻时由于滴汁发生钠的大量损失，而钙、磷、钾损失较小。

表 2-2　　牛肉中矿物质含量　　单位：mg/100g

矿物质	含量	矿物质	含量
全钙	86	可溶性无机盐	95.2
可溶性钙	38	钠	168.0
全磷	24.2	钾	244.0
可溶性磷	17.7	氯	48.0
全无机磷	233		

3. 蛋中的矿物质

蛋类含人体所需的各种矿物质，钙主要存在于蛋壳中，其他矿物质主要存在于蛋黄中，蛋清中的矿物质含量较低。蛋黄中富含铁和磷，但由于卵黄磷蛋白的存在大大影响了铁在人体内的生物利用率。

4. 鱼贝类中的矿物质

鱼贝类食品中的矿物质含量，因动物种类以及体内组织的不同而显示出很大的差异。在骨、鳞、甲壳、贝壳等硬组织中矿物质含量高；肌肉组织中含量相对较低。各种鱼中钾含量均较高；钠的含量在软体动物、甲壳类中高于海水鱼，海水鱼中又高于淡水鱼。真鲷鱼、鲍鱼、牡蛎、梭子蟹、青蟹中的钙含量较高，为 131～280mg/100g。各种鱼中镁含量差异不大，一般在20～80mg/100g。磷含量一般在 130～250mg/100g，真鲷鱼中含量特别高（304mg/100g），乌贼中含量相对较低（19mg/100g）。

（二）植物性食品中的矿物质

植物性食品中的矿物质分布不均匀。谷类食品中的矿物质主要集中在麸皮或米糠中，胚乳中含量很低（表 2-3），当谷物精加工时会造成矿物质的大量损失。豆类食品钾、磷含量较高，是人体的优质来源（表 2-4），但大豆中 70%～80%的磷与植酸结合，影响了人体对其他矿物质如钙、锌等的吸收。

表 2-3　　小麦不同部位中矿物质含量

部位	磷/%	钾/%	钠/%	钙/%	镁/%	锰/(mg/kg)	铁/(mg/kg)	铜/(mg/kg)
全胚乳	0.10	0.13	0.002 9	0.017	0.016	24	13	8
全麦麸	0.38	0.35	0.006 7	0.032	0.11	32	31	11
中心部分	0.35	0.34	0.005 1	0.025	0.086	29	40	7
胚尖	0.55	0.52	0.003 6	0.051	0.13	77	81	8
残余部分	0.41	0.41	0.005 7	0.036	0.13	44	46	12
整麦粒	0.44	0.42	0.006 4	0.037	0.11	49	54	8

表 2-4　　大豆（干重）中矿物质含量　　单位:%

矿物质	范围	平均值
灰分	3.30～6.35	4.60
钾	0.81～2.39	1.83
钙	0.19～0.30	0.24
镁	0.24～0.34	0.31
磷	0.50～1.08	0.78
硫	0.10～0.45	0.24
氯	0.03～0.04	0.03
钠	0.14～0.61	0.24

蔬菜中的矿物质以钾最高（表 2-5），而水果中的矿物质含量低于蔬菜（表 2-6）。不同品种、产地的蔬菜和水果中矿物质含量有差异，主要是与植物富集矿物质的能力有关。虽然蔬菜和水果中水分高，矿物质含量低，但它们仍然是膳食中矿物质的一个重要来源。

表 2-5　部分蔬菜中矿物质含量　单位：mg/100g

蔬菜	钙	磷	铁	钾
菠菜	72	53	1.8	502
莴笋	7	31	2.0	318
茭白	4	43	0.3	284
苋菜（青）	180	46	3.4	577
苋菜（红）	200	46	4.8	473
芹菜（茎）	160	61	8.5	163
韭菜	48	46	1.7	290
毛豆	100	219	6.4	579

表 2-6　部分水果中矿物质含量　单位：mg/100g

水果	镁	磷	钾
橘子	10.2	15.8	175
苹果	3.6	5.4	96
葡萄	5.8	12.8	200
樱桃	16.2	13.3	250
梨	6.5	9.3	129
香蕉	25.4	16.4	373
菠萝	3.9	3	142

三、矿物质的主要生理功能

1. 机体的构成成分

食品中许多矿物质是构成机体必不可少的部分，例如钙、磷、镁、氟和硅等是构成牙齿和骨骼的主要成分；磷和硫存在于肌肉和蛋白质中；铁为血红蛋白的重要组成成分。

2. 维持内环境的稳定

作为体内的主要调节物质，矿物质不仅可以调节渗透压，保持渗透压的恒定以维持组织细胞的正常功能和形态；而且可以维持体内的酸碱平衡和神经肌肉的兴奋性。

3. 某些特殊功能

某些矿物质在体内作为酶的构成成分或激活剂。在这些酶中，特定的金属与酶蛋白分子牢固地结合，使整个酶系具有一定的活力，例如血红蛋白和细胞色素酶系中的铁，谷胱甘肽过氧化物酶中的硒等。有些矿物质是构成激素或维生素的原料，例如碘是甲状腺素不可缺少的元素，钴是维生素 B_{12} 的组成成分等。

4. 改善食品的品质

许多矿物质是非常重要的食品添加剂，它们对改善食品的品质意义重大。例如，Ca^{2+}

是豆腐的凝固剂，还可保持食品的质构；磷酸盐有利于增加肉制品的持水性和结着性；食盐是典型的风味改良剂等。

知识点二 食品中重要的矿物质

一、常量元素

1. 钠和钾

钠和钾的作用与功能关系密切，二者均是人体的必需营养素。钠作为血浆和其他细胞外液的主要阳离子，在保持体液的酸碱平衡、渗透压和水的平衡方面起重要作用；并与细胞内的主要阳离子钾共同维持细胞内外的渗透平衡，参与细胞的生物电活动，在机体内循环稳定的控制机制中起重要作用；在肾小管中参与氢离子交换和再吸收；参与细胞的新陈代谢。人们一般很少出现钠、钾缺乏症，但当钠摄入过多时会造成高血压。在食品工业中钠可激活某些酶如淀粉酶；诱发食品中典型咸味；降低食品的A_w，抑制微生物生长，起到防腐的作用；作为膨松剂改善食品的质构。钾可作为食盐的替代品及膨松剂。钠的主要食物来源是食盐和味精，钾的主要食物来源是水果、蔬菜和肉类。表 2-7 所示为动物性食品中的钠、钾含量。

表 2-7　　动物性食品中钠和钾的含量　　单位：mg/100g

食品名称	钾	钠
猪肉（后腿）	330	11
猪肝	230	20
牛肉（后腿）	330	11
牛奶	157	49
鸡肉	340	12
鸡蛋	60	73
鸭蛋	60	82
带鱼	220	112
鲤鱼	359	44
黄鳝	325	47
对虾	150	20

2. 钙和磷

钙和磷也是人体必需的营养素。体内 99%的钙和 80%的磷以羟基磷酸钙的形式存在于骨骼和牙齿中。钙对血液凝固、神经肌肉的兴奋性、细胞的黏着、神经冲动的传递、细胞膜功能的维持、酶反应的激活以及激素的分泌都起着决定性的作用。磷作为核酸、磷脂、辅酶的组成部分，参与碳水化合物和脂肪的吸收与代谢。人体缺钙时，幼年易患佝偻病，成年或老年易患骨质疏松症。一般很少出现磷缺乏症。由于钙能与带负电荷的大分子形成凝胶，如低甲氧基果胶、大豆蛋白、酪蛋白等，加入罐用配汤可提高罐装蔬菜的坚硬性，因此，在食品工业中广泛用作质构改良剂。磷在软饮料中用作酸化剂；三聚磷酸钠有助于改善肉的持水性；在剁碎肉和加工干酪时使用磷可起到乳化助剂的作用。此外，磷还可充当膨松剂。钙的主要来源有乳及其制品、绿色蔬菜、豆腐、鱼和骨等；磷主要来源于动物性食品。植物性食品中含有大量的磷，但大多数以植酸磷的形式存在（表2-8），难以被人体消化与吸收。可通过发酵或浸泡方式将其水解，释放出游离的磷酸盐，从而提高磷的生物利用率。

表 2-8　　植物性食品中植酸磷的含量　　单位：g/kg 干物质

食品	总磷	植酸磷	食品	总磷	植酸磷
大米	3.5	2.4	豌豆	3.8	1.7
小米	3.5	1.91	大豆	7.1	3.8
小麦	3.3	2.2	马铃薯	1.0	0
玉米	2.8	1.9	燕麦	3.6	2.1
高粱	2.7	1.9	大麦	3.7	2.2

3. 镁

镁虽然是常量元素中体内总含量较少的一种元素，但具有非常重要的生理功能。镁是骨骼和牙齿的重要组成成分之一，它与钙、磷构成骨盐，与钙在功能上既协同又对抗。当钙不足时镁可部分替代；当镁摄入过多时，又阻止骨骼的正常钙化。食品工业中镁主要用作颜色改良剂。在蔬菜加工中常因叶绿素中的镁脱去生成脱镁叶绿素，使色泽变暗。膳食中的镁来源于全谷、坚果、豆类和绿色蔬菜中。一般很少出现镁缺乏症。

4. 硫

硫对机体的生命活动起着非常重要的作用，在体内主要作为合成含硫氨基酸如胱氨酸、半胱氨酸和甲硫氨酸的原料。食品工业中常利用 SO_2 和亚硫酸盐作为褐变反应的抑制剂；在制酒工业中广泛用于防止和控制微生物生长。硫分布广，富含含硫氨基酸的动植物食品是硫的主要膳食来源。

小资料

酸奶与牛奶的比较

热量：酸奶比牛奶热量稍高，因为酸奶加入了约7%的糖。全脂加糖酸奶热量为1000kJ/100g，全脂无糖酸奶795kJ/100g。

营养：酸奶和牛奶的差异不是很大，都是钙的最佳来源，也是蛋白质、维生素A、维生素D和B族维生素的良好来源。

保健功能：酸奶更好。酸奶有调节免疫、预防肠道感染疾病、改善胃肠功能的作用，是世界公认的健康食品。

减肥效果：从饱腹感来说，两者都很好。轻微饥饿时喝一杯牛奶或酸奶可以有效缓解迫切的食欲，可减少下一餐的进餐量，但饭后喝都没有减肥效果。

那么，究竟是酸奶好还是牛奶好？

酸奶的原料就是牛奶，鲜牛奶经巴氏消毒后加入有益的乳酸菌，经发酵制成酸奶。经过这样的加工后，促使人体对奶中营养成分的消化吸收大大增加，而且具有很好的保健功能。

二、微量元素

1. 锌

锌主要通过体内某些酶类直接发挥作用来调节生命活动，例如 Cu/Zn 超氧化物歧化酶、RNA 聚合酶（Ⅰ、Ⅱ、Ⅲ）等。作为负责调节基因表达的反式作用因子的刺激物，参与 DNA、RNA 和蛋白质的代谢。锌与胰岛素、前列腺素、促性腺素等激素的活性有关；锌具有提高机体免疫力的功能，与人的视力及暗适应能力关系密切。一般动物性食品中锌的含量较高，肉中锌的含量为 20～60mg/kg，而且肉中的锌与肌球蛋白紧密连接在一起，提高肉的持水性。除谷类的胚芽外，植物性食品中锌含量较低，如小麦含 20～30mg/kg，且大多与植酸结合，不易被吸收与利用。水果和蔬菜中含锌量很低，大约 2mg/kg。有机锌的生物利用率高于无机锌。

2. 铁

铁是人体必需的微量元素，也是体内含量最多的微量元素。机体内的铁都以结合态存在（表 2-9），没有游离的铁离子存在。铁参与血红蛋白和肌红蛋白的构成；参与细胞色素氧化酶、过氧化氢酶的合成；维持其他酶类（如乙酰辅酶 A、黄嘌呤氧化酶等）活力以保持体内三羧酸循环顺利进行。在机体氧的运输、交换与组织呼吸中发挥重要作用。铁还影响体内蛋白质的合成，提高机体的免疫力。

表 2-9　人体内铁的分布

名称	总量/g	含铁量/mg	含铁百分率/%
血红蛋白	900	3100	73
肌红蛋白	40	140	3.3
细胞色素	0.8	3.4	0.08
过氧化氢酶	5	4.5	0.11
铁传递蛋白	7.5	3.0	0.07
铁蛋白和血铁黄素	3	690	16.4
未鉴定成分		300	7.1

食品工业中铁主要有以下几方面的作用。①催化剂：通过 Fe^{2+} 与 Fe^{3+} 催化食品中的脂类过氧化。②颜色改变剂：与多酚类形成绿色、蓝色或黑色复合物，在罐头食品中与 S^{2-} 形成黑色的 FeS；在肌肉中以其价态不同呈现不同的色泽，如 Fe^{2+} 呈红色，而 Fe^{3+} 呈褐色。③营养强化剂：在越来越多的食品中使用铁进行营养强化。不同化学形式的铁，其强化后

的生物可利用率也不同（表 2-10）。

表 2-10　不同化学形式铁的生物可利用率　单位：%

化学形式	相对生物可利用率	化学形式	相对生物可利用率
硫酸亚铁	100	焦磷酸铁	45
柠檬酸铁铵	107	还原铁	37
硫酸铁铵	99	氧化铁	4
葡萄糖酸亚铁	97	碳酸亚铁	2
柠檬酸铁	73		

动物性食品（如肝脏、肌肉、蛋黄）中富含铁，植物性食品（如豆类、菠菜、苋菜等）中含铁量稍高，其他含铁量较低，且大多数与植酸结合难以被吸收与利用。

3. 铜

人体中的铜大多数以结合状态存在，如血浆中大约有 90% 的铜以铜蓝蛋白的形式存在。铜通过影响铁的吸收、释放、运送和利用来参与造血过程。铜是体内许多酶的组成成分，如超氧化物歧化酶；对结缔组织的形成和功能具有重要作用；与毛发的生长和色素的沉着有关；促进体内释放许多激素，如促甲状腺激素、促黄体激素、促肾上腺皮质激素和垂体释放生长激素等；影响肾上腺皮质类固醇和儿茶酚胺的合成，并与机体的免疫有关。食品加工中铜可催化脂类过氧化、抗坏血酸氧化和非酶氧化褐变；作为多酚氧化酶的组成成分催化酶促褐变，影响食品的色泽。但在蛋白质加工中，铜可改善蛋白质的功能特性，稳定蛋白质的起泡性。绿色蔬菜、鱼类和动物肝脏中含铜丰富，牛奶、肉、面包中含量较低。食品中锌过量时会影响铜的利用。

4. 碘

碘在机体内主要通过构成甲状腺素而发挥各种生理作用。它活化体内的酶，调节机体的能量代谢，促进生长发育，参与 RNA 的诱导作用及蛋白质的合成。面粉加工焙烤食品时，KIO_3 作为面团改良剂，能改善焙烤食品质量。机体缺碘会产生甲状腺肿，幼儿缺碘会导致呆小病。海带及各类海产品是碘的丰富来源（表 2-11）。乳及乳制品中含碘量在 200~400μg/kg，植物中含碘量较低。食品加工中一些含碘食品，如海带长时间的淋洗和浸泡会导致碘的大量流失。内陆地区常会出现缺碘症状，沿海地区很少出现此情况。一般可通过营养强化碘的方法预防和治疗碘缺乏症。目前，通常使用强化碘盐，即在食盐中添加碘化钾或碘酸钾使每克食盐中碘量达 70μg。

表 2-11　部分食品中碘的含量　单位：μg/kg

食品	含量	食品	含量
海带（干）	240 000	蛏干	1 900
紫菜（干）	18 000	干贝	1 200
发菜（干）	11 000	淡菜	1 200
鱼肝（干）	480	海参（干）	6 000
蚶（干）	2 400	海蜇（干）	1 320
蛤（干）	2 400	龙虾（干）	600

5. 硒

硒能加强维生素 E 的抗氧化作用，但维生素 E 主要防止不饱和脂肪酸氧化生成氢过氧化物，而硒使氢过氧化物迅速分解成醇和水。硒还具有促进免疫球蛋白生成和保护吞噬细胞完整的作用。硒可能通过诱发神经细胞凋亡而降低细胞存活率。硒的生物利用率与硒化合物的形态有关（表 2-12），最活泼的是亚硒酸盐，但它化学性质最不稳定。许多硒化合物有挥发性，在加工中有损失。例如，脱脂奶粉干燥时大约损失 5%的硒。我国黑龙江克山县一带是严重缺硒地区，土壤中的含硒量仅为 0.06mg/kg，这些地区的人易患白肌病或大骨节病；而陕西的紫阳和湖北的恩施部分地区为高硒区，硒的含量为 0.08~45.5mg/kg，平均为 9.7mg/kg，常会出现硒中毒现象。硒的食物来源主要是动物内脏，其次是海产品、淡水鱼、肉类；蔬菜和水果中含量最低。硒缺乏及中毒与地理环境有关。

表 2-12　　无机化合物中硒的生物利用率

化合物	硒的价态	生物利用率/%
硒化钠	-2	44
硒	0	3
亚硒酸钠	+4	100
硒酸钠	+6	74

6. 铬

铬是人和动物必需的微量元素，在体内具有重要的生理功能。铬通过协同和增强胰岛素的作用，影响糖类、脂类、蛋白质及核酸的代谢。Cr^{3+} 在葡萄糖磷酸变位酶中起着关键性的作用。膳食中缺铬时导致一系列的代谢紊乱。例如，缺铬时血清胆固醇及血糖均升高，产生动脉粥样硬化，这主要与内皮细胞通透性增高有关。铬的最丰富来源是啤酒酵母，动物肝脏、胡萝卜、红辣椒等中含铬较多。有机铬易被吸收，铁、锌及植酸盐等妨碍铬的吸收，而锰、镁及草酸盐可促进铬的吸收。表 2-13 所示为部分食物中铬的含量。

表 2-13　　部分食物中铬的含量　　单位：ng/kg

食物	含量	食物	含量
麦麸	2.18	粗红糖	0.24~0.35
粗面粉	2.19	精白糖	0.02~0.13
全小麦	1.75	糖浆	0.75
细面粉	0.60	玉米糖	0.15
精面粉	0.23	葡萄糖	0.03
黑面包	0.40	蜂蜜	0.29
白面包	0.14		

7. 钴

钴可增强机体的造血功能，可能的途径如下。

（1）直接刺激作用　钴促进铁的吸收和贮存，使铁易进入骨髓被利用。

（2）间接刺激作用　钴能抑制细胞内许多重要的呼吸酶的活力，引起细胞缺氧，从而促使红细胞生成素的合成量增加，产生代偿性造血机能亢进。钴通过维生素 B_{12} 参与体内甲基的转移和糖代谢；钴还可以提高锌的生物利用率。食物中钴的含量变化较大。豆类中含量稍高，大约在 1.0mg/kg，玉米和其他谷物中含量很低，大约在 0.1mg/kg。

8. 其他微量元素

（1）锰　锰是体内精氨酸酶、丙酮酸羧化酶和锰超氧化物歧化酶（MnSOD）等的组成成分以及转葡萄糖苷酶、磷酸烯醇式丙酮酸羧基激酶和谷氨酰胺合成酶等的激活剂。锰参与体内蛋白质代谢，清除体内过多的 O_2^{2-}，与黏多糖中硫酸软骨素的合成有关；参与凝血酶原的合成以及抑制恶性肿瘤等。茶叶和咖啡中含量最高，为 300~600μg/mL；谷物、坚果、干果等含锰丰富，大约为 20μg/g；肉、鱼中含量较低，约为 0.2μg/g，蔬菜中含量为 0.5~2μg/kg。

（2）氟　氟是人体必需的微量元素，对牙齿和骨骼的形成和结构有重要作用，是唯一能降低儿童和成人龋齿患病率或减轻龋齿病情的营养素。适量的氟可促进铁的吸收，有利于体内钙、磷的利用，增强钙、磷在骨中的沉积，加强骨骼的形成，增强骨骼的硬度。此外，适量的氟能被牙釉质中的羟基磷酸钙吸附，形成坚硬质密的氟磷酸钙表面保护层，具防龋齿作用。海鱼中氟的含量高达 5~10mg/kg，干旱地区茶叶中含氟量为 100mg/kg。过量的氟会损害牙齿和骨骼，典型症状为牙氟中毒。

（3）钼　钼在体内作为黄嘌呤氧化酶、醛氧化酶和亚硫酸氧化酶的组成成分。其中黄嘌呤氧化酶、醛氧化酶参与细胞内电子传递，加速细胞色素 C 的还原作用；黄嘌呤氧化酶在核酸代谢中具有关键作用，主要催化体内的嘌呤化合物的氧化代谢，催化肝内的铁蛋白释放铁，加速铁进入血浆的过程，使 Fe^{2+} 很快氧化成 Fe^{3+}，并迅速与 β_1 球蛋白结合形成运铁蛋白运送至肝脏、骨髓以及其他细胞利用；钼还具有一定的防龋齿作用。一般谷物种子、豆类、乳及其制品、动物肝脏、肾脏富含钼，水果中含量很低。

（4）砷　一直以来，人们认为砷是有毒物质的同义词，但砷制剂作为治疗厌食、营养障碍、梅毒、神经痛、风湿病、哮喘、糖尿病、疟疾、结核病、皮肤病和各种血液疾病的特效药被人们广泛接受。砷影响甲硫氨酸、精氨酸形成的各种代谢物；影响不稳定甲基的代谢和某些酶的活力，使未致敏和植物血凝素刺激的人淋巴细胞 DNA 合成增加。此外，砷可能调节基因表达。亚砷酸盐可诱导细胞内产生某些蛋白质，如热休克蛋白与应激反应蛋白。谷类、豆类、蔬菜一般含砷在 0.1mg/kg 以下，但海产品含砷量较高。

（5）硼　硼也是人体必需的营养素。其生物学功能目前尚未完全清楚，但硼可能是代谢调节剂，通过与多种在有利部位、有羟基的底物或反应物形成复合物起作用，从而改变某些酶的活力。另外，硼影响细胞外钙的转运、由凝血酶激活大鼠血小板在细胞内释放钙以及植物细胞膜转运中的氧化还原作用。植物性食品中以非柑橘类水果、叶菜、果仁、豆类含硼丰富，肉、鱼、乳类含硼较少。

（6）镍　研究发现镍能促进红细胞的再生，调节体内激素的释放，增强体内某些酶的活力，影响体内矿物质的代谢，具有 DNA 和 RNA 结构的功能。富含镍的食物主要有巧克力、果仁、干豆和谷类。

（7）硅　硅主要通过影响软骨成分及最终的软骨钙化来影响骨的形成。缺乏时主要表现骨代谢异常。硅的最丰富来源是含高纤维的未精制的谷类及其制品、根茎类蔬菜。

（8）钒　钒在元素周期表中位于第 23 位，是一种白色的过渡性金属，性质极活泼。

矾对造血有影响，参与甲硫氨酸和体内甲基化的代谢过程，抑制胆固醇的合成，促进骨骼和牙齿的钙化。

(9) 铝　铝在地壳中含量很丰富，仅次于氧和硅。在体内铝对于各种元素的平衡和相互间的作用意义重大。铝可阻碍磷的吸收。有人提出铝与人的衰老有关，对此方面还需进行深入研究。

(10) 锗　研究表明，锗的最突出生理功能是有机锗的抗肿瘤活性。其丰富来源有麦麸、蔬菜及豆科种子等。

(11) 锡　在体内，锡主要影响血红素氧化酶的活力，与胸腺免疫及体内稳态平衡功能有关。其主要来源是罐头食品。

(12) 锶　食品中的锶进入人体后，作为骨骼和牙齿的正常组成成分参与骨骼的形成；锶与神经和肌肉的兴奋性有关。

(13) 钛　钛在自然界分布很广，在地壳中含量仅次于铝和铁。钛主要影响糖类、脂类和蛋白质的代谢，抑制体内酪氨酸酶的活力。主要来源于绿色蔬菜的叶片。

(14) 镉　微量元素镉是WHO确定为优先研究的食品污染物，联合国环境规划署提出12种具有全球性意义的危险化学物质，镉被列为首位。镉与铜、铁、锌具有拮抗作用，镉降低小肠对铁的吸收，抑制前运铁蛋白转化为铁蛋白，镉严重中毒时表现的普遍明显症状是贫血。虽然镉具有毒性作用，但在生理剂量内能发挥一定的生物学功能。例如，镉是体内某些酶的激活剂和抑制剂；可降低和消除黄曲霉毒素的毒害作用等。

(15) 汞　汞是一种白色液状金属，在室温下能蒸发。常见的有机汞主要用于农业杀菌剂。鱼是最能富集汞的生物，环境中某些微生物能将无机汞化合物转化成甲基汞化合物，甲基汞的毒性比无机汞大，当水源被汞污染后，水中微生物能将汞甲基化再转给鱼类，并通过食物链造成对人的危害。日本发生的两起严重的水俣病就是由环境汞污染所引起的。硒酸盐和亚硒酸盐能缓解汞的毒性。被汞污染的粮食，无论是碾磨还是不同烹调方法都不能将所含的汞除净；鱼体内的甲基汞，用冻干、油炸、干燥等方法均不能除净。所以长期食用被汞污染的食物容易发生中毒。

(16) 铅　铅是一种有毒的金属元素，它常常通过污染的食物和饮水进入体内。在大剂量下引起慢性中毒，导致神经系统、造血系统和血管的病变，而且还抑制血红蛋白的合成代谢以及一定程度的溶血，造成贫血。

小资料

食盐种类多，应如何选择？

(1) 低钠盐　以氯化钠、碘酸钾为原料，添加了一定量的氯化钾和硫酸镁。钠含量比普通精盐少了35%~40%，对防控高血压有一定帮助。适合中老年人、患有高血压的人及孕妇长期食用。

(2) 加碘盐　在普通食盐中添加碘化钾和碘酸钾制成。可防治地方性甲状腺肿、克汀病，但甲亢人群不宜食用。

(3) 加硒盐　在碘盐的基础上添加一定量的亚硒酸钠制成。硒具有抗氧化、延缓细胞老化、保护心血管健康及提高人体免疫力等功能。加入硒化物的食盐，对防止克山病、大骨节病有一定帮助。建议老年人和心血管病人食用。

（4）加锌盐 用葡萄糖酸锌与精盐均匀掺兑而成。建议因缺锌引起的发育迟缓、智力低下的儿童，以及食欲不振的老人和妊娠期妇女食用。

知识点三 食品加工中矿物质损失的原因及强化

一、食品加工中矿物质损失的原因

食品中矿物质的损失与维生素不同。矿物质在食品加工过程中不会因光、热、氧等因素分解，而是通过物理作用除去或形成另外一种不易被人体吸收与利用的形式。

1. 预处理

食品加工最初的整理和清洗会直接带来矿物质的大量损失，如水果的去皮、蔬菜的去叶等。

2. 精制

精制是造成谷物中矿物质损失的主要因素，因为谷物中的矿物质主要分布在糊粉层和胚组织中，碾磨时使矿物质含量减少。并且碾磨越精，损失越大（表 2-14）。需要指出的是由于某些谷物，如小麦外层所含的抗营养因子在一定程度上妨碍矿物质在体内的吸收，因此，需要适当进行加工，以提高矿物质的生物可利用率。

表 2-14 碾磨对小麦矿物质含量的影响

矿物质	含量/（mg/kg）				相对损失率/%
	全麦	面粉	麦胚	麦麸	
铁	43	10.5	67	47~78	76
锌	35	8	101	54~130	77
锰	46	6.5	137	64~119	86
铜	5	2	7	7~17	60
硒	0.6	0.5	1.1	0.5~0.8	16

3. 烹调

溶水流失是矿物质在加工过程中的主要损失途径。食品在烫漂或蒸煮等烹调过程中，遇水引起矿物质的流失，其损失多少与矿物质的溶解度有关（表 2-15）。烹调方式不同，对于同一种矿物质的损失影响也不同（表 2-16）。烹调中食物间的搭配对矿物质也有一定的影响。若搭配不当时会降低矿物质的生物可利用率。例如，含钙丰富的食物与含草酸盐较高的食物共同煮制，就会形成螯合物，大大降低钙在人体中的利用率。

表 2-15　　菠菜烫漂后矿物质的损失

矿物质	含量/（g/100g）		损失率/%
	未烫漂	烫漂	
钾	6.9	3	56
钠	0.5	0.3	43
钙	2.2	2.3	0
镁	0.3	0.2	36
磷	0.6	0.4	36
硝酸盐	2.5	0.8	70

表 2-16　　不同烹调方式对马铃薯中铜含量的影响

烹调方式	含量/（mg/100g 鲜重）
生鲜	0.21±0.10
煮熟	0.10
烤熟	0.18
油炸薄片	0.29
马铃薯泥	0.10
法式油炸	0.27

4. 加工设备和包装材料

食品加工中设备、用水和包装都会影响食品中的矿物质。例如，牛奶中镍含量很低，但经过不锈钢设备处理后镍的含量明显上升；罐头食品中的酸与金属器壁反应，生成氢气和金属盐，则食品中的铁和锡离子的浓度明显上升。

二、矿物质的营养强化

1. 矿物质营养强化概况

一种优质的食品应具有良好的品质属性，主要包括安全性、营养、色泽、风味和质地。其中营养是一重要的衡量指标。但是，没有一种天然食物含有人体需要的各种营养素，其中也包括矿物质。此外，食品在加工和贮藏过程中往往造成矿物质的损失。因此，为了维护人体的健康，提高食品的营养价值，有必要进行矿物质的营养强化。根据营养强化的目的不同，食品中矿物质的强化主要有三种形式：①矿物质的恢复。添加矿物质使其在食品中的含量恢复到加工前的水平。②矿物质的强化。添加某种矿物质，使该食品成为该种矿物质的丰富来源。③矿物质的增补。选择性地添加某种矿物质，使其达到规定的营养标准要求。

2. 矿物质强化的意义和作用

人们由于饮食习惯和居住环境等不同，往往会出现各种矿物质的摄入不足，导致各种不足症和缺乏症。例如，缺硒地区人们易患白肌病和大骨节病。因此，有针对性地进行矿物质的强化对提高食品的营养价值和保护人体的健康具有十分重要的作用。具体作用和意义有以下几点。

（1）弥补天然食物的营养缺陷。几乎没有一种天然食物能满足人体全部的营养需要，有针对地进行食品强化，补充所缺乏营养素，将大大提高食品营养价值，增进人体健康。

（2）补充食品在贮存、加工等过程中营养素的损失。

（3）适应不同人群生理及职业的需要。不同年龄、性别、工作性质及不同生理、病理状况的人，所需营养有所不同，对食品进行不同的营养强化可分别满足其营养需要。

（4）简化膳食处理，方便摄食。天然的单一食物仅含人体所需的部分营养素，要获得全面营养就需同时进食多种食物，将不同的食物进行搭配，制成方便食品或快餐食品。

（5）防病、保健及其他。从预防医学角度看，食品强化对预防和降低营养缺乏病有重要意义。

3. 食品矿物质强化的原则

食品进行矿物质强化必须遵循一定的原则，即从营养、卫生、经济效益和实际需要等全方面考虑。食品矿物质强化的原则可以具体分为以下几个方面。

（1）结合实际，有明确的针对性。在对食品进行矿物质强化时必须结合当地的实际，要对当地的食物种类进行全面的分析，同时对人们的营养状况作全面细致的调查和研究，尤其要注意地区性矿物质缺乏症，然后科学地选择需要强化的食品，矿物质强化的种类和数量。

（2）选择生物利用率较高的矿物质。在进行矿物质营养强化时，最好选择生物利用率较高的矿物质。例如，钙强化剂有氯化钙、碳酸钙、磷酸钙、硫酸钙、柠檬酸钙、葡萄糖酸钙和乳酸钙等。其中人体对乳酸钙的生物利用率最好。强化时应尽量避免使用那些难溶解、难吸收的矿物质，如植酸钙、草酸钙等。另外，还可使用某些含钙的天然物质如骨粉及蛋壳粉。因为骨粉含钙30%左右，其钙的生物利用率为83%；蛋壳粉含钙38%，其生物利用率为82%。

（3）应保持矿物质和其他营养素间的平衡。食品进行矿物质强化时，除考虑选择的矿物质具有较高的生物利用率外，还应保持矿物质与其他营养素间的平衡。若强化不当会造成食品各营养素间新的不平衡，影响矿物质以及其他营养素在体内的吸收与利用。

（4）符合安全卫生和质量标准。食品中使用的矿物质强化剂要符合有关的卫生和质量标准，同时还要注意使用剂量。一般来说，生理剂量是健康人所需的剂量或用于预防矿物质缺乏症的剂量；药理剂量是指用于治疗缺乏症的剂量，通常是生理剂量的10倍；而中毒剂量是可引起不良反应或中毒症状的剂量，通常是生理剂量的100倍。

（5）不影响食品原来的品质属性。食品大多具有美好的色、香、味等感官性状，在进行矿物质强化时不应损害食品原有的感官性状而致使消费者不能接受。根据不同矿物质强化剂的特点，选择被强化的食品与之配合，这样不但不会产生不良反应，而且还可提高食品的感官性状和商品价值。例如，铁盐色黑，当用于酱或酱油强化时，因这些食品本身具有一定的颜色和味道，在合适的强化剂量范围内，可以完全不会使人们产生不快的感觉。

（6）经济合理，有利于推广。矿物质强化的目的主要是提高食品的营养和保持人们的健康。一般情况下，食品的矿物质强化需要增加一定的成本。因此，在强化时应注意成本和经济效益，否则不利于推广，达不到应有的目的。

重点小结

矿物质元素是人体必需的营养素，对人体健康起着不可替代的作用。本模块先从矿物质的分类、矿物质在食品中的存在形式、矿物质的主要生理功能等方面对食品中的矿物质做了概述；然后对食品中常见的一些重要的矿物质进行详细讲解，包括食品中常量元素和微量元素在人体内的含量、主要生理功能、作用原理及食品来源；最后，依据矿物质元素在食品加工中会造成一定的损失率，并且目前没有一种天然食物含有人体需要的各种营养素的状况，对食品中的矿物质进行营养强化。在遵循一定强化原则的前提下，有针对性地进行矿物质的强化可以提高食品的营养价值、实现食品的多样性、开发生产特定的营养保健食品。

技能训练

技能训练一 粗灰分的测定（干式灰化法）

一、目的要求

（1）了解粗灰分测定的意义和原理。
（2）掌握粗灰分干式灰化法操作技术和注意事项。
（3）学会分析影响实验测定准确性的因素。

二、实验原理

将食品样品灼烧，使其中的有机物氧化成 CO_2、H_2O 及 N、S 的氧化物挥发掉，无机盐类转变成金属氧化物残留下来，这部分残留物就是灰分。由于有机物燃烧不完全，有残余的碳存在，故称为粗灰分。除去残余碳后，称为真灰分。

通过灼烧的手段分解食品样品的方法，称为干式灰化法。

三、实验材料和仪器

（1）实验材料　水果、蔬菜、其他加工食品。
（2）实验仪器　瓷坩埚、长柄坩埚钳、干燥器、马弗炉、电炉、分析天平。

四、操作步骤

（1）将洗净的瓷坩埚放入马弗炉中，在 500~600℃灼烧 0.5h，冷却至 200℃后，用长柄坩埚钳将其取出，放入干燥器中冷却到室温后，精确称重 m_0。

（2）取固体样品 2~5g，或液体样品 5~10g，放入坩埚中，称重 m_1，然后在电炉上加热使样品炭化至无烟。易发泡的含糖、淀粉、蛋白质等较多的样品，可预先在样品中滴加几滴纯植物油。

液体样品先在水浴上蒸干，再放电炉上加热，直至炭化。

（3）将坩埚移至马弗炉中，在（525±25）℃下灼烧灰化至碳微粒消失，样品呈灰白色止，冷却至200℃后，用长柄坩埚钳取出坩埚，放入干燥器中冷却至室温。精确称重。再灼烧1h，冷却、称重，两次称重相差不超过0.5mg为恒重 m_2。

五、结果计算

$$粗灰分\% = \frac{m_2 - m_0}{m_1 - m_0} \times 100\% \qquad (2-1)$$

式中 m_0——坩埚质量，g；

m_1——坩埚和样品质量，g；

m_2——坩埚和粗灰分质量，g。

六、注意事项

（1）坩埚在使用前应先用稀盐酸煮沸1h，洗净，烘干后再使用。

（2）灼烧温度过高或升温太快，会引起钠、钾的氯化物挥发损失，而且钠、钾的磷酸盐和硅酸盐也易熔融而把碳粒包藏起来不易烧尽。

七、思考题

（1）粗灰分测定的基本原理是什么？

（2）分析影响测定结果准确性的因素有哪些？

技能训练二 矿泉水中氯化物的测定

一、目的要求

（1）了解硝酸银滴定法的原理和方法。

（2）学会氯化钠标准溶液的配制。

二、实验原理

硝酸银与氯化物作用生成氯化银沉淀，当有多余的硝酸银存在时，则与铬酸钾指示剂反应，生成红色铬酸银沉淀，指示反应达到终点。

三、实验试剂

（1）硝酸银标准溶液 配制：称取2.4g硝酸银，溶于纯水中，并定容至1000mL。标定：将氯化钠置于坩埚内，于140℃烘干。冷却后称取8.2420g，加水溶解并定容至1000mL。吸取10.0mL用纯水定容至100mL，此溶液含氯化物0.500g/L，为氯化钠标准溶液。

吸取25.00mL氯化钠标准溶液于三角瓶，加纯水25mL，加入铬酸钾指示剂1mL，用硝酸银标准溶液滴定，直至产生淡橘黄色为止。用50mL纯水同时做空白试验。

每毫升硝酸银相当氯化物（Cl^-）的质量（mg）可据式（2-2）计算：

$$T=\frac{25\times0.500}{V_2-V_1} \tag{2-2}$$

式中 T——每毫升硝酸银相当氯化物（Cl^-）含量，mg/mL；

V_1——空白消耗的硝酸银标准溶液体积，mL；

V_2——氯化钠标准溶液消耗的硝酸银标准溶液体积，mL。

校正硝酸银标准溶液浓度，使1.00mL相当于0.500mg氯化物（Cl^-）。

（2）铬酸钾溶液　称取5g铬酸钾溶于少量纯水中，加入硝酸银溶液至红色不褪，混匀，放置过夜后过滤。将过滤液用纯水稀释至100mL。

（3）氢氧化铝悬浮液　称取12.5g硫酸铝钾或硫酸铝铵，溶于1000mL纯水中，加热至60℃，缓慢加入55mL浓氨水，使氢氧化铝沉淀。充分搅拌后静置，弃去上层清液。反复用纯水洗涤沉淀。至倾出液不含氯离子（用硝酸银检定）为止。最后加入300mL纯水成悬浮液。使用前振荡均匀。

（4）酚酞指示剂　称取0.5g酚酞，溶于50mL 95%乙醇中，加入50mL纯水，再滴加0.05mol/L氢氧化钠溶液，使溶液呈微红色。

四、操作步骤

（1）水样处理　如水样带有颜色，则取150mL水样，置于250mL三角瓶中，加入2mL氢氧化铝悬浮液，振荡均匀后过滤，弃去最初滤下的20mL。

如水样含有亚硫酸盐和硫化物，则用0.05mol/L氢氧化钠溶液将水样调节至中性或弱碱性，加入1mL 30%过氧化氢溶液搅拌均匀。

如水样的耗氧量超过15mg/L，可加入少许高锰酸钾晶体，煮沸。加入数滴乙醇以除去多余的高锰酸钾，然后过滤。

（2）样品测定　取50mL原水样或经过预处理的水样（若氯化物含量高，可取适量的水样，用纯水稀释至50mL），置于三角瓶中，另取一个三角瓶，加入50mL纯水。

若水样pH小于5.3或大于10时，应预先用碱或酸调节至中性或弱碱性，分别加入2滴酚酞指示剂，用0.025mol/L硫酸溶液或0.05mol/L氢氧化钠溶液调节至溶液由红色刚变至无色。再各加1mL铬酸钾溶液，用硝酸银标准溶液滴定，直至产生橘黄色为止。

五、结果计算

$$\text{氯化物含量（mg/L）}=\frac{(V_2-V_1)\times T\times0.500\times1000}{V} \tag{2-3}$$

式中 V_1——纯水空白消耗硝酸银标准溶液体积，mL；

V_2——水样消耗硝酸银标准溶液体积，mL；
V——所取水样体积，mL；
T——每毫升硝酸银相当氯化物含量，mg/mL。

六、注意事项

溴化物及碘化物均能起相同反应，但其在矿泉水中一般含量较低。硫化物、亚硫酸盐、硫代硫酸盐及样品耗氧量超过 15mg/L 时，可干扰测定。硫化物可用过氧化氢氧化除去干扰。耗氧量较高的水样可用高锰酸钾氧化或蒸干灰化等方法处理。

七、思考题

（1）为什么要检测水中的氯化物？
（2）硝酸银滴定法测定氯化物的原理是什么？

思政案例

贫困地区儿童营养改善项目

针对我国贫困地区儿童普遍存在的营养不良问题，国家卫健委和中华全国妇女联合会联合实施了贫困地区儿童营养改善项目，采用大豆为基质，添加了维生素 A、维生素 D、维生素 B_1、维生素 B_2、维生素 B_{12}、叶酸、铁、锌、钙 9 种微量营养素的婴幼儿辅食营养补充品（营养包），每天 1 包，为 6~24 月龄婴幼儿补充营养素，同时普及婴幼儿科学喂养知识与技能，改善贫困地区儿童营养和健康状况。研究结果表明，营养包对提高贫困地区婴幼儿机体免疫力、预防贫困地区婴幼儿贫血与缺锌效果显著，应广泛使用。

参考文献：侯丽娟，崔久玉，孙洪. 微课程思政在《食品营养与卫生》微课制作中的应用［J］. 河北旅游职业学院学报. 2022，27（03）：81-84.

育人目标：此案例对本模块的学习有总览作用。儿童作为国家的未来，其健康受到了重点关注。通过此案例可明白知识的学习可服务大众，报效祖国。

复习思考

1. 矿物质在生物体内的功能有哪些？
2. 为什么面粉发酵后可提高矿物质的利用率？
3. 简述铁的生理功能及在食品中的应用。
4. 简述碘的生理功能、缺乏症以及预防方法。
5. 简述硒的生理功能及典型缺乏症。
6. 简述矿物质在食品加工中的损失途径。
7. 简述矿物质营养强化的三种方式。
8. 矿物质营养强化应注意哪些问题？

模块三

食品中的蛋白质

学习目标

【知识目标】

1. 了解氨基酸的结构、蛋白质的结构和分类。

2. 理解蛋白质的理化性质及功能性质。

3. 掌握蛋白质在食品加工和贮藏中发生的物理、化学和营养变化。

4. 会应用蛋白质的性质预防食品在加工和贮藏中发生的不良变化。

【素质目标】

通过学习蛋白质的胶凝功能，了解中国传统手工豆腐的制作过程，增长传统饮食文化知识，增强对中华文化的认同感和自豪感。

学习导图

- 食品中的蛋白质
  - 基础知识
    - 氨基酸
      - 氨基酸的结构和特点
      - 氨基酸的分类
      - 氨基酸的理化性质
    - 蛋白质的结构及性质
      - 蛋白质的结构
      - 蛋白质的理化性质
      - 蛋白质的分类
    - 蛋白质在食品加工中的功能性质
      - 水合作用
      - 溶解度
      - 黏度
      - 凝胶作用
      - 质构化
      - 面团的形成
      - 乳化作用
      - 发泡作用
      - 与风味物质的结合
      - 蛋白质的其他功能性质
    - 食品加工对蛋白质功能和营养价值的影响
      - 蛋白质在热处理下的变化
      - 蛋白质在低温处理下的变化
      - 蛋白质在碱处理下的变化
      - 蛋白质在氧化处理下的变化
      - 蛋白质在脱水处理下的变化
      - 蛋白质在辐照处理下的变化
      - 蛋白质在机械处理下的变化
    - 常见食品蛋白质
      - 肉类蛋白质
      - 胶原蛋白和明胶
      - 乳蛋白质
      - 卵蛋白质
      - 鱼肉中的蛋白质
      - 谷物类蛋白质
      - 大豆蛋白质
    - 蛋白质新资源
      - 单细胞蛋白质
      - 叶蛋白质
      - 动物浓缩蛋白质
  - 技能训练
    - 蛋白质两性性质及等电点的测定
    - 蛋白质的功能性质——水溶性、乳化性、起泡性、凝胶作用
    - 羰氨反应速度的影响因素

蛋白质的种类繁多，但组成蛋白质的主要元素是碳、氢、氧、氮四大类，有些蛋白质还含有硫、磷等元素，少数蛋白质还含有铁、铜、碘、锌和钼等。蛋白质元素组成的一个特点为，蛋白质的平均含氮量为16%，这也是凯氏定氮法的计算基础。

$$\text{蛋白质含量}=\text{含氮量}\times 6.25 \qquad (3-1)$$

式中6.25为16%的倒数，是1g氮所代表的蛋白质的含量（g）。故可以通过检测某一食品的含氮量，从而间接地测出其蛋白质的含量。

蛋白质分子质量大、种类多、结构复杂，蛋白质在酸、碱、酶的作用下水解，得到的最终产物都是氨基酸。因此，认定氨基酸是组成蛋白质的基本单位。

基础知识

知识点一 氨基酸

氨基酸是指含有氨基的羧酸。各种蛋白质所含的氨基酸的数目和种类都各不相同。

一、氨基酸的结构和特点

组成蛋白质的20种氨基酸的结构可以用下面通式表示：

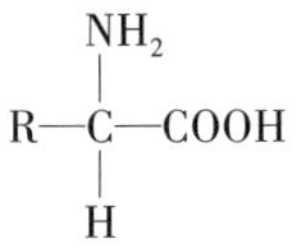

20种基本氨基酸的分子结构的共同特点如下：①除脯氨酸外，都是α-氨基酸（羧酸分子中α碳原子上的一个氢原子被氨基取代而形成的化合物），彼此的区别主要在于R基团的结构和性质的不同。②除甘氨酸外，都是L-氨基酸。细胞中虽然也存在某些D-氨基酸，但不参与蛋白质分子的组成，在一些小肽等生理活性分子中存在。③每一种氨基酸都与RNA存在着特殊关系，这种特殊的关系是氨基酸准确参加蛋白质分子生物合成的保证。

二、氨基酸的分类

氨基酸的分类依据很多，通常是依据R基团的性质和结构进行分类，方法有：①依据R基团的酸、碱性分为中性、酸性和碱性氨基酸。②依据R基团的化学结构分为脂肪族、芳香族和杂环族氨基酸。③依据R基团的带电性分为疏水性R基团氨基酸、不带电荷R基团氨基酸和带电荷R基团氨基酸。

组成蛋白质的20种氨基酸的结构及分类如表3-1所示。

表 3-1　　组成蛋白质的 20 种氨基酸的结构及分类

分类及名称	简写符号	结构式	相对分子质量	等电点（p*I*）
中性氨基酸				
（1）脂肪族氨基酸				
甘氨酸	Gly	CH_2—COOH | NH_2	75.05	5.97
丙氨酸	Ala	CH_3—CH—COOH | NH_2	89.06	6.0
缬氨酸	Val	CH_3 \\ CH—CH—COOH /　　| CH_3　　NH_2	117.09	5.96
亮氨酸	Leu	CH_3 \\ CH—CH_2—CH—COOH /　　　　| CH_3　　　　NH_2	131.11	5.98
异亮氨酸	Ile	CH_3—CH_2—CH—CH—COOH |　　| CH_3　NH_2	131.11	6.02
（2）含羟基氨基酸				
丝氨酸	Ser	HO—CH_2—CH—COOH | NH_2	105.6	5.68
苏氨酸	Thr	CH_3—CH—CH—COOH |　　| OH　NH_2	119.08	6.17
（3）含巯基氨基酸				
半胱氨酸	Cys	HS—CH_2—CH—COOH | NH_2	121.12	5.07
甲硫氨酸	Met	CH_3—S—CH_2—CH_2—CH—COOH | NH_2	149.15	5.47
（4）芳杂环氨基酸				
脯氨酸	Pro	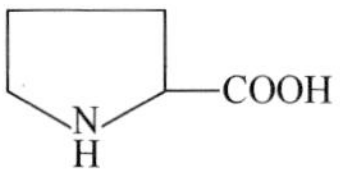	115.13	6.30
苯丙氨酸	Phe	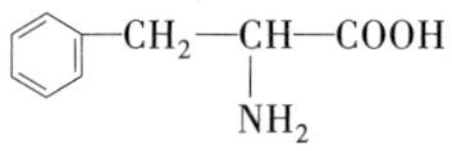	165.09	5.48
酪氨酸	Tyr	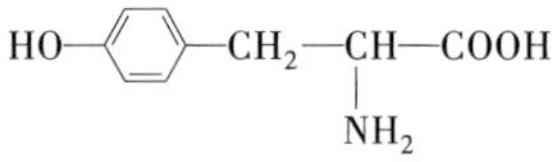	181.09	5.66

续表

分类及名称	简写符号	结构式	相对分子质量	等电点（p*I*）
中性氨基酸				
（4）芳杂环氨基酸				
色氨酸	Trp	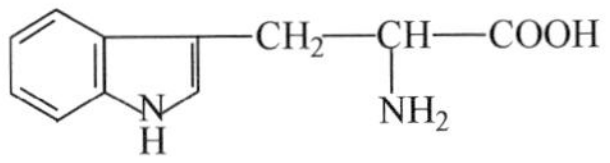	204.22	5.89
天冬酰胺	Asn	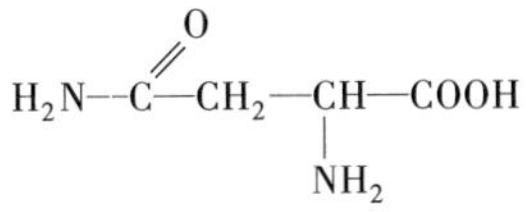	132.12	5.41
谷氨酰胺	Gln	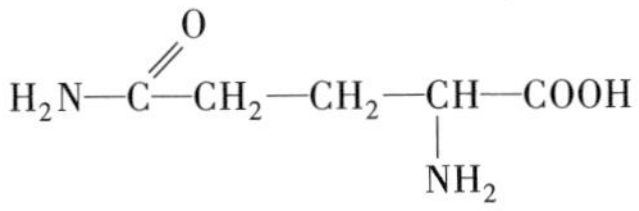	146.15	5.65
酸性氨基酸				
天冬氨酸	Asp	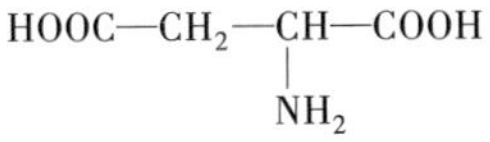	133.60	2.77
谷氨酸	Glu	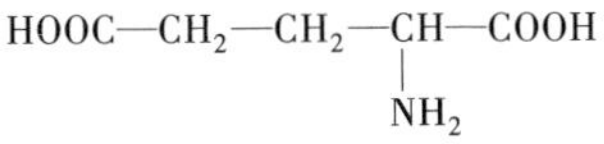	147.08	3.22
碱性氨基酸				
精氨酸	Arg	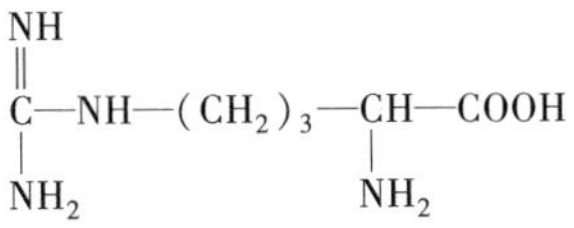	174.14	10.76
组氨酸	His	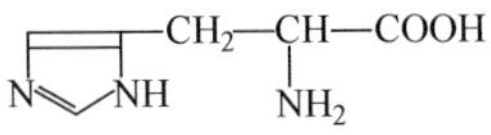	155.16	7.59
赖氨酸	Lys	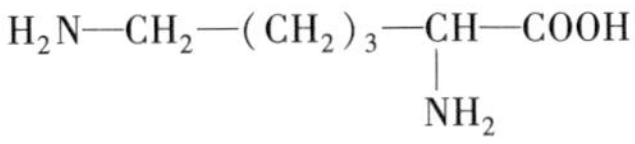	146.13	9.14

三、氨基酸的理化性质

（一）氨基酸的物理性质

1. 溶解度

氨基酸一般都溶于水，不溶或微溶于醇，不溶于乙醚。但酪氨酸微溶于凉水而在热水中溶解度大，胱氨酸难溶于凉水和热水，脯氨酸和羟脯氨酸溶于乙醇和乙醚。所有的氨基酸都能溶于强酸或强碱的溶液中。

2. 熔点

在有机化合物中，氨基酸属于高熔点化合物，一般氨基酸的熔点超过 200℃，个别的超过 300℃。许多氨基酸在达到或接近熔点时或多或少地会发生分解。

3. 旋光性

除甘氨酸外，其他的氨基酸分子内至少有一个不对称碳原子，因此具有旋光性。大多数天然存在的氨基酸其不对称碳的构型与 L−甘油醛相同，属于 L−氨基酸。

4. 味感

氨基酸的味感与其立体构型有关。D−氨基酸多数带有甜味，甜味最强的是 D−色氨酸，可达蔗糖的 40 倍；L−氨基酸有甜、苦、鲜、酸四种不同味感。

（二）氨基酸的化学性质

氨基酸和蛋白质分子中的反应基团主要有三类：氨基、羧基和侧链的反应基团（巯基、酚羟基、羟基、硫醚基、咪唑基和胍基），其中有的反应改善它们的亲水性、疏水性或功能特性；还有一些反应被用作氨基酸和蛋白质的定量分析，如氨基酸与茚三酮、邻苯二甲醛或荧光胺的反应是氨基酸定量分析中常用的反应。

1. 氨基酸的等电点

氨基酸分子中同时含有羧基（酸性）和氨基（碱性），它既能像酸一样解离，也能像碱一样解离。因此，当氨基酸溶解于水时，可表现出酸的行为：

$$R{-}\underset{\underset{^{+}NH_3}{|}}{CH}{-}COO^- \rightleftharpoons H^+ + R{-}\underset{\underset{NH_2}{|}}{CH}{-}COO^-$$

又可表现出碱的性质：

$$R{-}\underset{\underset{^{+}NH_3}{|}}{CH}{-}COO^- + H^+ \rightleftharpoons R{-}\underset{\underset{^{+}NH_3}{|}}{CH}{-}COOH$$

在酸性溶液中，羧基的解离受到抑制，而易获得一个氢离子变成正离子，氨基酸主要以正离子状态存在，在电场作用下移向阴极；反过来，在碱性溶液中，氨基酸主要以负离子状态存在，在电场作用下移向阳极。

$$\underset{\text{酸性}}{^{+}NH_3{-}CH_2{-}COOH} \underset{H^+}{\overset{K_1}{\rightleftharpoons}} \underset{\text{中性}}{^{+}NH_3{-}CH_2{-}COO^-} \underset{H^+}{\overset{K_2}{\rightleftharpoons}} \underset{\text{碱性}}{NH_2{-}CH_2{-}COO^-}$$

就某一种氨基酸而言，当溶液的酸碱度达到一定的 pH 时，氨基酸中的氨基和羧基的解离程度完全相同，氨基酸就以电中性的偶极离子状态存在，此时，它既不向阴极移动，也不向阳极移动，这时溶液的 pH 就称为该氨基酸的等电点，用 p*I* 表示。中性氨基酸的等电点在 5~6.3，酸性氨基酸的等电点在 2.8~3.2，碱性氨基酸的等电点在 7.6~10.8。在等电点时，氨基酸的溶解度最小，易于结晶沉淀。

2. 成肽反应

一个氨基酸分子中的羧基和另一个氨基酸分子中的氨基通过脱水缩合，形成酰胺键，又称肽键（图 3−1）。

此反应产物称为肽，由两个氨基酸组成的肽称为二肽，二肽中的游离氨基和羧基又可与另外的氨基酸的氨基及羧基作用，形成三肽、四肽，以至高分子多肽。肽键是蛋白质分

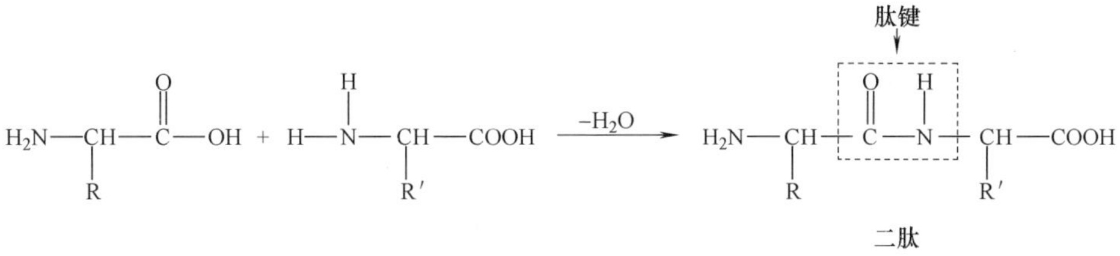

图 3-1　肽键的形成

子中氨基酸之间相互连接的基本方式。

3. 与金属离子的螯合作用

许多重金属离子如 Cu^{2+}、Co^{2+}、Mn^{2+}、Fe^{2+} 等和氨基酸作用产生螯合物。除了羧基以外，其他基团如—NH_2 和—SH 也参加反应。

4. 脱氨基反应

氨基酸经强氧化剂或酶的作用发生脱氨基反应生成酮酸。

5. 脱羧反应

氨基酸经高温或细菌作用发生脱羧反应而生成胺。

脱羧反应常发生在变质的鱼、肉类等蛋白质丰富的食物中。所以变质的食物不能食用，其中的原因之一是由于氨基酸的脱羧反应，其产物赋予食物不良的气味和毒性。

6. 褐变反应

氨基酸与还原糖在热加工过程中生成类黑色物质，此反应称为美拉德反应。所有食品都有可能发生此反应。

7. 与茚三酮反应

在氨基酸的分析化学中，具有特殊意义的是氨基酸与茚三酮的反应。茚三酮在弱酸性溶液中与氨基酸共热，生成复合物，这些复合物大多数是蓝色或紫色，在 570nm 波长处有最大吸收值。仅脯氨酸和羟基脯氨酸生成黄色产物，最大吸收波长（λ_{max}）为 440nm。本反应常用于氨基酸的比色（包括荧光法）测定。

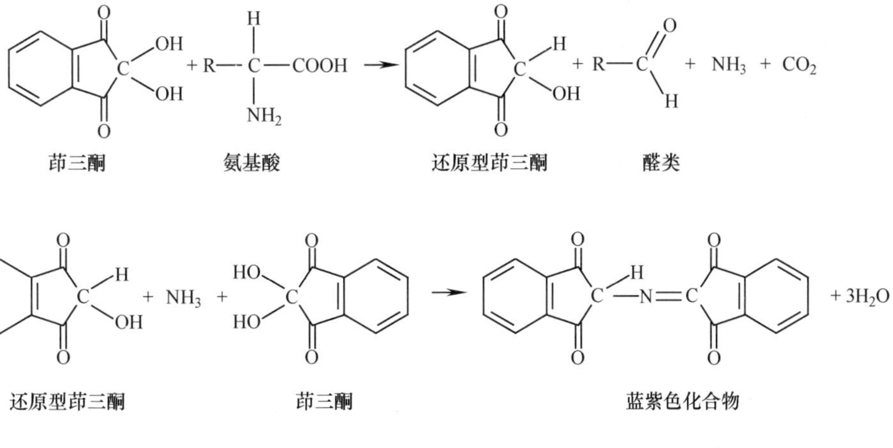

知识点二 蛋白质的结构及性质

一、蛋白质的结构

蛋白质是由天然氨基酸通过肽键连接而成的生物大分子。蛋白质分子的结构非常复杂，需要分层次描述，即一级、二级、三级、四级结构。有些蛋白质分子三级结构是其最高结构形式，有些蛋白质分子还需要由两个以上的三级结构单位缔合在一起，才成为具有完整生物功能的分子。每种蛋白质分子的结构都有其特性，这种特性表现在分子结构的各个层次上。

1. 一级结构

一级结构又称初级结构、基本化学结构或共价结构，1969 年国际纯粹与应用化学联合会（IUPAC）的定义为：一级结构即肽链中的氨基酸顺序。

构成蛋白质的氨基酸单体虽然只有 20 种，但是一个蛋白质分子中所含氨基酸的数目很多，这些氨基酸以不同顺序排列，就能构成很多种蛋白质。对每一种蛋白质来说，构成它的氨基酸的种类、数目和顺序都是一定的。

很多氨基酸依次通过肽键连接而成的链状结构称为多肽链。多肽链就是蛋白质分子的一级结构的基本结构形式。多肽链的每个氨基酸都因缩合脱水，成了不完整的氨基酸分子，又称氨基酸残基。肽链有两个游离的末端，分别称为氨基末端（或 N 末端）和羧基末端（或 C 末端）。有些蛋白质分子的一级结构是一条多肽链，有些蛋白质分子的一级结构是由两条以上的肽链组成的，如胰凝乳蛋白酶、胰岛素等。

蛋白质分子的一级结构中，除肽键连接之外，还配置有二硫键。二硫键是由两个半胱氨酸分子的巯基（—SH）脱氢氧化形成的“硫桥”（—S—S—），它对稳定蛋白质分子的空间结构起着重要作用。二硫键的配置属于一级结构的重要研究内容。由一条肽链组成的蛋白质分子，只有链内半胱氨酸间形成的二硫键。由两条以上肽链组成的蛋白质分子，除链内二硫键之外，链与链间也可形成二硫键。

2. 二级结构

蛋白质分子的二级结构是指肽链主链有规则的盘曲折叠所形成的构象。二级结构仅仅是主链构象，不讨论侧链基团的空间排布。

肽链中的 ＞C＝O 与位置合适的 ＞NH 间形成氢键，从而使肽链不是完全伸展的直链，而是盘曲折叠成多种形状。二级结构类型有：α-螺旋、β-折叠、β-发夹、Ω 环、三股螺旋、无规则卷曲等形式。其中 α-螺旋、β-折叠比较常见，如图 3-2 和图 3-3 所示。

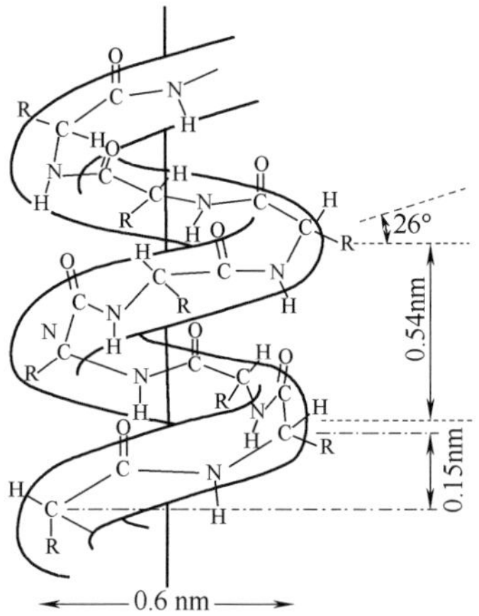

图 3-2　α-螺旋
R—氨基酸残基的侧链

α-螺旋每一圈包含 3.6 个氨基酸残基，螺旋之间形成链内氢键，氢键的取向与螺轴几乎平行。

β-折叠为不同肽链的结合，两条链之间形成氢键。

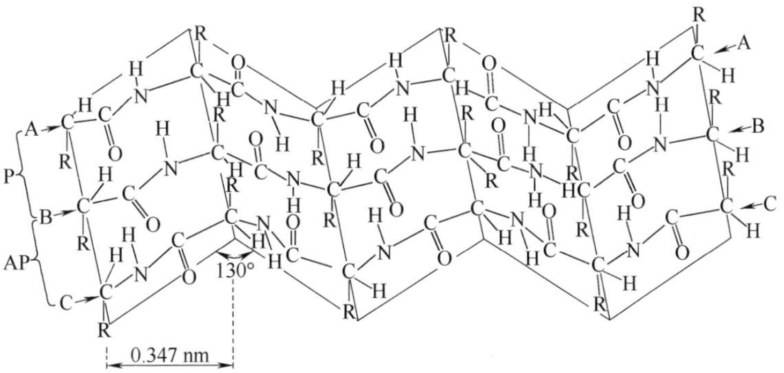

图 3-3　*β*-折叠

P—平行　*β*-折叠（A 链和 B 链之间）；AP—反平行　*β*-折叠（B 链和 C 链之间）

3. 三级结构

三级结构是蛋白质分子在二级结构基础上，在三维空间进一步盘曲折叠成紧密结构形成特定的近似球状的构象。三级结构包括蛋白质分子主链和侧链所有原子或原子团的空间排布关系。由于三级结构构象近似球形，分子中的亲水基团相对集中在球形分子的表面，疏水基团相对集中在分子内部，形成“亲水表面，疏水核”。

蛋白质三级结构维持稳定性的因素是氨基酸中的 R 基团间的相互作用，如疏水相互作用、二硫键、静电作用、氢键、范德华力等。

4. 四级结构

几条多肽链在三级结构的基础上缔结在一起所构成的聚合体，就是蛋白质的四级结构。并非所有的蛋白质分子都有四级结构。

四级结构的稳定性主要靠疏水相互作用，氢键、范德华力等也有不同程度的作用。大多数蛋白质只有在形成完整的四级结构之后，才能发挥正常的活性功能。

二、蛋白质的理化特性

蛋白质是由氨基酸组成的高分子化合物，理化性质一部分与氨基酸相似，如两性电离及等电点、呈色反应、成盐反应等。但也有一部分理化性质不同于氨基酸，如高分子质量、胶体性、沉淀、变性等。下面介绍蛋白质的两性解离和等电点、沉淀作用、变性作用及颜色反应。

1. 蛋白质的两性解离和等电点

蛋白质分子中有很多酸性解离基团和碱性解离基团，是具有两性解离性质的化合物。蛋白质分子中除末端残基的游离 α-氨基和 α-羧基外，还含有大量的侧链解离基团。如 Lys 残基的 ε-氨基、Arg 残基的胍基等可结合氢离子成为带正电荷的基团；Asp 残基的 β-羧基和 Glu 残基的 γ-羧基等能解离出氢离子成为带负电荷的基团。故蛋白质分子呈两性解离，其解离过程和带电状态取决于溶液的 pH。能使蛋白质分子所带正负电荷相等，净电荷等于零时溶液的 pH 称为蛋白质的等电点（pI）。当溶液 pH>pI 时，蛋白质带负电荷，反之则带正电荷，反应式如下：

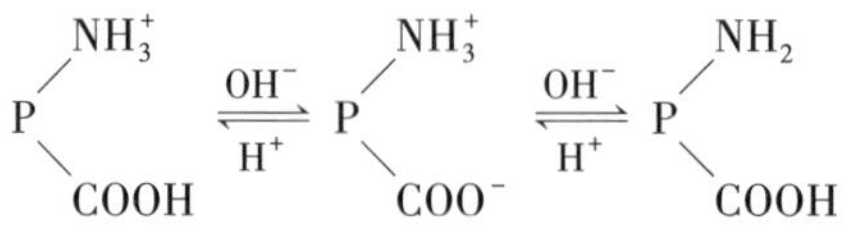

pH<p*I*　　pH=p*I*　　pH>p*I*

等电点是蛋白质的特征常数，各个蛋白质都有特定的等电点。蛋白质在等电点时溶解度最小，易从溶液中析出，利用此特点，可以进行蛋白质的分离。在食品加工中，把溶液的 pH 调至 4.5 左右，即酪蛋白的等电点时，酪蛋白就沉淀析出，利用这一原理，就可制备凝固型酸奶。

2. 沉淀作用

使蛋白质从溶液中析出的现象称为蛋白质沉淀作用。蛋白质胶体溶液的稳定性是有条件的、相对的。蛋白质胶体溶液具有两种稳定因素：胶体中蛋白质分子表面的水化层和电荷，若无外加条件，蛋白质分子不会互相凝集。然而，除掉这两个稳定因素（如调节溶液 pH 至等电点和加入脱水剂），蛋白质便容易凝集沉淀析出。沉淀出来的蛋白质有时是变性的，也可得到不变性的蛋白质。所以蛋白质的沉淀有可逆性沉淀与不可逆性沉淀两种。

可逆性沉淀是指用无机离子使蛋白质分子失去电荷或用有机溶剂使蛋白质分子脱水，造成蛋白质分子沉淀。当上述条件失去时，蛋白质分子的沉淀又能溶解到原来的水溶液中，其特点是，蛋白质分子没有发生显著的化学变化。常用无机离子来源于一些中性盐类，如硫酸铵、硫酸钠、氯化钠等。因为它们是强电解质，能以更强的水化作用破坏蛋白质表面的水层，从而使蛋白质沉淀下来，这种现象称为盐析。提取酶制剂时常用此法。盐析时若溶液 pH 在蛋白质的等电点时效果更好。常用的有机溶剂有乙醇、甲醇、丙酮等。在常温下有机溶剂易引起蛋白质变性。适当的 pH 和低温快速处理有利于防止变性。

不可逆性沉淀是指用化学方法（重金属、生物碱试剂或某些酸类）或物理方法（加压、加热和光照），使蛋白质发生永久性变性而形成的蛋白质分子的沉淀。常用的重金属有：汞、银、铅、铜等；沉淀条件要偏于碱性，即 pH>p*I*，这样可以使蛋白质分子有较多的负离子，以便与重金属离子结合成盐。常用的化学试剂有苦味酸、钨酸、鞣酸、碘化钾等；常用的酸有三氯乙酸、水杨磺酸、硝酸等。上述两类化学试剂的沉淀条件是 pH<p*I*，这样可以使蛋白质分子有较多的正离子，易与酸根结合成盐。蛋白质加热凝固，首先在于加热使蛋白质变性，有规则的肽链结构打开，呈松散状不规则的结构，分子不对称性增加，疏水基团暴露，进而凝聚成凝胶状的蛋白质块。

3. 蛋白质的变性作用

蛋白质的变性是蛋白质二级及其以上的高级结构在一定条件（加热、酸、碱、有机溶剂、重金属离子等）下遭到破坏而一级结构并未发生变化的过程。蛋白质变性所产生的影响有：①溶解度降低，原因是二级结构发生变化，疏水基团暴露于分子表面；②与水的结合能力降低；③生物活性（功能）丧失；④容易被水解；⑤黏度变大；⑥难以结晶。蛋白质的变性和凝固在实际加工中有许多应用。例如，豆腐就是大豆蛋白质的浓溶液加热、加盐而成的蛋白质固体。在重金属盐中毒时，给患者吃大量的乳制品或蛋清，其目的就是使乳制品或蛋清中的蛋白质在消化道与重金属离子结合成不溶解的变性蛋白质，从而阻止重金属离子被吸收进入体内，最后将沉淀物从肠胃中吸出。

小资料

鸡蛋要不要煮熟了吃？

鸡蛋还是煮熟了吃好。生蛋清中含有抗生物素蛋白和抗胰蛋白酶，影响营养素的吸收。蛋白质加热变性后，空间结构被破坏，更加松散，人体更易消化吸收。生食鸡蛋、用开水冲蛋花及喜食溏心蛋的行为，不能使其所含细菌被杀灭或不能完全被杀灭，易导致食物中毒。

需注意的是，鸡蛋不宜过度加热，否则会使蛋白过分凝固，甚至变硬变韧，形成硬块，反而影响食欲及消化吸收。

正确的煮法应该是：冷水下锅，慢火升温，沸腾后微火煮2min。停火后再浸泡5min，这样煮出来的鸡蛋蛋清嫩，蛋黄凝固又不老。

4. 蛋白质的颜色反应

蛋白质分子中肽链或特殊的氨基酸残基能与某些试剂发生显色反应，产生的有色物质的量与蛋白质的浓度有关，可以用于蛋白质定性、定量的检测。

（1）双缩脲反应　双缩脲反应是蛋白质的一个颜色反应，凡是具有两个以上肽键的化合物都能发生这种反应，而二肽和游离氨基酸不发生该反应。双缩脲（蛋白质或肽分子）在碱性环境内与 $CuSO_4$ 形成紫色化合物，用此反应对蛋白质进行定量分析。

（2）茚三酮反应　茚三酮反应也是蛋白质的一个颜色反应，在中性条件下蛋白质或多肽同茚三酮试剂发生颜色反应，生成蓝色或紫红色化合物。茚三酮试剂与胺盐、氨基酸均能反应。

（3）黄色反应　黄色反应是在蛋白质溶液中加入浓硝酸，有沉淀析出，再加热则变成黄色沉淀。这一反应是含有芳香族氨基酸的蛋白质所特有的颜色反应，如皮肤、指甲、毛发等遇到浓硝酸会呈黄色。

（4）费林反应　费林反应是含有酪氨酸的蛋白质因酪氨酸的酚基能与费林试剂中的磷钼酸和磷钨酸反应，还原成蓝色化合物。利用这一反应定量测定蛋白质。

三、蛋白质的分类

天然蛋白质的种类繁多，结构复杂，目前对蛋白质的分类是依据蛋白质的分子形状、化学组成的不同而进行分类的。

（一）按照蛋白质分子形状不同分类

1. 球状蛋白质

球状蛋白质分子比较对称，形状接近球状或椭球状，溶解度好，能结晶，是蛋白质中最多的一种，食品中的蛋白质大部分都是球状蛋白质。

2. 纤维蛋白质

纤维蛋白质分子对称性差，类似于细棒状或纤维状，溶解度差，如指甲、羽毛中的角蛋白，蚕丝中的丝蛋白等。

（二）按照化学组成不同分类

1. 单纯蛋白质

单纯蛋白质又称简单蛋白质，水解时只产生氨基酸。

（1）清蛋白　清蛋白又称白蛋白，分子质量较小，溶于水、中性盐类、稀酸和稀碱，可与饱和硫酸铵生成沉淀。清蛋白在自然界分布广泛，如小麦种子中的麦清蛋白、血液中的血清清蛋白和鸡蛋中的卵清蛋白等都属于清蛋白。

（2）球蛋白　球蛋白一般不溶于水而溶于稀盐溶液、稀酸或稀碱溶液，可与半饱和的硫酸铵生成沉淀。球蛋白在生物界广泛存在并具有重要的生物功能。大豆种子中的豆球蛋白、血液中的血清球蛋白、肌肉中的肌球蛋白以及免疫球蛋白都属于这一类。

（3）组蛋白　组蛋白可溶于水或稀酸。组蛋白是染色体的结构蛋白，含有丰富的精氨酸和赖氨酸，所以是一类碱性蛋白质。

（4）精蛋白　精蛋白易溶于水或稀酸，是一类分子质量较小、结构简单的蛋白质。精蛋白含有较多的碱性氨基酸，缺少色氨酸和酪氨酸，所以是一类碱性蛋白质。精蛋白存在于成熟的精细胞中，与 DNA 结合在一起，如鱼精蛋白。

（5）醇溶蛋白　醇溶蛋白不溶于水和盐溶液，溶于 70%～80%（质量分数）的乙醇，多存在于禾本科作物的种子中，如玉米醇溶蛋白、小麦醇溶蛋白。

（6）谷蛋白　谷蛋白不溶于水、稀盐溶液，溶于稀酸和稀碱。谷蛋白存在于植物种子中，如水稻种子中的稻谷蛋白和小麦种子中的麦谷蛋白等。

（7）硬蛋白　硬蛋白不溶于水、盐溶液、稀酸、稀碱，主要存在于皮肤、毛发、指甲中，起支持和保护作用，如角蛋白、胶原蛋白、弹性蛋白、丝蛋白等。

2. 结合蛋白质

结合蛋白质是由蛋白质部分和非蛋白质部分结合而成的。主要的结合蛋白质有六种。

（1）核蛋白　非蛋白质部分为核酸，称为核蛋白。核蛋白分布广泛，存在于所有生物细胞中。

（2）糖蛋白　非蛋白质部分为糖类，称为糖蛋白。糖蛋白广泛存在于动物、植物、真菌、细菌及病毒中。

（3）脂蛋白　蛋白质和脂类结合构成脂蛋白。在脂蛋白中，脂类和蛋白质之间以非共价键结合。脂蛋白广泛分布于细胞和血液中。

（4）色蛋白　蛋白质和某些色素物质结合形成色蛋白。非蛋白质部分多为血红素，所以又称血红素蛋白。

（5）金属蛋白　金属蛋白是一类直接与金属结合的蛋白质，如铁蛋白含铁，乙醇脱氢酶含锌，黄嘌呤氧化酶含钼和铁等。

（6）磷蛋白　磷蛋白类分子中含磷酸基，一般磷酸基与蛋白质分子中的丝氨酸或苏氨酸通过酯键相连，如酪蛋白、胃蛋白酶等都属于这类蛋白。

知识点三　蛋白质在食品加工中的功能性质

蛋白质的功能性质是指在食品加工、贮藏和销售过程中蛋白质对食品需宜特征作出贡献的那些物理和化学性质。主要包括 3 个方面。

（1）水化性质　取决于蛋白质与水的相互作用，包括水的吸收与保留、湿润性、溶胀、黏着性、分散性、溶解度和黏度等。

（2）蛋白质-蛋白质相互作用有关的性质　指控制沉淀、胶凝和形成各种其他结构时起作用的那些性质。

（3）表面性质　指与蛋白质表面张力、乳化作用、起泡特性有关的性质。

上述几类性质并不是完全独立的，而是相互间存在一定的内在联系。如胶凝作用不仅包括蛋白质-蛋白质相互作用，而且还有蛋白质-水相互作用；黏度和溶解度是蛋白质-水和蛋白质-蛋白质的相互作用的共同结果。

蛋白质的功能性质在食品中得到了极其广泛的应用，其意义十分重大。例如，制作蛋糕时就充分地利用了卵蛋白的乳化性、搅打起泡性和热凝聚作用。蛋白质的功能性质是在食品加工实践、模型体系实验和蛋白质结构特征和功能关系分析研究等多重基础上逐步探明的。系统地测定各种食品蛋白质（包括新开发的食品蛋白质产品）的功能性质有助于在食品加工中正确地使用这些蛋白质资源，而且探明、解释、把握和改进食品蛋白质的功能性质就可研究一种新的食品配方和新的加工工艺。

一、水合作用

蛋白质的水合作用又称蛋白质的水合性质，是蛋白质的肽键和氨基酸的侧链与水分子间发生反应的特性。

蛋白质在溶液中的构象很大程度上与它的水合特性有关。蛋白质的水合作用是一个逐步的过程，即首先形成化合水和邻近水，再形成多分子层水，如条件允许，蛋白质将进一步水化，这时表现为：①蛋白质吸水充分膨胀而不溶解，这种水化性质通常称为膨润性；②蛋白质在继续水化中被水分散而逐渐变为胶体溶液，具有这种水化特点的蛋白质称为可溶性蛋白。大多数食品为水合的固态体系。食品蛋白质及其他成分的物理、化学和流变学性质，不仅强烈地受到体系中水的影响，而且还受水分活度的影响。干的浓缩蛋白质或离析物在应用时必须水合，因此食品蛋白质的水合和复水性质具有重要的实际意义。

环境因素对水合作用有一定的影响，如蛋白质的浓度、pH、温度、水合时间、离子强度和其他组分的存在都是影响蛋白质水合特性的主要因素。蛋白质的总水吸附率随蛋白质浓度的增加而增加。

pH 的改变会影响蛋白质分子的解离和带电性，从而改变蛋白质的水合特性。在等电点下，蛋白质荷电量净值为零，蛋白质间的相互作用最强，呈现最低水化和肿胀。例如，在宰杀后僵直期的生牛肉中，当 pH 从 6.5 下降至 5.0（等电点）时，其持水力显著下降，并导致生牛肉的多汁性和嫩度下降。pH 高于或低于等电点时，由于净电荷和排斥力的增加，使蛋白质肿胀并结合较多的水。

温度在 0~40℃或 0~50℃之间，蛋白质的水合特性随温度的升高而提高，更高温度下蛋白质高级结构被破坏，常导致变性聚集。结合水的含量虽受温度的影响不大，但氢键结合水和表面结合水随温度升高一般下降，可溶性也可能下降。另外，结构很紧密和原来难溶的蛋白质被加热处理时，可能导致内部疏水基团暴露而改变水合特性。对于某些蛋白质，加热时形成不可逆凝胶，干燥后网眼结构保持，产生的毛细管作用力会提高蛋白质的吸水能力。

离子的种类和浓度对蛋白质吸水性、肿胀和溶解度也有很大的影响。盐类和氨基酸侧链基团通常同水发生竞争性结合，在低盐浓度时，离子同蛋白质荷电基团相互作用而降低相邻分子的相反电荷间的静电吸引，从而有助于蛋白质水化和提高其溶解度，这称为盐溶效应。当盐浓度更高时，由于离子的水化作用争夺了水，导致蛋白质“脱水”，从而降低其溶解度，这称为盐析效应。在食品中用于提高蛋白质水化能力的中性盐主要是 NaCl，但也常用 $(NH_4)_2SO_4$ 和 NaCl 来沉淀蛋白质。食品中也常用磷酸盐改变蛋白质的水化性质，其作用机制与前两种盐不同，它是与蛋白质中结合或络合的 Ca^{2+}、Mg^{2+}等离子结合而使蛋白质的侧链羧基转为 Na^+、K^+和 NH_4^+盐基或游离负离子的形式，从而提高蛋白质的水化能力。例如，在肉制品中添加 0.2%左右的聚磷酸盐可增加其持水力。

蛋白质吸附和保持水的能力对各种食品的质地和性质起着重要的作用，尤其是对碎肉和面团。如果蛋白质不溶解，则因吸水性会导致膨胀，这会影响它的质构、黏度和黏着力等特性。蛋白质的其他功能性质（如乳化、胶凝）也可使食品产生需宜的特性。

蛋白质的水合性质主要用溶解度、吸水性和持水性表示。但这三种性质不是相互一致的，不同食品对这些水合特性的要求不同。

在制作蛋白饮料时，要求溶液透明、澄清或为稳定的乳状液，还要求黏度低。这就要求蛋白质溶解度高，pH、离子强度和温度必须在较大范围内稳定，在此范围内蛋白质的水合性质应相对稳定而不聚集沉淀。

当向肉制品、面包或干酪等食品中添加大豆蛋白时，蛋白质的吸水性便成为一个重要问题。应通过改变 pH 或加入中性盐及控制添加量以确保制品即使受热也能保持充足水分，因为只有保持肉汁，肉制品才能有良好的口感和风味。

乳清蛋白质、酪蛋白和其他的蛋白质必须具有相当高的最初溶解度才能在乳状液、泡沫和凝胶中表现出良好的功能性质。正因为如此，工业上生产等电点干酪素虽然容易，但这种产品用途有限，应将其转化为酪蛋白的钠盐或钾盐并在低温下浓缩干燥，这样生产的产品才具有更好的水分散性和较好的乳化性质。初始溶解性高的主要优点是在水中分散快，形成良好的和分散的胶体体系，并具有均一的宏观结构和润滑的质构。此外，初始溶解性有助于蛋白质扩散到气-水和油-水界面，提高它的表面活性。

二、溶解度

蛋白质的溶解度是蛋白质-蛋白质和蛋白质-溶剂相互作用达到平衡的热力学表现形式。Bigelow 认为蛋白质的溶解度与氨基酸残基的疏水性有关，疏水性越小蛋白质的溶解度越大。蛋白质的溶解度，可用水溶性蛋白质（WSP）、水可分散蛋白质（WDP）、蛋白质分散性指标（PDI）、氮溶解性指标（NSI）来评价；其中 PDI 和 NSI 已是美国油脂化学家协会采纳的法定评价方法。

蛋白质的溶解度大小还与 pH、离子强度、温度和蛋白质浓度有关。大多数食品蛋白质的溶解度-pH 图是一条 U 形曲线，最低溶解度出现在蛋白质的等电点附近。在低于和高于等电点时，蛋白质分别带有净的正电荷或净的负电荷，带电的氨基酸残基的静电排斥和水合作用促进了蛋白质的溶解。但β-乳球蛋白（pI 5.2）和牛血清清蛋白（pI 4.8）即使在它们的等电点时，仍然是高度溶解的，这是因为其分子中表面亲水性残基的数量远高于疏水性残基数量。由于大多数蛋白质在 pH 8~9 是高度溶解的，因此总是在此 pH 范围从植物资源中提取蛋白质，然后在 pH 4.5~4.8 处采用等电点沉淀法从提取液中回收蛋白质。

蛋白质在盐溶液中的溶解度一般遵循下列关系：

$$\lg(S/S_o)=\beta-K_s c_s \tag{3-2}$$

式中　S 和 S_o——分别代表蛋白质在盐溶液和水中的溶解度；

K_s——盐析常数（对盐析类盐 K_s 是正值，而对盐溶类盐 K_s 是负值）；

c_s——盐的摩尔浓度；

β——常数。

在 $c_s<0.5$ 溶液中，盐的离子中和蛋白质表面的电荷，从而产生了电荷屏蔽效应，如果蛋白质含有高比例的非极性区域，那么此电荷屏蔽效应使它的溶解度下降；反之，溶解度提高。当 $c_s>1.0$ 时，盐对蛋白质溶解度具有特异的离子效应，硫酸盐和氟化物（盐）逐渐降低蛋白质的溶解度（盐析），硫氰酸盐和过氯酸盐逐渐提高蛋白质的溶解度（盐溶）。在相同的离子强度时，各种离子对蛋白质溶解度的相对影响遵循 Hofmeister 系列规律，阴离子提高蛋白质溶解度的能力按下列顺序：$SO_4^{2-}<F^-<Cl^-<Br^-<I^-<ClO^-<SCN^-$，阳离子降低蛋白质溶解度的能力按下列顺序：$NH_4^+<K^+<Na^+<Li^+<Mg^{2+}<Ca^{2+}$，离子的这个性能类似于盐对蛋白质热变性温度的影响。

在恒定的 pH 和离子强度下，大多数蛋白质的溶解度在 0~40℃范围内随温度的升高而提高，而一些高疏水性蛋白质，如 β-酪蛋白和一些谷类蛋白质的溶解度却和温度呈负相关。当温度超过 40℃时，由于热导致蛋白质结构的展开（变性），促进了聚集和沉淀作用，使蛋白质的溶解度下降。

加入能与水互溶的有机溶剂（如乙醇和丙酮），降低了水介质的介电常数，从而提高了蛋白质分子内和分子间的静电作用力（排斥和吸引），导致蛋白质分子结构的展开。在此展开状态下，介电常数的降低又能促进暴露的肽基团之间氢键的形成和带相反电荷的基团之间的静电相互吸引作用，这些相互作用均导致蛋白质在有机溶剂-水体系中溶解度减小甚至沉淀。有机溶剂-水体系中的疏水相互作用对蛋白质沉淀所起的作用是最低的，这是因为有机溶剂对非极性残基具有增溶的效果。

由于蛋白质的溶解度与它们的结构状态紧密相关，因此，在蛋白质的提取、分离和纯化过程中，它常被用来衡量蛋白质的变性程度。它还是判断蛋白质潜在应用价值的一个指标。

三、黏度

液体的黏度反映它对流动的阻力。蛋白质流体的黏度主要由蛋白质粒子在其中的表观直径决定（表观直径越大，黏度越大）。表观直径又依下列参数而变：①蛋白质分子的固有特性（如摩尔浓度、大小、体积、结构及电荷等）；②蛋白质和溶剂间的相互作用，这种作用会影响膨胀、溶解度和水合作用；③蛋白质-蛋白质的相互作用会影响聚集体的大小。

当大多数亲水性溶液的分散体系（匀浆或悬浊液）、乳浊液、糊状物或凝胶（包括蛋白质）的流速增加时，它的黏度系数降低，这种现象称为剪切稀释（Shear Thinning）。剪切稀释可以用下面的现象来解释：①分子在流动的方向逐步定向，因而使摩擦阻力下降；②蛋白质水化球在流动方向变形；③氢键和其他弱键的断裂导致蛋白质聚集体或网络结构的解体。这些情况下，蛋白质分子或粒子在流动方向的表观直径减小，因而其黏度系数也减小。当剪切处理停止时，断裂的氢键和其他次级键若重新生成而产生同前的聚集体，那么黏度又重新恢复，这样的体系称为触变体系。例如，大豆分离蛋白和乳清蛋白的分散体系就是触变体系。

黏度和蛋白质的溶解度无直接关系，但和蛋白质的吸水膨润性关系很大。一般情况下，蛋白质吸水膨润性越大，分散体系的黏度也越大。

蛋白质体系的黏度和稠度是流体食品如饮料、肉汤、汤汁、酱汁和奶油的主要功能性质。蛋白质分散体的主要功能性质对于最适加工过程也同样具有实际意义，例如在输送、混合、加热、冷却、喷雾和干燥中都包括质量或热的传递。

四、凝胶作用

蛋白质的凝胶作用同蛋白质的缔合、凝集、聚合、沉淀、絮凝和凝结等分散性的降低是不同的。蛋白质的缔合一般是指亚基或分子水平上发生的变化；聚合或凝集一般是指较大复合物的形成；沉淀作用指由于溶解度全部或部分丧失而引起的一切凝集反应；絮凝是指没有变性时的无序凝集反应，这种现象常常是因为链间静电排斥力的降低而引起的；凝结作用是指发生变性的无规则聚集反应和蛋白质-蛋白质的相互作用大于蛋白质-溶剂的相互作用引起的凝集反应。变性的蛋白质分子聚集并形成有序的蛋白质网络结构的过程称为凝胶作用。

食品蛋白质凝胶可分为以下几类：①加热后冷却产生的凝胶，这种凝胶多为热可逆凝胶，如明胶溶液加热后冷却形成的凝胶；②加热状态下产生的凝胶，这种凝胶很多是不透明而且非可逆凝胶，如蛋清蛋白质在煮蛋中形成的凝胶；③由钙盐等二价金属盐形成的凝胶，例如大豆蛋白质形成豆腐；④不加热而经部分水解或 pH 调整到等电点而产生凝胶，例如凝乳酶制作干酪、乳酸发酵制作酸奶和皮蛋等生产中的碱对蛋清蛋白质的部分水解等。

大多数情况下，热处理是凝胶作用所必需的条件，然后必须冷却，略微酸化也是有利的。增加盐类，尤其是钙离子也可以提高凝胶速率和凝胶强度（大豆蛋白、乳清蛋白和血清蛋白）。但是，某些蛋白质不加热也可凝胶，而仅仅需经适当的酶解（酪蛋白胶束、卵白和血纤维蛋白），或者只是单纯地加入钙离子（酪蛋白胶束），或者在碱化后使其恢复到中性或等电点 pH（大豆蛋白）。虽然许多凝胶是由蛋白质溶液形成的（鸡卵清蛋白和其他卵清蛋白等），但不溶或难溶性的蛋白质水溶液或盐水分散液也可以形成凝胶（胶原蛋白、肌原纤维蛋白）。因此，蛋白质的溶解性并不是凝胶作用必需的条件。

一般认为蛋白质凝胶网络的形成是由于蛋白质-蛋白质、蛋白质-溶剂（水）的相互作用，邻近肽链之间的吸引力和排斥力达到平衡时引起的。疏水作用力、静电相互作用、氢键和二硫键等对凝胶形成的相对贡献随蛋白质的性质、环境条件和凝胶过程中步骤的不同而异。静电排斥力和蛋白质-水之间的相互作用有利于肽链的分离。蛋白质浓度高时，因分子间接触的概率增大，更容易产生蛋白质分子间的吸引力和凝胶作用。蛋白质溶液浓度高时即使环境条件对凝集作用并不十分有利（如不加热、pH 与等电点相差很大时），也仍然可以发生凝胶作用。共价二硫交联键的形成通常会导致热不可逆凝胶的生成，如卵清蛋白和 β-乳球蛋白凝胶。而明胶则主要通过氢键的形成而保持稳定，加热时（约 30℃）

熔融，并且这种凝结—熔融可反复循环多次而不失去凝胶特性。

将种类不同的蛋白质放在一起加热可产生共凝胶作用而形成凝胶，而且蛋白质还能与多糖凝胶剂相互作用而形成凝胶，带正电荷的明胶与带负电荷的海藻酸盐或果胶酸盐之间通过非特异性离子间的相互作用能生成高熔点（80℃）的凝胶。同样，在牛奶的等电点时，酪蛋白胶束能够存在于卡拉胶的凝胶中。

许多凝胶以一种高度膨胀（敞开）的水合结构的形式存在。每克蛋白质约可含水 10g 以上，而且食品中的其他成分可被截留在蛋白质的网络之中。有些蛋白质凝胶甚至可含98%的水，这是一种物理截留水，不易被挤压出来。曾有人对凝胶具有很大持水容量的能力作出假设，认为这可能是二级结构在热变性后，肽链上未被掩盖的 $—\overset{\overset{\displaystyle O}{\|}}{C}—$ 和—NH 各自成为负的和正的极化中心，因而可能建立一个广泛的渗层水体系。冷却时，这种蛋白质通过重新形成的氢键而相互作用，并提供固定自由水所必需的结构。也可能是蛋白质网络的微孔通过毛细管作用来保持水分。

凝胶的生成是否均匀，和凝胶生成的速度有关。如果条件控制不当，使蛋白质在局部相互结合过快，凝胶就较粗糙不匀。凝胶的透明度与形成凝胶的蛋白质颗粒的大小有关，如果蛋白质颗粒或分子的表观分子质量大，形成的凝胶就较不透明。同时蛋白质凝胶强度的平方根与蛋白质相对分子质量之间呈线性关系。

五、质构化

蛋白质的质构化（又称组织形成性），是在开发利用植物蛋白和新蛋白质中需要的一种功能性质。这是因为这些蛋白质本身不具有像畜肉那样的组织结构和咀嚼性，经过质构化后可使它们变为具有咀嚼性和持水性良好的片状或纤维状产品，从而制造出仿造食品或代用品。另外，质构化加工方法还可用于动物蛋白质的“重质构化”或“重整”，如牛肉或禽肉的“重整”。

现将蛋白质质构化的方法和原理介绍如下。

（1）热凝结和形成薄膜　浓缩的大豆蛋白质溶液能在滚筒干燥机等同类型机械的金属表面热凝结，产生薄而水化的蛋白质膜，能被折叠压缩在一起切割。如豆乳在95℃下保持几小时，表面水分蒸发，热凝结而形成一层薄的蛋白质-脂类膜，将这层膜揭除后，又形成一层膜，然后又能重新反复几次再产生同样的膜，这就是我国加工腐竹（豆腐衣）的传统方法。

（2）纤维的形成　大豆蛋白和乳蛋白液都可喷丝而组织化，就像人造纺织纤维一样，这种蛋白质的功能特性就称作蛋白质的纤维形成作用。利用这种功能特性，将植物蛋白或乳蛋白浓溶液喷丝、缔合、成形、调味后，可制成各种风味的人造肉。其工艺过程为：在 pH 10 以上制备 10%~40%的蛋白质浓溶液，经脱气、澄清（防止喷丝时发生纤维断裂）后，在压力下通过一块含有 1 000 目/cm^2 以上小孔（直径为 50~150μm）的模板，使产生的细丝进入酸性 NaCl 溶液中，由于等电点 pH 和盐析效应致使蛋白质凝结，再通过滚筒取出。滚筒转动速度应与纤维拉直、多肽链的定位以及紧密结合相匹配，以便形成更多的分子间的键，这种局部结晶作用可增加纤维的机械阻力和咀嚼性，并降低其持水容量。再将纤维置于滚筒之间压延和加热使之除去一部分水，以提高黏着力和增加韧性。加热前可添加黏结剂，如明胶、卵清、谷蛋白（面筋）或胶凝多糖，或其他食品添加剂，如增香剂或脂类。凝结和调味后的蛋白质细丝，经过切割、成形、压缩等处理，便加工形成与火腿、禽肉或鱼肌肉相似的人造肉制品。

（3）热塑性挤压　目前用于植物蛋白质构化的主要方法是热塑性挤压，采用这种方法可以得到干燥的纤维状多孔颗粒或小块，当复水时具有咀嚼性质地。进行这种加工的原料不需用蛋白质离析物，用价格低廉的蛋白质浓缩物或粉状物（含 45%～70%蛋白质）即可，其中酪蛋白或明胶既能作为蛋白质添加物又可直接质构化，若添加少量淀粉或直链淀粉就可改进产品的质地，但脂类含量不应超过 5%～10%，氯化钠或钙盐添加量应低于 3%，否则，将使产品质地变硬。

热塑性挤压方法如下：含水（10%～30%）的蛋白质-多糖混合物通过一个圆筒，在高压（10～20MPa）下的剪切力和高温作用下（在 20～150s 内，混合料的温度升高到 150～200℃）转变成黏稠状态，然后快速地挤压通过一个模板进入正常的大气压环境，膨胀形成的水蒸气使内部的水闪蒸，冷却后，蛋白质-多糖混合物便具有高度膨胀、干燥的结构。

热塑性挤压可产生良好的质构化，但要求蛋白质具有适宜的初始溶解度、大的相对分子质量以及蛋白质-多糖混合料在管芯内能产生适宜的可塑性和黏稠性。含水量较高的蛋白质同样也可以在挤压机内因热凝固而质构化，这将导致水合、非膨胀薄膜或凝胶的形成，添加交联剂戊二醛可以增大最终产物的硬度。这种技术还可用于血液、机械去骨的鱼、肉及其他动物副产品的质构化。

六、面团的形成

小麦胚乳面筋蛋白质于室温下与水混合、揉搓，能够形成黏稠、有弹性和可塑性的面团，这种作用就称为面团的形成。黑麦、燕麦、大麦的面粉也有这种特性，但是较小麦面粉差。小麦面粉中除含有面筋蛋白质（麦醇溶蛋白和麦谷蛋白）外，还含有淀粉粒、戊聚糖、极性和非极性脂类及可溶性蛋白质，所有这些成分都有助于面团网络和面团质地的形成。麦醇溶蛋白和麦谷蛋白的组成及大分子体积使面筋富有很多特性。由于它们可解离的氨基酸含量低，使面筋蛋白质不溶于中性水溶液。面筋蛋白质富含谷氨酰胺（超过 33%）、脯氨酸（15%～20%）、丝氨酸及苏氨酸，它们倾向于形成氢键，这在很大程度上解释了面筋蛋白质的吸水能力（面筋吸水量为干蛋白质的 180%～200%）和黏着性质；面筋中还含有较多的非极性氨基酸，这与水化面筋蛋白质的聚集作用、黏弹性和与脂肪的有效结合有关；面筋蛋白质中还含有众多的二硫键，这是面团物质产生坚韧性的原因。

麦谷蛋白分子质量比麦醇溶蛋白分子质量大，前者分子质量可达数百万，既含有链内二硫键，又含有大量链间二硫键；麦醇溶蛋白仅含有链内二硫键，相对分子质量在 35 000～75 000。麦谷蛋白决定着面团的弹性、黏合性和抗张强度，而麦醇溶蛋白促进面团的流动性、伸展性和膨胀性。在制作面包的面团时，两类蛋白质的适当平衡是很重要的。过度黏结（麦谷蛋白过多）的面团会抑制发酵期间所截留的 CO_2 气泡的膨胀，抑制面团发起和成品面包中的空气泡，加入还原剂半胱氨酸、偏亚硫酸氢盐可打断部分二硫键而降低面团的黏弹性。过度延展（麦醇溶蛋白过多）的面团产生的气泡膜是易破裂的和可渗透的，不能很好地保留 CO_2，从而使面团和面包塌陷，加入溴酸盐、脱氢抗坏血酸氧化剂可使二硫键形成而提高面团的硬度和黏弹性。面团揉搓不足时因网络还来不及形成而使“强度”不足，但过多揉搓时可能由于二硫键断裂使“强度”降低。面粉中存在的氢醌类、超氧离子和易被氧化的脂类也被认为是促进二硫键形成的天然因素。

焙烤不会引起面筋蛋白质大的再变性，因为麦醇溶蛋白和麦谷蛋白在面粉中已经部分伸展，在捏揉面团时更加伸展，而在正常温度下焙烤面包时面筋蛋白质不会再进一步伸展。当焙烤温度高于70~80℃时，面筋蛋白质释放出的水分能被部分糊化的淀粉粒所吸收，因此即使在焙烤时，面筋蛋白质也仍然能使面包柔软和保持水分（含40%~50%水），但焙烤能使面粉中可溶性蛋白质（清蛋白和球蛋白）变性和凝集，这种部分的凝胶作用有利于面包心的形成。

七、乳化作用

1. 蛋白质的乳化性质

许多传统食品，像牛奶、蛋黄酱、冰淇淋、奶油和蛋糕面糊等是乳状液；许多新的加工食品，像咖啡增白剂等则是含乳状液的多相体系。天然乳状液靠脂肪球“膜”来稳定，这种“膜”由三酰甘油、磷脂、不溶性脂蛋白和可溶性蛋白的连续吸附层所构成。

蛋白质既能同水相互作用，又能同脂相互作用，因此蛋白质是天然的两亲物质，从而具有乳化性质，在油-水体系中，蛋白质能自发地迁移至油-水界面和气-水界面，到达界面上以后，疏水基定向到油相和气相，而亲水基定向到水相并广泛展开和散布，在界面形成一蛋白质吸附层，从而起到稳定乳状液的作用。

2. 影响蛋白质乳化作用的因素

很多因素影响蛋白质的乳化性质，它们包括内在因素，如pH、离子强度、温度、低分子质量的表面活性剂、糖、油相体积分数、蛋白质类型和使用的油的熔点等；外在因素，如制备乳状液的设备类型和几何形状，能量输入的强度和剪切速度。这里仅讨论内在的影响因素。

一般来说，蛋白质疏水性越强，在界面吸附的蛋白质浓度越高，界面张力越低，乳状液越稳定。

蛋白质的溶解度与其乳化容量或乳状液稳定性之间通常存在正相关，不溶性蛋白质对乳化作用的贡献很小，但不溶性蛋白质颗粒常常能够在已经形成的乳状液中起到加强稳定作用。

pH影响依赖蛋白质稳定的乳状液的形成和稳定，在等电点溶解度高的蛋白质（如血清清蛋白、明胶和蛋清蛋白），具有最佳乳化性质。由于大多数食品蛋白质（酪蛋白、商品乳清蛋白、肉蛋白、大豆蛋白）在它们的等电点pH时是微溶和缺乏静电排斥力的，因此在此pH时它们一般不具有良好的乳化性质。

加入低分子的表面活性剂，由于降低了蛋白质膜的硬度及蛋白质保留在界面上的作用力，因此，通常有损于依赖蛋白质稳定的乳状液的稳定性。

加热处理常可降低吸附在界面上的蛋白质膜的黏度和硬度，因而降低了乳状液的稳定性。加入小分子的表面活性剂，如磷脂和甘油一酰酯等，它们与蛋白质竞争地吸附在界面上，从而降低了蛋白质膜的硬度和削弱了使蛋白质保留在界面上的作用力，也使蛋白质的乳化性能下降。

由于蛋白质从水相向界面缓慢扩散和被油滴吸附，将使水相中蛋白质的浓度降低，因此只有蛋白质的起始浓度较高时才能形成具有适宜厚度和流变学性质的蛋白质膜。

八、发泡作用

1. 食品泡沫的形成与破坏

泡沫通常是指气泡分散在含有表面活性剂的连续液相或半固相中的分散体。泡沫的基本单位是液膜所包围的气泡，气泡的直径从 1μm 到数厘米不等，液膜和气泡间的界面上吸附着表面活性剂，起着降低表面张力和稳定气泡的作用。

食品中产生泡沫是常见现象，加工过程中起泡通常是不利的。但另一方面，食品中存在着许多诱人的泡沫食品。例如，搅打发泡的加糖蛋白、棉花糖、冰淇淋、起泡奶油、啤酒泡沫和蛋糕。在食品泡沫中的表面活性剂称作泡沫剂，一般是蛋白质、配糖体、纤维素衍生物和添加剂中的食用表面活性剂。

蛋白质能作为发泡剂主要决定于蛋白质的表面活性和成膜性，例如鸡蛋清中的水溶性蛋白质在鸡蛋液搅打时可被吸附到气泡表面来降低表面张力，又因为搅打过程中的变性，逐渐凝固在气液界面间形成有一定刚性和弹性的薄膜，从而使泡沫稳定。

典型的食品泡沫应具备：①含有大量的气体（低密度）；②在气相和连续液相之间要有较大的表面积；③溶质的浓度在表面较高；④要有能胀大、且具刚性或半刚性并有弹性的膜或壁；⑤有可反射的光，所以看起来不透明。

形成泡沫通常采用三种方法：①将气体通过一个多孔分配器鼓入低浓度的蛋白质溶液中产生泡沫；②在有大量气体存在的条件下，通过打擦或振荡蛋白质溶液而产生泡沫；③将一个预先被加压的气体溶于要生成泡沫的蛋白质溶液中，突然减压，系统中的气体则会膨胀而形成泡沫。

由于泡沫具有很大的界面面积（气液界面可达 $1m^2/mL$ 液体），因而是不稳定的。①在重力、气泡内外压力差（由表面张力引起）和蒸发的作用下液膜排水。如果泡沫密度大、界面张力小和气泡平均直径大，则气泡内外的压力差较小，另外，如果连续相黏度大，吸附层蛋白质的表观黏度大，液膜中的水就较稳定；②气体从小泡向大泡扩散，这是使泡沫总表面能降低的自发变化。如果连续相黏度大、气体在其中溶解和扩散速度小，泡沫就较稳定；③在液膜不断排水变薄时，受机械剪切力、气泡碰撞力和超声波振荡的作用，气泡液膜也会破裂。

如果液膜本身具有较大的刚性或蛋白质吸附层富有一定强度和弹性时，液膜就不易破裂。另外，如在液膜上粘有无孔隙的微细固体粉末并且未被完全润湿时，有防止液膜破裂的作用，但如有多孔杂质或消泡性表面活性剂存在时破裂将加剧。

2. 影响泡沫形成和稳定性的因素

（1）有关成分对发泡的影响　泡沫的形成和泡沫的稳定需要的蛋白质的性质不同。泡沫形成要求蛋白质迅速扩散到气-水界面上，并在那里很快地展开、浓缩和散布，以降低表面张力。因此，需要水溶性好并有一定表面疏水区的蛋白质。泡沫稳定要求蛋白质能在每个气泡周围形成一定厚度、刚性、黏性和弹性的连续的与气体不能渗透的吸附膜。因此，要求分子质量较大、分子间较易发生相互结合或黏合。

具有良好起泡性质的蛋白质包括蛋清蛋白质、血红蛋白和球蛋白部分、牛血清蛋白质、明胶、乳清蛋白质、酪蛋白胶束、β-酪蛋白、小麦蛋白质（特别是谷蛋白）、大豆蛋白质和一些水解蛋白质（低水解度）。对于蛋清，泡沫能快速形成，然而泡沫密度、稳定性和耐热性低。

蛋白质的浓度与起泡性相关，当起始液中蛋白质的浓度在2%~8%范围内，随着浓度的增加起泡性有所增加。当蛋白质浓度增加到10%时则会使气泡变小，泡沫变硬。这是由于蛋白质在高浓度下溶解度变小的缘故。

pH影响蛋白质的荷电状态，因而改变了其溶解度、相互作用力和持水力，也就改变了蛋白质的起泡性质和泡沫的稳定性。当蛋白质处于或接近等电点pH时，有利于界面上蛋白质-蛋白质的相互作用和形成黏稠的膜，被吸附至界面的蛋白质的数量也将增加，这两个因素均提高了蛋白质的起泡能力和泡沫稳定性。

盐类影响蛋白质的溶解度、黏度、伸展和聚集，因而改变其起泡性质。这取决于盐的种类、浓度和蛋白质的性质，如氯化钠通常能增大泡沫膨胀率和降低泡沫稳定性，而钙离子由于能与蛋白质的羧基形成桥键从而使泡沫稳定性提高。在低浓度时，盐提高了蛋白质的溶解度，在高浓度时产生盐析效应，这两种效应都会影响蛋白质的起泡性质和泡沫稳定性。一般来说，在指定的盐溶液中蛋白质被盐析时则显示较好的起泡性质，被盐溶时则显示较差的起泡性质。

由于糖类能提高整体黏度，因此，抑制泡沫的膨胀，但却改进了泡沫的稳定性。所以，在加工蛋白甜饼、蛋奶酥和蛋糕等含糖泡沫型甜食产品时，如在搅打后加入糖，能使蛋白质吸附、展开和形成稳定的膜，从而提高泡沫的稳定性。

脂类使泡沫稳定性下降，这是由于脂类物质，尤其是磷脂，具有比蛋白质更大的表面活性，它将以竞争方式在界面上取代蛋白质，于是减少了膜的厚度和黏合性。

（2）发泡方法的影响　为了形成足够的泡沫，搅拌、搅打时间和强度必须足够，使蛋白质充分地展开和吸附，然而过度激烈搅打也会导致泡沫稳定性降低，因为剪切力使吸附膜及泡沫破坏和破裂。搅打鸡蛋清如超过8min，将引起气-水界面上的蛋白质部分凝结，使得泡沫稳定性下降。

在产生泡沫前，适当加热处理可提高大豆蛋白质（70~80℃）、乳清蛋白质（40~60℃）、卵清蛋白质（卵清蛋白和溶菌酶）、血清白蛋白等蛋白质的起泡性能，但过度的热处理则会损害起泡能力。将已形成的泡沫进行加热，个别情况下可能会使得蛋白质吸附膜因凝胶作用而产生足够的刚性从而稳定气泡，但大多数情况下会导致空气膨胀、黏性降低、气泡破裂和泡沫崩溃。

九、与风味物质的结合

风味物质能够部分被吸附或结合在食品的蛋白质中，对于豆腥味、酸败味和苦涩味物质等不良风味物质的结合常降低了蛋白质的食用性质，而对肉的风味物质和其他需宜风味物质的可逆结合，可使食品在加工和贮藏过程中保持其风味。

蛋白质与风味物质的结合包括物理吸附和化学吸附。前者主要通过范德华力和毛细管作用吸附，后者包括静电吸附、氢键结合和共价结合。

蛋白质中有的部位与极性风味物质结合，如乙醇可与极性氨基酸残基形成氢键；有的部位则与弱极性风味物质结合，如中等链长的醇、醛和杂环风味物可能在蛋白质的疏水区发生结合；还有的部位能与醛、酮、胺等挥发物发生较强的结合，如赖氨酸的 ε-氨基可与风味物的醛和酮基形成席夫碱（Schiff Base），而谷氨酸和天冬氨酸的游离羧基可与风味物的氨基结合成酰胺。

当风味物与蛋白质相结合时，蛋白质的构象实际上发生了变化。如风味物扩散至蛋白质分子的内部则打断了蛋白质链段之间的疏水基相互作用，使蛋白质的结构失去稳定性；含活性基团的风味物，像醛类化合物，能共价地与赖氨基酸残基的 ε-氨基相结合，改变了蛋白质的净电荷，导致蛋白质分子展开，更有利于风味物的结合。因此，任何能改变蛋白质构象的因素都能影响其与风味物的结合。

水能促进极性挥发物的结合而对非极性化合物则没有影响。在干燥的蛋白质中挥发物的扩散是有限的，加水就能提高极性挥发物的扩散速度和与结合部位结合的机会。但脱水处理，即使是冷冻干燥也会使最初被蛋白质结合的挥发物质降低 50%以上。

pH 的影响一般与 pH 诱导的蛋白质构象变化有关，通常在碱性 pH 条件下比在酸性 pH 条件下更有利于与风味物的结合，这是由于蛋白质在碱性 pH 条件下比在酸性 pH 条件下发生了更广泛的变性。

化学改性会改变蛋白质的风味物结合性质。如蛋白质分子中的二硫键被亚硫酸盐裂开引起蛋白质结构的展开，这通常会提高蛋白质与风味物结合的能力；蛋白质经酶催化水解后，原先分子结构中的疏水区被打破，疏水区的数量也减少，这会降低蛋白质与风味物的结合能力。因此，蛋白质经水解后可减轻大豆蛋白质的豆腥味。除此之外，蛋白质还能通过弱相作用或共价键结合很多其他物质，如色素、合成染料和致突变及致敏等其他生物活性物质，这些物质的结合可导致毒性增强或解毒，同时蛋白质的营养价值也受到了影响。

十、蛋白质的其他功能性质

1. 亲油性

亲油性又称吸油性，是指蛋白质吸油，特别是在加热条件下吸油，并产生与油脂均匀结合的功能性质。吸油性高的蛋白质在制作香肠时，可使制品在热烹调时不发生油脂的过多流失；吸油性低的蛋白质用于油炸食品的制作可以减少对油的吸留量。

不溶性和疏水性的蛋白质亲油性较高，小颗粒、低密度的蛋白质粉吸油量大，在有水时，乳化性高的蛋白质和外加乳化剂时吸油量较大。

2. 成膜性

利用蛋白质可以制备可食膜或进行涂层。把蛋白质溶在水中，然后将此溶液用浸涂、喷涂等方法制成薄膜。这种膜可食、透明并有一定阻气性，还可作为特殊成分的载体，在食品保鲜、造型和提高附加值等方面发挥作用。

有较大溶解度和能够在成膜过程中较充分展成线性状态的蛋白质成膜性高，成膜作用是蛋白质与蛋白质在膜干燥过程中逐渐靠近、产生次级键合作用和重叠交织作用而产生的。

知识点四 食品加工对蛋白质功能和营养价值的影响

在蛋白质分离与含蛋白质食品的加工和贮藏中，常涉及加热、冷却、干燥、化学试剂处理、发酵和辐照或其他各种处理，在这些处理中不可避免地将引起蛋白质的物理、化学和营养成分的变化，了解这些变化有利于科学地选择食品加工和贮藏的条件。

食品加工对蛋白质功能性质和营养价值的影响

一、蛋白质在热处理下的变化

蛋白质经过热处理会发生一系列的物理和化学变化，有些对于食品品质和加工过程是有利的，有些会降低蛋白质的营养价值和加工性能。

热处理的有利影响是在进行适当的热处理后，绝大多数蛋白质的营养价值会得到提高。这是因为在适宜的加热条件下，蛋白质发生变性以后，原有的卷曲甚至成球状的肽链受热，弱键断裂，使原来折叠部分的肽链松散，容易受消化酶的作用，提高了消化率和必需氨基酸的生物利用率和生物有效性。适度的热处理也能使食品中的大多数酶由于变性而失活，保证食品在贮藏期间不发生酸败、变色或质构变化。还有，豆类和油料种子中常含有一些消化酶（如胰蛋白酶、胰凝乳蛋白酶等）的抑制剂，这些抑制剂通过对消化酶的作用而降低食物蛋白的吸收率；也含有一些外源凝集素，能导致血红细胞凝集；加热处理可以使这些物质失活，使它们不会发生不利于营养物质消化吸收或其他不利的作用。

热处理不利影响主要表现在氨基酸结构（残基）发生变化，导致营养价值降低。另外，在加热的条件下，蛋白质还可以与食品中的其他成分如糖类、脂类、食品添加剂等物质发生反应，产生各种有利和不利的反应。

二、蛋白质在低温处理下的变化

一般食品中的蛋白类物质在冷藏或冷冻（-18℃）条件下不会发生大的变化，但如经历冷冻、解冻的过程，则蛋白质的质地及口感会发生一些变化。

当肉类食品经冷冻、解冻后，细胞及细胞膜被破坏，酶被释放出来，随着温度的升高，酶活力的增强，可导致蛋白质降解。而且蛋白质-蛋白质的不可逆结合，代替了水-蛋白质的结合，使蛋白质的质地发生变化，保水性降低，但对蛋白质的营养价值影响很小。鱼蛋白质很不稳定，经冷冻和冷藏后，肌球蛋白变性，然后与肌动蛋白反应，使肌肉变硬，保水性降低，因此解冻后鱼肉变得干而强韧，而且鱼中的脂肪在冻藏期间仍会进行自动氧化反应，生成过氧化物和自由基，再与肌肉蛋白作用使蛋白质聚合，氨基酸破坏。蛋黄能冷冻并贮于-6℃，解冻后呈胶状结构，黏度也增大，若在冷冻前加10%的糖或盐则可防止此现象。

三、蛋白质在碱处理下的变化

对蛋白质来说，碱性是一种比较苛刻、敏感的条件。在碱的存在下，蛋白质可以发生多种反应，导致氨基酸种类、构型发生变化。导致氨基酸种类发生变化的碱处理反应首先由于半胱氨酸或磷酸丝氨酸经消化反应形成丙烯酸（AA）残基而引发。

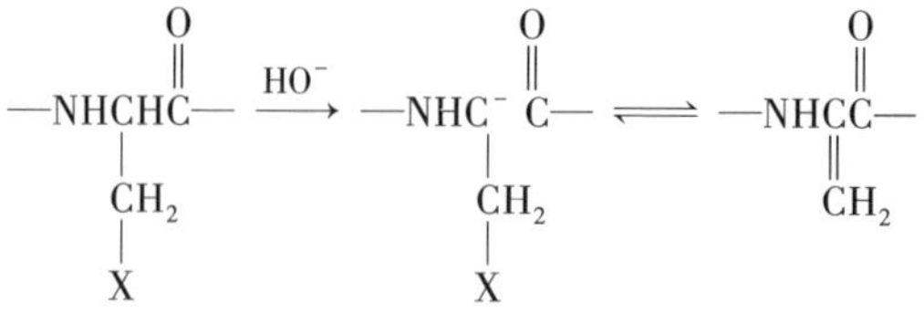

X=—SH 或—OPO_3H_2

丙烯酸残基是一种非常活跃的中间产物，能够与末端带氨基或巯基的氨基酸发生反应，如：

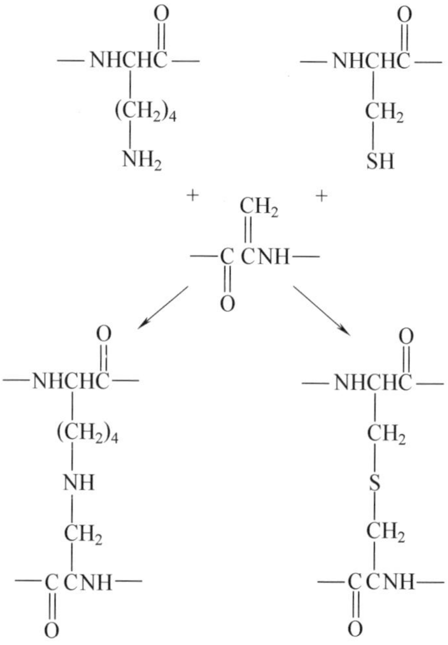

这种反应的本质是亲核加成反应。反应的结果不仅使赖氨酸、半胱氨酸的结构发生了变化，而且也使原先彼此没有关系的蛋白多肽链发生交联而结合到了一起。除了赖氨酸、半胱氨酸残基外，其他氨基酸残基也可与 DHA 发生反应，如精氨酸、组氨酸、苏氨酸、丝氨酸、酪氨酸、色氨酸等残基可通过缩合反应生成不常见的衍生物。

四、蛋白质在氧化处理下的变化

氧化处理食品常常是在食品加工过程中使用氧化剂，如过氧化氢、过氧化苯甲酰、次氯酸钠等。这些氧化剂会对食品中的蛋白质产生影响。过氧化氢在乳品工业中用于牛奶冷灭菌；还可以用来改善鱼蛋白质浓缩物、谷物面粉、麦片、油料种子蛋白质离析物等产品的色泽；也可用于含黄曲霉毒素的面粉、豆类和麦片脱毒以及种子去皮。过氧化苯甲酰在某些情况下可用作乳清粉的漂白剂。次氯酸钠具有杀菌作用，在食品工业上应用也非常广泛，例如肉类的喷雾法杀菌、黄曲霉毒素污染的花生粉脱毒等。

很多食品体系中也会产生各种具有氧化性的物质，如脂类氧化产生的过氧化物及其降解产物，它们通常是引起食品蛋白质成分发生交联的原因。很多植物中存在多酚类物质，在氧存在时的中性或碱性 pH 条件下容易被氧化成醌类化合物，这种反应生成的过氧化物属于强氧化剂。

五、蛋白质在脱水处理下的变化

脱水是食品加工一个重要的操作单元，其目的在于保藏食品、减轻食品质量及增加食品的稳定性，但脱水处理也会给食品加工带来许多不利的变化。当蛋白质溶液中的水分被全部除去时，由于蛋白质-蛋白质的相互作用，引起蛋白质大量聚集，特别是在高温下除去水分时可导致蛋白质溶解度和表面活性急剧降低。

食品工业中常用的脱水方法有多种，引起蛋白质变化的程度也不相同。①传统的脱水方法以自然的温热空气干燥，脱水的畜禽肉、鱼肉会变得坚硬、萎缩且回复性差，烹调后感觉坚韧而无其原来风味。②真空干燥：这种干燥方法较传统脱水法对肉的品质损害小，因无氧气，所以氧化反应较慢，而且在低温下还可减少非酶褐变及其他化学反应的发生。③冷冻干燥：冷冻干燥的食品可保持原形及大小，具有多孔性，有较好的回复性，是肉类脱水的最好方法。但会使部分蛋白质变性，肉质坚韧，保水性下降。与通常的干燥方法相比，冷冻干燥肉类其必需氨基酸含量及消化率与新鲜肉类差异不大，冷冻干燥是最好的保持食品营养成分的方法。④喷雾干燥：蛋乳的脱水常用此法。喷雾干燥对蛋白质损害较小。

六、蛋白质在辐照处理下的变化

辐照处理食品时可以发生一系列变化，而且辐照剂量越大，变化程度越大。蛋白质中的部分氨基酸可能会发生分解、氧化，蛋白质发生脱氨、脱羧、交联或裂解，因此食品在大剂量辐照时会留有不同的气味。交联作用导致蛋白质发生凝聚，甚至出现不溶解的聚集体。随着辐照交联的出现，同时发生了部分蛋白质的降解，产生较小的碎片。这些反应的发生，使蛋白质发生了部分降解反应，产生了氨基酸，一些氨基酸继续分解，与未辐照样品相比产生了蛋白质的损失；同时，辐照后降解产生了氨基酸，相当于进行了预消化，从而使蛋白质的吸收利用率比未辐照的有所增加。

七、蛋白质在机械处理下的变化

机械处理对食品中的蛋白质有较大的影响，如充分干磨的蛋白质粉或浓缩物可形成小的颗粒和大的表面积，与未磨细的对应物相比，它提高了吸水性、蛋白质溶解度、脂肪的吸收和起泡性。蛋白质悬浊液或溶液体系在强剪切力的作用下（例如牛奶均质）可使蛋白质聚集体（胶束）碎裂成亚单位，这种处理一般可提高蛋白质的乳化能力。在空气-水界面施加剪切力，通常会引起蛋白质变性和聚集，而部分蛋白质变性可以使泡沫变得更稳定。某些蛋白质，例如过度搅打鸡蛋清蛋白时会发生蛋白质聚集，使形成泡沫的能力和泡沫稳定性降低。机械力同样对蛋白质质构化过程起重要作用，例如面团受挤压加工时，剪切力能促使蛋白质改变分子的定向排列、二硫键交换和蛋白质网络的形成。

知识点五 常见食品蛋白质

一、肉类蛋白质

肉类是食物蛋白质的主要来源。肉类蛋白质主要存在于肌肉组织中，以牛、羊、鸡、鸭肉等最为重要，肌肉组织中蛋白质含量为20%左右。肉类中的蛋白质可分为肌原纤维蛋白质、肌浆蛋白质和基质蛋白质。这三类蛋白质在溶解性质上存在着显著的差别，采用水或低离子强度的缓冲液（0.15mol/L或更低浓度）能将肌浆蛋白质提取出来，提取肌原纤维蛋白质则需要采用更高浓度的盐溶液，而基质蛋白质则是不溶解的。

肌浆蛋白质主要有肌溶蛋白和球蛋白两大类，占肌肉蛋白质总量的20%~30%。肌溶蛋白溶于水，在55~65℃变性凝固；球蛋白溶于盐溶液，在50℃时变性凝固。此外，肌浆蛋白质中还包括少量的使肌肉呈现红色的肌红蛋白。

肌原纤维蛋白质（又称肌肉的结构蛋白质），包括肌球蛋白（即肌凝蛋白）、肌动蛋白（即肌纤蛋白）、肌动球蛋白（即肌纤凝蛋白）和肌原球蛋白等，这些蛋白质占肌肉蛋白质总量的51%~53%。其中，肌球蛋白溶于盐溶液，其变性开始温度是30℃，肌球蛋白占肌原纤维蛋白质的55%，是肉中含量最多的一种蛋白质。在屠宰以后的成熟过程中，肌球蛋白与肌动蛋白结合成肌动球蛋白，肌动球蛋白溶于盐溶液中，其变性凝固的温度是45~50℃。由于肌原纤维蛋白质溶于一定浓度的盐溶液，所以也称盐溶性肌肉蛋白质。

基质蛋白质主要有胶原蛋白、网硬蛋白和弹性蛋白，都属于硬蛋白类，不溶于水和盐溶液。

二、胶原蛋白和明胶

胶原蛋白分布于动物的筋、腱、皮、血管、软骨和肌肉中，一般占动物蛋白质的1/3，在肉蛋白的功能性质中起着重要作用。胶原蛋白含氮量较高，不含色氨酸、胱氨酸和半胱氨酸，酪氨酸和甲硫氨酸含量也比较少，但含有丰富的羟脯氨酸（10%）和脯氨酸，甘氨酸含量更丰富（约33%），还含有羟赖氨酸。因此胶原蛋白属于不完全蛋白质。这种特殊的氨基酸组成是胶原蛋白特殊结构的重要基础，现已发现，I型胶原蛋白（一种胶原蛋白亚基）中96%的肽段都是由Gly—X—Y三联体重复顺序组成，其中X常为脯氨酸（Pro），而Y常为羟脯氨酸（Hyp）。

胶原蛋白可以链间和链内共价交联，从而改变了肉的坚韧性，陆生动物比鱼类的肌肉坚韧，老动物肉比小动物肉坚韧就是其交联度提高造成的。在胶原蛋白肽链间的交联过程中，首先是胶原蛋白肽链的末端非螺旋区的赖氨酸和羟赖氨酸残基的ε-氨基在赖氨酸氧化酶作用下氧化脱氨形成醛基，醛基赖氨酸和醛基羟赖氨酸残基再与其他赖氨酸残基反应并经重排而产生脱氢赖氨酰正亮氨酸和赖氨酰-5-酮正亮氨酸，而赖氨酰-5-酮正亮氨酸还可以继续缩合和环化形成三条链间的吡啶交联。这些交联作用的结果形成了具有高抗张强度的三维胶原蛋白纤维，从而使肌腱、韧带、软骨、血管和肌肉的强韧性提高。

天然胶原蛋白不溶于水、稀酸和稀碱，蛋白酶对它的作用也很弱。它在水中膨胀，可使质量增加 0.5~1 倍。胶原蛋白在水中加热时，由于氢键断裂和蛋白质空间结构的破坏，胶原变性（三股螺旋分离），变成水溶性物质——明胶。

小资料

食用明胶

明胶在食品工业中广泛地被用作胶冻、乳化剂、稳定剂、黏合剂和澄清剂等，如肉制品、糖果、冰淇淋、酸奶制品、啤酒澄清等。明胶没有营养作用，食用后既不会使人发胖，也不会导致体力下降。明胶也是一种强有力的保护胶体，乳化力强，进入胃后能抑制牛奶、豆浆等蛋白质因胃酸作用而引起的凝聚作用，从而有利于食物消化。

三、乳蛋白质

乳是哺乳动物的乳腺分泌物，其蛋白质组成因动物种类而异。乳由三个不同的相组成：连续的水溶液（乳清）、分散的脂肪球和以酪蛋白为主的固体胶粒。乳蛋白质同时存在于各相中。

1. 酪蛋白

酪蛋白以固体微胶粒的形式分散于乳清中，是乳中含量最多的蛋白质，占乳蛋白总量的 80%~82%。酪蛋白属于结合蛋白质，是典型的磷蛋白。酪蛋白虽然是一种两性电解质，但是具有明显的酸性，所以在化学上常把酪蛋白看成是一种酸性物质。酪蛋白含有 4 种蛋白亚基，即 α_{s_1}-酪蛋白、α_{s_2}-酪蛋白、β-酪蛋白、κ-酪蛋白，它们的比例约为 3∶1∶3∶1，随遗传类型不同而略有变化。

α_{s_1}-酪蛋白和 α_{s_2}-酪蛋白的相对分子质量相似，约 23 500，等电点也都是 5.1，α_{s_2}-酪蛋白仅略微更亲水一些，两者共占总酪蛋白的 48%。从一级结构看，它们含有分布非常均衡的亲水残基和非极性残基，很少含半胱氨酸和脯氨酸，成簇的磷酸丝氨酸残基分布在第 40~80 位氨基酸肽之间，C 末端部分相当疏水。这种结构特点使其形成较多 α-螺旋和 β-折叠二级结构，并且易和二价金属钙发生结合，钙离子浓度高时不溶解。

β-酪蛋白相对分子质量约为 24 000，它占酪蛋白的 30%~35%，等电点为 5.3，β-酪蛋白高度疏水，但它的 N 末端含有较多亲水基，因此它的两亲性使其可作为一个乳化剂。在中性 pH 下加热，β-酪蛋白会形成线团状的聚集体。

κ-酪蛋白占酪蛋白的 15%，相对分子质量为 19 000，等电点在 3.7~4.2。它含有半胱氨酸并可通过二硫键形成多聚体，虽然它只含有一个磷酸化残基，但它含有碳水化合物成分，这提高了其亲水性。

酪蛋白与钙结合形成酪蛋白酸钙，再与磷酸钙构成酪蛋白酸钙-磷酸钙复合体，复合体与水形成悬浊状胶体（酪蛋白胶团）存在于鲜奶（pH 6.7）中。酪蛋白胶团在牛奶中比较稳定，但经冻结或加热等处理，也会发生凝胶现象。130℃加热数分钟，酪蛋白变性而凝固沉淀。添加酸或凝乳酶，酪蛋白胶粒的稳定性被破坏而凝固，干酪就是利用凝乳酶对酪蛋白的凝固作用而制成的。

2. 乳清蛋白

牛奶中酪蛋白凝固以后，从中分离出的清液即为乳清，存在于乳清中的蛋白质称为乳清蛋白，乳清蛋白有许多组分，其中最主要的是β-乳球蛋白和α-乳清蛋白。

①β-乳球蛋白：约占乳清蛋白的50%，仅存在于pH 3.5以下和pH 7.5以上的乳清中，在pH 3.5~7.5条件下则以二聚体形式存在。β-乳球蛋白是一种简单蛋白质，含有游离的—SH，牛奶加热产生气味可能与它有关。加热、增加钙离子浓度或pH>8.6等都能使它变性。

②α-乳清蛋白：α-乳清蛋白在乳清蛋白中占25%，比较稳定。分子中含有4个二硫键，但不含游离—SH。

乳清中还有血清清蛋白、免疫球蛋白和酶等其他蛋白质。血清清蛋白是大分子球状蛋白质，相对分子质量66 000，含有17个二硫键和1个半胱氨酸残基，该蛋白质结合着一些脂类和风味物，而这些物质有利于其耐变性力的提高。免疫球蛋白相对分子质量大到150 000~950 000，它是热不稳定球蛋白，对乳清蛋白的功能性质有一定影响。

3. 脂肪球膜蛋白质

乳脂肪球周围的薄膜是由蛋白质、磷脂、高熔点甘油三酸酯，固醇、维生素、金属、酶类及结合水等化合物构成的，其中起主导作用的均是卵磷脂-蛋白质络合物。这层膜控制着牛奶中脂肪-水分散体系的稳定性。

四、卵蛋白质

1. 卵蛋白质的组成

鸡蛋可以作为卵类的代表，全蛋中蛋白质约占9%，蛋清中蛋白质约占10.6%，蛋黄中蛋白质约占16.6%，蛋清、蛋黄中蛋白质组成如表3-2和表3-3所示。

表3-2　鸡蛋清蛋白质组成

组成	占总固体/%	等电点	特性
卵清蛋白	54	4.6	易变性，含巯基
伴清蛋白	13	6.0	与铁复合，能抗微生物
卵类黏蛋白	11	4.3	能抑制胰蛋白酶
溶菌酶	3.5	10.7	为分解多糖的酶，抗微生物
卵黏蛋白	1.5		具黏性，含唾液酸，能与病毒作用
黄素蛋白-脱辅基蛋白	0.8	4.1	与核黄素结合
蛋白酶抑制剂	0.1	5.2	抑制细菌蛋白酶
抗生物素蛋白	0.05	9.5	与生物素结合，抗微生物
未确定的蛋白质成分	8	5.5，7.5	主要为球蛋白
非蛋白氮	8	8.0，9.0	其中一半为糖和盐（性质不明确）

表 3-3　　鸡蛋黄蛋白质组成

组成	占卵黄固体/%	特性
卵黄蛋白	5	含有酶，性质不明
卵黄高磷蛋白	7	含 10%的磷
卵黄脂蛋白	21	乳化剂

2. 卵蛋白质的功能性质

从鸡蛋蛋白质的组成可以看出，鸡蛋清蛋白质中有些具有独特的功能性质，如鸡蛋清中由于存在溶菌酶、抗生物素蛋白、免疫球蛋白和蛋白酶抑制剂等，能抑制微生物生长，这对鸡蛋的贮藏十分有利，因为它们将易受微生物侵染的蛋黄保护起来。我国中医外科常用蛋清调制药物用于贴疮的膏药，正是这种功能的应用实例之一。

鸡蛋清中的卵清蛋白、伴清蛋白和卵类黏蛋白都是易热变性蛋白质，这些蛋白质的存在使鸡蛋清在受热后产生半固体胶体，但由于这种半固体胶体不耐冷冻，因此不要将煮制的蛋放在冷冻条件下贮存。

鸡蛋清中的卵黏蛋白和球蛋白是分子质量很大的蛋白质，它们具有良好的搅打起泡性，食品中常用鲜蛋或鲜蛋清来形成泡沫。在焙烤过程中还发现，仅由卵黏蛋白形成的泡沫在焙烤过程中易破裂，而加入少量溶菌酶后却对形成的泡沫有保护作用。

皮蛋的加工，利用了碱对卵蛋白质的部分变性和水解，产生黑褐色并透明的蛋清凝胶，蛋黄这时也变成黑色稠糊或半塑状。

蛋黄中的蛋白质也具有凝胶性质，这在煮蛋和煎蛋中最重要，但蛋黄蛋白质更重要的性质是它们的乳化性，这对保持焙烤食品的网状结构具有重要意义。蛋黄蛋白质作乳化剂的另一个典型例子是生产蛋黄酱，蛋黄酱是色拉油、少量水、少量芥末和蛋黄及盐等调味品的均匀混合物，在制作过程中通过搅拌，蛋黄蛋白质就发挥其乳化作用而使混合物变为均匀乳化的乳状体系。

3. 卵蛋白质在加工中的变化

蛋清在巴氏杀菌中，如果温度超过 60℃，会造成热变性而降低其搅打起泡力。在 pH 7 时卵清蛋白、卵类黏蛋白、卵黏蛋白和溶菌酶对 60℃以下加热是稳定的，最不耐热的伴清蛋白，此时也基本稳定，因此，蛋清的巴氏杀菌应控制在 60℃以下。另外，加入六偏磷酸钠（2%）可提高伴清蛋白的热稳定性。

蛋黄也不耐高温，在 60℃或更高温度下，蛋黄中的蛋白质和脂蛋白就产生显著变化。利用喷雾干燥工艺制作全蛋粉时，由于蛋清和蛋黄中的部分蛋白质受热变性，造成蛋白质的分散度、溶解度、起泡力等功能性质下降，产品颜色和风味也变劣。为了防止这种不利变化，在喷雾干燥前向全蛋糊中加入少量蔗糖或玉米糖浆，可以部分减缓蛋白质受热变性。

蛋黄制品不应在-6℃以下冻藏。否则解冻后的产品黏度增大，这是过度冷冻造成了蛋黄中蛋白质发生凝胶作用。一旦发生这种作用，蛋白质的功能性质就会下降。例如，用这种蛋黄制作蛋糕时，产品网状结构失常，蛋糕体积变小。对于这种变化，可通过向预冷蛋黄中加入蔗糖、葡萄糖或半乳糖来抑制，也可应用胶体磨处理而使凝胶作用减轻。加入 NaCl，产品黏度会增加，但不是促进凝胶作用而引起，实际上的效果正好相反，能阻止凝胶作用。

鲜蛋在贮藏中质量会不断下降。应当强调下列变化的作用：贮藏中蛋内的蛋白质会受天然存在的蛋白酶的作用而造成蛋清部分稀化，蛋内的 CO_2 和水分会通过气孔向外散失，结果蛋清 pH 从 7.6 升至最大值 9.7，蛋黄 pH 从 6 升至 6.4 左右，稠厚蛋清的凝胶结构部分破坏，蛋黄向外膨胀扩散，气室变大。

卵黏蛋白的糖苷键受某种作用而部分被切开是蛋清变稀的最合理解释，蛋清胶态结构的破坏应与 pH 变化有关，蛋黄膨胀的一个原因可能是蛋清水分向蛋黄转移所致。糖蛋白的糖苷键究竟因何断裂？是否主要是因 pH 上升时发生 β-消除反应而引起？这些问题还有待深入研究。

五、鱼肉中的蛋白质

鱼肉中蛋白质的含量因鱼的种类及年龄不同而异，通常含 10%～21%。鱼肉中蛋白质与畜禽肉类中的蛋白质一样，可分为 3 类：肌浆蛋白质、肌原纤维蛋白质和基质蛋白质。

鱼的骨骼肌是一种短纤维，它们排列在结缔组织（基质蛋白质）的片层之中，但鱼肉中结缔组织的含量要比畜禽肉少，而且纤维也较短，因而鱼肉更为嫩软。鱼肉的肌原纤维与畜禽肉类中的相似，为细条纹状，并且所含的蛋白质如肌球蛋白、肌动蛋白、肌动球蛋白等也很相似，但鱼肉中的肌动球蛋白十分不稳定，在加工和贮藏过程中很容易发生变化，即使在冷冻保存中，肌动球蛋白也会逐渐变成不溶性的而增加了鱼肉的硬度。如肌动球蛋白贮藏在稀的中性溶液中时很快发生变性并可逐步凝聚而形成不同浓度的二聚体、三聚体或更高的聚合体，但大部分是部分凝聚，而只有少部分是全部凝聚，这可能是引起鱼肉不稳定的主要因素之一。

六、谷物类蛋白质

成熟、干燥的谷粒，其蛋白质含量依种类不同，在 6%～20%。谷类又因去胚、麸及研磨而损失少量蛋白质。种核外面往往包着一层保护组织，不易被人体消化，而要将其中的蛋白质分离出来也很困难，故仅宜用作饲料，而内胚乳蛋白常被用作人类食品。

1. 小麦蛋白质

面粉主要成分是小麦的内胚乳，其淀粉粒包埋在蛋白质基质中。麦醇溶蛋白和麦谷蛋白占蛋白质总量的 80%～85%，比例约为 1∶1，两者与水混合后就能形成具有黏性和弹性的面筋蛋白，它能使面包中的其他成分如淀粉、气泡黏在一起，是形成面包空隙结构的基础。非面筋的清蛋白和球蛋白占面粉蛋白质总量的 15%～20%，它们能溶于水，具凝聚性和发泡性。小麦蛋白缺乏赖氨酸，所以与玉米一样，不是一种良好的蛋白质来源。但若能配以牛奶或其他蛋白质，就可补其不足。

小麦面筋中的二硫键在多肽链的交联中起着重要的作用。

2. 玉米蛋白质

玉米胚乳蛋白主要是基质蛋白质和存在于基质中的颗粒蛋白体两种，玉米醇溶蛋白就在蛋白体中，占蛋白质总量的 15%～20%，它缺乏赖氨酸和色氨酸两种必需氨基酸。

3. 稻米蛋白质

稻米蛋白质主要存在于内胚乳的蛋白体中，在碾米过程中几乎全部保留，其中80%为碱溶性蛋白——谷蛋白。稻米是唯一具有高含量谷蛋白和低含量醇溶谷蛋白（5%）的谷类，因此其赖氨酸的含量也比较高。

小资料

饮用豆浆时的注意事项

（1）忌饮用未煮熟的豆浆　没有煮熟的豆浆含有毒物质，会导致蛋白质代谢障碍，并引起中毒症状。

（2）忌在豆浆里打鸡蛋　鸡蛋中的黏液性蛋白易和豆浆中的胰蛋白酶结合，产生一种不能被人体吸收的物质，大大降低了对营养的吸收。

（3）忌冲红糖　红糖里的有机酸和豆浆中的蛋白质结合后，可产生变性沉淀物，破坏营养成分。

（4）忌装保温瓶　在温度适宜的条件下，以豆浆作为养料，瓶内细菌会大量繁殖，经过3~4h就能使豆浆酸败变质。

（5）忌超量饮用　一次饮用豆浆过多易引起蛋白质消化不良，出现腹胀、腹泻等症状。

（6）忌空腹饮用　空腹饮用豆浆时，蛋白质会在体内转化为热量而消耗掉。搭配淀粉类食品能使营养物质被充分吸收利用。

七、大豆蛋白质

1. 大豆蛋白质的分类和组分

大豆蛋白质可分为两类：清蛋白和球蛋白。清蛋白一般占大豆蛋白质的5%（以粗蛋白计）左右，球蛋白约占90%。大豆球蛋白可溶于水、碱或食盐溶液，加酸调pH至等电点4.5或加硫酸铵至饱和，则沉淀析出，故又称酸沉蛋白，而清蛋白无此特性，则称为非酸沉蛋白。

按照溶液在离心机中沉降速度来分，大豆蛋白质可分为4个组分，即2*S*、7*S*、11*S*和15*S*（*S*为沉降系数，$1S=1\times10^{-13}s=1$Svedberg单位）。其中7*S*和11*S*最为重要，7*S*占总蛋白的37%，而11*S*占总蛋白的31%（表3-4）。

表3-4　大豆蛋白质的组分

沉降系数	占总蛋白的百分数/%	已知的组分	相对分子质量
2*S*	22	胰蛋白酶抑制剂	8 000~21 500
		细胞色素C	12 000
7*S*	37	血球凝集素	110 000
		脂肪氧合酶	102 000

续表

沉降系数	占总蛋白的百分数/%	已知的组分	相对分子质量
		β-淀粉酶	61 700
		7S 球蛋白	180 000~210 000
11S	31	11S 球蛋白	350 000
15S	11	—	600 000

2. 大豆蛋白质的溶解度

大豆蛋白质在溶解状态下才发挥出机能特性。溶解度受 pH 和离子强度影响很大。在 pH 4.5~4.8 时溶解度最小。加盐可使酸沉蛋白质溶解度增大，但在 pH 2.0 时低离子强度下溶解度很大。在 pH 6.8 条件下，溶解度随离子强度变化不大。在碱性条件下溶解度增大。

3. 大豆蛋白质的机能特性

7S 球蛋白是一种糖蛋白，含糖量约为 5.0%，其中甘露糖为 3.8%，氨基葡萄糖为 1.2%，7S 多肽是紧密折叠的，其中 α-螺旋结构、β-折叠结构和不规则结构分别占 5%、35%和 60%。11S 球蛋白含有较多的谷氨酸、天冬酰胺。与 11S 球蛋白相比 7S 球蛋白中色氨酸、甲硫氨酸、胱氨酸含量略低，而赖氨酸含量则较高，因此 7S 球蛋白更能代表大豆蛋白质的氨基酸组成。

7S 组分与大豆蛋白质的加工性能密切相关，7S 组分含量高的大豆制得的豆腐就比较细嫩。11S 组分具有冷沉性，脱脂大豆的水浸出蛋白液在 0~2℃水中放置后，约有 86%的 11S 组分沉淀出来，利用这一特征可以分离浓缩 11S 组分。11S 组分和 7S 组分在食品加工中性质不同，由 11S 组分形成的钙胶冻比由 7S 组分形成的坚实得多，这是因为 11S 和 7S 组分同钙反应上的不同所致。

不同的大豆蛋白质组分，乳化特性也不一样，7S 与 11S 的乳化稳定性稍好，在实际应用中，不同的大豆蛋白制品具有不同的乳化效果，如大豆浓缩蛋白的溶解度低，作为加工香肠用乳化剂不理想，而用分离大豆蛋白其效果则好得多。

大豆蛋白制品的吸油性与蛋白质含量有密切关系，大豆粉、浓缩蛋白和分离蛋白的吸油率分别为 84%、133%和 150%，组织化大豆蛋白的吸油率为 60%~130%，最大吸油量发生在 15~20min 内，而且粉越细吸油率越高。

大豆蛋白质沿着它的肽链骨架，含有许多极性基团，在与水分子接触时，很容易发生水化作用。当向肉制品、面包、糕点等食品添加大豆蛋白质时，其吸水性和保水性平衡非常重要，因为添加大豆蛋白质之后，若不了解大豆蛋白质的吸水性和保水性以及不相应地调节工艺，就可能会因为大豆蛋白质从其他成分中夺取水分，而影响面团的工艺性能和产品质量。相反，若给予适当的工艺处理，则对改善食品质量非常有益，不但可以增加面包产量，改进面包的加工特性，而且可以减少糕点的收缩，延长面包和糕点的货架期。

大豆蛋白质分散于水中形成胶体。这种胶体在一定条件（包括蛋白质的浓度、加热温度、时间、pH 以及盐类和巯基化合物等）下可转变为凝胶，其中大豆蛋白质的浓度及其组成是凝胶能否形成的决定性因素，大豆蛋白质浓度越高，凝胶强度越大。在浓度相同的情况下，大豆蛋白质的组成不同，其凝胶性也不同，在大豆蛋白质中，只有 7S 和 11S 组分才有凝胶性，而且 11*S* 形成凝胶的硬度和组织性高于 7*S* 组分凝胶。

大豆蛋白制品在食品加工中的调色作用表现在两个方面，一是漂白，二是增色。如在面包加工过程中添加活性大豆粉后，一方面大豆粉中的脂肪氧合酶能氧化多种不饱和脂肪酸，产生氧化脂质，氧化脂质对小麦粉中的类胡萝卜素有漂白作用，使之由黄变白，形成内瓤很白的面包；另一方面大豆蛋白质又与面粉中的糖类发生美拉德反应，可以增加其表面的颜色。

知识点六　蛋白质新资源

由于世界人口不断增加，许多地区的人们均有营养不足现象，故如何在经济的原则下产生大量可食性蛋白质，如单细胞藻类、酵母、叶蛋白质、细菌蛋白等是目前研究发展的主要方向。

一、单细胞蛋白质

单细胞蛋白质泛指微生物菌体蛋白质。它具有生长速率快、生产条件易控制和产量高等优点，是蛋白质良好的来源。

1. 酵母

产朊假丝酵母（*Candida utilis*）及酵母菌属的卡尔酵母（*Saccharomyces carlsbergensis*）很早就被人们作为食品。前者以木材水解液或亚硫酸废液即可培养，后者是啤酒发酵的副产物，回收干燥后即可成为营养添加物。产朊假丝酵母中蛋白质含量约为 53%（干重），但缺含硫氨基酸，若能添加 0. 3%半胱氨酸，生物价值会超过 90%。但食用过量会造成生理上的异常。

2. 细菌

细菌可利用纤维状底物（农业或其他副产品）作为碳源，土壤丝菌属、杆菌属、细球菌属和假单胞菌属等均已被研究来生产蛋白质。

3. 藻类

藻类多年来一直被认为是可利用的蛋白质资源，尤以小球藻和螺旋藻在食用方面的研究很多。其蛋白质含量各为 50%及 60%（干重）。藻类蛋白含必需氨基酸丰富，尤以酪氨酸及丝氨酸较多，但含硫氨基酸较少。以藻类作为人类蛋白质食品来源有以下两个缺点：①日食量超过 100g 时有恶心、呕吐、腹痛等现象；②细胞壁不易破坏，影响消化率（仅为 60%~70%）。若能除去其中色素成分，并以干燥或酶解法破坏其细胞壁，则可提高其消化率。

4. 真菌

蘑菇是人类食用最广的一种真菌。但蛋白质仅占鲜重的 4%，干重也不超过 27%。常用的霉菌［如娄地青霉（*Peninicillium roqueforti*）、沙门柏干酪青霉（*P. camemberti*）］主要用于发酵食品，使产品具有特殊的质地及风味，其他［如米曲霉（*Aspergillus oryzae*）］则为大豆、米、麦、花生、鱼等的发酵菌种，能产生蛋白质丰富的营养食品。

二、叶蛋白质

植物的叶片是进行光合作用和合成蛋白质的场所，是一种取之不尽的蛋白质资源。许多禾谷类及豆类作物的绿色部分含80%的水和2%~4%的蛋白质。取新鲜叶片切碎，研磨和压榨后所得绿色汁液中约含10%固形物、40%~60%粗蛋白，而且不含纤维素，其纤维素部分可由于压榨而部分脱水，可作为反刍动物优良的饲料。汁液部分含与叶绿体连接的不溶性蛋白质和可溶性蛋白质等。设法除去其中低分子质量的生长抑制因素，将汁液加热到90℃，即可形成蛋白凝块，经冲洗及干燥后的凝块约含60%的蛋白质、10%脂类、10%矿物质以及各种色素与维生素。由于叶蛋白质口感不佳，往往不为一般人接受。若作为添加剂将叶蛋白质加于谷物食品中，将会提高人们对叶蛋白质的接受性，且可补充谷物中赖氨酸的不足。

三、动物浓缩蛋白质

鱼蛋白不仅可作为食品，也可作为饲料。先将生鱼磨粉，再以有机溶剂抽提，除去脂肪与水分，用蒸汽赶走有机溶剂，剩下的即为蛋白质粗粉，再磨成适当的颗粒即成无臭、无味的浓缩鱼蛋白。其蛋白质含量可达75%以上。而去骨、去内脏的鱼做成的浓缩鱼蛋白称为去内脏浓缩鱼蛋白，含蛋白质93%以上。浓缩鱼蛋白的氨基酸组成与鸡蛋、酪蛋白略相同。这种蛋白质的营养价值虽高，但其溶解度、分散性、吸湿性等不适于食品加工，故在食品工业上的用途还有待研究。

知识链接

人类未来的食品

水藻曲奇：水藻风干后磨成“面粉”，用于制作曲奇及其他饼食。水藻生长速度快，能在高污染环境存活，食物制品胆固醇含量也较少。

超级稻米：基因改造稻米可提高产量及抗疫力，近年出现的超级稻米更可抗旱及在贫瘠土壤生长，确保产量不受天灾影响。

海水种番茄：科学家正在试验用海水和阳光打造出沙漠里的温室绿洲。若技术成熟，干旱缺水的沙漠也有机会成为鱼米之乡。

昆虫膏：昆虫富含蛋白质。甲虫、蜜蜂及毛虫是未被探索的营养来源。联合国建议将昆虫磨成富含蛋白质的糊状，混合其他食品食用。

植物性食品变肉：大豆（包括豆腐）、蘑菇早已用于制作肉类替代品。随着3D打印技术的发展，这些“肉”有望变得更美味，吸引更多人食用。

食草：科学家正在开发一种如牛胃的机器，将人类无法消化吸收的草转化成可吸收的营养，进而做成食品。

假蛋：利用较便宜的蛋白粉取代真蛋白。

音乐增味食品：科学家发现不同音乐类型可影响进食时的味觉，提议用高频钢琴声代替食品中的砂糖，令进食时美味不变，食品却变得更健康。

纳米改造食品：纳米科技可改变食品营养成分，在不影响味道前提下提升营养、减少有害物质及脂肪等。未来的薯条可能减少人体对脂肪的吸收，汉堡包则可降胆固醇。

重点小结

蛋白质分子是由一条或多条肽链构成的生物大分子。多肽链由20种氨基酸通过肽键共价连接而成。氨基酸是组成蛋白质的基本单位。氨基酸是两性电解质，氨基酸分子所带正负电荷相等，静电荷为0的pH称为氨基酸的等电点，用p*I*表示。氨基酸在等电点时溶解度最小，易沉淀。蛋白质的分子结构为蛋白质的一级结构，蛋白质的空间结构包括蛋白质的二级、三级、四级结构。蛋白质也是两性电解质，在等电点时，蛋白质的溶解度最小。在蛋白质分离和含蛋白质食品的加工和贮藏中，常涉及加热、冷却、干燥、化学试剂处理、发酵和辐照或其他各种处理，在这些处理中不可避免地将引起蛋白质的物理、化学和营养成分的变化，了解这些变化有利于科学地选择食品加工和贮藏的条件。

技能训练

技能训练一 蛋白质两性性质及等电点的测定

一、目的要求

（1）了解蛋白质的两性性质。

（2）掌握通过聚沉测定蛋白质等电点的方法。

二、实验原理

蛋白质是两性电解质。蛋白质分子中可以解离的基团除氨基端的α-氨基与羧基端的α-羧基外，还有肽链上某些氨基酸残基的侧链基团，如酚基、巯基、胍基、咪唑基等基团，它们都能解离为带电基团。因此，在蛋白质胶体溶液中存在着下列平衡：

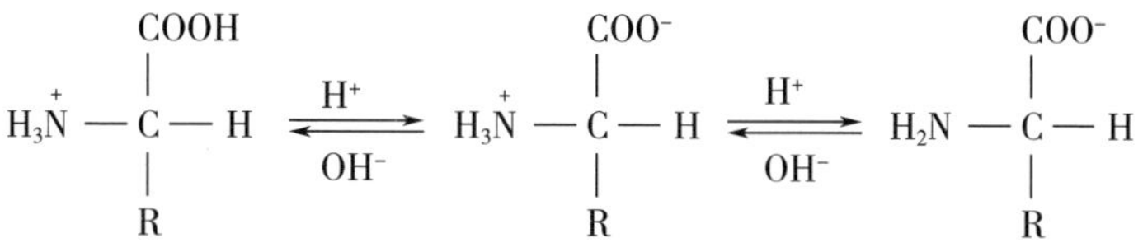

阳离子 $pH < pI$　　两性离子 $pH = pI$　　阴离子 $pH > pI$

调节溶液的pH使蛋白质分子的酸性解离与碱性解离相等，即所带正负电荷相等，净电荷为零，此时溶液的pH称为蛋白质的等电点（p*I*）。在等电点时，蛋白质分子间的静电排斥力最小，分子间的引力最大，所以蛋白质溶解度最小，溶液的混浊度最大；随着溶液的 pH 远离蛋白质的等电点，蛋白质的溶解度会逐渐增大。所以，配制一系列 pH 从低到高梯度的缓冲液，观察蛋白质在这些缓冲液中的溶解情况即可大致确定蛋白质的等电点。

三、实验材料、器材和试剂

（1）材料　0.5%酪蛋白溶液：称取酪蛋白（干酪素）0.50g 放入小烧杯中，加入约 30mL 水，再用移液管加入 10.00mL 的 1mol/L 氢氧化钠，搅拌溶解后，用移液管加入 10.00mL 的 1mol/L 乙酸，最后移入 100mL 的容量瓶中，并加水稀释定容。

（2）器材　试管（1.5cm×15cm），移液管（1mL、2mL、10mL）或吸量管，胶头滴管。

（3）试剂

①1mol/L 乙酸溶液：吸取 99.5%乙酸（相对密度 1.05）2.875mL，加水至 50mL。

②0.1mol/L 乙酸溶液：吸取 1mol/L 乙酸 5mL，加水至 50mL。

③0.01mol/L 乙酸溶液：吸取 0.1mol/L 乙酸 5mL，加水至 50mL。

④0.2mol/L 氢氧化钠溶液：称取 2.000g 氢氧化钠，加水至 50mL，配成 1mol/L 氢氧化钠溶液。然后量取 1mol/L 氢氧化钠溶液 10mL，加水至 50mL。

⑤0.2mol/L 盐酸：吸取 37.2%盐酸（相对密度 1.19）4.17mL，加水至 50mL，配成 1mol/L 盐酸。然后吸取 1mol/L 盐酸 10mL，加水至 50mL。

⑥0.01%溴甲酚绿指示剂：称取溴甲酚绿 0.01g，加 0.5mL 1mol/L 氢氧化钠，然后加水至 100mL。

四、操作步骤

（一）蛋白质两性性质的测定

（1）取一支试管，加 0.5%酪蛋白 1mL，再加溴甲酚绿指示剂 4 滴，摇匀。此时溶液呈蓝色，无沉淀生成。

（2）用胶头滴管慢慢加入 0.2mol/L 盐酸，边加边摇直到有大量的沉淀生成。此时溶液的 pH 接近酪蛋白的等电点。观察溶液颜色的变化。

（3）继续滴加 0.2mol/L 盐酸，沉淀会逐渐减少以至消失。观察此时溶液颜色的变化。

（4）滴加 0.2mol/L 氢氧化钠溶液进行中和，沉淀又出现。继续滴加 0.2mol/L 氢氧化钠溶液，沉淀又逐渐消失。观察溶液颜色的变化。

（二）蛋白质等电点的测定

（1）取同样规格的试管 7 支，按表 3-5 精确地加入试剂。

表 3-5　　蛋白质等电点的测定加样表

试剂	管号						
	1	2	3	4	5	6	7
1mol/L 乙酸/mL	1.6	0.8	0	0	0	0	0
0.1mol/L 乙酸/mL	0	0	4	1	0	0	0

续表

试剂	管号						
	1	2	3	4	5	6	7
0.01mol/L 乙酸/mL	0	0	0	0	2.5	1.25	0.62
H_2O/mL	2.4	3.2	0	3	1.5	2.75	3.38
溶液的 pH	3.5	3.8	4.1	4.7	5.3	5.6	5.9
混浊度*							

注：*用0、+、++、+++等符号表示各管的混浊度。

（2）充分摇匀，然后往以上各试管中依次加入 0.5%酪蛋白 1mL，边加边摇，摇匀后静置 5min，观察各管的混浊度。

（3）根据混浊度判断酪蛋白的等电点。最混浊的一管的 pH 即为酪蛋白的等电点。

五、结果表示

在蛋白质两性性质的测定中，记录沉淀和颜色的变化；在等电点的测定中，根据观察结果，判定酪蛋白的等电点。

六、注意事项

在测定等电点的实验中，溶液的 pH 基于加入缓冲液的量，所以各种试剂的浓度和加入量应尽量准确。

七、思考题

（1）解释蛋白质两性反应中颜色及沉淀变化的原因。

（2）该方法测定蛋白质等电点的原理是什么？

技能训练二 蛋白质的功能性质——水溶性、乳化性、起泡性、凝胶作用

一、目的要求

（1）了解蛋白质的功能性质及几种主要功能性质的测定原理。

（2）熟悉蛋白质功能性质及蛋白质在食品加工中的用途。

二、实验原理

蛋白质的功能性质是指其具有的某些物理化学性质，在食品的加工、贮藏、销售过程

中产生有利作用，这些性质对食品的质量及风味起着重要的作用。蛋白质的功能性质与蛋白质在食品体系中的用途有着十分密切的关系，成为开发和有效利用蛋白质资源的重要依据。

蛋白质的功能性质可分为水化性质、表面性质、蛋白质-蛋白质相互作用的有关性质三大主要类型。具体的功能性质，主要包括水溶性、乳化性、起泡性、凝胶作用等。

本实验以卵蛋白质、大豆蛋白质为例，通过某些定性实验来认识蛋白质的主要功能性质。

三、实验试剂和器材

（1）实验材料　蛋清。

（2）实验试剂

①2%蛋清蛋白溶液：取 2g 蛋清加 98g 蒸馏水稀释，过滤取清液。

②卵黄蛋白：鸡蛋除去蛋清后剩下的蛋黄。

③大豆分离蛋白粉。

④其他：1mol/L 盐酸、1mol/L 氢氧化钠、饱和氯化钠溶液、饱和硫酸铵溶液、酒石酸、硫酸铵、氯化钠、δ-葡萄糖酸内酯、饱和氯化钙溶液、水溶性红色素、明胶、植物油。

（3）实验仪器　恒温水浴锅、电动搅拌器、冰箱、烧杯、试管等。

四、操作步骤

（一）蛋白质的水溶性

（1）50mL 的小烧杯中，加入 0.5mL 蛋清蛋白溶液，加入 5mL 水，摇匀，观察其水溶性，有无沉淀生成。再向溶液中逐滴加入饱和氯化钠溶液，摇匀，得到澄清蛋白质的氯化钠溶液。

取上述蛋白质的氯化钠溶液 3mL，加入 3mL 饱和硫酸铵溶液，观察球蛋白的沉淀析出，再加入粉末硫酸铵至饱和，摇匀，观察清蛋白从溶液中析出，解释蛋清蛋白质在水中及氯化钠溶液中的溶解度以及蛋白质沉淀的原因。

（2）在 4 支试管中各加入 0.1~0.2g 大豆分离蛋白粉，分别加入 5mL 水、5mL 饱和氯化钠溶液、5mL 1mol/L 氢氧化钠、5mL 1mol/L 盐酸，摇匀，在温水浴中静置片刻，观察大豆蛋白质在不同溶液中的溶解度。向第一、二支试管加入 3mL 饱和硫酸铵溶液，析出大豆球蛋白沉淀；向第三、四支试管中分别用1mol/L 氢氧化钠、1mol/L 盐酸中和至 pH 4~4.5，观察沉淀的生成，解释大豆蛋白质的溶解性以及 pH 对大豆蛋白质溶解性的影响。

（二）蛋白质的乳化性

（1）取 5g 卵黄蛋白，加入 250mL 的烧杯中，加入 95mL 水、0.5g 氯化钠，用电动搅拌器搅匀后，边搅拌边滴加植物油 10mL，滴加完后，强烈搅拌 5min，使其充分分散成均匀的乳状液，静置 10min，等泡沫大部分消除后，取出 10mL，加入少量水溶性红色素染色，不断搅拌直至染色均匀，取一滴乳状液在显微镜下仔细观察，被染色部分为水相，未被染色部分为油相，根据显微镜下观察所得到的染料分布，确定该乳状液是属于水包油型还是油包水型。

（2）配制5%的大豆分离蛋白溶液100mL，加0.5g氯化钠，在水浴上温热搅拌均匀，同上法滴加10mL植物油进行乳化。静置10min后，观察其乳状液的稳定性，同样在显微镜下观察乳状液的类型。

（三）蛋白质的起泡性

（1）在3只250mL的烧杯中各加入50mL 2%的蛋清蛋白溶液，一份用电动搅拌器连续搅拌1~2min；另一份用玻璃棒不断搅打1~2min；最后一份用玻璃管不断鼓入空气泡1~2min。观察各自泡沫的生成，估计泡沫的多少及泡沫稳定时间的长短，评价不同的搅打方式对蛋白质起泡性的影响。

（2）取2只250mL的烧杯，各加入50mL 2%的蛋清蛋白溶液，一份放入冷水或冰箱中冷至10℃，一份保持常温（30~35℃），同时以相同的方式搅打1~2min，观察泡沫产生的数量及泡沫稳定性有何不同。

（3）取2只250mL的烧杯，各加入30mL 2%的蛋清蛋白溶液，其中一份加入0.5g酒石酸，一份加入0.1g氯化钠，以相同的方式搅打1~2min，观察泡沫产生的数量及泡沫稳定性有何不同。

用2%的大豆蛋白质溶液进行与以上相同的实验，比较蛋清蛋白质与大豆蛋白质的起泡性。

（四）蛋白质的凝胶作用

（1）取1mL蛋清蛋白溶液于试管中，加1mL水和几滴饱和氯化钠至溶液澄清，放入沸水浴中，加热片刻观察凝胶的形成。

（2）在100mL烧杯中，加入2g大豆分离蛋白粉、40mL水，在沸水浴中加热并不断搅拌均匀，稍冷，将其分成两份，一份加入5滴饱和氯化钙，另一份加入0.1~0.2g δ-葡萄糖酸内酯，放置温水浴中数分钟，观察凝胶的生成。

（3）取一支试管，加入0.5g明胶和5mL水，水浴中温热溶解形成黏稠溶液，冷后，观察凝胶的生成。

五、思考题

（1）水合能力与蛋白质的哪些性质有关？

（2）分析蛋白质的溶解性和水合能力没有对应关系的原因。

（3）解释蛋白质在不同情况下凝胶形成的原因。

（4）牛奶败坏为何出现沉淀？沉淀是什么？

技能训练三 羰氨反应速度的影响因素

一、目的要求

（1）了解不同种类的糖、氨基酸，亚硫酸盐及酸碱度等因素对羰氨反应速度的影响。

（2）认识羰氨反应对食品风味和色泽形成的意义。

二、实验原理

羰氨反应在中等水分活度条件下适宜发生。具有游离氨基和游离羰基的化合物反应速度较快。亚硫酸盐为褐变抑制剂，可以与美拉德反应的初级产物发生加成反应从而阻止黑色素的形成。羰氨反应的中间产物在近紫外区域具有强烈吸收，重要中间产物羟甲基糠醛在 280~290nm 之间具有强烈的紫外吸收，可以通过比色法来定量测量羰氨反应的强弱。该反应产生复杂的香味物质，其味道与氨基酸和糖的种类有关。

三、实验试剂和仪器

（1）试剂　5%葡萄糖溶液、5%蔗糖溶液、5%麦芽糖溶液、5%可溶性淀粉溶液、5% D-木糖溶液、5%甘氨酸溶液、5%赖氨酸溶液、5%酪氨酸溶液、2%盐酸、1mol/L 氢氧化钠溶液。

（2）仪器　移液管、容量瓶、直径为 6~8cm 的瓷表面皿、坩埚钳、电炉、紫外分光光度计。

四、操作步骤

1. 不同种类的糖对羰氨反应速度的影响

取 5 个瓷表面皿，分别编号①、②、③、④、⑤。

① 加入 2.5mL 5%葡萄糖溶液和 2.5mL 5%甘氨酸溶液，混匀。

② 加入 2.5mL 5%蔗糖溶液和 2.5mL 5%甘氨酸溶液，混匀。

③ 加入 2.5mL 5%麦芽糖溶液和 2.5mL 5%甘氨酸溶液，混匀。

④ 加入 2.5mL 5%可溶性淀粉溶液和 2.5mL 5%甘氨酸溶液，混匀。

⑤ 加入 2.5mL 5%D-木糖溶液和 2.5mL 5%甘氨酸溶液，混匀。

5 个瓷表面皿同时放在电炉上加热，比较褐变出现的先后和色泽深浅，同时嗅其风味。待能够发生羰氨反应的样品均出现颜色后，同时取下，分别用水定量转移至 5 个 50mL 容量瓶中，定容，混匀后于 290nm 处测定吸光度。

2. 不同氨基酸种类对羰氨反应速度的影响

取 3 个瓷表面皿，分别编号①、②、③。

① 加入 2.5mL 5%甘氨酸溶液和 2.5mL 5%葡萄糖溶液，混匀。

② 加入 2.5mL 5%赖氨酸溶液和 2.5mL 5%葡萄糖溶液，混匀。

③ 加入 2.5mL 5%酪氨酸溶液和 2.5mL 5%葡萄糖溶液，混匀。

3 个瓷表面皿同时放在电炉上加热，比较褐变出现的先后和色泽深浅。待能够发生羰氨反应的样品均出现颜色后，按操作步骤 1 进行吸光度测定。

3. 不同环境条件对羰氨反应速度的影响

取 5 个瓷表面皿，分别编号①、②、③、④、⑤。

① 加入 2.5mL 5%甘氨酸溶液和 2.5mL 5%葡萄糖溶液，混匀。室温下放置。

② 加入 2.5mL 5%甘氨酸溶液和 2.5mL 5%葡萄糖溶液，混匀。

③ 加入 2.5mL 5%甘氨酸溶液和 2.5mL 5%葡萄糖溶液，再加入 0.1~0.2g 亚硫酸氢钠，混匀溶解。

将②、③同时放在电炉上加热，观察其褐变出现的先后和色泽的深浅。

④ 加入 2.5mL 5%甘氨酸溶液和 2.5mL 5%葡萄糖溶液，滴加 2%盐酸溶液数滴，使 pH 在 2 左右，混匀。

⑤ 加入 2.5mL 5%甘氨酸溶液和 2.5mL 5%葡萄糖溶液，滴加 1mol/L NaOH 溶液，使 pH 在 9 左右，混匀。

将④、⑤同时放在电炉上加热，观察其色泽的变化。

上述 5 个处理待溶液均出现颜色后，同时取下，按操作步骤 1 转移定容，测定吸光度。

五、结果表示

记录以上观察到的实验现象、颜色出现的先后顺序，结合吸光度值进行结果分析。

六、注意事项

（1）实验所用表面皿最好选大小、薄厚一致的，以便于比较。

（2）样品加入后必须混合均匀，反应快慢的判断以表面皿边缘最先出现颜色为准。

（3）若吸光度值超过范围，用水稀释。

七、思考题

（1）不同的糖对羰氨反应速度的影响，哪个最快，哪个最慢，依据是什么？

（2）为什么亚硫酸盐能起到抑制羰氨反应速度的作用？

（3）为什么不同酸碱度下羰氨反应速度不同？

思政案例

富有中国特色、具有2000余年历史的传统食品——豆腐相传发明于西汉，其制作原理就是利用大豆蛋白质的凝胶性质，而现今我国利用豆腐烹制成的菜肴深受百姓喜爱。以豆腐为主料或辅料制作的菜肴有1000多种，像川菜中的“麻婆豆腐”、鲁菜中的“锅塌豆腐”、苏菜中的“文思豆腐”、浙江的“西施豆腐”、宫廷菜中的“八宝豆腐”等都是闻名遐迩的美食。中国食神袁枚认为“豆腐得味，远胜燕窝。”他在《随园食单》里记载了蒋侍郎豆腐、杨中丞豆腐、张恺豆腐、庆元豆腐、芙蓉豆腐、王太守八宝豆腐、程立万豆腐、冻豆腐、虾油豆腐。甚至为了获得某种豆腐制作的秘方而甘愿三度折腰。豆腐营养丰富，有植物肉的美称，价廉物美。由豆腐制作衍生出来的腐竹、豆果、豆干、豆皮、豆渣、千张更是让人眼花缭乱，豆腐与茶叶、瓷器、丝绸一道享誉世界，还与豆酱、面筋、豆芽合称为中国食品“四大发明”，甚至被西方人誉为“影响人类文明的100项伟大发明”之一。尽管“豆腐是谁发明的”一直存在争议，有刘安、乐毅、刘长（瓮春）、关羽等为豆腐发明人的不同说法，但无论是哪种说法，它的发明者为中国人是众口一词的。随着科技的发展，内酯豆腐因相较于传统豆腐具有产量高、蛋白质流失少等优势，也逐渐进入了人们的生活，豆腐的生产从一家一户小厨房到千家万户大工厂都离不开食品工业的发展和传统食品现代化工艺的革新。中国历史上类似的发明还有豆酱、豆豉、黄酒、火腿等，我国是世界上第一个用酶酸大豆的方法生产富含氨基酸的美味食品豆酱及酱油的国家，也是第一个制作出营养丰富的大豆饮品——豆浆、豆汁的国家。

参考文献：李建刚. 在课程思政中坚守文化自信——以“中国饮食文化”课为例[J]. 湖北师范大学学报，2021，41（02），110-115.

育人目标：培养民族自豪感，树立爱国主义情怀，增强文化自信，激励大家“不忘本来”“面向未来”，当下努力学习、求索创新，未来才能肩负起食品“民以食为天，食以安为先”的伟大使命。

复习思考

1. 名词解释：氨基酸的疏水性，肽键和肽链，蛋白质的一级、二级、三级和四级结构，蛋白质的絮凝作用，蛋白质的凝胶作用。

2. 试比较甘氨酸（Gly）、脯氨酸（Pro）与其他常见蛋白质氨基酸结构的异同，它们对多肽链二级结构的形成有何影响?

3. 蛋白质如何分类?

4. 蛋白质的功能性质有哪些? 简述蛋白质功能性质产生的机制、影响因素。举例说明蛋白质功能性质在食品工业中的应用。

5. 食品中蛋白质与氧化剂反应，对食品有哪些不利影响?

6. 食品蛋白质在碱性条件下热处理，会产生哪些理化反应?

7. 蛋白质在加工和贮藏中会发生哪些物理、化学和营养变化? 说明在食品加工和贮藏中如何利用和防止这些变化。

模块四

食品中的糖类

学习目标

【知识目标】

1. 了解糖类化合物的概念和分类。
2. 理解典型糖类的结构和性质。
3. 掌握典型糖类在食品加工中的应用。
4. 能够通过学习糖类知识建立糖类与生活的密切关系。
5. 会处理食糖在食疗及日常烹调中遇到的问题。
6. 会处理食品加工中糖类出现的问题。
7. 会运用糖类转化的知识在食品加工中赋予风味。

【素质目标】

通过认识美拉德反应在食品工业中的应用及食品加工新技术的发展趋势，培养独立思辨能力，增强对专业的认同感。

学习导图

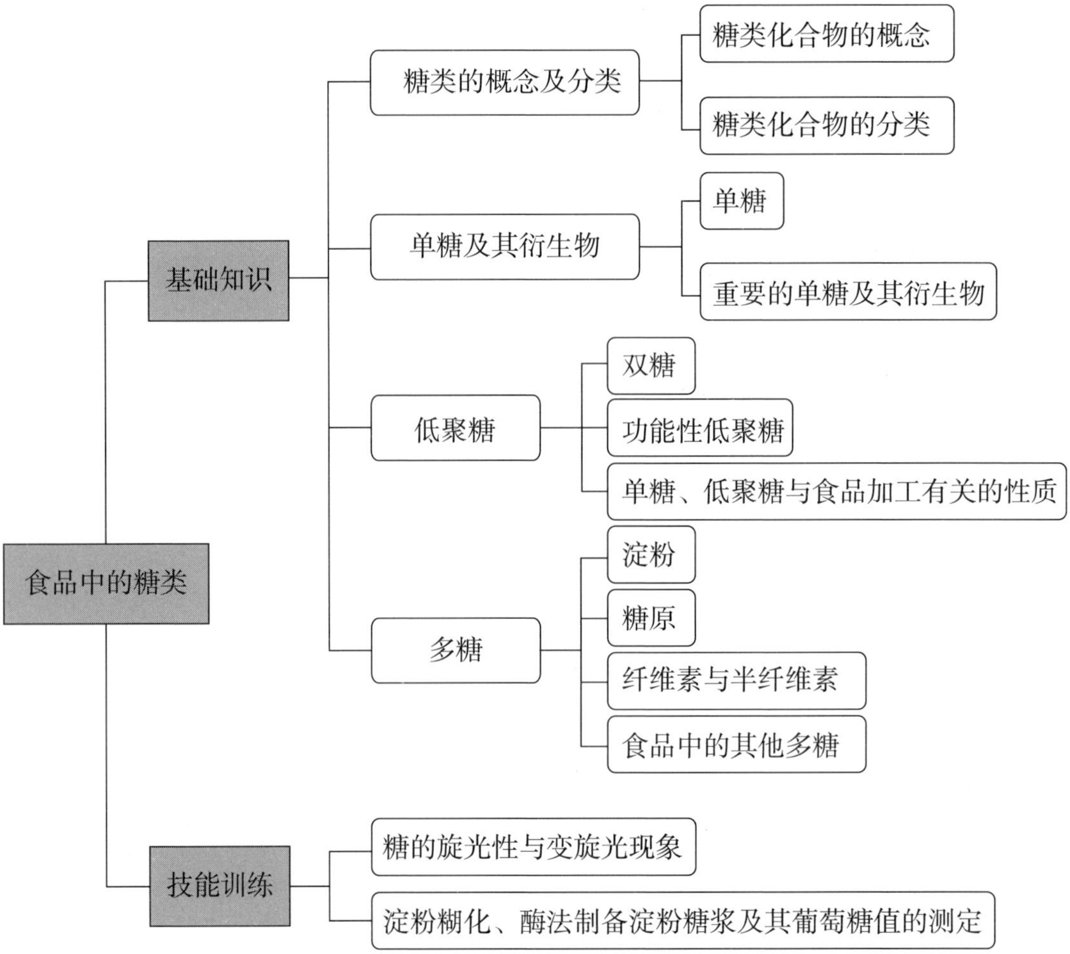
食品中的糖类
基础知识
糖类的概念及分类
糖类化合物的概念
糖类化合物的分类
单糖及其衍生物
单糖
重要的单糖及其衍生物
低聚糖
双糖
功能性低聚糖
单糖、低聚糖与食品加工有关的性质
多糖
淀粉
糖原
纤维素与半纤维素
食品中的其他多糖
技能训练
糖的旋光性与变旋光现象
淀粉糊化、酶法制备淀粉糖浆及其葡萄糖值的测定

基础知识

知识点一 糖类的概念及分类

一、糖类化合物的概念

1. 糖的定义

糖类化合物主要由碳、氢、氧三种元素组成，过去用通式 $C_n(H_2O)_m$ 表示，并称为碳水化合物，从通式看好似糖类物质是由碳与水组成的化合物故得其名，但是此称谓并不恰当。因为甲醛（HCHO）、乳酸（$C_3H_6O_3$）等有机化合物，它们分子中的氢氧比是 2∶1，符合上述通式，但却不具有糖的结构和性质。而后来发现其他的一些有机化合物如脱氧核糖（$C_5H_{10}O_4$）、鼠李糖（$C_6H_{12}O_5$）等的化学组成中氢氧比虽然并不符合 2∶1，但却具有糖的结构和性质。一般认为将碳水化合物称为糖要更加合理，只是习惯上仍然将这类化合物称为碳水化合物，所以这个称谓沿用至今。实际上，糖类化合物科学的定义是多羟醛或多羟酮及其缩聚物和某些衍生物的总称。

2. 普通食品中的糖含量

糖类化合物是自然界中分布最广和数量最多的一类具有重要生物功能的有机化合物。从细菌到高等动物的机体都含有糖类化合物。日常食用的蔗糖、粮食中的淀粉、人体血液中的葡萄糖等均属于糖类。其中以植物体中含量最为丰富，占干重的 85%~90%，植物中最重要的糖是淀粉和纤维素，它是谷类、薯类的主要成分，水果和某些蔬菜中含量也很多。动物细胞中最重要的多糖是糖原，动物自身不能制造糖类，必须从食物中摄取。

糖类是食物中重要的供能营养素，可被人体消化的淀粉等是食物中的主要热能来源。糖类还提供了良好的口感和大家喜爱的甜味。即使那些不能被人体消化吸收的多糖，其营养保健功能也日益受到人们的重视。糖类是食品的重要组成成分，不仅含量较高，而且种类很多，一些常见食品中的糖含量如表 4-1 至表 4-3 所示。

表 4-1　　水果中的糖含量　　单位：%

水果	葡萄糖	果糖	蔗糖	水果	葡萄糖	果糖	蔗糖
苹果	1.17	6.04	3.78	草莓	2.09	2.40	1.03
葡萄	6.86	7.84	2.26	蜜橘	1.50	1.10	6.01
桃子	0.91	1.18	6.92	杏	4.03	2.00	3.04
梨子	0.95	6.77	1.61	香蕉	6.04	2.01	10.03
樱桃	6.49	7.38	0.22	西瓜	0.74	3.42	3.11

表 4-2　　蔬菜中的糖含量　　单位：%

蔬菜	葡萄糖	果糖	蔗糖	蔬菜	葡萄糖	果糖	蔗糖
甜菜	0.18	0.16	6.11	黄瓜	0.87	0.86	0.06
洋葱	2.07	1.09	0.89	甘薯	0.33	0.30	3.37
菜花	0.73	0.67	0.42	菠菜	0.09	0.04	0.06
胡萝卜	0.85	0.85	4.24	番茄	1.12	1.34	0.01

表 4-3　　普通食品中的糖含量　　单位：%

食品	糖含量	食品	糖含量
可乐	9	橙汁	10
脆点心	12	蛋糕	36
冰淇淋	18	番茄酱	29

3. 糖的生理功能

生物以糖类如葡萄糖、淀粉等为营养物质，从食物中吸收转变成体内的糖，通过代谢向机体提供能量。同时，糖分子中的碳架以直接或间接的方式转化为构成生物体的蛋白质、核酸、脂类等各种有机物分子，所以糖作为能源物质和细胞结构物质以及在参与细胞的某些特殊的生理功能方面都是不可缺少的生物组成成分。糖类在生命活动过程中起着重要的作用，是一切生物体维持生命活动所需能量的主要来源。因为糖类营养丰富、容易消化吸收，在生物体内，通过新陈代谢，糖类还可转化为蛋白质、脂类等。糖与脂类形成的糖脂是构成神经组织与细胞膜的主要成分，糖与蛋白质结合成的糖蛋白和黏蛋白具有重要的生理功能。糖类也是人类和动物从自然界摄取的主要能量物质之一。人类摄取食物的总能量中约 80%由糖类提供，因此糖类是人类及动物的生命源泉。我国传统膳食习惯是以富含糖类的食物为主食，但近年来随着动物蛋白质食物产量逐年增加和食品工业的发展，膳食的结构也在逐渐发生变化。

4. 糖在食品加工中的应用

在食品中除营养价值外，低分子糖类可作为食品的甜味剂，大分子糖类物质因能形成凝胶或糊而广泛应用于食品加工中作为增稠剂和稳定剂。此外，它们还是食品加工过程中香味和色素的前体物质，对感官质量产生影响。

总而言之，糖类不仅为人类提供生命活动的能量，在食品加工中对食品的口味、质地、风味及加工特性也有很多贡献，食物原料的深加工和综合利用以及食品新技术的发展等很多也与糖类有着密切的关系。

二、糖类化合物的分类

食品中的糖类化合物种类很多，根据其是否能水解和水解后的产物可以分为三大类：单糖、低聚糖、多糖。

1. 单糖

单糖是食品中结构最简单的糖，一般是含有 3～7 个碳原子的多羟基醛或多羟基酮，它们不能水解为更小的糖单位。单糖根据分子中碳的个数还可以分为丙糖、丁糖、戊糖和己糖等，根据分子中官能团的不同分为醛糖和酮糖。自然界分布最广、最重要的是五碳糖和六碳糖，如葡萄糖、核糖、脱氧核糖等。葡萄糖是生命活动的主要能源物质，核糖是 RNA 的组成物质，脱氧核糖是 DNA 的组成物质。

2. 低聚糖

低聚糖又称寡糖，是由 2～10 个单糖分子失水缩合而成的物质，水解后生成单糖。彼此分子间通过糖苷键连接而成，水解以后产生单糖。按照水解后生成单糖分子的数目，低聚糖又可分为双糖、三糖、四糖、五糖等。自然界以游离状态存在的低聚糖主要有双糖如麦芽糖、三糖如棉子糖等。食品中的低聚糖主要以双糖最为重要，如蔗糖和乳糖。

3. 多糖

多糖是由 10 个以上单糖分子或其衍生物失水缩合而成的高分子化合物，又称高聚糖。每个多糖水解后可生成多个单糖分子，若多糖是由相同的单糖组成的称为同聚多糖，如淀粉、纤维素；由不相同的单糖组成的称为杂聚多糖，如果胶、透明质酸。糖与其他非糖物质以共价键结合形成结合多糖（复合多糖）或糖缀合物，如蛋白聚糖、糖脂、糖蛋白等。按多糖分子中有无支链进行分类，可分为直链多糖和支链多糖；按其功能性质不同进行分类，可分为结构多糖、储存多糖和糖原；按它的来源进行分类，可分为植物多糖、动物多糖和微生物多糖等。多糖中的典型代表是淀粉及纤维素，一些氨基多糖和海藻多糖也日益受到人们重视。

知识点二 单糖及其衍生物

自然界中常见的单糖有葡萄糖、果糖、半乳糖等。它们中仅有少数简单的如羟乙醛等按基团命名，大多数糖的名称不是以有机化学系统法命名，而是与来源有关，例如果糖、赤藓糖、核糖等。

一、单糖

单糖是多羟基醛或多羟基酮，其中最重要的是五醛糖、已醛糖和已酮糖。自然界分布最普遍又最重要的单糖是葡萄糖、果糖、半乳糖、核糖、脱氧核糖等。

（一）单糖的结构

1. 单糖的链状结构

单糖的结构与构型

根据单糖的链状结构分析，其分子是不对称的，有手性碳原子，因此具有旋光性。分子中碳原子数≥3 的单糖因含手性碳原子，所以有 D 及 L 两种构型，天然存在的单糖大多为 D 型。糖类物质的 D 型和 L 型是以甘油醛为标准比较而确定的相对构型，书写时将羟基放在右边的是 D 型结构，将羟基放在左边的是 L 型结构。它们的构型不同，D 型与 L 型为立体异构体的对映体，由于旋光方向与程度是由分子中所有不对称原子上的羟基方向所决定，而构型只和分子中离羰基最远的不对称碳原子的羟基方向有关，因此单糖的构型 D 与 L 并不一定与右旋和左旋相对应。单糖的旋光用 D 或（+）表示右旋，L 或（-）表示左旋。单糖中最重要的是戊糖和已糖，图 4-1 所示为自然界存在的重要的常见单糖结构。

2. 单糖的环状结构

单糖不仅以直链结构存在，还以环状结构存在。由于单糖的链状结构不稳定，所以在溶液、结晶状态和生物体内主要以环状结构形式存在。单糖的环状结构是分子的羰基和本身的一个羟基反应，形成分子内的半缩醛或半缩酮，其中形成的五元环和六元环最稳定。天然的糖多以六元环的形式存在，实验证明，在一般情况下，已醛糖都是第五个碳原子上的羟基与羰基形成半缩醛，构成六元环。环状结构分为 α-型和 β-型两种，其中形成的半缩醛羟基与原链状 C_4 或 C_5 上的羟基处于同侧的为 α-型，处于异侧的为 β-型。单糖的 α-

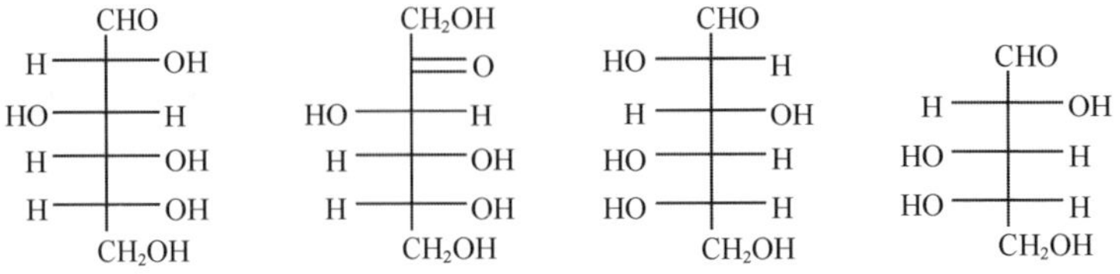

D–葡萄糖　D–果糖　L–葡萄糖　L–树胶糖

图 4–1　常见单糖的结构

型和 β–型环状结构之间可以通过链状结构相互转化。如葡萄糖、果糖、半乳糖、核糖和脱氧核糖都可形成立体构型不同的 α–型和 β–型两种异构环状结构，半乳糖环状结构如图 4–2 所示。

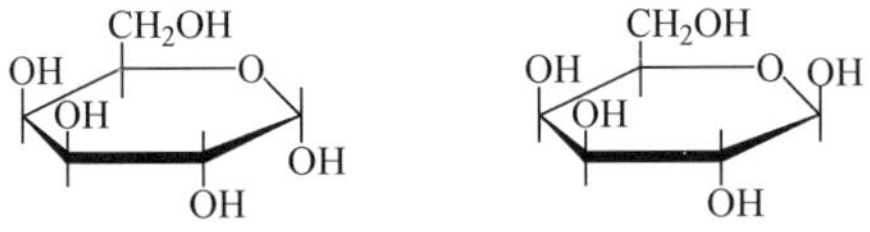

α–吡喃半乳糖　β–吡喃半乳糖

图 4–2　半乳糖的环状结构

（二）单糖的性质

1. 物理性质

单糖都是无色晶体，具有吸湿性，易溶于水，不溶于乙醚、丙酮等有机溶剂，有甜味，有旋光性。

单糖的理化性质

（1）结晶性　糖的饱和溶液在一定的浓度和温度条件下，都能析出晶体，形成结晶，这就是糖的结晶性。糖的结晶是否容易形成与溶液的黏度和糖的溶解度有关。单糖中最易结晶的是葡萄糖，但晶体细小，果糖和转化糖较难结晶。在糖果制造时利用结晶性，要根据糖结晶性质上的差别，来合理选用糖的种类。糖类的结晶性有时会给另外某些食品带来不良的后果。糖溶液中晶体的析出，直接降低了糖液的浓度，减小了糖液的渗透压，不仅不能有效地抑制微生物的生长，反而不利于食品的保藏，还可能造成糖果、糕点等食品口感的变化（如返砂现象）。

（2）吸湿性与保湿性　吸湿性与保湿性都表明糖结合水的能力。吸湿性是指糖在环境湿度较高的情况下吸收水分的性质。保湿性是指糖在环境湿度较低的情况下保持水分的性质。这两种性质都与糖分子中的羟基有很大的关系。不同的糖吸湿性不一样，单糖中果糖的吸湿能力最强，转化糖中由于含有果糖，所以吸湿能力也较强。常见糖的吸湿性强弱为：果糖≥转化糖>葡萄糖。糖的吸湿性和保湿性对于保持食品的弹性、柔软性及食品的保藏和加工都有重要的实际意义。所以用果糖或果葡糖浆制作面包、糕点、软糖等食品，保持柔软的口感。软糖需要保持一定的水分，避免在干燥天气中干缩，效果较好。在食品加工中利用糖的吸湿性或保湿性，实际上就是为了达到限制水进入食品或是将水保持在食品中的目的。

（3）溶解度　由于单糖分子结构中含有多个羟基，这使其水溶性增加，尤其是在热水中的溶解度，但它们不能溶于乙醚、丙酮等有机溶剂。各种单糖的溶解度也不相同，果糖的溶解度最大，其次是葡萄糖。温度对溶解过程和溶解速度具有重要的影响，各种糖的溶解度随温度的升高而增大，室温条件下，果糖饱和溶液的质量分数约为80%，而葡萄糖饱和溶液的质量分数约为50%。糖的溶解度对食品加工具有重要的意义。表4-4所示为果糖、葡萄糖的溶解度。

表4-4　　果糖、葡萄糖的溶解度

糖类名称	溶解度							
	20℃		30℃		40℃		50℃	
	饱和溶液质量分数/%	溶解度/g	饱和溶液质量分数/%	溶解度/g	饱和溶液质量分数/%	溶解度/g	饱和溶液质量分数/%	溶解度/g
果糖	78.94	374.78	81.54	441.70	84.34	538.63	86.94	665.58
葡萄糖	46.71	87.67	54.64	120.46	61.89	162.38	70.91	243.76

糖的溶解度在食品加工中可用于食品的保藏，果酱、蜜饯的制造，因为高浓度的糖液，能有效地束缚水分子，减少自由水的含量，降低水分活度。即糖浓度只有在70%以上才能有效抑制酵母、霉菌的生长。室温条件时，葡萄糖和蔗糖都没有达到这个浓度要求，保藏性较差，如在20℃时，单独的葡萄糖、果糖最高浓度分别为50%、79%，故只有果糖具有较好的食品保藏性，而单独使用葡萄糖达不到防腐、保质的要求。为了改善这种情况，实际生产中的糖煮工序就是利用升温来增加糖的溶解度，利于保藏。果糖在这一方面却有较好的优势，一些淀粉糖浆、果葡糖浆中因水解和结构互变，含有一定量的果糖，从而提高了保藏性能。

高浓度糖液的保藏性实际上是与其渗透压有关的。糖液的渗透压使食品脱水，降低了水分活度。高渗透压的获得需要有高浓度的糖液。所以在保藏过程中，还应防止糖的结晶析出，否则会降低糖液浓度，使糖液渗透压下降，保藏性下降。

（4）甜度　单糖有甜味，在食品加工中常利用糖作为甜味剂。甜味的强弱是用甜度来表示的，因为甜度目前还不能用物理或化学方法来绝对定量测定，只能采用感官比较法，而这种测定又是带有很大的个体性的，因此所获得的数值只是一个相对值，通常以蔗糖（非还原糖）为基准物，一般以10%或15%的蔗糖水溶液在20℃时的甜度为1.0，则果糖的甜度为1.5，葡萄糖的甜度为0.7，由于这种甜度是相对的，所以又称相对甜度。尽管甜度是相对值且带有很大的个体性，但是测定出不同糖之间甜度的差异仍然具有非常重要的实际意义。表4-5所示为一些单糖的相对甜度。

表4-5　　单糖的相对甜度

糖类名称	相对甜度	糖类名称	相对甜度
蔗糖	1.00	半乳糖	0.27
果糖	1.50	甘露醇	0.59
葡萄糖	0.70	木糖	0.50

就天然单糖而言，果糖最甜，葡萄糖次之，半乳糖又次之。各种糖相对甜度强弱顺序为：果糖>转化糖>葡萄糖。转化糖（水解后的蔗糖，含自由葡萄糖和果糖）及蜂蜜糖比一般糖较甜，是因为含有一部分果糖的关系，多糖无甜味。

有研究表明，糖的甜度与糖的分子结构、状态以及温度等外界因素有关。晶体果糖中，β-型的甜度大于α-型，而晶体葡萄糖的α-型比β-型更甜。固态糖与液态糖的甜度也不相同，例如果糖在溶液中比蔗糖甜，但当添加在某些饼干、小甜饼等焙烤食品时却与蔗糖的甜度相似。在溶液中，同一种糖的α-型和β-型会发生异构互变且达到平衡，因此某一种异构式的糖在溶解过程中会发生甜度的变化，直到一定条件下平衡后，才达到一个相对稳定的甜度。温度的高低也会影响糖的甜度，一些糖在温度升高时甜度下降。其他物质的存在有可能也会影响甜味强弱。分子结构也决定物质是否具有甜味以及甜味的强弱，单糖、双糖和一些三糖具有甜味，多糖没有甜味。

（5）旋光性　单糖分子（除丙酮糖外）结构中均含有手性碳原子，所以都具有旋光性（或光学活性）。旋光性是鉴定糖的一个重要指标。旋光性是一种物质能使偏振光的振动平面发生旋转的特性。旋光性物质使偏振光的振动平面发生旋转的角度称为旋光度，通常以α表示，旋光方向以符号表示：右旋通常用“+”表示，左旋通常用“-”表示。旋光度的大小除了与物质本身的结构有关外，还随测定时所用溶液的浓度、盛液管的长度、温度、光波的波长以及溶剂的性质等因素的变化而改变。但在一定的条件下，不同旋光活性物质的比旋光度是一个常数，通常用比旋光度$[\alpha]_{\lambda}^{t}$表示。比旋光度是在一定温度和波长下，以1mL中含有1g溶质的溶液，放在1dm长的盛液管中测出的旋光度。计算公式如下：

$$[\alpha]_{\lambda}^{t}=\frac{\alpha}{c\cdot l} \tag{4-1}$$

式中　α——旋光仪测得的旋光度；

λ——所用光源的波长；

t——测定时的温度；

c——糖（光学活性的）溶液的浓度，g/mL，溶剂为水；

l——盛液管的长度，dm。

当c和l都等于1时，则$[\alpha]_{\lambda}^{t}=\alpha$。糖的比旋光度用$[\alpha]_{D}^{20}$表示。20表示测定比旋光度在20℃进行；D表示以钠光灯作光源，波长是589nm。

（6）其他性质　单糖的黏度很低，黏度大小还与温度有关，通常糖的黏度随着温度的升高而下降，但葡萄糖的黏度则随温度的升高而增大。在食品生产中，可借助调节糖的黏度来改善食品的稠度和可口性。适当增加黏度可以防止带肉果汁上下分层，起到稳定作用。单糖的水溶液与其他溶液一样，具有冰点降低、渗透压增大的特点。糖溶液冰点的降低与渗透压的增大与其浓度和分子质量有关。糖液浓度增高，分子质量变小，则其冰点降低得多，而渗透压增大，对冷饮生产有利。单糖溶液还具有抗氧化性，有利于保持水果的风味、颜色和维生素C的含量。

2. 化学性质

（1）还原性　单糖是多羟基的醛或酮，分子结构中具有醛基、酮基、羟基，在不同的条件下可以被氧化剂氧化成不同的产物。氧化条件可分为碱性条件、酸性条件和酶催化。

单糖在碱性溶液中的还原作用常被用来作为还原糖的定性及定量分析的依据。如碱性条件下可被氢氧化铜或托伦（Tollen）试剂等碱性弱氧化剂氧化，生成糖酸或复杂的小分子羧酸混合物和砖红色 Cu_2O 沉淀或银镜（图 4-3）。该性质常用于单糖的定性和定量测定。

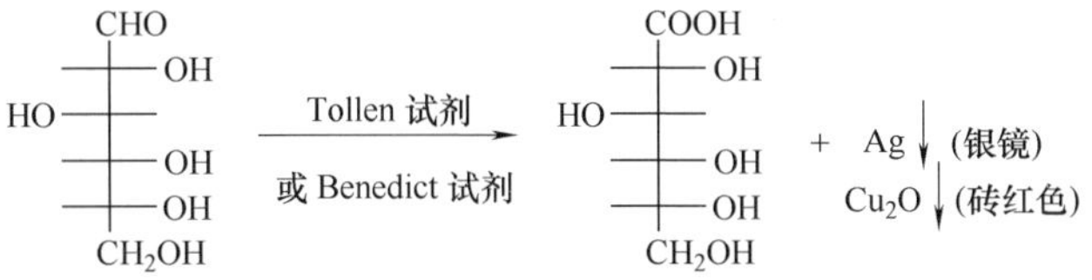

图 4-3　葡萄糖的还原反应

这种能被碱性弱氧化剂氧化的糖称为还原性糖，在食品检测技术中，也常用此性质定量地测定葡萄糖等还原糖的含量。

单糖在酸性溶液中含醛基的糖比含酮基的糖易于氧化。例如，醛糖能被弱氧化剂溴水氧化，而酮糖不能，因此可用此法区分醛糖和酮糖。

在某些酶的作用下，一些糖还可以发生伯醇基氧化反应（醛基不被氧化），如葡萄糖、半乳糖等醛糖能够发生伯醇基氧化反应生成糖醛酸。糖醛酸是组成果胶、半纤维素、黏多糖等的重要成分。

（2）氧化性　单糖分子中的醛基或酮基也能被还原剂还原为醇，所以单糖具有氧化性。糖醇在工业上主要是通过催化加氢来获得。如葡萄糖催化加氢得到山梨糖醇；果糖可还原为山梨糖醇和甘露醇的混合物；木糖被还原为木糖醇。这些还原生成的糖醇，具有甜味且口味较好，化学性质稳定，对微生物的稳定性好，不容易引起龋齿，所以在食品工业中的应用日益广泛。山梨糖醇的甜度为蔗糖的 50%，在一些糕点制作中常替代蔗糖作为甜味剂；同时具有很好的保湿性，可用于糕点、糖果、香烟、调味品及化妆品的保湿剂，也可用于制取抗坏血酸。木糖醇的代谢不需要胰岛素的参与，所以木糖醇可作为糖尿病患者食品中的甜味剂。木糖醇的甜度为蔗糖的 70%，可以替代蔗糖作为糖尿病患者的疗效食品或抗龋齿的胶姆糖的甜味剂，目前木糖醇已被广泛用于制造糖果、果酱、饮料等食品。

（3）异构化反应　单糖在立体化学中，若组成相同的不同分子含有多个手性碳原子，其中只有一个手性碳原子的构型不同，其余的构型都相同的非对映体称为差向异构体。如 D-葡萄糖和 D-甘露糖互为差向异构体。单糖在冷、稀碱溶液中，α 碳上的氢受羰基和羟基的影响变得很活泼，极易转到羰基上，形成烯醇式中间体，然后转为它的差向异构体。如 D-葡萄糖在冷的、稀 NaOH 溶液中，有一部分变为果糖和甘露糖，成为三者的平衡混合物（图 4-4）。D-甘露糖或 D-果糖用同样的方法处理也得该结果。

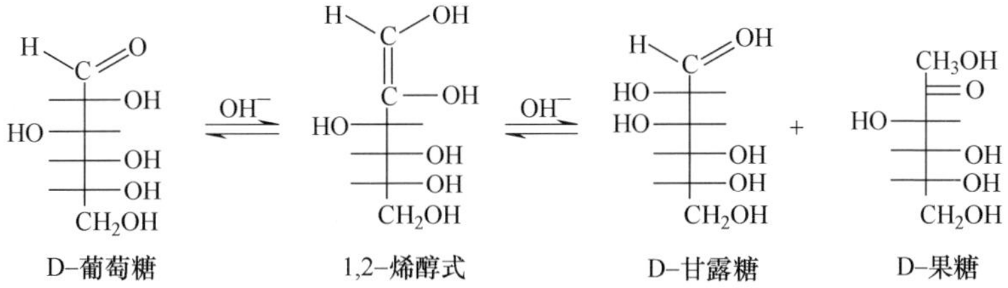

图 4-4　D-葡萄糖的差向异构化

利用葡萄糖和果糖可以互为异构化的原理，在食品工业上常被用来制备高甜度的果葡糖浆。先利用廉价的谷物淀粉经酶水解成葡萄糖，再经葡萄糖异构化酶的催化作用转化为甜度高的果糖，从而制得含40%以上果糖的果葡糖浆。

（4）成酯反应　单糖为多元醇，分子中的羟基可以与有机酸或无机酸作用生成酯。在生物体内最常见的糖脂为糖的磷酸酯，如人体中的葡萄糖在酶的作用下生成葡萄糖磷酸酯，其中最重要的是1-磷酸葡萄糖、6-磷酸葡萄糖。单糖的磷酸酯在生命过程中具有重要的意义，它们代表了糖的代谢活性形式，糖代谢的中间产物。

单糖的磷酸酯在食品中应用十分广泛，可以作乳化剂，还能防止蛋白质变性和抗菌。还可用于含乳饮料，可使脂肪球稳定，防止乳蛋白变性及产生沉淀。

（5）成苷反应　单糖的半缩醛羟基较分子内的其他羟基活泼，很容易与醇及酚等含羟基的化合物脱水形成缩醛（或缩酮）型衍生物，称为糖苷。糖苷分子中糖的部分称为糖基，非糖的部分称为配基或非糖体，连接糖基和配基的是含氧原子的糖苷，糖苷分子中不再有半缩醛羟基，因此无还原性（图4-5）。

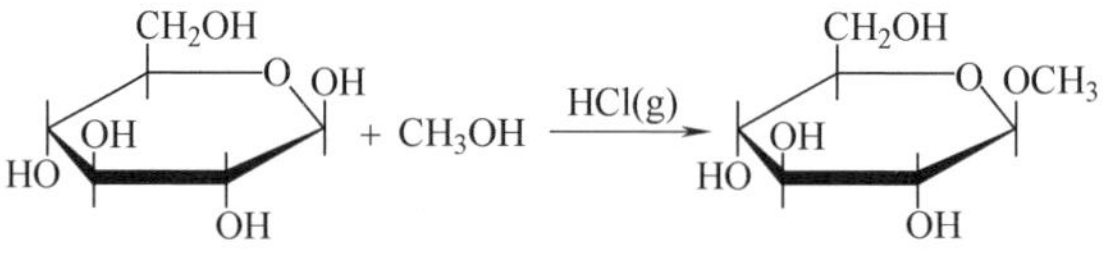

D-葡萄糖　　D-葡萄糖甲苷

图4-5　葡萄糖苷的形成

$$\text{苦杏仁苷} + H_2O \xrightarrow{\text{完全水解}} \underset{\text{苯甲酸}}{C_6H_5CHO} + \underset{\text{氢氰酸}}{HCN} + \underset{\text{葡萄糖}}{C_6H_{12}O_6}$$

（6）显色反应　单糖能与浓酸（盐酸、硫酸）反应，脱水生成糠醛及其衍生物，它们在一定条件下，能与酚类或蒽类生成各种不同的有色物质，且反应灵敏，显色清晰，常用于鉴别各类糖。

①莫立许反应：莫立许反应是鉴别糖类常用的方法，在糖的水溶液中加入α-萘酚的乙醇溶液，然后沿试管壁慢慢加入浓硫酸，不要振荡，在浓硫酸与溶液的交界面很快会出现美丽的紫色环，这个过程就是莫立许反应，即糖的颜色反应。

②塞利凡诺夫反应：通过在酮糖（如果糖）的溶液中加入塞利凡诺夫（间苯二酚的盐酸溶液），加热很快出现鲜红色，同样条件下醛糖不发生变化，因此，可用来区别酮糖和醛糖。

（7）羰氨反应与焦糖化　还原性单糖能与胺、氨基酸、蛋白质等物质发生羰基和氨基之间的缩合反应，经过复杂的历程最终生成棕色甚至是黑色的大分子物质类黑精或称拟黑素，这一反应称为羰氨反应或美拉德反应。食品在加热和贮存过程中发生的褐变大多与此反应有关，如烤面包时表面形成的金黄色、酱油发酵过程形成的棕褐色、奶粉在贮藏过程中的变色等。几乎所有的食物中都含有羰基化合物和氨基化合物，所以，羰氨反应在食品加热过程中很普遍，羰氨反应能使食品生色增香。

糖类在没有氨基化合物存在时，受高温（150~200℃）影响发生降解作用，降解后的物质经聚合、缩合生成黏筒状的黑褐色物质——焦糖，这一反应称为焦糖化作用。焦糖是一种黑褐色胶态物质，在食品生产中可作色素。

（8）其他反应　单糖分子中的各种官能团还可以发生一些其他化学反应，例如发生缩合反应、卤代反应等，它们在多糖的化学改性、美拉德反应中也有实际应用。

小资料

1，6-二磷酸果糖（FDP）的功效

1，6-二磷酸果糖（FDP）是人体内能量代谢所必需的一种活性物质。纯FDP呈白色或类白色的结晶性粉末，易溶于水。FDP能在无氧及缺氧条件下强化细胞的糖酵解过程，迅速将血液中的葡萄糖转化成能量，满足人体的需求。国内外研究均确认，FDP既是人体能量代谢调节剂，又是一种高能基质，是能在分子水平上作用到细胞内部代谢过程的少数几种活性物质之一。特别是在缺血、缺氧时，能迅速将葡萄糖转化为机体需要的能量，增强红细胞供氧能力，迅速改善心脏功能，强壮和修复心肌细胞。FDP被公认是人体能量代谢的生物催化剂和人体细胞的强壮剂。我国国家卫生健康委员会（原卫生部）在1997年已批准将FDP用于保健食品。

二、重要的单糖及其衍生物

1. 重要的单糖

单糖是糖类的最小单位。现已知的醛糖有600多种，酮糖及其衍生物180种，主要是戊糖和己糖。常见的戊糖有D-(-)-核糖、D-(-)-2-脱氧核糖、D-(+)-木糖和L-(+)-阿拉伯糖。它们都是醛糖，以多糖或苷的形式存在于动植物中。最常见的己糖是葡萄糖和果糖，以游离或结合的形式存在于动植物中。下面简要介绍葡萄糖和果糖。

（1）葡萄糖　葡萄糖最初是从葡萄汁中分离结晶得到的，现在大多来自淀粉、蔗糖、麦芽糖及乳糖的水解产物。葡萄糖是最常见的六碳单糖，又称右旋糖。以游离或结合的形式存在。葡萄、无花果等甜果及蜂蜜中，游离的葡萄糖含量较多。天然的葡萄糖，无论是游离的或是结合的，均属D构型，在水溶液中主要以吡喃式构型含氧环存在，为α和β两种构型的衡态混合物。葡萄糖还是一种重要的营养物质，在生物学领域具有重要地位，是活细胞的能量来源和新陈代谢中间产物。植物可通过光合作用产生葡萄糖。在食品、医药工业上可直接使用，工业上还大量用葡萄糖为原料合成维生素C（抗坏血酸），还可以制造糖果和葡萄糖酸钙。

（2）果糖　果糖主要产自天然的水果和谷物之中，是全天然、甜味浓郁的新糖类，具有口感好、甜度高、升糖指数低以及不宜导致龋齿等优点。果糖的甜度是蔗糖的1.8倍，是所有天然糖中甜度最高的糖，果糖在营养性与安全性上则可靠得多。可以说，果糖是目前世界上已知的最安全、最健康的糖之一。

2. 单糖的衍生物

由于单糖具有多个可反应的基团，因此可形成多种单糖衍生物，大体有以下几类。

（1）糖苷类　糖苷类物质主要存在于植物体的根、茎、叶、花和果实中，许多具有很高经济价值和药用价值的植物色素、生物碱等的有效成分都是糖苷，其配基都是很复杂的化合物，糖苷的化学性质和生物功能主要由配基决定。动物、微生物体内也有许多苷类化合物，如核糖和脱氧核糖与嘌呤或嘧啶碱形成的糖苷称为核苷或脱氧核苷，在生物学上具有重要意义。

苦杏仁糖苷水解后能产生氢氰酸，会引起氰化物中毒，为防止中毒，最好不食用或少食用这类氰苷含量高的食品（如杏仁、木薯、高粱、竹笋和菜豆等），或者将这些食品收获后短时期贮存，并经过蒸煮后充分去除氰化物后再食用，防止引起食物中毒。

（2）单糖的磷酸酯　单糖的磷酸酯在生命过程中具有重要意义，它们是人体内许多代谢的中间产物。单糖的磷酸酯在食品中应用，可以作乳化剂，还能防止蛋白质变性，有抗菌效果。常被用于含乳饮料，可使脂肪球稳定，防止乳蛋白变性及产生沉淀。

（3）氨基糖　自然界的氨基糖是己醛糖分子中 C_2 上的羟基被氨基取代的衍生物。常见的是 β-D-氨基葡萄糖和 β-D-氨基半乳糖，氨基糖常以结合状态存在于黏蛋白和糖蛋白中，但游离的氨基半乳糖对肝脏有毒性。

（4）糖酸　糖酸是糖的醛基被氧化为羧基生成的衍生物。单糖的糖酸中常见的是葡萄糖酸和果糖酸。葡萄糖酸常以内酯形式存在，可与钙离子结合，有助于钙吸收。医药工业上可直接使用，工业上还大量用葡萄糖为原料生产葡萄糖酸钙。

（5）糖醇　许多糖醇，如山梨糖醇、木糖醇、甘露糖醇等不仅甜味较好，而且化学性质和对微生物的稳定性好，这些优点使糖醇在食品工业中的应用十分广泛。如由葡萄糖催化加氢得到的山梨糖醇，它的优点是有很好的保湿性，常用于糕点制作的甜味剂；甘露糖醇根据吸湿性很小的优点，常用于硬糖果制作，不易吸湿。

知识链接

木糖醇的应用

木糖醇是一种天然、健康的甜味剂，也是人体正常糖代谢的中间体。木糖醇在体内代谢不需要胰岛素参与，不升高血糖值，还可消除糖尿病人“三多”（多饮、多尿、多食）症状，因此是糖尿病人安全的甜味剂、营养补充剂和辅助治疗剂。

（1）食用木糖醇不会引起龋齿，适用于作为口香糖、巧克力、硬糖等食品的甜味剂。与其他糖类、醇类调和使用，可作为低糖食品的甜味剂。

（2）木糖醇口感清凉，冰冻后效果更好，可用在爽心的冷饮、甜点、牛奶、咖啡等，也可用在健康饮品、润喉药物、止咳糖浆等方面。

（3）家庭中可作为蔗糖的代用品，防止蔗糖食用过多引起的肥胖。

（4）可用作化妆品类的湿润调整剂，对人体皮肤无刺激，如洗面乳、美容霜、化妆水等。

（5）木糖醇具有吸湿性、防龋齿功能，且液体木糖醇具有良好的甜味，可以代替甘油作烟丝、防龋齿牙膏、漱口剂的加香、防冻保湿剂等。

（6）液体木糖醇可用在蓄电池极板制造上，性能稳定，容易操作，成本低，比甘油更佳。

知识点三 低聚糖

一、双糖

低聚糖普遍存在于自然界中，可溶于水，其中常见的低聚糖是双糖，它能水解为两分子单糖，所以双糖可以看作是由两分子单糖脱水形成的缩合物。组成低聚糖的单糖可以是相同的，如麦芽糖、纤维二糖。但更多的低聚糖是由不同种的单糖组成，如蔗糖和乳糖。

1. 蔗糖

蔗糖广泛存在于植物的根、茎、叶、花和果实中，是自然界中分布最广的双糖。甘蔗中含蔗糖 11%~17%。我们日常食用的红糖、白糖和冰糖，都是不同形式的蔗糖。蔗糖是无色结晶体，易溶于水，甜度仅次于果糖。

蔗糖是由一分子 α-葡萄糖 C_1 上的半缩醛羟基与一分子 β-果糖 C_2 上的半缩醛羟基分子间脱水，通过 α-1，2-糖苷键连接而成的双糖，如图 4-6 所示。

蔗糖分子中无游离半缩醛羟基，因此它没有还原性。蔗糖的比旋光度为+52. 2°。在稀酸或蔗糖酶的作用下，水解得到葡萄糖和果糖的等量混合物，这种混合物称为转化糖。转化糖中含有果糖，比蔗糖甜。蜂蜜中含有转化糖，所以很甜。

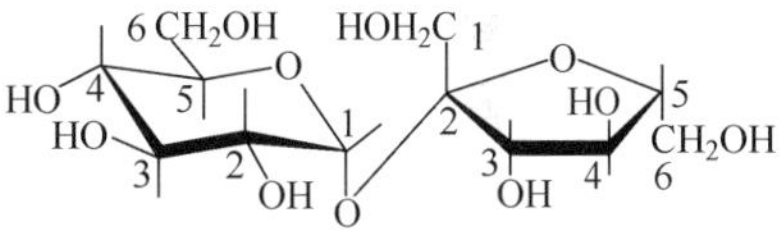

图 4-6 蔗糖的结构

蔗糖在食品加工中应用较广泛，在烘制面包的面团中，蔗糖是优良的添加剂，它不仅有利于面团的发酵，而且在面包的烘烤过程中，蔗糖产生的焦糖化反应能增进面包的颜色。蔗糖被摄入人体后，在小肠中因蔗糖酶的作用，水解生成葡萄糖和果糖而被人体吸收。蔗糖由于具有极大的吸湿性和溶解性，因此能形成高度浓缩的高渗透压溶液，对微生物有抑制效应。

小资料

白糖、红糖和冰糖的区别

人们经常食用的白糖、红糖和冰糖，其主要化学成分均为蔗糖。红糖是蔗糖和糖蜜的混合物，红糖经洗涤、离心、分蜜、脱光等工序可制成白糖。白糖在一定条件下，通过重结晶后形成冰糖。红糖在长期贮存中，由于糖蜜发生氧化，从而使颜色变深，味道变酸而无法食用。适当食用白糖有助于提高机体对钙的吸收，但过多食用就会妨碍钙的吸收。冰糖养阴生津，润肺止咳，对肺燥咳嗽、干咳无痰、咯痰带血都有很好的辅助疗效。红糖虽杂质较多，但营养成分保留较好，具有益气、缓中、助脾化食、补血破瘀等功效，还兼具散寒止痛作用。

2. 麦芽糖

麦芽糖在自然界以游离态存在的很少，主要存在于发芽的谷粒中，尤其是麦芽中。在淀粉酶的作用下，可使淀粉水解为糊精和麦芽糖的混合物，其中麦芽糖占 1/3，这种混合物是饴糖的主要成分。麦芽糖为白色晶体，易溶于水，甜度为蔗糖的 46%，比旋光度为 +136°。麦芽糖和蔗糖一样是可发酵的糖。

麦芽糖是由一分子 α-葡萄糖 C_1 上的半缩醛羟基与另一分子 α-葡萄糖 C_4 上的半缩醛羟基脱水，通过 α-1，4-糖苷键连接而成的双糖，即两分子 α-葡萄糖通过 α-1，4-糖苷键结合而成，如图 4-7 所示。

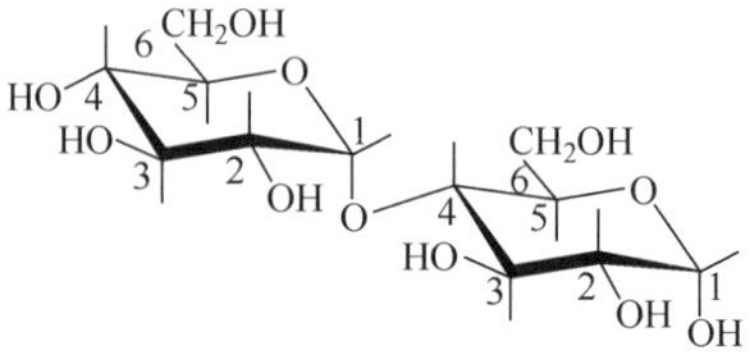

图 4-7　麦芽糖的结构

麦芽糖分子中仍保留了一个半缩醛羟基，是典型的还原糖，所以麦芽糖具有变旋光现象，能够成苷，可发生氧化和还原反应。

麦芽糖是通过米、大麦、粟或玉蜀黍等粮食经发酵制成的糖类食品。甜味不大，能增加菜肴品种的色泽和香味，全国各地均产。麦芽糖有软硬两种，称为饴糖，药用以胶饴为佳，有健脾胃、润肺止咳的功效，是老少皆宜的食品。

3. 乳糖

乳糖存在于哺乳动物的乳汁中，母乳中含量为 5%～8%，牛羊乳中含量为 4%～5%，牛乳糖的甜度仅为蔗糖的 16%。

乳糖是一分子 β-半乳糖 C_1 上半缩醛羟基与一分子 α-葡萄糖 C_4 上的醇羟基以 β-1，4-糖苷键连接得到的双糖，如图 4-8 所示，因分子结构中保留了葡萄糖的半缩醛羟基，因此乳糖具有还原性。

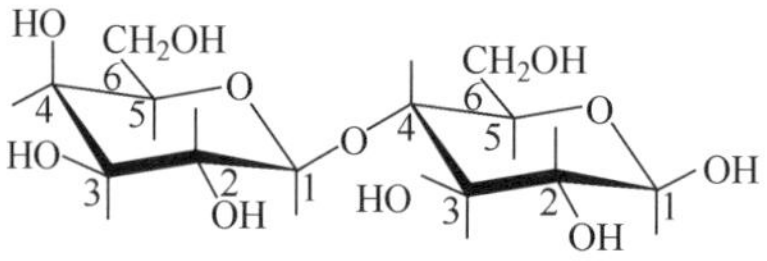

图 4-8　乳糖的结构

乳糖能被酸、苦杏仁酶和乳糖酶水解。它的存在可促进婴儿肠道双歧杆菌的生长，乳酸菌使乳糖发酵变为乳酸，在乳糖酶的作用下，乳糖可水解成 D-葡萄糖和 D-半乳糖而被人体吸收。它没有吸湿性，用于食品和医药工业。

二、功能性低聚糖

低聚糖分为功能性低聚糖和普通低聚糖两大类。功能性低聚糖由于其功能的多样性和独特性而备受消费者的青睐，这促进了新型低聚糖的研究和开发，使低聚糖的开发研究成为近几年来食品界的研究热点。迄今为止，已知的功能性低聚糖有 1 000 多种，天然食品中含有功能性低聚糖的较少，大部分是由来源广泛的淀粉原料经生物技术合成的。目前，国际上已研究开发成功的低聚糖有 70 多种，主要有低聚异麦芽糖、乳酮糖、低聚果糖、异麦芽酮糖、葡萄糖基蔗糖、低聚木糖、低聚麦芽糖、低聚半乳糖、大豆低聚糖、低聚壳聚糖等。

1. 典型功能性低聚糖

（1）低聚异麦芽糖　低聚异麦芽糖又称分支低聚糖，是指葡萄糖主要是以α-1，6-糖苷键结合而成的单糖数在2~5的一类低聚糖，自然界中极少以游离状态存在，而作为支链淀粉、右旋糖和多糖等的组成部分。在某些发酵食品（如酱油、酒）或酶法葡萄糖浆中也有少量存在。低聚异麦芽糖是功能性低聚糖研究开发中影响最大、产量最大的品种，一般以淀粉为原料，用全酶法进行生产。它具有易保存，良好的保湿性，可防止淀粉老化，有利于糕点食品保鲜，可用于面包制造，因不被酵母利用而有利于面包的保存的优点。不易老化，抗结晶性好，熬糖温度高，适用于硬糖制造，可提高透明度而不黏牙，可改善风味、提高热稳定性等，耐热耐酸性好，可用于果酱生产。

（2）乳酮糖　乳酮糖是由半乳糖与果糖以β-1，4-糖苷键结合组成的双糖。乳酮糖在小肠内不被消化吸收，到达大肠被双歧杆菌利用，具有较高的增殖活性，并且可使人工哺喂的婴儿肠道菌群与母乳哺喂的婴儿肠道菌群相接近，因此在婴儿配方奶粉中乳酮糖是一种必需添加剂。乳酮糖广泛应用于食品、医药等领域。除用做食品添加剂外，还在医药上用于治疗便秘、肝性脑病和静脉系统疾病。

（3）低聚果糖　乳果糖又称低聚乳蔗糖，从产量上看，低聚果糖是低聚糖家族中重要的成员。低聚果糖是由蔗糖分子的β-1，2-糖苷键与1~3个果糖分子结合，形成的蔗果三糖、蔗果四糖、蔗果五糖，属于果糖和蔗糖构成的直链杂低聚糖。水解的产物中还有果糖、葡萄糖和反应不完全的底物蔗糖。采用色谱法除去单糖和双糖可制得高纯度的低聚果糖。低聚果糖具有良好抗腐蚀性，食后不被人体消化，可促进肠道双歧杆菌生长。体外试验表明，在某种情况下，低聚果糖促进双歧杆菌生长效果优于葡萄糖。

（4）异麦芽酮糖　异麦芽酮糖又称帕拉金糖，是麦芽酮糖合成酶作用于蔗糖生成的。异麦芽酮糖是双糖，甜度比蔗糖低，不会引起龋齿，可被小肠消化吸收，因此不是双歧杆菌增殖因子。然而异麦芽酮糖分子内脱水缩合形成异麦芽酮糖低聚糖，则不被人胃肠消化吸收而到达大肠，促进双歧杆菌的增殖。

（5）葡萄糖基蔗糖　葡萄糖基蔗糖又称耦合糖，是以麦芽糖和蔗糖为原料，通过环状糊精葡糖基转移酶作用而得到的产物。葡萄糖基蔗糖的甜度是蔗糖的一半，可以作为甜味剂的替代物。由于其还原糖含量少，与蛋白质一起加热不易变色，不易被细菌作用，具有抗腐蚀性，可防止蛀牙等优点。日本已开始用它代替砂糖，用于糖果、饼干、果酱中，以保护儿童牙齿。因其可被肠道酶水解，而减少了肠道内双歧杆菌对其的利用率。在食品中葡萄糖基蔗糖的另一重要特性是可以防止结晶及极强的保水性能。

（6）低聚木糖　低聚木糖是由2~7个木糖分子以β-1，4-糖苷键结合而成的功能性低聚糖。低聚木糖产品的主要成分为木糖、木二糖、木三糖和三糖以上木寡糖，其中木二糖为主要有效成分。与通常人们所用的大豆低聚糖、低聚果糖、低聚异麦芽糖等相比具有独特的优势，它可以选择性地促进肠道双歧杆菌的增殖活性。其双歧因子功能是其他聚合糖类的10~20倍。这就是低聚木糖的保健奥秘所在。现在它被广泛应用于焙烤食品、调味品、甜品点心、各类罐头、糖果、乳品饮料类等生产中。

（7）大豆低聚糖　大豆低聚糖是存在于大豆中的可溶性糖分的总称，主要成分是水苏糖和棉子糖。水苏糖和棉子糖都是由半乳糖、葡萄糖和果糖所组成的支链杂低聚糖，是在蔗糖分子的葡萄糖残基一侧以α-1，6-糖苷键结合上一个或两个半乳糖而成。大豆低聚糖广泛用于各种食品和饮料的生产。这两种糖都是难消化糖，但它能使肠中双歧杆菌明显增加，而有害菌大大减少。除两歧双歧杆菌外，它可被肠内其他双歧杆菌所利用，且利用时比其他低聚糖还要优先。此外，棉子糖可用做牛精液冷保藏的稳定剂，在工业上用于蔗糖浆防止结晶。

2. 功能性低聚糖的生理功能

功能性低聚糖和普通的低聚糖相比，具有独特的生理功能，是双歧杆菌的增殖因子。能抑制腐败菌生长，有通便、抑菌、防癌、减轻肝脏负担、提高营养吸收率等作用，越来越多的低聚糖作为健康食品或健康食品配料出现在市场上。

（1）促进双歧杆菌增殖　人体肠道内没有水解功能性低聚糖（除异麦芽酮糖外）的酶系统，因而它们不被消化吸收而直接进入大肠内优先为双歧杆菌所利用，是双歧杆菌的增殖因子，在人体内发挥独特的生理功能。因为双歧杆菌是人类肠道菌群中唯一一种既不产生内毒素又不产生外毒素，无致病性的具有许多生理功能的有益微生物。对人体有许多保健作用，如改善维生素代谢、防止肠功能紊乱、抑制肠道中有害菌和致病菌的生长，起到抗衰老、防癌及保护肝脏的作用等。

（2）低能量摄入　由于人体不具备分解、消化功能性低聚糖的酶系统，因此功能性低聚糖不能被吸收，也就不能给人提供能量，并且某些低聚糖如低聚果糖、异麦芽低聚糖等有相应的甜度，可作为食品基料在食品中应用，以满足那些喜爱甜食但又不能食用甜食的人（如糖尿病人、肥胖病患者等）的需要。

（3）不会使牙齿龋变　龋齿是我国儿童常见的一种口腔疾病，其发生与口腔微生物突变链球菌有关。研究发现，异麦芽低聚糖、低聚异麦芽酮糖等不能被突变链球菌利用，不会形成齿垢的不溶性葡聚糖。当它们与砂糖合用时，能强烈抑制非水溶性葡聚糖的合成和在牙齿上的附着，即不提供口腔微生物沉积、产酸、腐蚀的场所，从而阻止齿垢的形成，不会引起龋齿，可广泛应用于婴幼儿食品。

（4）增强机体免疫能力　有试验表明，双歧杆菌在肠道内大量繁殖具有提高机体免疫功能和抗癌的作用。究其原因在于，双歧杆菌细胞、细胞壁成分和胞外分泌物可增强免疫细胞的活性，促使肠道免疫蛋白 A（IgA）浆细胞的产生，从而杀灭侵入体内的细菌和病毒，消除体内病变细胞，防止疾病的发生及恶化。

除上述功能外某些功能性低聚糖还有预防和治疗乳糖消化不良、改善肠道对矿物质元素吸收的作用，降低血清胆固醇，生成营养物质。

三、单糖、低聚糖与食品加工有关的性质

1. 水解反应

蔗糖水解后生成等量的葡萄糖和果糖的混合物，蔗糖是右旋的，水解后果糖是左旋糖，由于果糖的旋光度比葡萄糖大，因此水解液的旋光性由右旋转变为左旋，转化糖由此而来。蜂蜜之所以甜度大，因为其中含有大量的转化糖。

果品糖加工时，经糖煮工序，既可以提高蔗糖的溶解度，还由于果品含有有机酸在糖煮过程使蔗糖酸催化水解，转化糖的含量达到 30%~40%，这样使含蔗糖的产品不易结晶析出，可保证加工品的质量。

2. 褐变反应

食品是热敏性物质，在加热处理过程中很容易发生色泽与风味的变化，如焙烤食品、油炸食品、酿造食品中的褐变现象，均与食品中的糖类密切相关。低聚糖发生褐变的程度，尤其是参与美拉德反应的程度比单糖小。

为了增加产品的色泽和香味，某些食品如烘烤食品、酿造食品等在加工过程中需要适当的褐变，但有些食品如牛奶、豆奶等蛋白饮品以及果蔬脆片则对褐变反应敏感，加工中应加以控制，以防止变色对产品的质量产生不良的影响。

3. 黏度

糖浆的黏度特性对食品加工具有重要的现实意义，食品生产中可利用糖溶液的黏度来提高食品的稠度和可口性，适当增加黏度可以稳定带肉果汁，使其不易分离。蔗糖溶液的黏度使其可以抑制蛋白质泡沫的膨胀，提高泡沫的稳定性。根据低聚糖的黏度>蔗糖的黏度>单糖的黏度的特点，在一定黏度范围，糖浆熬煮形成的糖膏具有可塑性，在糖果加工工艺中能够满足拉条和成形的需要。

4. 抗氧化性

糖液具有抗氧化性，因为随着糖在溶液中溶解度的增大，氧气在溶液减少。如在20℃时，60%的蔗糖溶液中，氧气溶解度约为纯水的1/6。含氧少的糖液可延缓糕饼中油脂的氧化。利用糖液浸渍鲜果，能很好地保持其风味、颜色及维生素C的含量，同时能防止水果挥发性酯类的损失和鲜果中维生素C的氧化损失。如果在糖液中加入少许抗坏血酸和柠檬酸，则抗氧化效果更好。

5. 发酵性

大多数食品在加工中需要发酵，而在此过程中加糖对食品有重要作用。因为酵母菌能使低聚糖、单糖等发酵生成酒精，同时产生二氧化碳气体，这在酿酒和面包加工中有利于提高产品的质量。但由于各种糖的发酵速度不同，大多数酵母发酵糖的顺序为葡萄糖>果糖>蔗糖>麦芽糖。根据蔗糖的发酵性，在某些食品的生产中，可作为甜味剂，以避免微生物生长繁殖而引起食品质量下降的现象出现。但大多数低聚糖却不能被酵母菌和乳酸菌等直接发酵，需要在水解后产生单糖才能被发酵。

6. 吸湿性、保湿性与结晶性

根据低聚糖吸湿性小的特点，食品生产中将其制成糖衣材料，或用于硬糖、酥性饼干的甜味剂。蔗糖易结晶，且晶粒粗大；淀粉糖浆是葡萄糖、低聚糖和糊精的混合物，不能结晶，并可防止蔗糖结晶，所以在糖果生产中，利用糖结晶性的不同，在制造硬糖时不能单独使用蔗糖，否则，就会出现蔗糖结晶破裂而得不到透明坚韧的产品。如果在生产硬糖时添加适量的淀粉糖浆，则会起到相当好的效果。这是因为淀粉糖浆没有果糖，吸湿性较小，使糖果在保存时因淀粉糖浆中有糊精而不结晶，能增加糖果的黏性、韧性和强度，糖果不易破裂。生产蜜饯时用高糖浓度，利用果糖或果葡糖浆的不易结晶性，适当添加果糖或果葡糖浆替代蔗糖，可大大改善产品的品质，不易产生返砂现象。

7. 其他性质

单、双糖都属于小分子糖，它们溶液浓度的高低会引起冰点的变化，溶液浓度越高、相对分子质量越小，冰点下降越多，淀粉糖浆的冰点还与转化程度相关。在冷饮生产时，用淀粉糖浆代替部分蔗糖，可以使冰点下降程度小，用低转化度的淀粉糖浆效果更好，既可以节约冻结所用的能源，还可形成细腻的冰粒，提高黏稠度，改善甜味，使产品更可口。

知识点四 多糖

多糖是由成千上万个单糖分子通过糖苷键连接而成的高分子化合物，它一般由几百到几千个单糖分子脱水缩合而成。多糖的通式是（$C_6H_{10}O_5$）$_n$，n 值不同，所以相互不是同分异构体。即使同一种多糖的相对分子质量也不同，所以多糖不是纯净物，而是聚合度不同的混合物。

多糖不同于单糖和低聚糖，大多数多糖是不溶于水和难以消化的，如蔬菜、水果中纤维素和半纤维素。多糖无甜味，也无还原性，能与水形成胶体溶液。

自然界中植物、动物、微生物都含有多糖，与人类生活密切相关，衣、食、住、行都离不开它。按其生物功能可分为两类：一类是作为贮藏物质，如植物中含有的淀粉、动物体内的糖原；另一类是构成植物的结构物质，如纤维素等。常见的同聚多糖有淀粉、糖原、纤维素等。

一、淀粉

淀粉是植物贮存的营养物质，主要以颗粒的形式广泛存在植物的种子、根部和块茎中，如稻米中含淀粉 62%~82%，麦、木薯、马铃薯和甘薯也都含有淀粉，淀粉按其结构可分为两类：直链淀粉和支链淀粉。小麦淀粉中，直链淀粉约占 24%，支链淀粉约占 76%，糯米淀粉几乎全是支链淀粉，豆类淀粉几乎全是直链淀粉。直链淀粉和支链淀粉的结构和性质有一定差异，在颗粒中分子呈径向有序排列，显微镜下观察时，能根据这些结构特征不同识别，如图 4-9 所示。

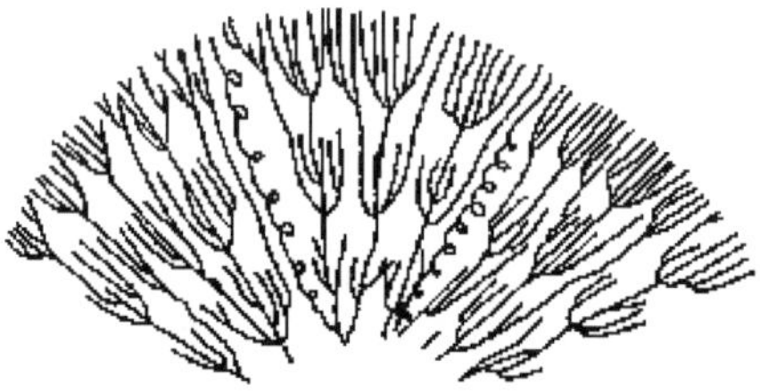

图 4-9 淀粉颗粒中直链淀粉和支链淀粉排列示意

1. 淀粉的结构

（1）直链淀粉 直链淀粉是由 200~980 个 α-葡萄糖通过 α-1，4-糖苷键连接起来的链状高分子化合物，如图 4-10（1）所示，平均相对分子质量为 32 000~160 000，分子呈线形螺旋状。

（2）支链淀粉 支链淀粉是一种带支链的多糖，如图 4-10-（2）所示，是由 600~6 000 个在支链淀粉分子中的 α-葡萄糖相互脱水后同样通过 α-1，4-糖苷键连接起来的链状高分子化合物。在结合了 8~9 个葡萄糖单位后，在分支点上则以 α-1，6-糖苷键连接，长度平均为 20~30 个葡萄糖单位，形成一个树枝状的大分子。支链淀粉的相对分子质量比

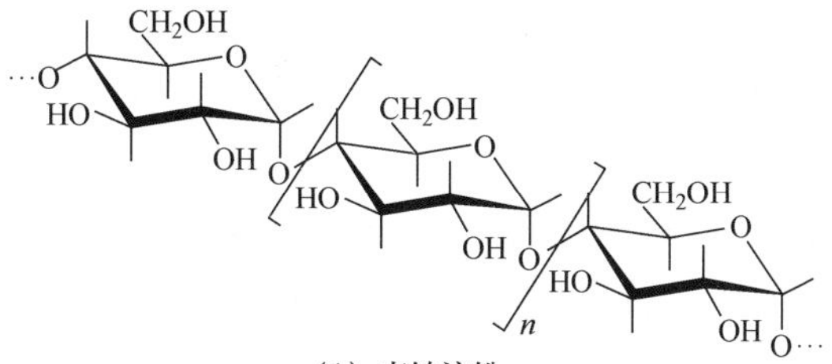

（1）直链淀粉

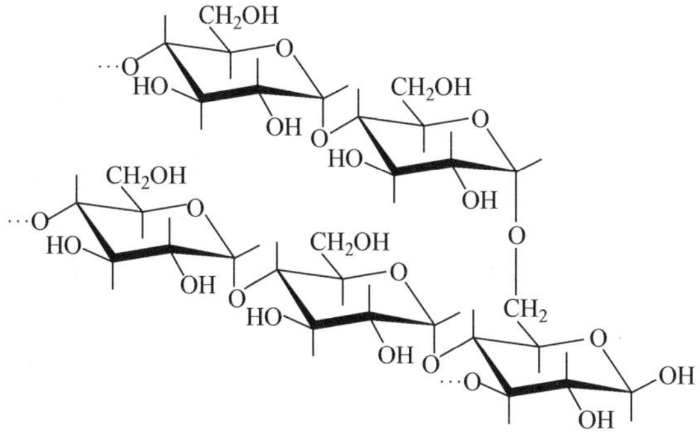

（2）支链淀粉

图 4-10　直链淀粉和支链淀粉的结构

直链淀粉大得多，为 $1.0\times10^5\sim1.0\times10^6$。直链淀粉和支链淀粉有相同点，也有不同点。具体如表 4-6 所示。

表 4-6　　直链淀粉和支链淀粉的性质比较

性质	直链淀粉	支链淀粉
分子形状	基本线形	灌木状
淀粉酶水解产物	麦芽糖	麦芽糖和糊精
葡萄糖淀粉作用产物	葡萄糖	葡萄糖
糖苷键	α-1，4-糖苷键	α-1，4-糖苷键和 α-1，6-糖苷键
相对分子质量	32 000~160 000	$1.0\times10^5\sim1.0\times10^6$

2. 淀粉的性质

（1）淀粉的水解　一定条件下，淀粉水溶液很容易发生水解反应，当它与无机酸共热时，能彻底水解为葡萄糖。工业上水解淀粉有两种方法：酸水解法和酶水解法。酸水解法是在无机酸的催化下使淀粉发生水解反应，转化为葡萄糖。酶水解法主要用 α-淀粉酶、β-淀粉酶和葡萄糖淀粉酶水解淀粉。水解得到的产品为糊精、淀粉糖浆、麦芽糖浆、葡萄糖等。

（2）淀粉的显色反应　淀粉与碘可以发生灵敏的颜色反应，直链淀粉遇碘呈深蓝色，支链淀粉则显蓝紫色。糊精与碘显的颜色有蓝紫色、紫红色、橙色至不呈色。显何种颜色是由淀粉的结构决定的。直链淀粉是螺旋结构，每个螺旋中心吸附一个碘分子，借助范德华力使碘分子与淀粉分子联系在一起，形成一种复合物，而显深蓝色。淀粉遇碘的显色情况还与淀粉多苷链的长短有关。当多苷链长小于 6 个葡萄糖残基时，淀粉分子不具备螺旋圈结构，因而此类淀粉遇碘不变色。聚合物为 8~20 的直链淀粉遇碘显红色，聚合度大于

40个葡萄糖残基时显蓝紫色，大于60者为蓝色。由于热淀粉溶液的螺旋状氢键被破坏而解体，热淀粉遇碘不能形成蓝色复合物，冷却后因螺旋结构恢复而又显色。

3. 淀粉的糊化

淀粉在常温下不溶于水，搅拌可形成一种暂时性的悬浊液，然而随着温度的升高，淀粉断开分子间的链，开始溶胀、分裂形成均匀黏性糊状溶液，这个现象称为淀粉的糊化。还可以用酶法糊化。

淀粉的糊化作用可分为三个阶段：①可逆吸水阶段，水分进入淀粉粒的非晶部分，体积略有膨胀，此时冷却干燥，仍可完全恢复到原来的状态。②不可逆吸水阶段，随温度升高，水分开始进入淀粉粒的结晶区域，体积急剧膨胀，结晶“溶解”。即使重新干燥，水分也不会完全排出而恢复原来的结构。③淀粉颗粒解体阶段，淀粉分子全部进入溶液，随温度增加，继续吸水膨胀，随后出现破裂，颗粒内的淀粉分子伸展扩散，溶出颗粒外，相互联结、缠绕，形成网状水胶体，这就是淀粉完全糊化后所呈现的糊状体。各种淀粉的糊化温度不同，淀粉糊化温度用糊化开始的温度和糊化完成的温度表示。表4-7所示为各种食物中淀粉的糊化温度。

表4-7　　几种淀粉的糊化温度　　单位：℃

淀粉来源	开始糊化温度	完全糊化温度	淀粉来源	开始糊化温度	完全糊化温度
粳米	59	61	玉米	64	72
糯米	58	63	荞麦	69	71
大麦	58	63	马铃薯	59	67
小麦	65	68	甘薯	70	76

淀粉糊化后，淀粉糊的黏度和淀粉凝胶的性质受温度、淀粉类型、糖、酸及其他成分的影响。支链淀粉能形成高黏度的凝胶，而直链淀粉只能形成低黏度的凝胶，这就是糯米饭黏性大的缘故。高浓度的糖能降低淀粉糊化的速度和凝胶的强度，这是由于糖和淀粉竞争同水的结合而推迟了淀粉的糊化。在pH小时，淀粉容易水解，产生不能增稠的糊精。因此，制作含酸馅饼的淀粉馅时，需要先把淀粉和液体混合物烹制变稠，然后再加酸。

糊化后的淀粉更可口，更有利于人体的消化吸收。在桃酥加工中，由于其含脂肪量高、水分含量少，90%的淀粉粒未糊化而不易消化，而面包则由于含水量高，96%以上的淀粉粒均已糊化，所以易消化。α-淀粉加水后，因无胶束结构，水易侵入，不需加热就能糊化，这就是制备方便食品的原理，如方便米饭、方便面条、饼干、膨化食品等。

4. 淀粉的老化

（1）老化的定义　糊化后的α-淀粉在室温或低于室温下放置一段时间后，会变得混浊甚至凝结而沉淀，这种现象称为淀粉的老化。淀粉的老化既会发生在糊化的淀粉溶液中，又会发生在含糊化淀粉的制品中。

（2）老化的原理　淀粉老化的本质是分散的淀粉分子重新以氢键结合，部分恢复微晶化的过程。这是因为在温度降低的情况下，淀粉分子运动减弱，分子之间靠残留的结点相互靠近，又自动排列成序，部分分子间的氢键又逐渐恢复形成致密、高度晶化的淀粉分子微束的缘故。如面包、馒头等在放置时变硬、干缩，主要就是因淀粉老化的结果。老化的淀粉中分子之间的氢键结合特别牢固，淀粉老化后不易再溶解，也难被淀粉酶降解。因此，老化的淀粉难溶且不易消化，老化过程模式如图 4-11 所示。

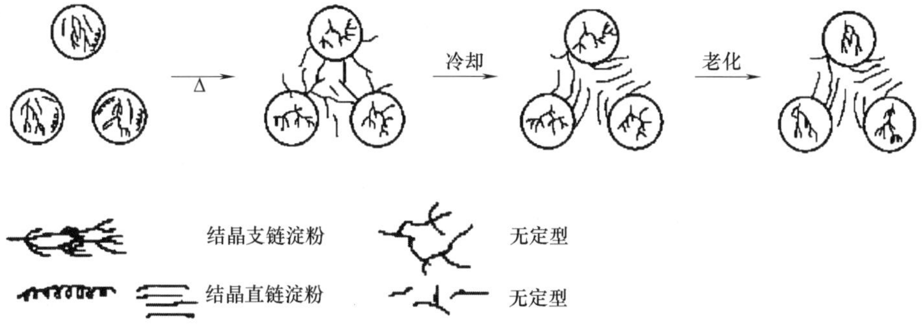

图 4-11　淀粉在加热与冷却时的变化过程

（3）老化的影响因素　影响淀粉老化的因素可分为内因和外因。

①内因是所含直链淀粉和支链淀粉的比例、淀粉分子的大小。直链淀粉比支链淀粉容易老化，直链淀粉越多，老化越快。原因是其结构的三维状空间分布妨碍微束结晶氢键的形成。聚合度适中的淀粉分子既容易定向，也有较多的结合点，所以比较容易老化。

②外因是水分含量、温度和其他共存物。水分过多时，分子间难形成氢键；水分过少时，难以调整分子链的定向，所以水分过高或过低，都影响老化的进行。水分含量在 30%~60%，老化最易发生。温度也是影响淀粉老化的重要外因。最适温度为 2~4℃，高于 60℃或低于-20℃都不容易发生老化。这是由于高温下，分子的动能很大，难定向和聚拢。低温下水分深度冻结，阻碍了分子间的靠拢和氢键的形成，所以都不利于老化。糖、脂、乳化剂及其他亲水性的大分子物质都能延缓淀粉的老化。

淀粉的老化在食品生产中一般是尽可能避免的，但粉丝、粉皮的生产是将淀粉糊化以后，促进其老化，以得到有韧性的产品。

5. 变性淀粉

由于食品加工的需要，应用物理、化学或酶的方法将天然淀粉处理，使淀粉物理性质发生改变，如水溶性、黏度、色泽、味道、流动性等。经过这样加工的淀粉称为变性淀粉。常见的变性淀粉的种类主要有：预糊化淀粉、可溶性淀粉、酸变性淀粉、磷酸化淀粉、漂白淀粉、交联淀粉、氧化淀粉、醋酸酯化淀粉等。在制作面点时，可掺入少量的变性淀粉。利用磷酸化淀粉具有良好的稠性的优点，可用于肉汁、稠液、馅饼等的制作中，来降低冻结—解冻过程中水分的离析。

6. 淀粉在食品加工中的应用

淀粉在食品加工中使用较多，既可作糖果填充剂，又可作为淀粉软糖和糖浆的主要原料。豆类淀粉和黏高粱淀粉则利用其凝胶特性来制造高粱饴类的软性糖果，具有很好的柔糯性。在冷饮食品和某些罐头食品生产中作增稠稳定剂，如制造午餐肉罐头和羊肉罐头时，使用淀粉可增加制品的黏结性和持水性。在制造饼干时，选用高筋面粉，可解决饼干收缩变形的问题。淀粉制得的葡萄糖浆适合生产发酵食品，还用于糕点、饼干的生产。高果糖浆甜度高，并具有清凉爽口的风味，用于生产清凉饮料。又因其黏度小，渗透压高，防腐性强，所以被用来生产蜜饯、果酱、软糖、罐头等食品。

知识链接

抗性淀粉

抗性淀粉又称抗酶解淀粉或难消化淀粉。马铃薯、香蕉、大米等都含有抗性淀粉，高直链的玉米淀粉含抗性淀粉高达60%。

1. 类似膳食纤维的作用

主要通过影响其他物质的吸收代谢及在结肠内发酵产生的次生产物发挥其生理功能。

2. 防治肠道疾病

抗性淀粉难以被胃、小肠消化。进入结肠后，作为正常菌群的营养源，被微生物发酵后生成丁酸等短链脂肪。降低了结肠及粪便的pH，减少胺类致癌物的产生，可以抑制肿瘤细胞，降低患结肠癌危险。未降解的抗性淀粉还可增加粪便总量，加速有毒物质的排出，防治便秘、痔疮及其他肛肠疾病。

3. 降脂减肥

抗性淀粉能降低胆固醇的含量，促进胆汁分泌与循环，可预防胆结石的形成。还能减少脂质吸收与脂肪酸合成，有效降低血中及肝脏内脂质含量，预防脂肪肝形成。抗性淀粉产生的热量只有糖类的一半，可以控制体重。

二、糖原

糖原是动物体内贮存的营养物质，因其结构和作用类似于植物的淀粉，又称动物淀粉。肝脏中的糖原称为肝糖原，肌肉中的糖原称为肌糖原。糖原在动物体内的功能是调节血糖浓度，当血糖浓度低于常态时，糖原就水解为葡萄糖，当血糖浓度高于常态时，葡萄糖就会转化为糖原。

糖原的结构像支链淀粉，是由许多α–葡萄糖结合的多糖，由6 000~12 000个葡萄糖单位组成分支程度和紧密度比支链淀粉更高的分子。分支点之间的间隔为3~4个葡萄糖单位，每个分支平均长度为12~18个葡萄糖单位。最大的糖原分子由几十万个葡萄糖单位组成，因此糖原分子结构比较紧密。

三、纤维素与半纤维素

1. 纤维素

纤维素是植物界中分布最广、含量最多的一种多糖，它是植物细胞壁的主要成分。它通常和各种半纤维素、木质素结合在一起，结合类型、结合程度在很大程度上影响着植物性食品特有的质地，它们还是膳食纤维的主要成分。含天然纤维素较多的有棉花、亚麻、木材等。棉花含纤维素的量可达到98%，亚麻约含70%，木材含40%~50%。

小资料

膳食纤维的功效

膳食纤维是指不能被人体消化道酶分解的多糖类及木质素，是非淀粉多糖的多种植物物质。主要来自动植物的细胞壁，包括纤维素、木质素、果胶、β-葡聚糖、菊糖和低聚糖等，通常分为非水溶性膳食纤维和水溶性膳食纤维两大类。膳食纤维是健康饮食不可缺少的物质，摄取足够的膳食纤维可以预防心血管疾病、癌症、糖尿病等。膳食纤维还可以清洁消化壁和增强消化功能，同时也可稀释和加速食物中的致癌物质和有毒物质的移除，保护脆弱的消化道和预防结肠癌。另外，膳食纤维还可减缓消化速度和最快速排泄胆固醇，让血液中的血糖和胆固醇控制在理想的水平。

（1）结构　纤维素分子是由 1 200~10 000 个 β-葡萄糖分子以 β-1，4-糖苷键连接而成的长链没有分支的高分子化合物，分子内糖基之间还存在氢键。纤维素分子的结构如图 4-12 所示。

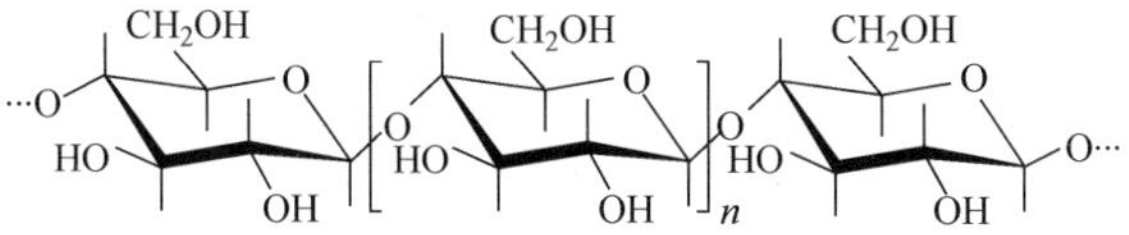

图 4-12　纤维素分子的结构

（2）性质和用途　纤维素是白色纤维状固体，不溶于水和有机溶剂，因此，在常温下，它是比较稳定的，这是因为纤维素分子之间存在氢键。

纤维素的化学性质稳定，在一般的条件下进行食品加工不会被破坏，但在高温、高压的稀硫酸溶液中和纤维素酶的作用下，纤维素可被水解为 β-葡萄糖。它无还原性，也不容易被水解。纤维素不能被吸收，因为人和大多数哺乳动物体内缺乏能够使糖苷键断裂的酶，即纤维素在体内不会变成生命活动所需要的葡萄糖。它是人类膳食中不可缺少的成分，虽然不能被消化吸收，但其有较重要的生理功能，如刺激肠道蠕动，促进排便，减少胆固醇的吸收和肠道疾病，在保障人类健康、延长人类生命等方面有重要作用。因此，人们称它为第七种营养素。

（3）改性纤维素　将天然纤维素经适当处理，改变其原有性质成为适应不同食品加工需要的纤维素，称为改性纤维素。主要品种有以下几类。

①羧甲基纤维素（CMC）：羧甲基纤维素被广泛用于食品工业中作增稠剂、胶凝剂、组织改良剂等。如在冰淇淋和其他冷冻甜食中，阻止冰晶的生长；防止面包、蛋糕和其他焙烤食品的水分蒸发和老化；阻止糖果、糖衣和糖浆中糖结晶的生长；在低热量的碳酸饮料中，有助于保持 CO_2 含量；在疗效食品中，羧甲基纤维素具有良好的质地和口感。

②甲基纤维素（MC）：甲基纤维素添加在焙烤食品中可增加焙烤食品的吸水力和持水力。添加在油炸食品中，可降低食品的吸油率。在一些疗效食品中，甲基纤维素用作低热量无营养填充剂。在无面筋的产品中，它提供了质构。当用于冷冻食品时，它能抑制脱水收缩。

③微晶纤维素（MCC）：微晶纤维素可用作乳化剂、分散剂、组织改进剂、热稳定剂等。

2. 半纤维素

半纤维素是在植物细胞壁中与纤维素共生，可溶于碱溶液，遇酸后比纤维素易于水解的那部分植物多糖。广泛存在于植物中，针叶树含 15%~20%，阔叶材和禾本科草类含 15%~35%，但其分布因植物种属、成熟程度等因素不同而有很大差异。半纤维素的结构如图 4-13 所示。

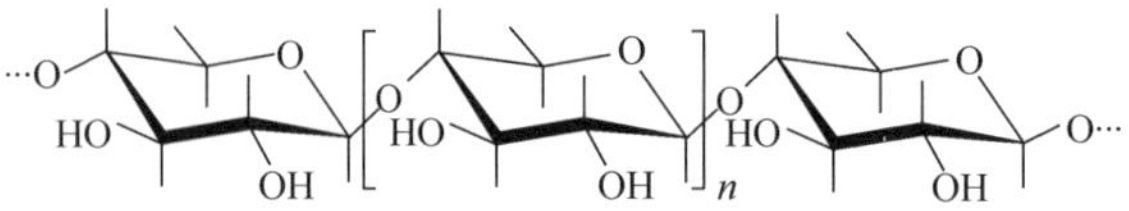

图 4-13　半纤维素的结构

半纤维素具有亲水性能，这将造成细胞壁的润胀，可赋予纤维弹性。它是由几种不同的单糖构成的异质多聚体，这些糖是五碳糖和六碳糖，包括木糖、阿拉伯糖、甘露糖和半乳糖等。单糖聚合体间分别以共价键、氢键、醚键和酯键连接，它们与伸展蛋白、其他结构蛋白、壁酶、纤维素和果胶等构成具有一定硬度和弹性的细胞壁，因而呈现稳定的化学结构。半纤维素糖类可以利用生物技术来发酵酒精，以玉米棒芯为原料，经稀酸水解将半纤维转化为戊糖，进一步发酵为酒精。此技术的终试成功将对于解决人类面临的能源危机、粮食紧缺及环境污染等问题均具有重大的意义。

四、食品中的其他多糖

1. 果胶质

果胶质是植物细胞壁成分之一，存在于相邻细胞壁之间的中胶层中，起到使细胞黏着在一起的作用。果胶在植物的根、茎、叶、果实和种子里都有分布，蔬菜和水果中含量较高。主要是由 α-1，4 半乳糖醛酸单位组成的骨架链，另外还有少量的鼠李糖、半乳糖、阿拉伯糖、木糖构成侧链。

根据植物的不同成熟过程，果胶质可分为原果胶、可溶性果胶和果胶酸，其主要差别是各类果胶的甲氧基含量不相同，随着植物的成熟，果胶物质的甲氧基含量有所下降。

（1）原果胶　原果胶泛指一切水不溶性果胶类物质。存在于未成熟的水果和植物的茎、叶中，一般认为它与纤维素或半纤维素结合成不溶于水的高分子化合物而使细胞黏合，未成熟的水果之所以坚硬，直接与原果胶有关。随着水果的成熟，原果胶在酶的作用下逐步水解为水溶性的果胶酯酸，水果也就由硬变软了。

（2）可溶性果胶　可溶性果胶又称果胶酯酸，是指甲氧基比例较大的果胶酸。它主要是半乳糖醛酸甲酯及少量半乳糖醛酸通过 α-1，4-糖苷键连接而成的长链高分子化合物，其中含有少数有序或无序的 α-1，2-糖苷键连接的鼠李糖。它可溶于水，完全水解后生成半乳糖醛酸。

（3）果胶酸　纯的果胶酸是由很多个半乳糖醛酸通过 α-1，4-糖苷键结合而成的线形长链高分子化合物。果胶酸不含甲氧基，由果胶酯酸和原果胶构成。它无黏性，微溶于水。果胶酸分子结构中含有游离的羧基，因此可与 Ca^{2+}、Mg^{2+} 等矿物质生成不溶于水的果胶酸盐，可用来测定果胶酸的含量。

果胶酸、适量的糖分和有机酸混合可生成凝胶，果冻的加工就是利用此特性。因此在食品加工中以含有较大量果胶为原料的水果来制作果脯、果酱、糕点及果冻制品。果胶还可用作巧克力、糖果的稳定剂。但在果酒、果汁的生产中，果胶产生的凝胶会使产品产生沉淀、混浊，造成过滤困难，还可影响产品质量。

2. 阿拉伯胶

阿拉伯胶又称金合欢树胶，是金合欢树树汁的渗出物凝结而成，主要包括树胶醛糖、半乳糖、葡萄糖醛酸等。品质良好的阿拉伯胶颜色呈琥珀色，且颗粒大而圆。阿拉伯胶在主链中是由β-半乳糖通过β-1，3-糖苷键连接而成，而侧链是通过β-1，6-糖苷键相连接。

阿拉伯胶易溶于水，具有高度的可溶解性，溶液黏度低。其具有良好的乳化特性，能避免香精的挥发与氧化，可以延长风味品质，也用作烘焙制品的香精载体。阿拉伯胶还能与高糖相溶，因此可广泛用于太妃糖、果胶软糖以及软果糕等的制作中。它在糖果中的功能是阻止蔗糖结晶和乳化脂肪组分，防止脂肪从表面析出产生“白霜”。此外，阿拉伯胶可作为泡沫稳定剂，将它加入啤酒中可在瓶壁产生挂壁效应。阿拉伯胶还与植物油及树脂等一起用作饮料的雾浊剂，以增加饮料外观的多样性。营养学上，阿拉伯胶没有热量，是良好的水溶性膳食纤维，被用于保健品糖果及饮料。在医学上阿拉伯胶还具有降低血液中胆固醇的功能。

3. 卡拉胶

卡拉胶又称鹿角菜胶、角叉菜胶。卡拉胶是从某些红藻类海草中采用稀碱液分离提取出来的亲水性胶体。它是由吡喃半乳糖和3，6-脱水半乳糖通过α-1，3-糖苷键和β-1，4-糖苷键交替连接而成的直链多糖类硫酸酯的钙盐、钾盐、钠盐、铵盐。由于其中硫酸酯结合形态的不同，可分为K型、I型、L型。

卡拉胶不溶于冷水，但可溶胀成胶块状，不溶于有机溶剂，易溶于热水成半透明的胶体溶液。它形成的凝胶能在口中熔化，且具有口感好、外观好、光泽发亮的特点。根据这些优点它广泛用于牛奶及多种食品的加工中，卡拉胶同牛奶蛋白质可以形成稳定的复合物，使形成的凝胶强度增强。在果冻制造中常作为凝胶剂，用卡拉胶制成的果冻富有弹性且没有离水性。用卡拉胶做透明水果软糖，水果香味浓，甜度适中，爽口不黏牙，而且透明度高，加到一般的硬糖和软糖中能使产品口感滑爽，更富弹性，黏性小，稳定性增高。在冰淇淋和雪糕的制作中，加入卡拉胶和少量淀粉可使脂肪和其他固体成分分布均匀，防止乳成分分离和冰晶在制造与存放时增大，它能使冰淇淋和雪糕组织细腻，滑爽可口，还有助于冰淇淋的成形性和抗融性。

4. 瓜尔豆胶

瓜尔豆胶主要是由β-甘露糖通过-1，4-糖苷键相连，侧链则是在C_6上连接α-吡喃半乳糖，即由半乳糖和甘露糖以1：2组成的高分子质量水解胶体多糖类。呈白色至淡黄褐色粉末。水溶液为中性。在冷水中易水合生成高黏度的溶液，故主要用作增稠剂。

瓜尔豆胶与小麦粉和某些其他树胶有协同效应。在焙烤食品中添加瓜尔豆胶可延长货架期，降低点心糖衣中蔗糖的吸水性。可用于改善肉制食品的品质，增加黏稠性。在冷饮如冰淇淋中能防止冰晶产生。在面制品如面条中能保持优良的品质，而且延长货架时间。在饮料、乳制品中起到增稠持水和稳定剂作用，并改善口感。

5. 琼脂

琼脂又称琼胶，俗称洋菜、凉粉，其主要成分是具有凝胶作用的琼脂糖和无凝胶作用的琼脂胶，它是从海藻类中提取的黏质类多糖。琼脂糖是由β-吡喃半乳糖和3，6-脱水-α-吡喃半乳糖之间以β-1，4-糖苷键相互连接而成的线形多糖。

琼脂不溶于冷水，能溶于热水形成溶胶。还很容易形成凝胶，通常在32~39℃，不需其他物质即可形成坚实的凝胶。琼脂具有热稳定性和良好的抗酶解能力。根据这些性质，琼脂在食品工业中可作为稳定剂及胶凝剂，可以改善冷饮食品的组织结构，提高凝结能力和黏稠度，防止冰晶析出，保持良好的滑润口感；可以作为果汁的浊度稳定剂；糖果工业中可用作软糖的基质。

重点小结

糖类化合物是自然界存在最多、分布最广的一类重要的有机化合物，主要由碳、氢、氧所组成。糖类化合物根据其是否能水解以及水解的情况不同，可分为单糖、低聚糖和多糖，单糖类化合物既能通过分解为动植物体提供能量，又能做甜味剂；低聚糖类化合物具有增加食物风味和调节肠道菌群、润肠通便、调节血脂、调节免疫等保健作用，多作为一种食物配料被广泛应用于乳制品、乳酸菌饮料、双歧杆菌酸奶、谷物食品和保健食品中，尤其是应用于婴幼儿和老年人的食品中；多糖类化合物具有抗肿瘤、免疫调节、降血糖、降血脂、抗氧化和抗衰老作用，它的主要功能是提供能量，尤其是淀粉的老化和糊化在食品加工过程中经常运用。

技能训练

技能训练一 糖的旋光性与变旋光现象

一、目的要求

（1）了解糖的变旋光现象。

（2）掌握用糖的旋光性测定糖浓度的方法。

（3）学会使用旋光仪。

二、实验原理

光是一种电磁波，光波振动的方向与光的前进方向垂直。普通光的光波在各个不同的方向上振动。但如果让它通过一个尼科尔棱镜，则透过棱镜的光就只在一个方向（偏振面）上振动，这种光就称为平面偏振光。偏振光能完全通过晶轴与其偏振面平行的尼科尔棱镜，而不能通过晶轴与其偏振面垂直的尼科尔棱镜。当平面偏振光通过某种介质时，有的介质对偏振光没有作用，即透过介质的偏振光的偏振面保持不变；而有的介质却能使偏振光的偏振面发生旋转。这种能使偏振光的偏振面旋转的性质称为旋光性。具有不对称结构的手性化合物都有旋光性。

分子结构中凡有不对称碳原子，能把偏振光的偏振面旋转一定角度的物质称为旋光性物质或光学活性物质。许多食品成分都具有光学活性，如单糖、低聚糖、淀粉以及大多数氨基酸等。其中能使偏振光的振动面向右旋转的，称为“具有右旋性”，以“+”表示；反之，称为“具有左旋性”，以“-”表示。偏振光通过光学活性物质的溶液时，其振动平面所旋转的角度称为该物质溶液的旋光度，以 α 表示。旋光度的大小与光源的波长、测定温度、光学活性物质的种类、溶液的浓度及液层的厚度有关。对于特定的光学活性物质，在光波长和测定温度一定的情况下，其旋光度 α 与溶液的质量浓度 c 和液层的厚度 L 成正比。即：

$$\alpha = KcL \tag{4-2}$$

当光学活性物质的质量浓度为 100g/100mL，液层厚度为 1dm 时所测得的旋光度称为比旋光度，以 $[\alpha]_\lambda^t$ 表示。由式（4-2）可知：

$$[\alpha]_\lambda^t = K \times 100 \times 1\text{，即 } K = [\alpha]_\lambda^t / 100$$

所以

$$\alpha = [\alpha]_\lambda^t \frac{cL}{100} \tag{4-3}$$

式中　$[\alpha]_\lambda^t$——比旋光度，°；

t——测定温度，℃；

λ——光源波长，nm；

α——旋光度，°；

L——液层厚度或旋光管长度，dm；

c——样液质量浓度，g/mL。

比旋光度与光源波长及测定温度有关。通常规定用钠光（λ=589.3nm）在 20℃时测定，此时，比旋光度用 $[\alpha]_D^{20}$ 表示，一定物质的比旋光度是一定的，如蔗糖的 $[\alpha]_D^{20}$ = +66.6°。

具有光学活性的还原糖类（如葡萄糖、果糖、乳糖、麦芽糖等）溶解后，其旋光度起初迅速变化，然后渐渐变化缓慢，最后达到恒定值，这种现象称为变旋光作用。这是由于这些还原性糖类存在两种异构体，即 α 型和 β 型，它们的比旋光度不同。因此，在用旋光法测定蜂蜜或商品葡萄糖等含有还原糖的样品时，宜将配成溶液后的样品放置过夜再测定。

三、实验材料与器材

（1）实验材料　未知浓度的蔗糖溶液、已知浓度葡萄糖溶液（现用现配）。

（2）实验器材　WXG-4 型圆盘旋光仪、电子天平、常规玻璃器材。

仪器介绍：

实验室常用 WXG-4 型圆盘旋光仪来测量旋光性溶液的旋光度。为了准确地测定旋光角 α，仪器的读数装置采用双游标读数，以消除度盘的偏心差。度盘等分 360 格，分度值 α=1°，角游标的分度数 n=20。因此，角游标的分度值 $i=\alpha/n$=0.05°，与 20 分游标卡尺的读数方法相似。度盘和检偏镜联结成一体，利用度盘转动手轮做粗（小轮）、细（大轮）调节。游标窗前装有供读游标用的放大镜。

仪器还在视场中采用了半荫法比较两束光的亮度，其原理是在起偏镜后面加一块石英晶体片，石英片和起偏镜的中部在视场中重叠，将视场分为三部分。并在石英片旁边装上一定厚度的玻璃片，以补偿由于石英片的吸收而发生的光亮度变化，石英片的光轴平行于自身表面并与起偏镜的偏振化方向夹一小角（称影荫角）。于是从目镜中所看到的三分视场的明暗也将发生变化，图 4-14 中画出了四种典型情况，即（1）中间为暗区，两边为亮区；（2）三分视界消失，视场较暗；（3）中间为亮区，两边为暗区；（4）三分视界消失，视场较亮。

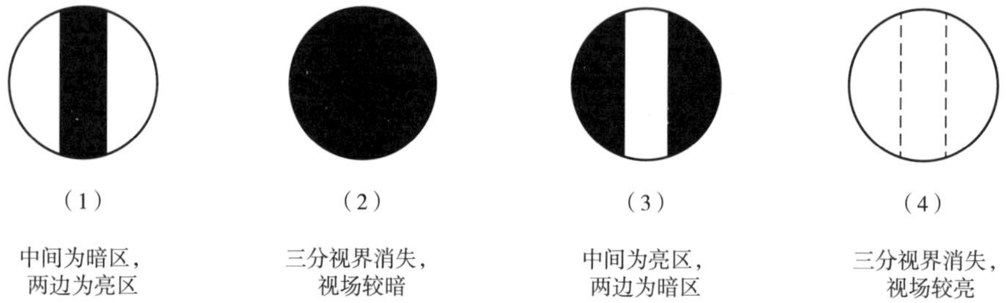

图 4-14　转动检偏镜时，目镜中视场明暗变化

由于在亮度较弱的情况下，人眼辨别亮度微小变化的能力较强，所以取图 4-14-（2）情形的视场为参考视场，并将此时检偏镜偏振化方向所在的位置取作度盘的零点。

四、操作步骤

1. 仪器校正

（1）接通电源，约点燃 10min，待完全发出钠黄光后，才可观察使用。

（2）把蒸馏水盛入旋光管。但应注意旋光管两端螺旋不能旋得太紧（一般以随手旋紧不漏水为止），以免护玻片产生应力而引起视场亮度发生变化，影响测定准确度，并将两端残液揩拭干净；打开镜盖，把旋光管放入镜筒中测定，并应把镜盖盖上和旋光管有圆泡一端朝上，以便把气泡存入。也可用空气调零点。

（3）调节视度螺旋至视场中三分视界清晰时止；转动度盘手轮，至视场照度相一致（暗现场）时止。

（4）检验度盘零点位置是否正确，如不正确，可旋松度盘盖四只连接螺钉，转动度盘壳进行校正（只能校正 0.5°以下），或把误差值在测量过程中加减。

2. 测定工作

（1）打开镜盖，把旋光管放入镜筒中测定，并应把镜盖盖上和旋光管有圆泡一端朝上，以便把气泡存入，不致影响观察和测定。

（2）调节视度螺旋至视场中三分视界清晰时止。

（3）转动度盘手轮，至视场照度相一致（暗现场）时止。

（4）从放大镜中读出度盘所旋转的角度。

3. 还原糖的变旋光现象

用新配制的已知浓度的葡萄糖溶液按上法测其旋光度，并每隔 0.5h 测定一次，计算比旋光度直至比旋光度不再改变，说明 α 型和 β 型互变已达平衡。

五、结果计算

由 $\alpha = [\alpha]_{\lambda}^{t} \dfrac{cL}{100}$ 可得：

$$c = \frac{\alpha}{[\alpha]_{\lambda}^{t} L} \times 100 \tag{4-4}$$

根据式（4-4）即可计算未知糖液的质量浓度。

在这里，我们忽略了温度对旋光度的影响，实际上旋光度 α 与温度和浓度均有关。当温度 t 偏离 20 ℃，在 14~30℃ 时，其旋光度 α 与温度变化的关系为：$[\alpha]_{D}^{t} = [\alpha]_{D}^{20}[1-0.00037(t-20)]$。大体上，在 20℃附近，温度每升高 1℃，糖水溶液的旋光度约减少或增加 0.24。

六、注意事项与说明

（1）温度对旋光度有很大影响。如果测定时样品溶液的温度不是 20℃，应进行校正。

（2）溶液应装满旋光管，不能有气泡。

（3）注入溶液后，旋光管和旋光管两端透光窗均应擦净才可装上旋光仪。

（4）旋光管的两端经精密磨制，以保证其长度为确定值，使用时应十分小心，以防损坏旋光管。

（5）为降低测量误差，测定旋光度 α 时应重复测 5 次，取平均值。

（6）每次调换溶液，旋光管应清洁。

七、思考题

（1）旋光物质的左旋和右旋是如何定义和划分的？

（2）影响旋光度的因素有哪些？

技能训练二 淀粉糊化、酶法制备淀粉糖浆及其葡萄糖值的测定

一、目的要求

（1）通过实验，了解淀粉糊化及酶法制备淀粉糖浆的基本原理。

（2）掌握淀粉双酶法制备淀粉糖浆的实验方法以及酶的使用。

（3）熟悉淀粉水解产品的葡萄糖值测定方法。

二、实验原理

将淀粉悬浊液加热到55~80℃时，会使淀粉颗粒之间的氢键作用力减弱，并迅速进行不可逆溶胀，淀粉颗粒因吸水，体积膨胀数十倍，继续加热使淀粉胶束全部崩溃，淀粉粒形成单分子，并为水包围，形成具有黏性的糊状液体，这一现象称淀粉糊化。糊化的淀粉容易被酶、酸水解。

双酶法水解淀粉制淀粉糖浆，是以α-淀粉酶使淀粉中的α-1，4-糖苷键水解生成小分子糊精，然后再用糖化酶将部分糊精、低聚糖中的α-1，6-糖苷键和α-1，4-糖苷键水解生成葡萄糖的过程。

淀粉糖浆的分析方法是采用莱恩-艾农测定法，测定淀粉水解产品的还原力（RP）和葡萄糖值（DE），例如DE值为42，表示淀粉糖浆中含42%的葡萄糖。

三、实验试剂和器材

（1）实验材料　淀粉（如玉米淀粉、木薯淀粉、甘薯淀粉等）。

（2）实验试剂　液化型α-淀粉酶，糖化酶，费林试剂A、B，亚甲基蓝指示剂，D-葡萄糖标准溶液、50g/L碳酸钠，50g/L氯化钙。

（3）实验仪器　400mL烧杯，250mL圆底烧瓶，100mL、500mL容量瓶，移液管（1mL、5mL、10mL），25mL酸式滴定管，250mL碘量瓶，秒表，搅拌器，电炉，恒温水浴锅。

四、操作步骤

（一）淀粉糖浆的制备

100g淀粉置于400mL烧杯中，加水200mL，搅拌均匀，配成淀粉浆，用50g/L碳酸钠调节pH至6.2~6.3，加入2mL 50g/L氯化钙溶液，于90~95℃水浴上加热，并不断搅拌，淀粉浆开始糊化直至完全成糊。加入液化型α-淀粉酶60mg，不断搅拌使其液化，并使温度保持在70~80℃。然后将烧杯移至电炉加热到95℃至沸，灭火10min。过滤，滤液冷却到55℃，加入糖化酶200mg，调节pH至4.5，于60~65℃恒温水浴中糖化3~4h（取样分析，控制DE值约为42），即为淀粉糖浆，若要浓浆，可进一步浓缩。

（二）DE值的测定

1. 混合费林试剂溶液的标定

（1）吸取25mL混合费林试剂（费林试剂A、B等量混合）加入烧瓶中，加入18mL D-葡萄糖标准溶液（0.600g无水葡萄糖加水溶解并定容至100mL），振荡后迅速升温，控制在2min左右的时间范围内沸腾，保持蒸汽充满烧瓶，以防止空气进入，沸腾持续2min后，加入1mL亚甲基蓝指示剂，用D-葡萄糖标准溶液滴定至蓝色消失，记下耗用的体积数（mL）。

（2）调整D-葡萄糖初加量（+0.3mL），其余步骤同（1），但滴定过程要在1min之内完成，整个沸腾时间不超过3min。记下耗用的体积数。

（3）第三次滴定时，为达到时间上的要求，可再调整 D-葡萄糖初加量，其余步骤同（1），终体积数应在 19~21mL 之间，计算两次测定的平均体积的耗用体积数 V_1。

2. 样品的制备

样品应混合均匀装入一个密封容器中，在容器内搅动，若表面有凝结，则应除去表面凝结部分。

3. 样品的测定

吸取 25mL 混合费林试剂于烧瓶中，滴加 10mL 配好的样品，加热，使溶液在 2min 之内沸腾，并保持瓶内充满蒸汽，加 1mL 亚甲基蓝指示剂，滴定至蓝色消失。如果在样品未加入任何指示剂时蓝色消失，那么就要降低样品液的浓度，重新滴定。记下耗用的体积数 V_2，应不大于 25mL。

五、结果处理

（1）样品大约还原力

$$\mathrm{ARP}=\frac{F\times100\times500}{V_2\times m_0}=\frac{300\times V_1}{V_2\times m_0} \tag{4-5}$$

式中　ARP——样品大约还原力，g/100g（即 100g 样品中还原糖的量，g）；

F——标定 25mL 混合费林试剂所耗用的标准葡萄糖的量，g，为（$0.6\times V_1$）/ $100=0.006\ V_1$；

V_1——标准葡萄糖液的耗用体积，mL；

m_0——500mL 样品液中样品质量，g；

V_2——滴定 25mL 混合费林试剂所耗用的样品液体积，mL。

由于 V_1 与 V_2 相当，所以，$\mathrm{ARP}\approx300/m_0$；那么估算样品质量 $m_0=300/\mathrm{ARP}$。

称取 m_0（g）样品，精确至 1mg，通过滴定确定样品中还原糖含量在 2.85~3.15g，并记下滴定所耗样品液的准确体积数 V_2（应在 19~21mL），否则要调整样品浓度。

（2）样品还原力

$$\mathrm{RP}=\frac{300\times V_1}{V_2\times m} \tag{4-6}$$

式中　RP——样品还原力，g/100g（即 100g 样品中还原糖的量，g）；

m——500mL 样品液中准确的样品质量，g。

其他同上。

（3）样品中葡萄糖值

$$\mathrm{DE}=\frac{\mathrm{RP}\times100}{\mathrm{DMC}} \tag{4-7}$$

式中　DE——葡萄糖值，g/100g（即 100g 样品中葡萄糖的量，g）；

DMC——样品的干物质含量，%。

六、注意事项

记录消耗液体的体积数要准确。

思政案例

我国科学家实现从二氧化碳到糖的精准全合成

千百年来，人类都是通过种植甘蔗等农作物提取糖分。中国科学院天津工业生物技术研究所与大连化学物理研究所科研团队，经过2年多的探索，打破这种传统方式，在二氧化碳合成淀粉的基础上，改变了糖的自然合成途径，在实验室内实现了二氧化碳到糖的精准全合成，将糖的获取时长从“年”缩短到了“小时”。

己糖在自然界广泛分布，是与机体营养代谢最为密切的糖。科研团队将高浓度二氧化碳等原料在反应溶液中按一定比例调配，在化学催化剂和酶催化剂的作用下，得到了葡萄糖、阿洛酮糖、塔格糖、甘露糖4种己糖。整套实验反应时长约17h，二氧化碳合成糖的效率达到0.67g/（L·h），比其他已知技术路线提高10倍以上。葡萄糖的碳固定合成效率达到59.8nmol碳/（min·mg催化剂）。

将二氧化碳转化为糖非常具有挑战性。该成果在这一竞争性研究领域取得了突破，提供了一种具有灵活性、多功能性和高效性的糖合成路线，为绿色化学打开了一扇门。该成果得到国内外专家的高度评价，将在下一代生物制造和农业生产中带来变革性影响。

参考文献：

[1] 靳博，李家鼎．我国科学家实现从二氧化碳到糖的精准全合成［N］．人民日报，2023-08-18（10）．

[2] 许琦敏．世界首次！二氧化碳到淀粉人工全合成［N］．文汇报，2021-09-24（7）．

育人目标：通过了解中国科学家在食品化学方面的贡献，激发学生的科学探索精神和创新精神，认识到自己肩负的时代责任和历史使命，明确自己的目标和方向。培养其爱国情怀和社会责任感。

复习思考

1. 糖类化合物的定义是什么？是如何分类的？
2. 简述单糖的化学性质并举例说明某些性质在食品工业中的应用。
3. 食品中单糖有哪些物理性质以及在食品工业中如何应用？
4. 食品中低聚糖有哪些物理和化学性质？
5. 为什么高浓度的糖可用于食品保藏？
6. 食品中常见的多糖有哪些，分别有什么用途？
7. 什么是淀粉的糊化作用？举例说明。
8. 什么是淀粉的老化作用？老化作用的原因是什么？
9. 果胶有几类，各自在什么条件下凝胶？
10. 为什么水果生时硬，熟时软？
11. 为什么方便面开水冲泡即可食用？

模块五

食品中的脂类

学习目标

【知识目标】

1. 了解油脂的结构和分类，油脂的防氧化措施及精炼过程。

2. 理解油脂及脂肪酸的性质。

3. 掌握油脂在食品加工中的各种用途。

4. 能够根据油脂品质指标鉴别各种油脂质量的优劣。

5. 会处理生活中遇到的食用油脂方法不科学的问题。

6. 会处理油脂在热加工及改良中遇到的问题。

7. 会运用油脂知识改善食品加工中食品的口感、外观及风味等感官特性。

【素质目标】

通过了解国内外油脂工业发展现状、食用油的加工与安全性，培养良好的科学思辨能力，增强职业素养，树立法治意识。

学习导图

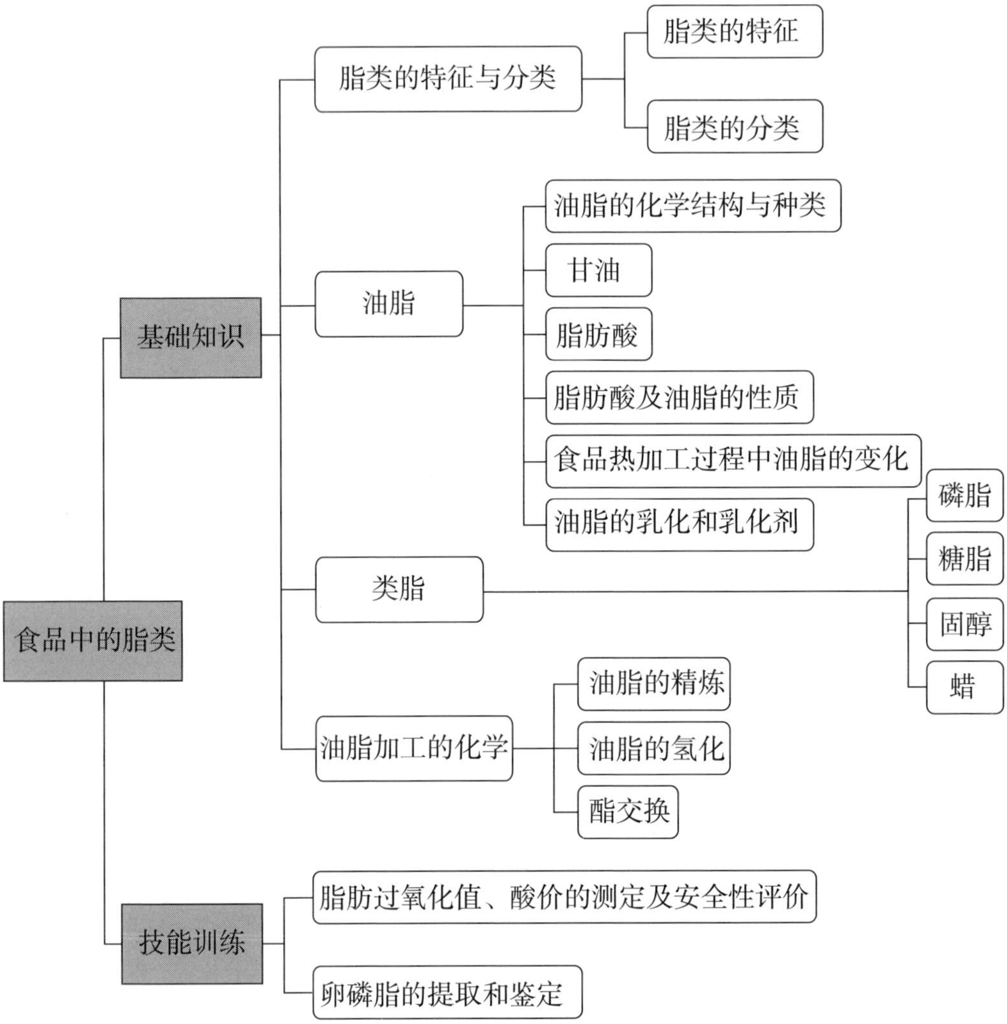
食品中的脂类
基础知识
脂类的特征与分类
脂类的特征
脂类的分类
油脂
油脂的化学结构与种类
甘油
脂肪酸
脂肪酸及油脂的性质
食品热加工过程中油脂的变化
油脂的乳化和乳化剂
类脂
磷脂
糖脂
固醇
蜡
油脂加工的化学
油脂的精炼
油脂的氢化
酯交换
技能训练
脂肪过氧化值、酸价的测定及安全性评价
卵磷脂的提取和鉴定

基础知识

知识点一 脂类的特征与分类

脂类的特征分类及生物学作用

一、脂类的特征

脂类主要包括酯及其衍生物，是脂肪和类脂物质的统称。脂肪是由甘油分子和脂肪酸生成的甘油三酯，是人体重要的产热营养素，也是体内主要的储能物质。类脂是与脂肪类似的物质，包括磷脂、胆固醇、脂蛋白、蜡、萜类、甾类等，它们是构成生物膜的重要成分。

脂类的化学组成、结构、理化性质以及生物功能存在着很大的差异，但它们都可用非极性有机溶剂从细胞和组织中提取出来。还具有以下共同特征：①不溶于水而溶于乙醚、石油醚、氯仿、丙酮等有机溶剂；②大多具有酯的结构，并以脂肪酸形成的酯最多；③都是由生物体产生，并能被生物体所利用。但在被称为脂类的物质中，也有不完全符合上述定义的物质存在，如卵磷脂微溶于水而不溶于丙酮，又如鞘磷脂和脑苷脂类的复合脂质不溶于乙醚。

二、脂类的分类

脂类根据其结构特点可分为五类，分别是简单脂类、复合脂类、衍生脂类、结合脂类和萜类、类固醇及其衍生物，如表 5-1 所示。

表 5-1　　脂类化合物的组成和举例

类别	组成	举例
简单脂类（油脂）	油脂是脂肪酸甘油三酯	大豆油、花生油、猪脂等
（蜡）	蜡是脂肪酸高级一元醇酯	蜂蜡、羊毛蜡
复合脂类	脂肪酸、醇和其他物质所成酯	卵磷脂
衍生脂类	脂类物质的水解产物	甘油、脂肪酸
结合脂类	脂类物质和糖等结合的物质	糖脂、脂蛋白等
萜类、类固醇及其衍生物	不含脂肪酸的非皂化性物质	胆固醇、麦角固醇

1. 油脂

食用油脂是生物体中最重要的一种脂类化合物。人们日常生活食用的油脂，在常温下呈液态的称为油，如豆油、花生油。常温下呈固态的称为脂，如牛脂、猪脂。脂肪存在于高等动物各种组织中，但各种组织中含量不同，如皮下组织多，肌肉中较少。脂肪最重要的生理功能是贮存能量和供给能量。1g 脂肪在体内完全氧化时可释放出 38kJ（9.3kcal）的能量，比 1g 糖原或蛋白质所放出的能量多两倍以上。脂肪组织是体内专门用于贮存脂肪的组织，当机体需要时，脂肪组织中贮存的脂肪可分解供给机体能量。此外，脂肪组织还可起到保持体温，保护内脏器官的作用。

2. 类脂

类脂包括磷脂、糖脂和胆固醇及其酯等。磷脂、糖脂是生物膜的主要组成成分，构成疏水性的“屏障”，分隔细胞水溶性成分和细胞器，维持细胞正常结构与功能。胆固醇还是脂肪酸盐和维生素 D_3 以及类固醇激素合成的原料，对于调节机体脂类物质的吸收，尤其是脂溶性维生素（维生素 A、维生素 D、维生素 E、维生素 K）的吸收以及钙磷代谢等均起着重要作用。

知识点二 油脂

天然的油脂可分为植物油脂和动物油脂两大类，是三大营养物质之一，广泛存在于动植物体内。植物油脂大部分存在于植物的果实、种子和胚胎中，而根、茎、花、叶部位含量较少。油料作物种子的含油量较多，有的高达 50%以上。许多野生植物的种子也含有 15%～16%的油脂。

一、油脂的化学结构与种类

1. 化学结构

油脂不论来源和状态，它们均由甘油和高级脂肪酸发生酯化反应生成，如图 5-1 所示。因此油脂主要成分是甘油三酯。其结构式如图 5-2 所示。

图 5-1 油脂的酯化过程

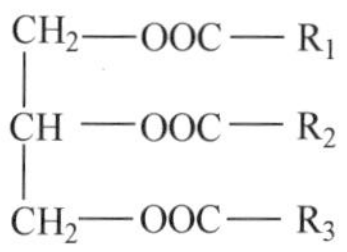

图 5-2 油脂的结构

油脂中的 3 种脂肪酸可以相同，也可以不同。若构成酯的烃基 R_1、R_2、R_3 相同则称单纯甘油酯，橄榄油中有 70%以上的三油酸甘油酯。如果 3 个 R 有 2 个或 3 个不相同则称混合甘油酯，天然油脂大多是混合甘油酯。动物脂肪中，含有较多的高级饱和脂肪酸甘油酯，所以动物脂肪在常温下为固态。植物油中不饱和高级脂肪酸甘油酯含量较高，所以植物油在常温下为液态。膳食中饱和脂肪酸太多会引起动脉粥样硬化，因为脂肪和胆固醇均会在血管内壁上沉积而形成斑块，这样就会妨碍血流，产生心血管疾病。也由于此，血管壁上有沉淀物，使血管变窄，因此肥胖症患者容易患上高血压等疾病。

2. 油脂的种类

油脂分为天然油脂和人造油脂。天然食用油脂有多种分类方法，常用的方法是以生物来源为分类依据，据此天然油脂可分为三大类：植物油脂、动物油脂、微生物油脂。

（1）天然油脂

①植物油脂：植物油脂取自植物的种子、果实、谷物种子的胚及麸糠。植物油脂中不饱和高级脂肪酸甘油酯含量超过70%，具有较低的凝固点，常温下为液态，习惯被称为“油”，主要包括豆油、棉籽油、花生油、芝麻油、橄榄油、棕榈油、菜籽油、玉米油、米糠油、椰子油、可可油、向日葵油等（表5-2）。

表5-2　常见植物中油脂的含量

植物名称	组织	油脂含量/%	植物名称	组织	油脂含量/%
花生	种子	40~61	橄榄	果实	50
大豆	种子	12~25	棉籽	种子	14~25
甜菜	根	7	椰子	果实	65~70
油菜	种子	33~47	蓖麻	种子	60
芝麻	种子	50~61	向日葵	种子	50

②动物油脂：动物油脂中含有较多的高级饱和脂肪酸甘油酯，有较高的凝固点，常温下为固态，习惯被称为“脂”，如猪脂、牛脂。但也有人根据动物油脂来源、动物生长的环境不同分为陆上动物油脂和海产动物油脂。

a. 陆上动物油脂。陆上动物油脂中用于食用的主要是猪脂和牛脂。C_{16}~C_{18}的脂肪酸含量高，不饱和脂肪酸主要是油酸和亚油酸，胆固醇含量较高，维生素E含量低，抗氧化性差。但猪脂的塑性较好。

b. 海产动物油脂。海产动物油脂主要取自鲸类等海洋哺乳动物以及鲨鱼、鳕鱼、鲱鱼等海洋鱼类。海洋动物油可分为鱼体油、鱼肝油等。这类油含较多的长链多双键的不饱和脂肪酸，以及丰富的维生素A、维生素D。其中的二十碳五烯酸（EPA）和二十二碳六烯酸（DHA）对人体有特殊的营养作用。海产动物油脂易氧化酸败，产生的鱼腥味很有特点。

③微生物油脂：细菌、酵母菌、霉菌等很多微生物在一定条件下可在体内合成大量油脂，这些油脂又称单细胞生物油脂。这类油脂的组成及理化特性与植物油脂基本相似，只是利用率比植物油脂稍低。这类油脂是高新技术开发的新油源。可以生产γ-亚油酸、γ-亚麻酸、代可可脂、月见草油，微生物发酵法生产的特殊油脂正日益受到重视。

（2）人造油脂

①起酥油：起酥油范围相当广泛，一般可以理解为动、植物经精制加工或硬化、混合、速冷、捏合等处理，使之具有可塑性、乳化性等加工性能的油脂。

②人造奶油：人造奶油产生于1869年，是一种塑性或液性乳化剂形式的食品，主要是油包水型。大部分用食用油脂生产得到，不是或者不主要是来源于牛奶。它与起酥油最大的区别是含有较多的水分（20%左右），也可以说是水溶于油的乳状液。

知识链接

关于植物油的几个误区

误区一：橄榄油最贵，营养价值也最高

橄榄油提炼起来较困难，其生产的劳动价值高，所以价格高。当然，橄榄油有很多功能，如软化血管、一定程度上防治心脑血管疾病、降血糖、预防癌症及阿尔兹海默症等。橄榄油还可用于烧伤烫伤的创面保护，且不易留疤痕。橄榄油维生素含量高，所含的 ω-3 脂肪酸也是不可替代的。

但也不能只吃橄榄油，最好是各种油换着吃。其他植物油如葵花籽油、大豆油和玉米油也是佼佼者。它们含有丰富的不饱和脂肪酸，可以增强免疫力，改善皮肤状况，加速胃溃疡的痊愈，降低血压和胆固醇，是大脑正常运转所必需的原料。

误区二：精炼才是植物油质量的保证

提炼（包括精炼和脱臭）过程可以去掉植物难闻的气味，还能去掉由于保存不当进入种子中的有毒物质。但是在去除这些杂质的同时，许多维生素等物质也丢失了。

误区三：植物油替代动物油

吃动物油易引发冠心病、肥胖症等，因而青睐植物油，其实这种认识很片面。动物油（鱼油除外）饱和脂肪酸含量高，易导致动脉硬化，但又含有有益心血管的多烯酸、脂蛋白等，可改善颅内动脉营养与结构、抗高血压及预防中风。猪脂等还具有增加饱腹感、保护皮肤、维持体温，以及保护和固定脏器等功能。

只吃植物油会使体内过氧化物增加，过氧化物与蛋白质结合形成脂褐素，在器官中沉积，会促使人衰老。此外，过氧化物增多还会影响维生素的吸收、增加乳腺癌及结肠癌发病率。过氧化物还会引起动脉硬化、肝硬化、脑血栓等疾病。

正确的食用方法是植物油、动物油搭配或交替食用，其比例是 10∶7。动植物油混吃有利于防治心血管疾病。

误区四：标有不含胆固醇字样的油才是好油

胆固醇及其衍生物质是构成一切机体结构的基本成分。植物油中的胆固醇含量与猪脂和黄油相比，其数值还是很低的，动物油的胆固醇含量是植物油的 10~25 倍。

二、甘油

甘油又称丙三醇，是一种无色透明、无臭、味甘的黏稠液体，是化工生产的产品。有良好的吸水性，常用来做化妆品的添加原料。可大量用于化妆品工业、食品工业。甘油是甘油三酯分子的骨架成分。当人体摄入食用脂肪时，其中的甘油三酯经过体内代谢分解，形成甘油并储存在脂肪细胞中，起到稳定血糖和胰岛素方面的作用，对于进行高强度体能训练的人，甘油可以给他们带来更出色的表现。对于健美运动员来说，甘油可以帮助他们把体表及皮下的水分转移到血液和肌肉中。

三、脂肪酸

1. 脂肪酸概述

脂肪酸是由碳、氢、氧三种元素组成的一类化合物，脂肪酸是脂类化合物的主要成分，是指一端含有一个羧基的长链脂肪族碳，通式是 $C_nH_{2n+1}COOH$，低级的脂肪酸是无色液体，有刺激性气味，高级的脂肪酸是蜡状固体，无明显可嗅到的气味。脂肪酸在有充足氧供给的情况下，可氧化分解为 CO_2 和 H_2O，释放大量能量，因此脂肪酸是有机体主要能量来源之一。

2. 脂肪酸的种类

目前从动物、植物、微生物中分离出的脂肪酸大约有 200 种，大多是偶数碳原子的直链脂肪酸，带侧链的很少，奇数碳原子也少见。天然油脂中的脂肪酸有两大类：饱和脂肪酸和不饱和脂肪酸，多为偶数碳原子的直链脂肪酸。室温下呈液态的油主要来源于植物，含较多不饱和脂肪酸；呈固态的脂肪主要来源于动物，含较多饱和脂肪酸。一些重要的脂肪酸如表 5-3 所示。

表 5-3　　一些重要的脂肪酸

类别	化学式	系统名称	普通名称
饱和脂肪酸	C_3H_7COOH	正丁酸	酪酸
	$C_5H_{11}COOH$	正己酸	己酸
	$C_7H_{15}COOH$	正辛酸	辛酸
	$C_9H_{19}COOH$	正癸酸	癸酸
	$C_{11}H_{23}COOH$	正十二酸	月桂酸
	$C_{13}H_{27}COOH$	正十四酸	豆蔻酸
	$C_{15}H_{31}COOH$	正十六酸	棕榈酸、软脂酸
	$C_{17}H_{35}COOH$	正十八酸	硬脂酸
	$C_{19}H_{39}COOH$	正二十酸	花生酸
不饱和脂肪酸	$C_{15}H_{29}COOH$	9-十六碳烯酸	棕榈油酸
	$C_{17}H_{33}COOH$	9-十八碳烯酸	油酸
	$C_{17}H_{31}COOH$	9，12-十八碳二烯酸	亚油酸
	$C_{17}H_{29}COOH$	9，12，15-十八碳三烯酸	亚麻酸
	$C_{19}H_{31}COOH$	5，8，11，14-二十碳四烯酸	花生四烯酸
	$C_{21}H_{41}COOH$	13-二十二碳烯酸	芥酸

有几种不饱和脂肪酸在人体内有特殊的生理功能，但人体自身又不能合成，必须从食物中摄取，这些不饱和脂肪酸称为必需脂肪酸，主要是亚油酸、亚麻酸。通常长链不饱和脂肪酸的营养价值比较高。

（1）饱和脂肪酸　饱和脂肪酸是不含双键的脂肪酸。天然食用油脂中存在的饱和脂肪酸主要是长链。膳食中饱和脂肪酸多存在于动物脂肪及乳脂中，植物中富含饱和脂肪酸的有椰子油、棉籽油和可可油。这些食物也富含胆固醇。故进食较多的饱和脂肪酸也必然进食较多的胆固醇。饱和脂肪酸又根据含碳原子数是否大于 10，分为低级饱和脂肪酸和高级饱和脂肪酸。低级饱和脂肪酸常温下是液态，易挥发。高级饱和脂肪酸常温下是固态，常见的有十六酸、十八酸等。

（2）不饱和脂肪酸　不饱和脂肪酸是含双键的脂肪酸，所有的植物油都是不饱和脂肪酸。不饱和脂肪酸是构成体内脂肪的一种脂肪酸，是人体必需的脂肪酸。不饱和脂肪酸根据双键个数的不同，分为单不饱和脂肪酸和多不饱和脂肪酸两种。食物脂肪中，单不饱和脂肪酸有油酸，多不饱和脂肪酸有亚油酸、亚麻酸、花生四烯酸等。油脂在加工和贮藏过程中部分双键会转变为反式并出现共轭双键，这种形式的不饱和脂肪酸对人体无营养。人体不能合成亚油酸和亚麻酸，但它们具有特殊的生理作用，必须从膳食中补充。成人每日所需占总能量的1%~2%，婴幼儿占3%，最好的来源是植物油，如豆油、亚麻籽油等。

小资料

人体必需脂肪酸

必需脂肪酸，是指这些脂肪酸必须从食物中获得，人体内不能合成，而又为人体生理活动所必需的脂肪酸。必需脂肪酸都是不饱和脂肪酸，主要有亚油酸、亚麻酸，这些必需脂肪酸主要存在于豆油、花生油、芝麻油、菜籽油、胡麻油等植物油之中。胡麻油中含亚油酸和亚麻酸，其中亚麻酸可达50%，高于其他植物油。玉米油已作为降血胆固醇的药用油，含有丰富的必需脂肪酸。必需脂肪酸作为合成胆固醇酯和磷脂的成分，对于胆固醇的运输，防止其在血管壁上沉积具有重要作用。在构成各种细胞膜成分的类脂中，所含的脂肪酸多是必需脂肪酸，对维持细胞膜的完整性和生理功能有重要作用。必需脂肪酸合成人体内前列腺素的原料，患湿疹的婴儿血中不饱和脂肪酸含量降低，可能是必需脂肪酸缺乏的原因，常用豆油或花生油治疗。

四、脂肪酸及油脂的性质

1. 脂肪酸的性质

脂肪酸是羧基与脂烃基相连的酸。根据脂烃基的不同，可以分为：①饱和脂肪酸；②不饱和脂肪酸；③环酸。许多种脂肪酸的甘油三酯是油和脂肪的主要成分，因而可以由油和脂肪经水解制得，也可用人工合成。

低碳数的脂肪酸是无色液体，有刺激气味，易溶于水。中碳数的脂肪酸是油状液体，微溶于水，有汗的气味。高碳数的脂肪酸是固体，不溶于水。脂肪酸能与碱作用而成盐、与醇作用而成酯。用于制肥皂、合成洗涤剂、润滑剂和化妆品等。

2. 油脂的物理性质

油脂的物理性质在油脂分析、制取及加工中都显得十分重要，尤其是随着科学技术的进步，近年来在生产和科学研究工作中，越来越多地采用测定油脂物理性质以代替某些费时、准确度较差的化学分析法，并取得了良好的效果。

（1）气味和色泽　纯净的脂肪是无色无味的物质，天然油脂中略带黄绿色是由于含有部分脂溶性色素（如类胡萝卜素、叶绿素等）所致，油脂精炼脱色后，色泽变浅，并且有不同的气味。油脂的气味大多是由挥发性脂成分引起的，如芝麻油的香气是由乙酰吡嗪引起的。

（2）熔点和沸点　由于天然油脂是各种酰基甘油的混合物，所以没有确定的熔点和沸点，仅有一定的熔点和沸点范围。油脂的熔点一般最高在40~55℃。碳链越长，饱和度越高，则熔点越高。反式结构的熔点高于顺式结构，共轭双键比非共轭双键熔点高。一般油脂当熔点低于37℃时，消化率达96%以上；熔点高于37℃越多，越不易消化。油脂的熔点与消化率的关系如表5-4所示。

表5-4　几种常见食用油脂的熔点与消化率的关系

脂肪	熔点/℃	消化率/%	脂肪	熔点/℃	消化率/%
大豆油	18~28	97.5	奶油	28~36	98
花生油	0~3	98.3	猪脂	36~50	94
葵花籽油	-16~19	96.5	牛脂	42~50	89
棉籽油	3~4	98	羊脂	44~55	81

油脂的沸点一般在180~200℃，沸点随脂肪酸碳链增长而升高，但碳链长度相同、饱和度不同的脂肪酸，其沸点变化不大。

（3）溶解性　油脂能溶于乙醚等非极性有机溶剂。油脂本身也是一种溶剂，它能溶解某些色素和非水溶性维生素及风味物质，例如辣椒油，就是因为辣椒红色素和辣味物质溶解在热油中，使油红而辣。油脂不溶于水，如果加入蛋白质或磷脂等，由于发生乳化作用，油脂形成乳浊液而分散于水中。

（4）相对密度和黏度　大多油脂的相对密度都小于1，一般在0.86~0.95，液体油脂比固体油脂相对密度大。油脂具有一定的黏度。其黏度与油脂组成有关。油脂的黏度随油脂中脂肪酸链长度的增加而增加，随不饱和度增加而减少，而且温度越高黏度越低，油脂氧化或加热聚合后，其黏度增大。

（5）折光性　油脂具有折光性。通常用折光计通过测折射率直接测定。油脂折射率随着脂肪酸的链长与不饱和度增加而增加。当油脂氢化时，可以用折射率的测定，快速了解氢化程度，以便控制。因此，折射率也是鉴定油脂类别、纯度和酸败程度的一种手段。

3. 油脂的化学性质

（1）水解反应　油脂在有水时，通过加热、酸、碱及酯水解酶的催化作用，可发生水解。油脂在酸的催化下，水解生成甘油和脂肪酸。在碱性条件下水解生成甘油和脂肪酸盐（即肥皂），此反应称为皂化反应，故可用在工业上制肥皂。水解反应如图5-3所示。

食品在油炸过程中，其中的水进入到油中，油脂水解释放出游离脂肪酸，导致发烟点降低，并且随着脂肪酸含量增高，发烟点不断降低，因此水解导致油品质降低，风味变差。乳脂水解产生一些短链脂肪酸，产生酸败味。但在有些食品的加工中，轻度的水解是有利的，如巧克力、干酪及酸奶的生产。

（2）氧化反应　油脂中的不饱和脂肪酸，受到光线或其他因素的作用，易发生自由基氧化。油脂氧化速率与脂肪酸的不饱和度、双键位置、顺反构型有关。室温下饱和脂肪酸的链引发反应较难发生，当不饱和脂肪酸已开始酸败时，饱和脂肪酸仍可保持原状，而不饱和脂肪酸中，双键增多，氧化速率加快。油脂自动氧化主要包括链引发期、链传递（增殖）期和终止期3个阶段。

①链引发期：自由基的引发通常活化能较高，故这一步反应相对很慢。

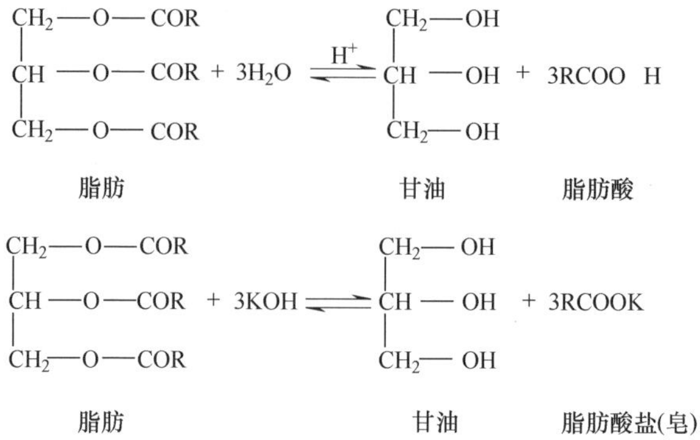

图 5-3 油脂的水解反应

$$RH \xrightarrow{\text{引发剂}} R\cdot + H\cdot$$

②链传递期：R·自由基与空气中的氧结合，形成的过氧化自由基（ROO·）使大量的不饱和脂肪酸氧化，油脂氧化进入显著阶段，此时油脂吸氧速度很快，增重加快。

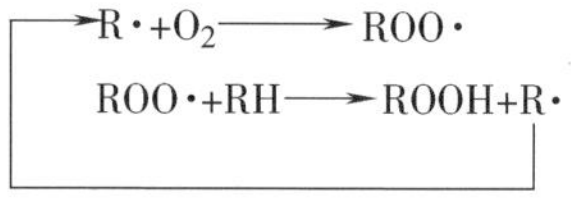

链传递的活化能较低，故此步骤进行很快，并且反应可循环进行，产生大量氢过氧化物。

③终止期：各种自由基和过氧化自由基互相聚合，形成环状或无环的一聚体或多聚体。

$$R\cdot + R\cdot \longrightarrow R—R$$
$$R\cdot + ROO\cdot \longrightarrow ROOR$$
$$ROO\cdot + ROO\cdot \longrightarrow ROOR + O_2$$

在活体动物的脂肪组织中不存在游离脂肪酸，动物屠宰后在体内酯水解酶的作用下，产生游离脂肪酸。由于游离脂肪酸对氧化甘油酯更为敏感，会导致油脂更快酸败。因此动物油脂要尽快熬炼，因为高温熬炼可使酯酶失活。植物油料种子中也存在酯水解酶，在制油前也可使油脂水解而生成游离脂肪酸。

（3）影响油脂氧化速率的因素　油脂氧化速率与脂肪酸的不饱和度、双键位置、顺反构型有关。不饱和脂肪酸中，双键增多，氧化速率加快，并且顺式构型比反式构型容易氧化；共轭双键结构比非共轭双键结构易氧化。

在一定温度下，脂肪酸自动氧化的诱导期不同，相对氧化速率也发生变化。脂肪酸在25℃的诱导期和相对氧化速率如表 5-5 所示。

表 5-5　　脂肪酸在 25℃的诱导期和相对氧化速率

脂肪酸	双键数	诱导期/h	相对氧化速率
18：0	0	—	1
18：1	1	82	100
18：2	2	19	1 200
18：3	3	1. 34	2 500

氧化速率与油脂暴露于空气中的表面积成正比，如膨化食品（方便面）中的油脂比纯净的油脂易氧化。因而可采取排除氧气，采用真空或充氮包装和使用透气性低的包装材料来防止含油脂食品的氧化变质。

温度上升，氧化反应速率加快，饱和脂肪酸在室温下稳定，但在高温下也会发生氧化。如猪脂中饱和脂肪酸含量通常比植物油高，但猪脂的货架期却常比植物油短，这是因为猪脂一般经过熬炼而得，经历了高温阶段，引发了自由基所致；而植物油常在不太高的温度下用有机溶剂萃取而得，故稳定性比猪脂好。

油脂氧化反应的相对速率与水分活度的关系是随着水分活度增大，催化剂的流动性提高，水中溶解氧增多，分子溶胀，暴露出更多催化点位，故氧化速率提高；当水分活度大于 0.73 后，水量增加，使催化剂和反应物的浓度被稀释，导致氧化速率降低。

抗氧化剂是能推迟具有自动氧化能力的物质发生氧化或减慢氧化速率的物质。应用于食品的抗氧化剂有丁基羟基茴香醚（BHA）、丁基羟基甲苯（BHT）、没食子酸丙酯（PG）等。BHA 和 BHT 在加热，如油炸、煎煮及烘烤时化为蒸气渗入食品中，更能延长食品的保质期。它们的作用机制是夺取油脂自动氧化反应诱导期中产生的自由基，中断后两步反应，因此阻止了油脂的氧化。

在天然油脂中常会有天然的抗氧化剂，如胡萝卜素、维生素 E、卵磷脂等，植物油较动物油有较好的稳定性是由于维生素含量高的缘故。

五、食品热加工过程中油脂的变化

脂肪在高温下除发生聚合、缩合、水解、氧化等化学反应外，还有热分解反应。油脂经长时间加热，也会发生变质，这些变化有的可以使油炸食品具有特征的感官品质。但是，如果对油炸过程的条件控制不适当则会引起油脂的分解和聚合，不仅会损害油炸食品的感官品质，而且还会使营养价值降低。其外观的变化是显而易见的，这些外观的变化包含了使黏度增加、流动性变差、色泽变深、易发烟、泡沫量增多，热变性的脂肪不仅味感变劣，而且丧失营养，因此了解油在高温下的变化对于控制产品质量极为重要。食品工业要求控制油温在 150℃左右，并且经过高温后的油不宜长期连续使用。这是由于油脂在高温条件下，发生聚合与分解等化学反应，形成许多聚合、分解产物，有些产物不利于身体健康。油脂聚合又分为热聚合和热氧化聚合两种方式。

1. 热聚合

油脂在真空、二氧化碳、氮气的无氧条件下，加热至 200~300℃的高温时，发生热聚合反应。聚合过程中，增稠速度极快。油脂热增稠是由于发生了聚合作用，生成具有一个双键的六元环状化合物。聚合作用可以发生在同一甘油酯的脂肪酸残基之间，也可以发生在不同的甘油酯之间。当温度超过 300℃时，增稠速度极快，如图 5-4 所示。

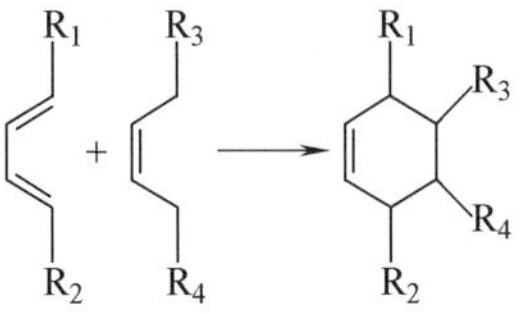

图 5-4　油脂分子间非氧化热聚合

2. 热氧化聚合

空气中的油脂，在有氧情况下加热到 200~300℃时，可以发生热氧化聚合反应。热氧化聚合反应与自动氧化没有本质的区别，一般认为热氧化过程中产生的自由基能聚合成氧化聚合物，聚合体是由于碳碳结合所生成的，油脂热聚合的程度与温度、氧气的接触面有关。油的热氧化聚合过程也随油的种类不同而不同，干性油如桐油、亚麻油等最易聚合，半干性油如大豆油、芝麻油等次之，不干性油如橄榄油、花生油等则不易聚合。这种氧化、聚合产物复杂多样，部分产物为有毒物质。

$$R_1CH_2—CO_2R_2 \xrightarrow{ROOH} R_1\underset{\displaystyle |\atop OOH}{CH}—CO_2R_2 + RH$$

3. 分解反应

在 350℃的温度和无氧条件下，油脂发生热分解，生成丙烯醛、脂肪酸、二氧化碳、甲基酮及小分子的酯等；在有氧条件下，伴随热氧化过程中的分解能形成多种烃、醛、甲基酮、内酯等。

4. 水解与缩合

高温油炸过程中，由于食品中的水进入到油中，使油脂分子与水接触的部位发生水解，然后水解产物之间可以再缩合成大的环氧化合物。产物结构如图 5-5 所示。

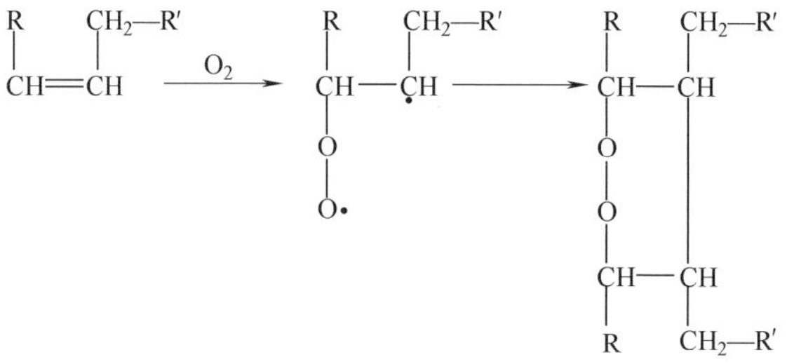

图 5-5　生成环氧化合物的反应

油脂变质以后，都有可能产生一些有毒物质。自动氧化变质中，主要的有毒物质是氢过氧化物；热变质中，主要的有毒物质是烃、环状化合物、二聚甘油酯、三聚甘油酯等。长期食用酸败变质的油脂会影响人体健康，轻者呕吐、腹泻，重者肝脏肿大。变质过程中生成的小分子化合物与油脂的气味变化直接相关。同时聚合物的形成使油脂的黏度增大。为了减弱油脂的热变质，工艺上要求加热油脂时，温度控制在 180℃左右。

5. 油脂的质量评价

油脂在加工和贮藏过程中，其品质会因各种化学反应而逐渐降低。脂肪的氧化反应是引起油脂酸败的重要因素。此外，水解、辐照等反应均会导致油脂品质降低。脂类氧化反应十分复杂，氧化产物众多，且有些中间产物极不稳定，易分解，故对油脂氧化程度评价指标的选择是十分重要的。目前仍没有一种简单的测试方法可立即测定所有的氧化产物的氧化程度，常常需要测定几种指标，方可正确评价油脂的氧化程度。以下是几种常用的表示油脂氧化程度的指标。

（1）皂化值　1g 油脂完全皂化时所需要的氢氧化钾的质量（mg）称作皂化值。每种油脂都有一定的皂化值。皂化值的大小与油脂平均分子质量成反比，油脂的皂化值一般都在 200 左右，组成油脂的脂肪酸分子质量越小，油脂的皂化值越大，皂化值是检验油脂质量的重要常数之一。肥皂工业根据油脂皂化值的大小，可以确定合理的用碱量和配方；皂化值较大的食用油脂，熔点较低，消化率则较高。

（2）碘值　油脂中的碳碳双键与碘的加成反应常用来测定油脂的不饱和程度。100g

油脂与碘反应所需要碘的质量（g）称作碘值，通过油脂的碘值可以判断油脂中脂肪酸的不饱和程度（即双键数）。碘值大的油脂，说明油脂组成中不饱和脂肪酸含量高或不饱和程度高。碘值下降，说明双键减少，油脂发生了氧化。所以有时用这种方法监测油脂自动氧化过程中二烯酸含量下降的趋势。根据碘值的大小可以把油脂分为：干性油（碘值在180~190），半干性油（碘值在100~120），不干性油（碘值小于100）。由于碘与脂肪酸中双键的加成反应速度慢，所以常用氯化碘或溴化碘的冰醋酸溶液代替碘，因为氯原子或溴原子能使碘活化以加快反应速度。

$$I_2+Br_2 \longrightarrow 2IBr$$

$$—CH=CH—+IBr \longrightarrow \underset{\displaystyle I}{\underset{|}{CH}}—\underset{\displaystyle Br}{\underset{|}{CH}}—$$

过量的IBr在KI存在下，析出I_2，再用$Na_2S_2O_3$溶液滴定，即可求得碘值。碘值是油脂性质的重要参数，也是油脂分析的重要指标。

$$IBr+KI \rightarrow I_2+KBr$$

$$I_2+2Na_2S_2O_3 \rightarrow 2NaI+Na_2S_4O_6$$

（3）酸价　酸价表示油脂中游离脂肪酸的数量。中和1g油脂中游离脂肪酸所需的氢氧化钾质量（mg）称为酸价。新鲜油脂的酸价很小，随着贮存期的延长和油脂酸败情况恶化，其酸价随之增大。油脂中游离脂肪酸含量增加，可直接说明油脂的新鲜度和质量的下降，所以酸价是检验油脂质量的重要指标。根据我国食品卫生的国家标准规定，食用植物油的酸价不得超过3mg/g。

（4）过氧化值　过氧化值是指1kg油脂中所含氢过氧化物的毫摩尔数，氢过氧化物是油脂氧化的主要初级产物，在油脂氧化初期，过氧化值随着氧化程度加深而增高。而当油脂深度氧化时，氢过氧化物的分解速度超过了氢过氧化物的生成速度，这时过氧化值会降低，所以过氧化值宜用于衡量油脂氧化初期的氧化程度，过氧化值常用碘法测定：$ROOH+2KI \rightarrow ROH+I_2+K_2O$，生成的碘再用$Na_2S_2O_3$溶液滴定：$I_2+2Na_2S_2O_3 \rightarrow 2NaI+Na_2S_4O_6$，即可定量确定氢过氧化物的含量。

小资料

怎样炒菜？快炒、控好油温是关键

炒菜是以油脂传热为主、锅体直接传热为辅的加热方法。它的烹调速度较快，溶水损失较少，食材中水溶性维生素的损失通常少于炖煮方法，但多放油会大幅度增加菜品的脂肪含量，同时造成类胡萝卜素的损失。

烹饪建议：炒菜讲究快速，最好用质地脆嫩容易熟的食材。如果食材质地老硬，可以先将其切成薄片或小块，或者预先焯烫一下。

控制油温也很重要，等油烧到要冒烟但还没冒出来的时候放菜最好。检验油温的方法：把葱花先放进去，当其还没有变色，周围冒出较多的小气泡时，说明油温合适。

六、油脂的乳化和乳化剂

1. 油脂的乳化

油脂具有能使互不相溶的两种液体中的一种呈微滴状分散于另一种液体中的作用，称为乳化作用。在体系中处于连续状态的称为连续相，处于分散状态的称为分散相。油与水的乳化在烹饪中是极常见的，如黄油、干酪、奶汤、蛋黄酱、冰淇淋配料、法式调味汁等。但由于油的疏水性质，油与水的乳浊液必须经过乳化剂作用方能保持稳定。

2. 乳化剂

凡是具有乳化作用的物质都称为乳化剂。乳化剂是具有亲水基及亲油基的分子，即每个分子的一端亲水，另一端亲油而疏水。当少量的油与乳化剂一起在大量水中用机械方法振荡时即分散成油滴，在油滴表面上乳化剂以亲油端相对，而以其亲水的一端伸向水中（图 5-6），由于极性相斥，因而形成稳定的乳浊液。乳化剂包括磷脂、松脂、植物胶、盐、大分子蛋白质或某些粉末状的调料等。

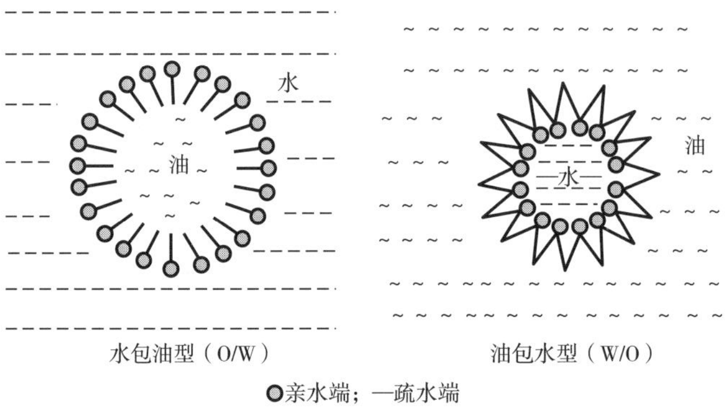

图 5-6　乳化剂的乳化示意图

3. 乳化剂在食品中的应用

在烹制奶汤时，总是选用含脂量和胶原蛋白丰富的原料，也就是利用了油脂中的磷脂和胶原蛋白的乳化作用，得到浓似奶汁的乳浊液。沙拉调味汁中的胡椒粉、芥末，不仅使沙拉增味，还起着乳化剂的作用。制作蛋黄酱或荷兰沙司时，总要加蛋黄或整蛋和调味料，这是利用了蛋黄中的卵磷脂和芥末的乳化作用。如果做荷兰沙司时加黄油太快，酱汁可能分散而不能形成半固态乳浊液，是由于卵磷脂来不及包绕小油滴的缘故，可以在酱汁中再加入更多的蛋黄来补救。

知识点三　类脂

一、磷脂

天然磷脂广泛存在于植物种子，动物的脑、卵、肝和微生物体中。它是由两分子脂肪酸和一分子磷酸或取代磷酸与甘油缩合成的复合类脂。按其化学结构可将磷脂分为甘油磷脂和神经磷脂两类。

甘油磷脂种类很多，最重要的是卵磷脂和脑磷脂。卵磷脂水解后得到甘油、脂肪酸、磷酸和胆碱。胆碱有防治脂肪肝的作用。脑磷脂水解后得到甘油、脂肪酸、磷酸和胆胺。神经磷脂是另一类重要的磷脂，简称鞘磷脂。它是由磷酸、胆碱、脂肪酸和鞘氨醇组成。主要存在于人和动物的脑与神经组织中，它与蛋白质、多糖构成神经纤维或轴索的保护层。它在生物膜的形成中具有重要的生物学意义。磷脂还是具有亲水基及亲油基的分子，是良好的乳化剂。

二、糖脂

糖脂在生物体分布甚广，但含量较少，仅占脂质总量的一小部分。自然界存在的糖脂分子中的糖主要有葡萄糖、半乳糖，脂肪酸多为不饱和脂肪酸。糖脂结构与磷脂类似，主要是由脂肪酸、糖及神经鞘氨基醇所组成，但不含磷及胆碱等化合物。糖类残基是通过糖苷键连接在1，2-甘油二酯的C_3位上构成糖基甘油酯分子。这类糖脂可由各种不同的糖类构成它的极性头。它又可分为甘油糖脂和神经鞘糖脂。

糖脂是细胞表面抗原的重要组分，某些正常细胞癌化后，表面糖脂成分有明显变化。一些已分离出来的癌细胞特征抗原，也已证明是糖脂类物质。细胞表面的糖脂还是许多胞外生理活性物质的受体，参与细胞识别和信息传递过程。

三、固醇

固醇化合物又称甾族化合物，是简单类脂，广泛存在于动、植物的组织中，尤以动物脑、蛋黄及油脂中含量最丰富，是一类重要的天然产物。它包括固醇、胆汁醇、维生素D及各类固体激素，其中的一部分固醇是以酯的形式存在。这类化合物的结构特点是分子中都含有一个环戊烷骈多氢菲的骨架，称为固环。

很多固醇化合物具有特殊生理效能。例如，激素、维生素、毒素和药物等是重要的生物调节剂。胆固醇在化妆品中应用比较广泛，也是合成维生素D的重要原料。胆汁酸是含有24个碳原子的胆烷酸。在动物胆汁中，胆汁酸一般都是与甘氨酸或牛磺酸以肽键结合成胆盐，并以不同比例存在于动物胆汁中。此外还有人工合成的类固醇药物如抗炎剂（氢化泼尼松、地塞米松），促进蛋白质合成的类固醇药物（苯丙酸诺龙）等。

小资料

晒太阳为什么能补钙

胆固醇在人体内可转变为7-脱氢胆固醇，储存于皮下。当晒太阳时，阳光中的紫外线能促进皮肤中的7-脱氢胆固醇生成前维生素D_3，再依靠皮肤温度转为维生素D_3，由淋巴等转运吸收入血液，再经肝和肾中羟化酶的作用生成活性维生素D。活性维生素D可促进肠道对钙、磷吸收，促进骨的形成，有防治骨质疏松的作用。

四、蜡

天然蜡广泛存在于动植物体中，它的主要成分是高级脂肪酸与高级一元醇形成的单酯。按其来源可分为植物蜡和动物蜡。植物蜡存在于植物的叶子、茎和果实表面，作用是防止外界侵害和保护水分不散失。动物蜡存在于动物的皮肤、毛皮等表面，也是起保护作用。组成蜡的脂肪酸和醇都在 16 个碳以上，且含偶数个碳原子，最常见的脂肪酸是软脂酸和二十六碳酸，最常见的醇是十六、二十六和三十醇。此外，蜡中还含有少量游离高级脂肪酸、游离高级脂肪醇和高级烷烃等成分。

常温下蜡为固态，比脂肪硬而脆，不溶于水，可溶于非极性有机溶剂，化学性质稳定。在工业上可作制药和化妆品中的原料、纺织品的上光剂，是制造蜡纸、药膏的基质。常用的蜡主要是蜂蜡、虫蜡、鲸蜡、巴西棕榈蜡等。此外，在各种油脂精炼过程中所得到的糠蜡和玉米蜡也均属于此类。

知识点四 油脂加工的化学

从油料作物、动物脂肪中采用有机溶剂浸提法、压榨法、熬炼法及机械分离等方法提取得到的是粗油，粗油中含有磷脂、色素、蛋白质、纤维素、游离脂肪酸及有异味的杂质，甚至存在有毒成分（如花生油中的黄曲霉毒素，棉籽油中的棉酚）。无论是风味、外观，还是油的品质、稳定性，粗油都是不理想的。需要对粗油进行精制，来提高油的品质，改善风味，延长油的货架期。精炼后的油脂为适合不同的使用目的，还需要进行改良。

一、油脂的精炼

油脂的精炼通常通过机械去杂、脱胶、脱酸、脱色、脱臭等逐步除去可产生不良风味和色泽或不利于贮藏的物质。

1. 机械去杂

在制油或储油过程中可能被混入固态杂质，如饼渣、纤维等。这类杂质不溶于油脂，因此可以采用沉降、过滤、离心等方法除去。

2. 脱胶

采用物理或化学的方法将粗油中的胶溶性杂质脱除的过程称为脱胶。粗油中的胶体杂质主要是磷脂，所以油厂常称为脱磷。磷脂是一类营养价值较高的物质，但混入油中会使油色变深、浑浊。而且其含量高时，加热易起泡、冒烟、有臭味。在高温下会焦化发苦，影响煎炸食品的风味。最常用的脱胶方法是水化法：磷脂及部分蛋白质在无水状态下可溶于油，但与水形成水合物后则不溶于油，在一定的条件下，还能使胶体杂质吸水膨胀并凝聚，静置分层，分离水相即可除去磷脂和部分蛋白质。

3. 脱酸

粗油中含有 0.5%以上的游离脂肪酸。游离脂肪酸会影响油品的稳定性、风味和食用价值，促使油酸败，因此必须除去。常用的除去方法是碱中和法，加入的碱中和游离脂肪酸，中和反应生成的脂肪酸盐（皂角）进入水相，分离水相，再用热水洗涤中性油，静置离心，分离除去残留的皂角。该过程同时还可吸附一部分胶质和色素。用于中和的碱有氢氧化钠、碳酸钠和氢氧化钙，油脂工业上常用的是氢氧化钠。

4. 脱色

纯净的甘油三酯在液态时无色，在固态时为白色。但粗油中含有叶绿素、类胡萝卜素等有色物质，使其呈现出不同的颜色。这些物质既影响油脂的稳定性，同时也影响油脂的外观。脱色的方法很多，工业上应用最多的是吸附脱色法。吸附剂可用活性炭、白土等。吸附剂同时还可吸附磷脂、皂角及一些氧化产物，最后过滤除去吸附剂。

5. 脱臭

纯净的甘油三酯是没有气味的，但各种油脂都存在一些异味物质，主要源于油脂氧化产物，脱臭的目的主要是除去油脂中引起臭味的物质。采用减压蒸馏的方法，并添加柠檬酸螯合过渡金属离子、抑制氧化作用，此法不仅可除去挥发性的异味物，还可使非挥发性的异味物热分解为挥发物，蒸馏除去。

6. 其他特殊成分

油脂精炼后品质提高，但也有一些负面的影响，如损失了一些特殊成分，如维生素A、维生素E和类胡萝卜素等。胡萝卜素是维生素A的前体物，胡萝卜素和维生素也是天然抗氧化剂。还有一些成分是必须除去的，如棉籽油中含的棉酚等，它们不仅影响油品的质量，还危害人体健康。大豆油一些指标在精炼过程中的变化如表5-6所示。

表5-6　　大豆油一些指标在精炼过程中的变化

指标	粗油	脱胶后	脱酸后	脱色后	脱臭后
磷/(mg/kg)	510	120	5	1	1
铁/(mg/kg)	2.9	0.8	0.6	0.3	0.3
游离脂肪酸/%	0.3	—	0.23	0.08	0.0
过氧化值/(meq/kg)	2.4	10.5	8.8	16.5	0.0

总之，从整体上看，精炼处理对油脂中的一些杂质、有害物质进行了有效的脱除，其残留量得到了很好的控制，油脂的食用品质得到了保证。食用油精炼处理对有害化合物的脱除情况如表5-7所示。

表5-7　　食用油精炼处理对有害化合物的脱除情况　　单位：μg/kg

油脂	化合物	原料油	脱酸	脱色	脱臭
大豆油	异狄氏剂	620	590	510	<30
菜籽油	蒽	10.1	5.8	4	0.4
	菲	100	68	42	15
	1，2-苯并蒽	14	7.8	5	3.1
	2，5-苯并芘	2.5	1.6	1	0.9

二、油脂的氢化

由于天然来源的固体脂肪非常有限，可采用氢化的方法将液体油转化为固体或半固体脂。油脂的氢化是利用 Ni、Pt 等的催化作用，使油脂的不饱和双键在高温下发生加氢反应，不饱和度降低，从而把在室温下呈液态的油变成固态的脂，这种过程称为油脂的氢化。氢化可选择性进行，也可深度氢化。选择性氢化是严格控制高度不饱和油脂的加氢顺序和加氢速度，分别得到不同特性的氢化产品。即用镍粉催化并不断地搅拌，因搅拌有利于氢溶解和使催化剂与油混合均匀，同时还有助于反应生成的热很快散失，部分氢化生成乳化型可塑性脂肪，用于加工人造奶油、起酥油等。深度氢化是将所有油脂的不饱和双键几乎全部加氢，制得高度饱和的氢化油脂。全氢化可生成硬化型氢化油脂，主要用于生产肥皂。

油脂氢化前必须经过精炼、脱色和干燥，游离脂肪酸的含量要尽可能低，另外，氢气还必须干燥且不含硫、二氧化碳和氨等杂质，这样催化剂能保持长时间的活性，使氢化和异构化的选择性按期望的方式进行，同时后期产物的处理也比较容易。和氢的加成反应通常按油脂折射率的变化来进行衡量，因为油脂的折射率和其饱和程度有关。当氢化反应达到所要求的结果时，将氢化油脂冷却，并过滤除去催化剂。

由于油脂氢化后具有适当的熔点和稠度，同时具有良好的加热稳定性和对氧气的稳定性，在食品工业中具有重要的使用价值，如将棉籽油和豆油氢化可以制得起酥油或人造奶油的基料。将含有不愉快气味的鱼油等经过氢化后，可使其臭味消失，熔点增大，颜色变浅，稳定性增加，并能改变风味，提高油的质量，增加油脂的耐贮藏性。猪脂进行氢化后，可以改善稠度和稳定性。此外，氢化还能改变油脂的性质，造成不利的一面，如油脂中所含的类胡萝卜素和维生素因氢化而破坏，故硬化油色泽较淡。棉籽油经氢化后色度可以降低 50%。由于脂溶性的维生素被破坏，且氢化还伴随着双键的位移和反式异构体的产生，这些从营养学方面考虑，都是不利的。

三、酯交换

天然油脂中，各种脂肪酸在甘油分子中是规则分布的，每种模式有一定的位置取向，这种取向受油脂品种、环境、在动植体中的部位等因素的影响，每一种脂肪酸赋予了油脂特定的物理性质，有时这种性质限制了它们在工业上的应用。为了获得人们所希望的工艺特性，采用化学改性的方法，往往要进行酯交换，使分子中的脂肪酸重新排列，以适应特定的需要。因此，酯交换是提高油脂的稠度和适用性的一种加工方法。酯交换一般采用甲醇钠作催化剂，通常只需在 50~70℃下，酯和酸、酯和醇、酯和酯在不太长的时间内就能完成酰基交换反应。

在食品工业上，利用酯交换可改变油脂的黏度、结晶性能以及塑性，生产低温下仍能保持清亮的色拉油、稳定性较高的人造奶油及符合熔化要求的硬奶油。例如，猪脂的结晶颗粒大，口感粗糙，不利于产品的稠度，也不利于用在糕点制品上，但经过酯交换后，改性猪脂可结晶成细小颗粒，稠度改善，熔点和黏度降低，适合于作为人造奶油和糖果用油。棕榈油定向酯交换后可制成浊点较低的色拉油，可以生产稳定性高的人造黄油。酯交换可以在分子内进行，也可以在不同分子之间进行，如图 5-7 所示。

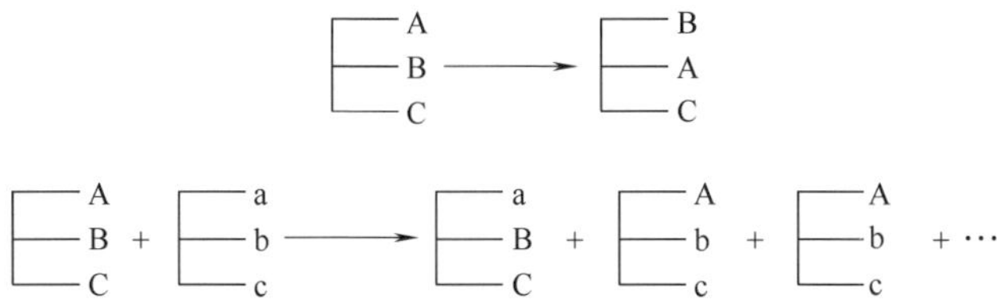

图 5-7　在分子内或不同分子之间进行酯交换

知识链接

知识分子食品——亚麻籽油

亚麻籽油又称“知识分子食品”或“学生食品”。据科学分析：亚麻籽中主要成分为不饱和脂肪酸，占 74%，其中含 α-亚麻酸为 57%，亚油酸为 16%，是深海鱼油含量（20%~26%）的 2.5 倍。亚麻籽细胞基质中含有木酚素，其含量比其他常用谷类、豆类等要高出 100~800 倍；亚麻籽中还含有 18 种氨基酸，三种维生素（维生素 A、维生素 E、维生素 B_1）和 8 种微量元素。所以，亚麻籽油中含有蛋白质、芝麻素、维生素 E、卵磷脂、蔗糖、钙、磷、铁等矿物质，是一种营养极为丰富的食用油。

亚麻籽油的功效主要有以下几点：

(1) 具有抗炎、抗血栓、抗心律失常、降血脂、降血糖、降低血稠度、降低胆固醇、清洁血液、清洗血管和舒张血管，以及预防糖尿病、高血压、脑中风和心肌梗死的作用。

(2) 具有补充大脑细胞营养、促进智力发育、提高记忆、防止脑萎缩和老年性痴呆、提升抗压力、减少忧郁症和失眠症的作用。

(3) 具有抗癌、抗真菌和抗过敏性疾病的作用。

(4) 具有强身健美、增强肌肤弹性、提高免疫力、降低油脂沉淀、减轻体重的作用。

(5) 具有改善肾功能、减轻哮喘、增加肠蠕动、预防便秘、预防关节炎、改善女性经期前综合征的作用。

人体一旦长期缺乏 α-亚麻酸，将会导致脑器官、视觉器官的功能衰退和老年性痴呆症发生，并会引起高血压、癌症等现代病的发生率上升。

近年来，随着科学技术的进步，亚麻籽油的营养价值和保健功能引起了医疗、食品、农业等许多领域科学家的关注。众所周知，鱼油富含 EPA 和 DHA，是由海里的 α-亚麻酸（主要含在海藻中）在鱼的体内转变而成的。大量的研究结果表明，亚麻籽油是一种优质食用油，富含 α-亚麻酸及各种不饱和脂肪酸，在人体内可直接转化成 EPA 和 DHA，亚麻籽油是一种经济实用的“深海鱼油”。人服用 α-亚麻酸，在体内也会合成 EPA 和 DHA。所以食用富含 α-亚麻酸的亚麻籽油，就可以起到类似吃鱼油的效果；同时还可修复更新脑神经细胞膜的不饱和脂肪酸链，起到健脑、促智、降血脂、抗血小板聚集、扩张小动脉和预防血栓形成等。

重点小结

油脂和类脂化合物是广泛存在于生物体的重要天然有机物，它们是维持生命活动不可缺少的物质。油脂是动植物油和脂肪，类脂化合物通常是磷脂、蜡和固醇化合物等。油脂和类脂化合物由于某些物理性质类似于脂肪，因此把它们统称为脂类化合物。本模块主要介绍油脂和类脂化合物的化学组成、种类结构、主要的物理性质和化学性质，脂肪酸的种类，油脂的性质及劣变反应，防止措施，品质鉴评指标，为油脂在食品加工和日常使用中提供科学指南及依据。

技能训练

技能训练一 脂肪过氧化值、酸价的测定及安全性评价

一、目的要求

（1）了解过氧化值、酸价测定的意义和原理。

（2）掌握过氧化值、酸价测定的操作技术和注意事项。

（3）理解不同的加工处理及储藏条件对油脂氧化程度的影响。

（4）会分析影响实验测定准确性的因素。

二、实验原理

脂肪氧化的初级产物是氢过氧化物 ROOH，因此通过测定脂肪中氢过氧化物的量，可以评价脂肪的氧化程度。同时 ROOH 可进一步分解，产生小分子的醛、酮、酸等，因此酸价也是评价脂肪变质程度的一个重要指标。

本实验中过氧化值的测定采用碘量法，即在酸性条件下，脂肪中的过氧化值与过量的 KI 反应生成 I_2，用 $Na_2S_2O_3$ 滴定生成的 I_2，根据 $Na_2S_2O_3$ 的用量来计算油脂的过氧化值。

酸价的测定是利用酸碱中和反应，测出脂肪中游离脂肪酸的含量。油脂的酸价以中和 1g 脂肪中游离脂肪酸所需消耗的氢氧化钾的质量（mg）表示。

三、实验材料、试剂与仪器

（1）实验材料　新鲜色拉油、各种产生过氧化物和酸价变化的油（如煎炸油、经光照的油、久存的植物油、未加抗氧化剂的油等）。

（2）实验试剂

①三氯甲烷、冰乙酸、乙醚、乙醇。

②KI 饱和溶液：称取碘化钾 10g，加水 5mL，贮存于棕色瓶中，如发现溶液变黄，应重新配制。

③硫代硫酸钠标准溶液：用 0.1mol/L 硫代硫酸钠标准溶液加水稀释成 0.01mol/L 或 0.002mol/L 的标准溶液。

④中性乙醚-乙醇（2 ∶ 1）混合溶液，临用前用 0.1mol/L 碱液调至中性。

⑤0.5%淀粉指示剂：取 500mg 可溶性淀粉加少量冷水调匀，加水 100mL，煮沸 3min，冷却。

⑥1%酚酞指示剂：1.0g 酚酞溶于 100mL 95%乙醇溶液中。

⑦0.01mol/L 氢氧化钾标准溶液。

（3）实验仪器　分析天平、25mL 滴定管、250mL 三角瓶、50mL 量筒、移液管、100mL 容量瓶等。

四、操作步骤

（一）过氧化值的测定

称取新鲜色拉油 2g（精确到 0.01g），加工油 0.2~2g，或其他严重变质油 0.5g，分别置于干燥的 250mL 三角瓶中，加入已事先混合好的三氯甲烷—冰乙酸混合液（4 ∶ 6）30mL，轻轻摇动使油脂溶解，加入 1.0mL KI 饱和溶液，迅速盖塞轻摇 30s，置 15~25℃暗处静置 5min。加水 100mL，充分摇匀后立即用 0.01mol/L 硫代硫酸钠标准溶液（估计值小于 12 时用 0.002mol/L 标准溶液，大于 12 时用 0.01mol/L 标准溶液）滴定至浅黄色时，加淀粉指示剂 1.0mL，继续滴定至蓝色消失为止，记下体积。

以同一试样进行平行测定。同时做空白试验。

（二）酸价的测定

称取新鲜色拉油 2~5g（精确至 0.01g），加工油 0.2~2g，或其他严重变质油 0.5g，分别置于 250mL 三角瓶中，加入中性乙醚-乙醇混合液（2 ∶ 1）50mL，摇动试样使之溶解，加三滴酚酞指示剂，用 0.01mol/L 氢氧化钾溶液滴定至出现微红色 30s 不褪，记下消耗碱液体积。以同一试样进行平行测定。

五、结果计算

（1）过氧化值（POV）

$$\text{过氧化值（mmol/kg）} = \frac{(V_1 - V_0) \times c \times 1000}{m} \tag{5-1}$$

式中　V_1——用于样品测定的硫代硫酸钠溶液体积，mL；

V_0——用于空白测定的硫代硫酸钠溶液体积，mL；

c——硫代硫酸钠标准溶液的浓度，mol/L；

m——油样质量，g。

结果小于 12 时保留一位小数，大于 12 时保留到整数位。

（2）酸价

$$\text{酸价（mgKOH/g 油）} = \frac{c \times V \times 56.1}{m} \tag{5-2}$$

式中 c——氢氧化钾标准溶液浓度，mol/L；
V——消耗氢氧化钾标准溶液的体积，mL；
56.1——氢氧化钾的摩尔质量；
m——试样质量，g。

六、分析与讨论

不同处理的油脂，过氧化值及酸价均不相同，如何根据实验结果判断不同加工处理的油中过氧化值及酸价的高低与油脂氧化程度的关系？通过实验结果，查阅相应的国家标准，了解油脂的安全性范围。

七、注意事项

（1）加入碘化钾后，静置时间长短以及加水量多少，对测定结果均有影响。
（2）测定深色油的酸价，可减少试样用量，或适当增加混合溶剂的用量，以百里酚酞或麝香草酚酞作指示剂，以使测定终点的变色明显。
（3）滴定过程中如出现混浊或分层，表明由碱液带进水过多，乙醇量不足以使乙醚与碱溶液互溶。一旦出现此现象，可补加 95%的乙醇，促使均一相体系的形成。
（4）乙醚-乙醇混合液需临用前配制，以防重新溶入 CO_2 使溶液产生酸性。
（5）取样时要将样品混合均匀再称取。

八、思考题

（1）油脂酸价的定义是什么？油脂中游离脂肪酸与酸价关系如何？
（2）油脂过氧化值的定义是什么？测定油脂中过氧化值的意义何在？

技能训练二 卵磷脂的提取和鉴定

一、目的要求

（1）掌握卵磷脂的提取和鉴定方法。
（2）理解卵磷脂的两性结构。

二、实验原理

卵磷脂又称磷脂酰胆碱，是甘油磷脂的一种，为生物细胞膜磷脂双分子层的重要成分。同时卵磷脂在食品工业中是一种良好的乳化剂，又常作为功能食品的基料使用。卵磷脂在动植物体内均有分布，动物的脑、精液、肝、肾上腺和红细胞中含量较多，蛋黄中含量可达 8%～10%。卵磷脂是两性分子，可溶于含少量水的非极性溶剂中（但不易溶于水和无水丙酮)，可用含少量水的非极性溶剂进行提取。新提取的卵磷脂为白色蜡状物，与空气接触后，其不饱和脂肪酸链被氧化而呈黄褐色；卵磷脂中的胆碱，在碱性溶液中可分解为三甲胺而具有特异的鱼腥味，可用于鉴定。

三、实验材料、器材和试剂

(1) 实验材料　鸡蛋黄。
(2) 实验器材　电炉、蒸发皿、漏斗、酒精灯等。
(3) 实验试剂　95%乙醇、100g/L 氢氧化钠溶液、丙酮。

四、操作步骤

(1) 卵磷脂的提取　取鸡蛋黄 2g，置小烧杯内，加入 15mL 热的 95%乙醇，边加边搅拌，冷却后过滤，如滤液不清，需要重新过滤，直至透明，然后将滤液置于蒸发皿内蒸干，残留物即为卵磷脂。

(2) 三甲胺实验　取制得的卵磷脂一半，置于试管中，加入 2mL 100g/L 氢氧化钠溶液，置于沸水浴上加热，注意是否产生鱼腥味。

(3) 溶解度实验　取剩余的卵磷脂于一小烧杯中，加入 2mL 丙酮，观察是否溶解。

五、结果表示

记录实验观察结果。

六、思考题

(1) 卵磷脂在食品工业中有哪些用途?
(2) 卵磷脂的亲水性和疏水性分别来自哪些基团?

思政案例

油脂的氢化

氢化可以把油脂改性成具有特殊用途和功能的脂肪产品，是使油脂增值的关键技术之一。氢化技术在油脂工业中的应用缘起于 20 世纪初，为了保障人造奶油基料油脂供应，德国化学家威廉·诺曼 (1870—1939 年) 用镍作催化剂，使氢与油脂中双键加成获得成功，并先后在德国 (1902 年)、英国 (1903 年) 取得油脂氢化技术专利。1906—1911 年，英国及美国一些公司将氢化技术应用于工业生产，如以棉籽油氢化制备起酥油等，由此开始大规模利用氢化技术生产各种专用油脂。在威廉·诺曼发表油脂氢化的开创性发现之前，1897-1905 年间，法国化学家图卢兹大学教授保罗·萨巴捷

（1854－1941 年）和他的助手让·巴蒂斯特·森德伦斯（1856－1936 年）用镍作为催化剂，对气态烯烃加成获得成功。这项工作使保罗·萨巴捷获得了 1912 年诺贝尔化学奖。保罗·萨巴捷等建立了“气态烯烃的氢化”，而威廉·诺曼通过研究推翻了保罗·萨巴捷断言的氢化只能在气态条件下实现，创新采用“油酸－固体镍催化剂－气态氢气”三相体系将油酸转化为硬脂酸，建立了“三相氢化”体系。

参考文献：叶发银，雷琳，等．食品化学课程思政教学设计与实施——以“油脂氢化”为例［J］．食品与发酵工业，2022.

育人目标：通过介绍油脂氢化技术的发展历史，引导大家主动关注学科动态，拓宽视野，丰富知识体系，激发开拓精神和创新意识。

复习思考

1. 油脂主要是由哪几种元素组成？
2. 油脂如何分类？每一类有何特点？
3. 食品中油脂有哪些物理和化学性质？
4. 食用油脂在加工和贮藏过程中会发生哪些变化？
5. 油脂在酸或碱及加热条件下水解产物是什么？油脂的水解在油炸食品中会出现什么情况？
6. 油脂自动氧化历程包括哪几步？影响脂肪氧化的因素有哪些？
7. 食用油脂为什么需要精炼？油脂精炼的步骤和原理是什么？
8. 根据所学的知识解释为什么猪脂的碘值通常比植物油低，但其稳定性通常比植物油差？
9. 根据所学知识说明用洗净的玻璃瓶装油是否要将瓶弄干。

模块六

食品中的维生素

学习目标

【知识目标】

1. 了解维生素的来源、分类。

2. 理解维生素的定义、人类对维生素的需要。

3. 掌握维生素对人体健康的意义、维生素的基本结构特点及性质。

4. 掌握维生素在食品加工过程中的变化及食品贮藏中维生素的损失。

5. 能够根据人体出现的一些疾病症状来判断缺乏的维生素。

6. 会运用维生素特殊的性质，确定不同的生产工艺，选择合适的食品贮藏方法来减少维生素的损失。

【素质目标】

通过学习维生素使用的相关食品质量安全法律法规标准，培养法治意识，正确认识国际前沿发展趋势，具备科技报国的家国情怀。

学习导图

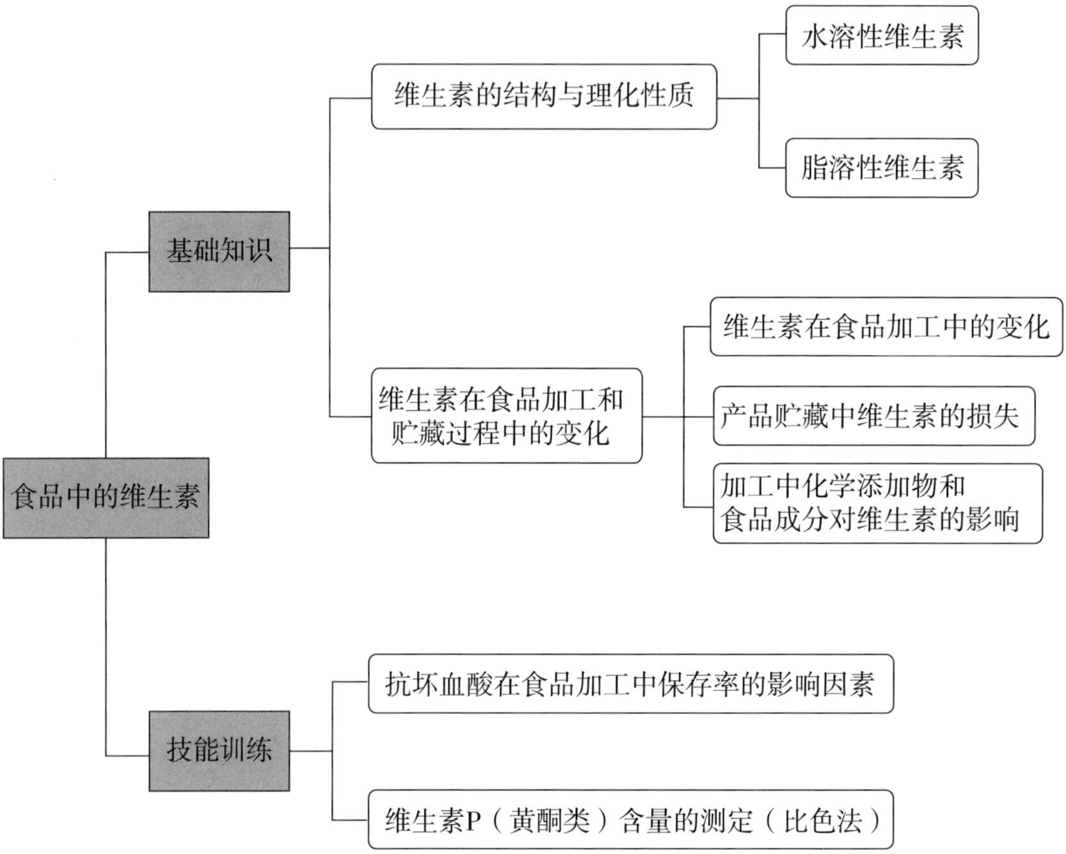
食品中的维生素
基础知识
维生素的结构与理化性质
水溶性维生素
脂溶性维生素
维生素在食品加工和贮藏过程中的变化
维生素在食品加工中的变化
产品贮藏中维生素的损失
加工中化学添加物和食品成分对维生素的影响
技能训练
抗坏血酸在食品加工中保存率的影响因素
维生素P（黄酮类）含量的测定（比色法）

基础知识

知识点一 维生素的结构与理化性质

维生素

维生素在机体内不是构成各种组织的主要原料，也不是体内的能源物质，它们对物质代谢过程起着非常重要的调节作用。多数维生素作为辅酶或辅基的组成成分参与到体内的各种代谢和生化反应中，参与和促进糖、蛋白质、脂肪的合成与利用。体内维生素过多可能导致某些代谢异常，从而引起身体不适（疾病），产生相应的维生素过多症。

不同维生素，其化学结构和理化性质也各不相同，功能差异也很大，但是它们都具有以下的共同特点。

（1）维生素通常以维生素原（维生素前体）的形式存在于食物中。

（2）维生素不是构成机体组织和细胞的组成成分，也不会产生能量，它的作用主要是参与机体代谢的调节。

（3）大多数的维生素，机体不能合成或合成量不足，不能满足机体的需要，必须经常通过食物获得。

（4）人体对维生素的需要量很小，日常需要量常以毫克（mg）或微克（μg）计算，但一旦缺乏就会引发相应的维生素缺乏症，对人体健康造成损害。

根据维生素溶解性质的不同，将维生素分为水溶性维生素和脂溶性维生素两大类。水溶性维生素包括B族维生素、生物素和维生素C；脂溶性维生素包括维生素A、维生素D、维生素E、维生素K等。

小资料

哪些人需要补充维生素？

1. 因患有原发疾病引起维生素缺乏的人群

长期患疟疾的人容易导致叶酸缺乏，需要补充叶酸。

肝肾功能不全的患者容易缺乏维生素C，需补充维生素C。

患有严重肝病的患者，因维生素K的合成障碍，应补充维生素K。

因肝胆疾病、胃液分泌不足、肠瘘、胃大部切除手术、慢性腹泻等导致维生素吸收障碍，以及长期患消耗性疾病或食欲缺乏、吞咽困难、牙病，导致维生素缺乏的患者，均应适当补充维生素。

2. 长期服用某种药物，导致维生素缺乏的人群

长期服用广谱抗生素，肠道细菌受抑制使维生素K的合成减少，应补充维生素K。

长期服用异烟肼的患者，因异烟肼的不良反应，容易导致维生素B_6缺乏，应补充维生素B_6。

服用液状石蜡会减少脂溶性维生素A、维生素D、维生素E、维生素K的吸收并促进排泄，应适当补充脂溶性维生素。

3. 摄入不足或需要量增加的人群

长期吃素的人，容易缺乏维生素 D、维生素 B_{12}。妊娠妇女由于母体与胎儿组织快速生长，叶酸转换增加并且缺乏维生素 B_6，应该每日补充叶酸和维生素 B_6。

一、水溶性维生素

水溶性维生素是能在水中溶解的一类维生素，常是辅酶或辅基的组成部分。这类维生素的化学结构可因种类的不同而有较大的差异。水溶性维生素一般不易在体内储存，故不易出现水溶性维生素过多症。

（一）B 族维生素

1. 维生素 B_1

（1）维生素 B_1 的结构　维生素 B_1 为抗神经炎维生素，又称抗脚气病维生素，其分子是由一个带氨基的嘧啶环和一个含硫的噻唑环组成的，故称为硫胺素。在体内它以焦磷酸硫胺素（TPP）形式存在，其结构如图 6-1 所示。

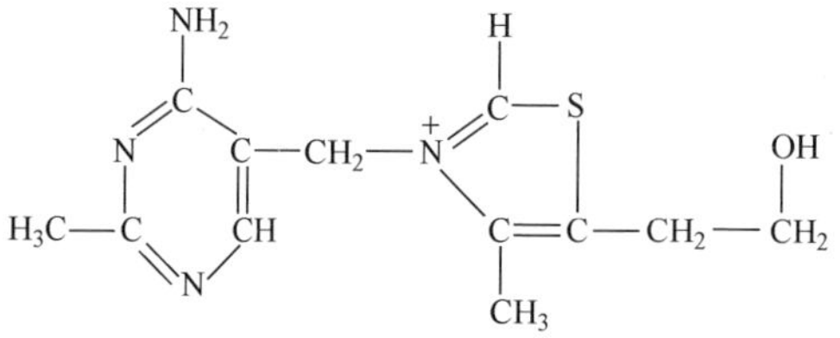

图 6-1　维生素 B_1

（2）维生素 B_1 的性质及功能　维生素 B_1 为白色结晶或结晶性粉末，易吸水；在酸性溶液中稳定，在碱性溶液中易分解，在食品加工中要尽量避免加碱。维生素 B_1 可氧化为无活性的脱氢硫胺素，在紫外光下呈蓝色荧光。利用这一性质可以测定食品中维生素 B_1。

TPP 是一个重要的辅酶。其功能包括：

①作为脱酸酶的辅酶参与一些 α-酮酸的脱酸反应。

②作为转酮醇酶的辅酶参加磷酸戊糖代谢途径的转酮醇反应。

维生素 B_1 和糖代谢关系密切，促进糖代谢，当人体缺乏维生素 B_1 时，糖代谢受阻，丙酮酸积累，表现出食欲不振，皮肤粗糙，四肢乏力和神经系统损伤等症状，临床称为脚气病。

（3）维生素 B_1 的来源　维生素 B_1 在植物中分布广泛，谷类、豆类的种皮含量丰富，酵母中含量尤其多。某些生鱼肉中含有热不稳定的硫胺素酶，能催化维生素 B_1 分解，所以多食生鱼肉会导致维生素 B_1 的缺乏。

2. 维生素 B_2

（1）维生素 B_2 的结构　维生素 B_2 是核醇与 6，7-二甲基异咯嗪缩合成的糖苷化合物，呈黄色，故称核黄素。本品也可用作食用色素。其结构如图 6-2 所示。

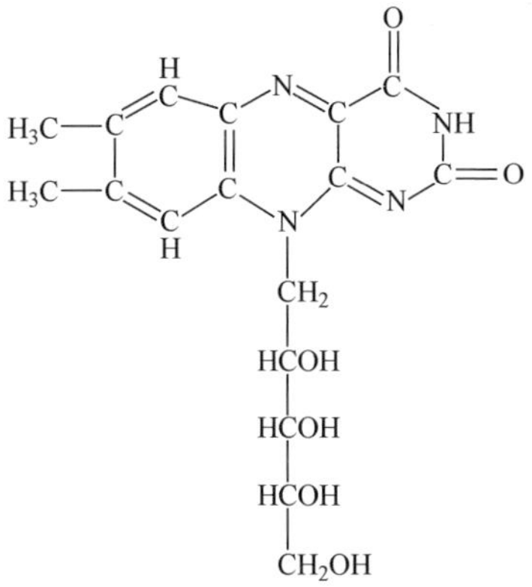

图 6-2　维生素 B_2

（2）维生素 B_2 的性质及功能　维生素 B_2 为橘黄色针状结晶体，味苦，溶于水和乙醇。维生素 B_2 具有耐热性，在酸性环境中较稳定，遇光易破坏，在碱性溶液中不耐热，而且对光更为敏感。维生素 B_2 的水溶液具有黄绿色荧光，利用此性质可以进行维生素 B_2 的定量分析。维生素 B_2 在食品加工中的损失，一部分是由于热烫处理而溶解于水中，另一部分是由于曝光损失。牛奶暴露在强阳光下 2h 就可损失 50%的维生素 B_2。

维生素 B_2 广泛参与体内多种氧化还原反应，能促进糖、脂肪和蛋白质的代谢，它对维持皮肤、黏膜和视觉的正常机能均有一定作用。缺乏时，组织呼吸减弱，代谢强度降低，会发生唇炎、舌炎、口角炎、视觉模糊、脂溢性皮炎等。

（3）维生素 B_2 的来源　维生素 B_2 广泛存在于动植物体内。富含维生素 B_2 的食物有酵母、肝、牛奶、蛋类、干酪、豆芽等。

3. 维生素 B_3

（1）维生素 B_3 的结构　维生素 B_3 是 2，4-二羟基-3，3-二甲基丁酸与 β-丙氨酸用酰胺键连接构成的一种酸性化合物。因为广泛存在于生物界中，故称为泛酸，又称遍多酸。其结构如图 6-3 所示。

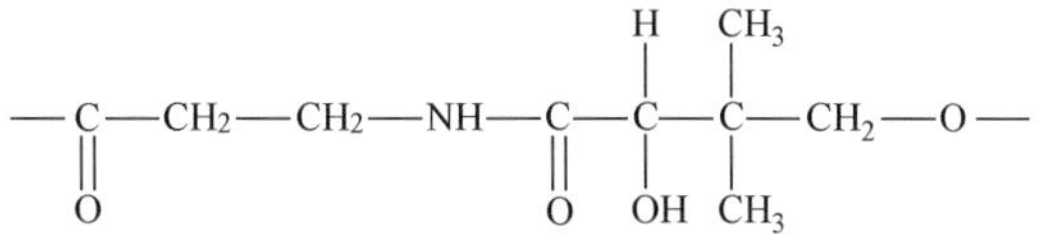

图 6-3　维生素 B_3

（2）维生素 B_3 的性质及功能　维生素 B_3 为黄色黏稠的油状物，易溶于水和乙醇，在中性溶液中对热稳定，对氧化剂也极为稳定，但遇酸、碱容易破坏。食品的加工处理会对其含量产生较大影响。

维生素 B_3 是辅酶 A 的主要组成部分，辅酶 A 对厌食、乏力等症状有明显的疗效，故被广泛用作多种疾病的重要辅助药物。

（3）维生素 B_3 的来源　维生素 B_3 广泛存在于动植物体内，在食物中普遍存在，酵母、肝、蛋、小麦、米糠、花生中含量丰富，在蜂王浆中含量最多。由于来源广泛，因此单纯的维生素 B_3 缺乏症极为罕见。

4. 维生素 B_5

（1）维生素 B_5 的结构　维生素 B_5 又称抗癞皮病因子或维生素 PP，包括烟酸（又称尼克酸）和烟酰胺（又称尼克酰胺）两种结构形式，都是吡啶的衍生物，体内主要是以烟酰胺形式存在。维生素 PP 的名称是从 pellagra preventative 的两个英文词的第一个字母而来的。其结构如图 6-4 所示。

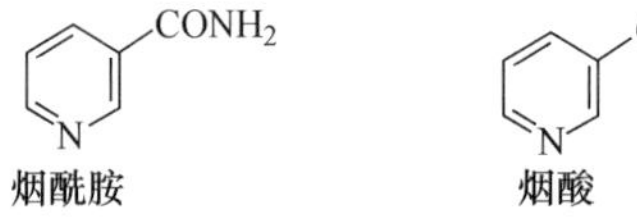

图 6-4　维生素 B_5

（2）维生素 B_5 的性质及功能　烟酸为白色针状结晶体，微溶于水；烟酰胺为白色结晶性粉末，易溶于水。在体内烟酸可以转化为烟酰胺。维生素 B_5 的性质比较稳定，在水、乙醇、甘油等溶液中都较稳定，不易被酸、碱或加热破坏，是维生素中性质最稳定的一种。

在细胞内，烟酰胺参与组成两种重要辅酶：烟酰胺腺嘌呤二核苷酸（NAD）［又称辅酶Ⅰ（CoⅠ）］和烟酰胺腺嘌呤二核苷酸磷酸（NADP）［又称辅酶Ⅱ（CoⅡ）］。它们是许多脱氢酶的辅酶，在糖酵解、脂肪合成和呼吸过程中起着重要作用，可以促进组织新陈代谢，降低血清中胆固醇的浓度。烟酰胺缺乏可导致癞皮病。典型症状为皮炎、腹泻及发呆。服用烟酸后，一日之内即可见效。

（3）维生素 B_5 的来源　维生素 B_5 分布广泛，人体一般不会缺乏，除了可以从食物中获得外，在体内还可以由色氨酸转变生成烟酸。肝、酵母、花生、谷类、豆类等都含有丰富的维生素 B_5。

5. 维生素 B_6

（1）维生素 B_6 的结构　维生素 B_6 包括三种结构类似的物质，即吡哆醇、吡哆醛和吡哆胺，都是吡啶的衍生物。其结构如图 6-5 所示。

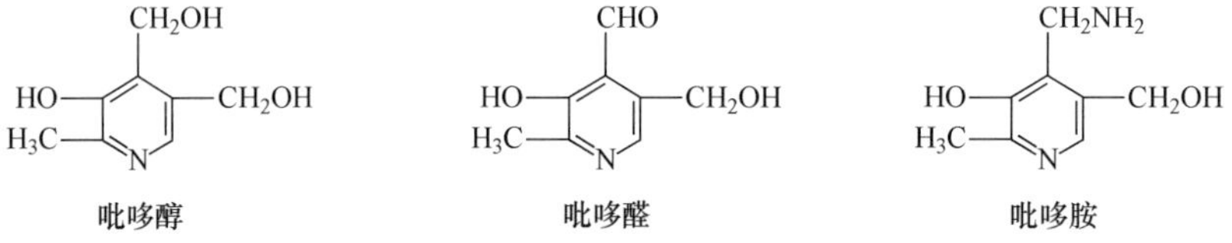

图 6-5　维生素 B_6

（2）维生素 B_6 的性质及功能　维生素 B_6 为白色晶体，味酸苦，易溶于水和乙醇，以磷酸酯的形式存在于动植物中。在碱性溶液中，遇光或高温时容易被破坏。

在体内吡哆醇经磷酸化后转变为磷酸吡哆醛，磷酸吡哆醛与磷酸吡哆胺之间又可以相互转化。磷酸吡哆醛与磷酸吡哆胺是氨基酸代谢中的重要辅酶。它们与酶蛋白结合紧密，成为酶活力中心的一部分。

（3）维生素 B_6 的来源　维生素 B_6 在自然界中分布广泛，存在于蜂王浆、大豆、酵母、蛋黄、肝、肉、鱼中，人体一般不缺。

(二) 生物素

(1) 生物素的结构　生物素(biotin),又称维生素 B_7 或维生素 H,与维生素 B_1 一样,是一种含硫维生素,由脲和噻吩组成五元骈环,并带有戊酸侧链。生物素分子中有 3 个不对称碳原子,存在 8 种可能的立体异构体。天然存在的为右旋的 D-生物素,只有它才具有相应的生物活性。生物素与蛋白质中的赖氨酸残基结合形成生物胞素(biocytin),生物素和生物胞素是两种天然的维生素(图 6-6)。

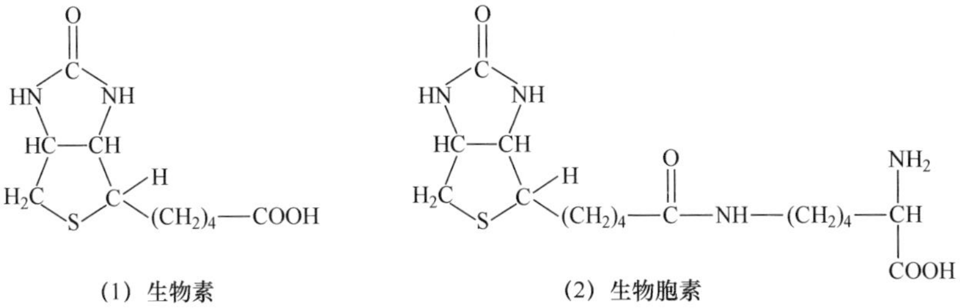

(1) 生物素　　(2) 生物胞素

图 6-6　生物素及生物胞素

(2) 生物素的性质及功能　生物素为白色结晶粉末,溶于热水而不溶于乙醇、乙醚及三氯甲烷。常温稳定而高温或氧化剂可使其丧失生理活性。

生物素作为羧化酶的辅酶或辅基参与细胞内固定 CO_2 的反应。生物素对某些微生物如酵母菌、细菌等的生长有强烈的促进作用。人体缺乏生物素时,毛发脱落,皮肤发炎。鸡蛋清中有一种抗生物素蛋白,能与生物素结合使生物素不能被肠壁吸收,所以吃生鸡蛋过多或长期口服抗生素易患生物素缺乏症。

(3) 生物素的来源　生物素来源广泛,肝、肾、蛋黄、酵母、蔬菜中都有,肠道细菌也能合成供人体需要,所以一般不会出现生物素缺乏症。

(三) 维生素 C

(1) 维生素 C 的结构　维生素 C 是一种己糖酸内酯,能防治坏血病,故又称抗坏血酸。维生素 C 在体内以还原型和氧化型两种形式存在,两者能相互转化,在氧化还原反应中起递氢体作用。其结构如图 6-7 所示。

(2) 维生素 C 的性质及功能　维生素 C 为无色结晶,有酸味,易溶于水,不溶于脂溶剂,具有很强的还原性。在光照、加热、受潮时不稳定,在碱性溶液中也不稳定,是最不稳定的维生素。在食品加工和贮藏中损失率比较高。

维生素 C 由于其本身的还原和氧化的特性,故在生物氧化过程中作为氢的载体。维生素 C 是脯氨基羟基化酶的辅酶,胶原蛋白中含有较多的羟脯氨基酸,所以维生素 C 能促进胶原蛋白的合成。维生素 C 的还原性可以将胃中的铁还原成亚铁,以利于吸收。

缺乏维生素 C 时,骨骼、牙齿容易脱落,毛细血管透性增大,皮下、黏膜出血,创口溃烂不易愈合,引起坏血病。

(3) 维生素 C 的来源　维生素 C 广泛存在于新鲜水果和蔬菜中,山楂、枣、柑橘、番茄、辣椒、猕猴桃等中含量丰富。人体不能合成维生素 C,必须从食物中获取。

维生素 C 可以作为抗氧化剂用在脂肪、鱼及乳制品中;在肉制品加工过程中作为色泽稳定剂;在面粉加工中作为改良剂等。

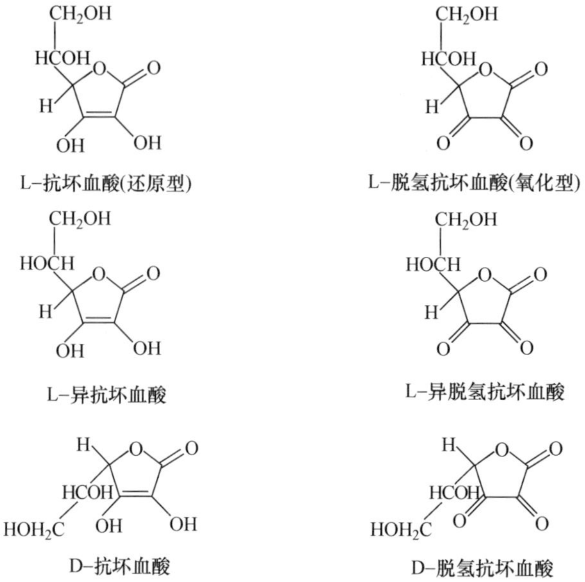

图 6-7　维生素 C

二、脂溶性维生素

脂溶性维生素都是异戊二烯的衍生物，不溶于水，而溶于脂肪或脂类溶剂，在食物中常与脂质共存，它们在肠道吸收时与脂质的吸收密切相关。

1. 维生素 A

（1）维生素 A 的结构　维生素 A 是一组由 20 碳结构构成的，具有 1 个 β-紫罗酮环、1 个由 4 个类异戊二烯单元组成的侧链以及在 C_{15} 位结合了一个羟基（视黄醇）、或者醛基（视黄醛）、或者羧酸基（视黄酸）、或者酯基（视黄酯）的分子集合（图 6-8）。

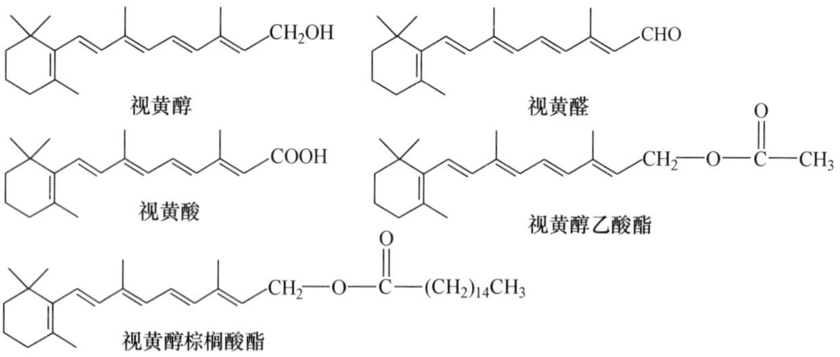

图 6-8　维生素 A

（2）维生素 A 的性质及功能　维生素 A 为淡黄色油状液体，对光和热不稳定，但在油溶液中不易被氧化变质。一般的食品加工不会使其破坏。当食物中含有磷脂、维生素

E、维生素 C 或其他抗氧化物时，有助于保护维生素 A 的稳定性。

维生素 A 与视觉有关，人眼睛感受暗光的视色素为视紫红质，是由维生素 A_1 转变成的 11-顺视黄醛与视蛋白组成的结合蛋白，在弱光中结合，在强光中分解。眼睛对弱光的感觉能量取决于视紫红质的浓度，只有维生素 A 供应正常，视紫红质浓度才正常。缺乏维生素 A 时，视紫红质不能合成，则患夜盲症，表现为视觉障碍。

（3）维生素 A 的来源　动物肝脏、鱼肝油、乳及鸡蛋中含丰富的维生素 A，胡萝卜和绿叶蔬菜中含有大量的类胡萝卜素。类胡萝卜素的分子结构相当于两个维生素 A 分子的结构，在人和动物体内可转化为维生素 A，因此，类胡萝卜素称为维生素 A 原，其中最为重要的是 β-胡萝卜素。

2. 维生素 D

（1）维生素 D 的结构　维生素 D 有多种，均为类固醇化合物，具有抗佝偻病的作用，又称抗佝偻病维生素。维生素 D_2（麦角钙化醇）和维生素 D_3（胆钙化醇）最为重要。其结构如图 6-9 所示。

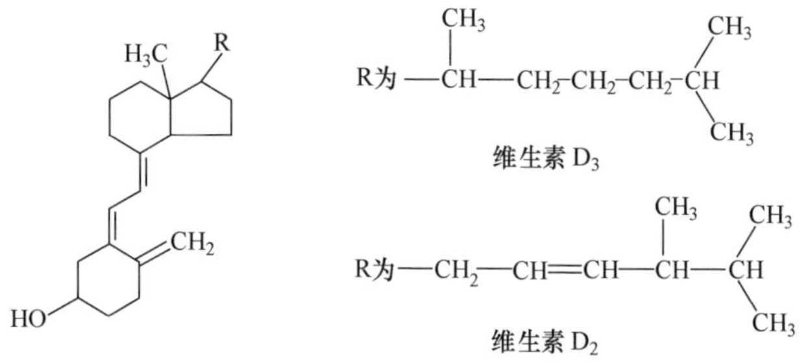

图 6-9　维生素 D

（2）维生素 D 的性质及功能　维生素 D_2 和维生素 D_3 均为白色晶体，性质稳定，密封贮存时不易变质，暴露于空气中或阳光照射易变质。一般在食品加工过程中损失较少。

维生素 D 的生理功能是促进钙、磷吸收和促进骨骼发育。维生素 D 通过对 RNA 的影响，诱导钙的载体蛋白的生物合成，从而促进钙、磷的吸收。维生素 D 缺乏时，可使儿童产生佝偻病，成人产生软骨病。维生素 D 的长期大量使用也可以引起维生素 D 过多症，表现为食欲下降、呕吐、腹泻等典型症状。

（3）维生素 D 的来源　维生素 D 在鱼肝油、蛋黄、牛奶、动物肝脏中含量丰富；经紫外线照射，体内胆固醇可以转化为维生素 D。

3. 维生素 E

（1）维生素 E 的结构　维生素 E 又称生育酚，为 6-羟基苯并二氢吡喃的衍生物，其结构如图 6-10 所示。

（2）维生素 E 的性质及功能　维生素 E 为淡黄色透明的黏稠液体，不溶于水，易溶于脂性溶剂，对氧敏感，极易被氧化。食品在一般的加工过程中，维生素 E 的损失不大，在有氧存在时，维生素 E 的损失增大。例如，在面粉加工中，对面粉进行增白就会导致大量维生素 E 的损失。

维生素 E 是一种生物抗氧化剂，能防止磷脂中不饱和脂肪酸被氧化。对动物的生育也起着重要的作用。缺乏维生素 E 时，会造成不育。

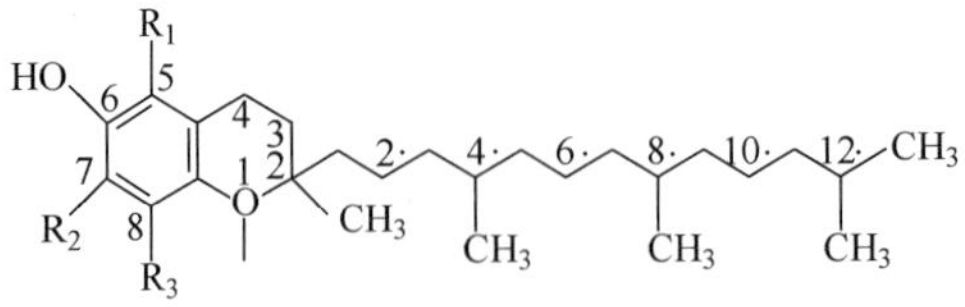

图 6-10　维生素 E

（3）维生素 E 的来源　维生素 E 的来源丰富，一般食品中都含有。大豆油、玉米油、麦胚油中有含有丰富的维生素 E，豆类和绿叶蔬菜中也含量丰富。

4. 维生素 K

（1）维生素 K 的结构　维生素 K 又称凝血维生素，是具有异戊二烯类侧链的萘醌类化合物，天然维生素 K 有维生素 K_1 和维生素 K_2 之分。其结构如图 6-11 所示。

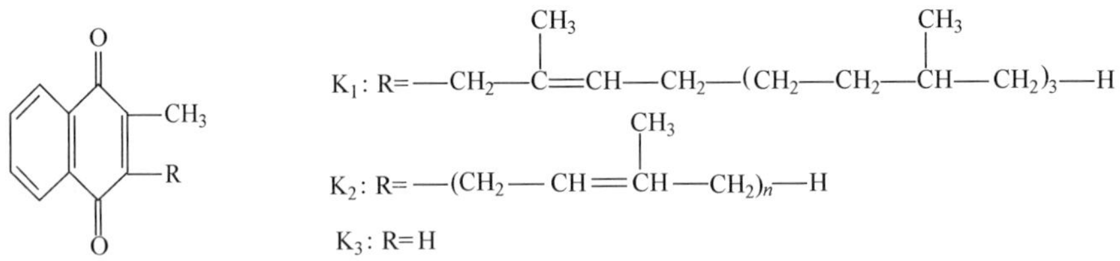

图 6-11　维生素 K

（2）维生素 K 的性质及功能　维生素 K 为黄色黏稠状物质，易溶于脂性溶剂，对光敏感，对碱不稳定，对热和酸稳定。在食品加工中，维生素 K 的损失很少。

维生素 K 具有凝血活性，其凝血活性集中在 2-甲基萘醌结构中，此结构已经人工合成，并用于临床，称为维生素 K_3，活性比维生素 K_1 和维生素 K_2 高。

（3）维生素 K 的来源　维生素 K 在绿叶蔬菜、动物肝脏和鱼肉中含量丰富；人和动物的肠道细菌能合成维生素 K。人体一般不会缺乏维生素 K，若食物中缺乏绿叶蔬菜或长期服抗生素影响肠道微生物生长，则会造成维生素 K 缺乏。

小资料

维生素宜饭后服用

叶酸、维生素 B、维生素 C 等水溶性维生素，主要在小肠吸收。如果饭前空腹服用，它们快速通过胃，进入小肠而被吸收，导致在血液中的浓度升高很快，使其不能完全被人体利用，一部分通过尿液排出体外。

如果饭后服用，由于胃肠中有食物与维生素共存，维生素吸收较慢，能够提高维生素的利用率。

维生素 A、维生素 D、维生素 E、维生素 K 等脂溶性维生素，必须溶于脂肪类食物中才能被吸收。如果空腹服用，大部分脂溶性维生素不能溶解，导致不能被吸收。如果饭后服用，食物中的脂肪充分溶解维生素，从而能更好地吸收利用。

知识点二 维生素在食品加工和贮藏过程中的变化

食物从采摘时起，不可避免地都会遭受到维生素的损失。所以在食品加工和贮藏中，需调整加工和贮藏条件，最大限度地减少维生素的损失。

一、维生素在食品加工中的变化

果蔬加工过程中的洗涤、漂烫、去皮等操作，会造成维生素的损失。但在果蔬加工过程中，漂烫是必不可少的一种处理方法。果蔬漂烫处理时，常将果蔬原料投入95℃以上的热水中煮几秒钟至几分钟，并快速冷却。这种处理方法目的是使果蔬中多酚氧化酶失去活力，阻止氧化酶对叶绿素和维生素 A 的破坏，以及酶促褐变的发生。可以采取高温短时间处理方法，来有效地保留热敏性维生素。果蔬为了增强去皮效果采用碱处理方法，也会造成维生素如叶酸、维生素 C、维生素 B_1 等的损失。谷物制品磨粉时，去除麸皮和胚芽，会造成维生素 B_1、维生素 A 和叶酸等的流失。

动植物产品经切割或其他处理而损伤的组织在水溶液中会浸出水溶性维生素，从而造成损失。一般发生在清洗、水槽输送、盐水浸煮等过程中。损失的程度与溶液的 pH、温度、切口表面积以及维生素扩散和溶解度等因素有关。

二、产品贮藏中维生素的损失

产品贮藏过程中维生素的损失与加工过程中相比，变化较小。主要原因有：常温和低温下反应速度相当缓慢；溶解氧基本耗尽；由于热效应或浓缩效应（干燥或冷冻）使加工中的 pH 发生变化（一般为降低），这会对维生素 B_1 和维生素 C 产生有利影响。值得注意的是，食品过分干燥会造成对氧敏感的维生素大量损失。

三、加工中化学添加物和食品成分对维生素的影响

在食品加工和贮藏过程中，常常会向食品中添加一些化学物质，这类化学物质就会影响一些维生素。例如，在肉制品加工过程中，常加入亚硫酸盐、亚硫酸氢盐、偏亚硫酸氢盐作为护色剂和防腐剂。这类物质会部分保留维生素 C 的活性。在面粉加工过程中常用到的漂白剂和改良剂会导致维生素 C、维生素 A、类胡萝卜素和维生素 E 的分解损失，也会间接影响其他维生素的损失。在葡萄酒酿造过程中，为了防止葡萄酒中微生物的生长，使用亚硫酸盐进行抑菌。亚硫酸盐的使用对维生素 C 有保护作用，却使叶酸和维生素 B_1 发生损失。

化学消毒剂的使用要特别注意，在香料加工中，使用环氧乙烷和丙烷来处理香料，使害虫的蛋白质和核酸烷基化，从而达到杀灭作用。它们也造成了一些维生素的损失，不过与食品中总维生素的损失相比并不严重。

影响食品 pH 的化学试剂和食品加工过程中添加的配料，都会直接影响维生素的稳定性。酸化可以提高维生素 C、维生素 B_1 的稳定性，而碱性化合物则会降低维生素 C、维生

素 B_1 的稳定性。

重点小结

维生素是一类维持机体正常生命活动且必须从食物中获得的有机物质。人体对维生素的需求很少，但是人体不能合成。维生素在机体内既不是构成各种组织的主要原料，也不是体内的能源物质，但它们对物质代谢过程起着非常重要的调节作用。根据维生素溶解性质的不同，将维生素分为水溶性维生素和脂溶性维生素两大类。水溶性维生素包括 B 族维生素、生物素和维生素 C；脂溶性维生素包括维生素 A、维生素 D、维生素 E、维生素 K 等。维生素在食品加工和贮藏中会发生损失，加工条件及食品添加剂会对不同维生素的稳定性产生影响，亚硫酸盐的使用对维生素 C 有保护作用，却使叶酸和维生素 B_1 发生损失。酸化可以提高维生素 C、维生素 B_1 的稳定性，而碱性化合物则会降低维生素 C、维生素 B_1 稳定性。

技能训练

技能训练一 抗坏血酸在食品加工中保存率的影响因素

一、目的要求

（1）了解抗坏血酸的稳定性及影响其稳定性的因素。

（2）理解在各种加工条件下如何能够提高果蔬中抗坏血酸的保存率。

二、实验原理

抗坏血酸的稳定性受到环境条件的影响，低 pH 或存在有机酸类、还原性强的环境、低温等条件都有利于抗坏血酸的保存；而氧化剂、中性或碱性条件会加速抗坏血酸的损失，抗坏血酸具有良好的水溶性，因此会发生溶水流失。

2，6-二氯靛酚是一种具有弱氧化性的染料，它在中性或碱性溶液中呈蓝色，酸性溶液中呈红色，因此，当用 2，6-二氯靛酚滴定含有抗坏血酸的酸性溶液时，在抗坏血酸尚未全部被氧化时，滴下的 2，6-二氯靛酚立即被还原为无色，抗坏血酸全部被氧化时，则滴下的 2，6-二氯靛酚溶液呈红色，所以，在滴定过程中当溶液从无色转变成微红色时，表示抗坏血酸全部被氧化，此时即为滴定终点。根据滴定消耗染料标准溶液的体积，可以计算出被测定样品中抗坏血酸的含量。

三、实验材料与试剂

（1）实验材料　菜花、圆白菜、青椒、猕猴桃等。

（2）实验仪器　三角瓶（50mL）、研钵、移液管（10mL）、漏斗、滤纸、容量瓶

(100mL)、滴定管、分析天平。

(3) 实验试剂

①20g/L 草酸：称取 2g 草酸溶于 100mL 蒸馏水中。

②标准抗坏血酸溶液：精确称取抗坏血酸 100mg，用适量 20g/L 草酸溶液溶解后移入 500mL 容量瓶中，并以 20g/L 草酸溶液定容，振摇混匀，1mL 含 0.2mg 抗坏血酸。

③0.2g/L 2，6-二氯靛酚溶液：称取 2，6-二氯靛酚钠盐 50mg 溶于 200mL 含 52mg 碳酸氢钠热水中，冷后加水稀释至 250mL，过滤后装入棕色瓶于冰箱中保存，临用前按下法标定：取 5mL 标准抗坏血酸溶液于三角瓶中，加 5mL 20g/L 草酸溶液，用 2，6-二氯靛酚溶液滴定至微红色，15s 不褪色即为终点，并计算出每 1mL 染料溶液相当 的抗坏血酸质量（mg）。

四、操作步骤

样品提取液的制备和处理。

处理一：取已混合均匀的样品 5g（精确到 0.01g），加少量 20g/L 草酸研磨成浆状，转移至 50mL 容量瓶中，20g/L 草酸稀释并定容，混匀，迅速用脱脂棉或纱布过滤，取 5.0mL 滤液于三角瓶中，加入 5.0mL 20g/L 草酸溶液，用已标定的 2，6-二氯靛酚溶液滴定呈粉红色 15s 不褪，记录消耗滴定液的体积。

处理二：取已混合均匀的样品 5g（精确到 0.01g），加少量水用研钵研磨成浆状，转移至 50mL 容量瓶中，用水稀释并定容，混匀，脱脂棉或纱布过滤，取滤液 5.0mL 移至三角瓶中，加 5.0mL 20g/L 草酸溶液，用 2，6-二氯靛酚溶液滴定呈粉红色 15s 不褪，记录消耗滴定液的体积。

处理三：另取处理一样品滤液 5.0mL，加若干滴 3mol/L NaOH 至溶液 pH >10，摇匀，10min 后再加入 20g/L 草酸 5.0mL，用 pH 试纸检验溶液呈酸性，用 2，6-二氯靛酚溶液滴定呈粉红色 15s 不褪，记录消耗滴定液的体积。

处理四：取已混合均匀的样品捣碎，称取 5g（精确到 0.01g）于小烧杯中，在空气中放置 1~2h，然后按处理一进行。

处理五：取切成薄片或小碎块的样品 5g（精确到 0.01g）于烧杯中，加 40mL 水，在电炉上加热煮沸 2 min，用纱布挤去汁液，菜渣取出后按处理一进行。

处理六：取切成薄片或小碎块的样品 5g（精确到 0.01g），加 40mL 水，搅拌，浸泡约 15 min，过滤，残渣按处理一进行。

若 0.2g/L 的 2，6-二氯靛酚溶液滴定体积小于 5mL，可将溶液稀释后进行。同时，用 10mL 20g/L 草酸溶液作为空白按以上方法进行滴定。

五、结果计算

$$m=\frac{(V-V_1)\times m_a}{m_b}\times\frac{V_0}{m_0}\times 100 \tag{6-1}$$

式中 m—— 100g 样品中含有的抗坏血酸质量，mg/100g；

V_1——空白滴定消耗的2，6-二氯靛酚溶液体积，mL；

V——样品滴定消耗的2，6-二氯靛酚溶液体积，mL；

m_a—— 1mL 2，6-二氯靛酚溶液相当于抗坏血酸的质量，mg；

m_b——滴定时吸取的样品溶液体积，mL；

V_0——样品定容体积，mL；

m_0——样品的质量，g。

六、结果比较与结论

比较各处理的抗坏血酸含量（保存率），以处理一的保存率为100%，得出不同条件对抗坏血酸化学稳定性的影响（表6-1）。

表6-1　　各处理抗坏血酸的保存率

处理	滴定液起始刻度/mL	滴定液终止刻度/mL	滴定液用量/mL	抗坏血酸含量/（mg/100g）	抗坏血酸保存率/%
处理一					100
处理二					
处理三					
处理四					
处理五					
处理六					

结论：

七、注意事项

（1）标准抗坏血酸溶液需临时配制，且所有试剂的配制最好都用蒸馏水。

（2）2，6-二氯靛酚溶液不稳定，每周重新配制，临用前标定。

（3）抗坏血酸很不稳定，易氧化，故操作过程要迅速，夏季应置于冰浴中研磨。

（4）注意取样的均匀性。

（5）滴定时，可同时吸两个样品，一个滴定，另一个作为观察颜色变化的参考。

（6）本方法适合白色或乳白色的样品，对于有颜色的样品，可以考虑白陶土脱色，或改用其他测定方法。

八、思考题

（1）用不同pH环境提取的抗坏血酸溶液在测定结果上有何区别？为什么？

（2）在加工和烹调中可以采取什么方法最大限度地保存抗坏血酸？

（3）这个测定方法有什么局限性?

技能训练二 维生素P（黄酮类）含量的测定（比色法）

一、目的要求

（1）了解维生素P的作用与来源。
（2）熟悉维生素P提取方法。
（3）掌握维生素P比色法测定原理。

二、实验原理

维生素P是一组与保持血管壁正常渗透性有关的黄酮类物质，包括芸香苷、橙皮苷、圣草苷，其中以芸香苷为主。维生素P常与维生素C共存，在柑橘、芹菜等水果蔬菜中含量丰富。橘皮是工业上提取维生素P的主要原料，维生素P能与铝离子生成有色络合物，其吸光度与浓度成正比。

三、实验材料、仪器与试剂

（1）实验材料　柑橘皮、芹菜等。
（2）实验仪器　分光光度计、索氏抽提器等。
（3）实验试剂　维生素P、甲醇、50g/L亚硝酸钠、100g/L硝酸铝、40g/L氢氧化钠、乙醚。

四、操作步骤

（1）标准曲线制作　准确称取120℃下减压干燥至恒重的维生素P 200mg于100mL容量瓶中，加少量甲醇在通风柜中微微加热使之溶解，冷却后用甲醇定容，混匀，吸取10mL置100mL容量瓶中，加蒸馏水定容，混匀，此液最终浓度为0.2mg/mL维生素P。取上述标准液0.0mL、1.0mL、2.0mL、3.0mL、4.0mL、5.0mL、6.0mL于7个25mL容量瓶中，各加入50g/L亚硝酸钠溶液1mL，放置6min，再加入100g/L硝酸铝1mL，混匀，放置6min。然后加40g/L氢氧化钠10mL，用蒸馏水定容，静置15min。以第一管做空白在500nm处测吸光度值。以维生素P浓度为横坐标，其相应的吸光度值为纵坐标，作标准曲线。

（2）样品中维生素P的提取与测定　准确称取干燥样品1.0g，置索氏抽提器中，加入60mL乙醚，回流至样品无色，冷却后，弃去乙醚液。再加甲醇60mL回流提取至提取液无色，冷却后，把提取液转移至100mL容量瓶中，用甲醇定容，摇匀后吸10mL置100mL容量瓶中，用蒸馏水定容，摇匀，取3.0mL置25mL容量瓶中，按标准曲线的操作步骤测定，通过标准曲线计算出维生素P的含量。

五、结果计算

$$维生素P（mg/100g）=\frac{X\times 10\times \frac{100}{10}\times \frac{25}{3}\times 10^{-3}}{m}\times 100 \quad (6-2)$$

式中 X——从标准曲线中计算出的维生素 P 含量，mg/mL；

100——定容体积；

$\frac{100}{10}\times\frac{25}{3}$——稀释倍数；

10^{-3}——毫克换算为克；

m——样品质量，g。

六、注意事项

用乙醚去杂质及用甲醇提取维生素 P 可以不用索氏抽提器，而改用圆底烧瓶。

七、思考题

（1）维生素 P 有何功效？

（2）简述比色法测定维生素 P 的原理。

思政案例

维生素 B_{12} 的发现

人类研究维生素 B_{12} 的历史持续了一百多年，经历了几代人的不懈努力，终于从维生素 B_{12} 的结构、功能、合成等诸多方面逐渐揭开其面纱。从阿迪生报道恶性贫血之后的七十几年，人们一直在探索治疗贫血的方法，但没有取得进展，直到 1926 年，美国科学家发现狗食用生肝贫血恢复最快，同年该报道被用于临床治疗恶性贫血患者，疗效显著。但生肝为什么能够治疗恶性贫血，原因尚不得知，人们推测生肝中存在一种“抗恶性贫血因子”。针对胃黏膜萎缩或胃切除的恶性贫血患者服用生肝无效的现象，1929 年，美国科学家卡斯特通过实验发现正常人的胃内物可以有效改善病人的贫血，他由此推断，生肝中存在某种有效成分“外因子”，正常人的胃黏膜上存在用来吸收的“内因子”（后来被证实是胃壁细胞分泌的一种糖蛋白），内外因子相结合，才能治愈恶性贫血。内因子的发现解释了维生素 B_{12} 的吸收模式，而且也为恶性贫血的发病机理提供了关键线索。后来，美国生物学家玛丽创建了利用乳酸菌测定肝脏提取物中有效因子含量的方法，基于此研究，美国默克公司的研究团队在短短 3 个月内，分离出维生素 B_{12}。7 年之后，维生素 B_{12} 的结构被确定，人们开始着手合成维生素 B_{12}，

1972年，维生素 B_{12} 实验室合成成功。由于人工合成维生素 B_{12} 成本昂贵，人们转向微生物发酵的方法制备。1993年，维生素 B_{12} 的生物合成途径被完整阐明，维生素 B_{12} 已实现工业化生产。维生素 B_{12} 的研究历程清楚地向我们展示了人类是如何坚持不懈、一步步抽丝剥茧般地探索大自然的奥秘。正是几代科学家持之以恒的努力，才使恶性贫血的发病原理和治疗方法浮出水面，解除了无数病人的痛苦。尤其在合成环节，由于维生素 B_{12} 结构极其复杂，且化学性质不稳定，研究团队历时11年，完成一千多个独立反应才获得成功。科学的道路从来都不是平坦的，需要我们艰苦的付出，持之以恒的努力，才可能到达成功的彼岸。

参考文献：张波，盛骞莹，张文清等．探讨维生素 B_{12} 研究史中的思政元素［J］．大学化学，2022，37（3），235-240.

育人目标：通过探究维生素 B_{12} 的发现，引导大家树立合作、创新的意识，树立用科学造福人类的远大信念，培养脚踏实地、持之以恒的工作作风。

复习思考

1. 什么是维生素，它们的共性是什么？
2. 说明维生素A、维生素D、维生素E、维生素K的结构和功能。
3. 哪些物质是维生素A原？
4. 维生素C具有哪些化学特征，缺乏时会引起什么疾病？
5. 引起食品中维生素变化和损失的因素有哪些？

模块七

食品中的酶

学习目标

【知识目标】

1. 了解酶的概念、分类及催化特性。

2. 理解催化作用机制及影响酶促反应速度的因素，了解酶的作用及来源。

3. 掌握酶在食品加工中的应用，掌握酶促褐变的条件、影响酶促褐变的因素及酶促褐变的防止方法。

4. 能够根据酶的催化机制及影响酶促反应速度的因素控制酶促反应。

【素质目标】

通过了解果蔬运输过程中营养素的损失原理，了解酶的工业发展及在食品加工中的应用，培养严谨的科研工作态度和团队协作精神，增强对食品行业的认同感。

学习导图

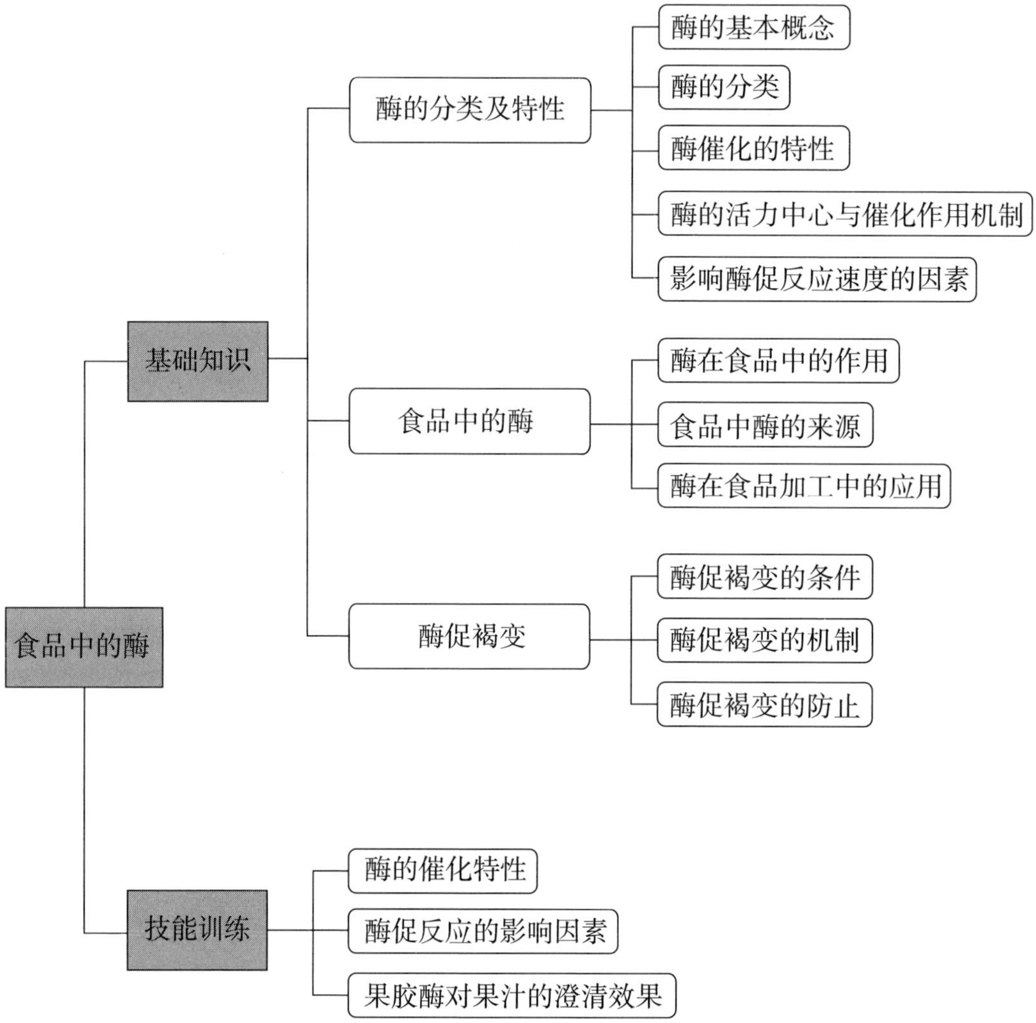

食品中的酶
基础知识
酶的分类及特性
酶的基本概念
酶的分类
酶催化的特性
酶的活力中心与催化作用机制
影响酶促反应速度的因素
食品中的酶
酶在食品中的作用
食品中酶的来源
酶在食品加工中的应用
酶促褐变
酶促褐变的条件
酶促褐变的机制
酶促褐变的防止
技能训练
酶的催化特性
酶促反应的影响因素
果胶酶对果汁的澄清效果

基础知识

知识点一 酶的分类及特性

一、酶的基本概念

酶是一类由生物活细胞产生的，对其特异底物具有高效催化功能，即能够提高（生物）化学反应速度，而自身在反应前后不产生变化的物质。只要不是处于变性状态，酶无论是在细胞内还是在细胞外都具有催化功能。目前，仅少数几种酶为核酸分子，其余约3000种酶均为蛋白质，所以说酶具有蛋白质的属性，主要表现在：酶的化学组成中，氮元素的含量在16%左右；酶在水溶液中可以进行两性解离，有确定的等电点；酶的分子质量很大，其水溶液具有亲水胶体的性质，不能透析；酶分子具有一级和高级结构；酶受某些物理及化学因素的作用而变性，丧失酶的活力；酶水解后，生成的最终产物也为氨基酸。

酶

目前，已发现的自然界的酶的种类约3000种，但在工业中广泛使用的只有几十种。到20世纪末，世界工业酶市场销售总值已超过400亿美元，其中，食品工业占31%，洗涤剂占34%，饲料工业占7%，其他占28%。近些年来，生物工程和基因工程的发展为人类提供的新型酶类正在迅速增加。

酶在食品加工、贮藏中的作用主要包括两种形式：一是食品原料中的内源酶，包括进入食品的微生物含的酶对食品的作用；二是食品加工、贮藏过程中人为地、有目的地加入的酶对食品的作用。这些作用主要包括氧化还原酶和水解酶类，酶对食品成分和结构的作用包括引起破坏、腐败变质和改善营养价值、质量两种效果。

知识链接

正确认识嫩肉粉

嫩肉粉的功能性成分是蛋白酶，它可将肉中的弹性蛋白和胶原蛋白部分水解，使肉的口感柔嫩、味道鲜美；同时，还能提高肉中蛋白质的转化及利用率，增加营养价值。

嫩肉粉的主要成分是从番木瓜中提取的疏松剂木瓜蛋白酶。肉类嫩化剂配方为2%木瓜蛋白酶，15%葡萄糖，2%味精及食盐等。由于其嫩化速度快且效果明显，目前已广泛应用于餐饮行业。但一些人对它仍然心存顾忌，误认为它是一种化工产品，不利于人体健康，故实际应用中能少则少、能无则无，结果让它蒙上了不白之冤。

嫩肉粉的优点不仅在嫩化效果上，而且安全、无毒、卫生。它实际上是将蛋白质在人体内的水解作用提前进行，提高蛋白质转化率及利用率，增加了营养价值。同时，不产生任何异味，并能提高肉类的色香味。

但嫩肉粉中含有一定量的亚硝酸盐，不可过量食用。

二、酶的分类

（一）根据习惯进行分类

酶的种类繁多，结构相对复杂，很难以化学结构来命名，长期以来在酶的利用过程中形成了习惯命名法。具体包括根据酶作用的底物和作用性质分类，如淀粉酶、脂肪酶、蛋白酶、转移酶等；根据酶催化的化学反应性质分类，如氧化还原酶、水解酶、异构酶、合成酶等；根据酶的来源分类，如胃蛋白酶、胰蛋白酶、木瓜蛋白酶等。由于习惯命名法缺乏系统性，没有统一的原则，很容易造成酶名称的混乱。

（二）根据酶的化学组成分类

按照化学组成，酶可分为单纯蛋白质酶和结合蛋白质酶两大类。

1. 单纯蛋白质酶

单纯蛋白质酶本身就是具有催化活性的单纯蛋白质分子，如脲酶、胰蛋白酶等都属于单纯蛋白质酶。此酶又称简单酶或单纯酶。

2. 结合蛋白质酶

结合蛋白质酶又称全酶或结合酶。这类酶的组成中，一部分是蛋白质部分的酶蛋白，另一部分是非蛋白质部分的辅助因子。酶蛋白与辅助因子单独存在时均无催化活力，只有这两部分结合起来组成复合物才能显示催化活力。根据辅助因子与酶蛋白结合的紧密程度不同分为两大类：一类是与酶蛋白结合比较松、容易脱离酶蛋白、可用透析法除去的小分子有机物，称为辅酶；另一类是那些与酶蛋白结合比较紧、用透析法不易除去的小分子物质，称为辅基。

酶的辅助因子一般是结构复杂的有机化合物，如维生素 B_{12}，有的是金属离子，如 Na^+、K^+、Mg^{2+}、Zn^{2+}、Fe^{3+}、Cu^{2+}，有的是小分子有机化合物，如 NAD、NADP、FAD、FMN。

在全酶的催化反应中，酶蛋白与辅助因子所起的作用不同，酶蛋白本身决定酶反应的专一性及高效性，而辅助因子直接作为电子、原子或某些化学基团的载体起传递作用，参与反应并促进整个催化过程。

在生物体内，酶的种类很多，而辅助因子的种类很少。通常一种酶蛋白只能与一种辅酶结合，组成一个酶，作用于一种底物，向着一个方向进行化学反应。而一种辅酶，则可以与若干种酶蛋白结合，组成若干种酶，催化若干种底物发生同一类型的化学反应。

（三）根据酶促反应的类型分类

1967 年，国际生化协会酶学委员会规定了酶的系统命名法，它主要根据催化反应的类型而将酶分成六大类，并以 4 个阿拉伯数字来代替一种酶。如 EC3. 2. 1. 1（α-1，4-葡萄糖-4-葡萄糖水解酶，又称 α-淀粉酶），EC 代表国际酶学委员会，第一个数字代表酶的六大类，以 1，2，3，4，5，6 来分别代表氧化还原酶类、转移酶类、水解酶类、裂解酶类、异构酶类、连接酶类。第二个数字为大类中的亚类，如在氧化还原酶类中表示氢的供体，转移酶类中表示转移的基团，水解酶类中表示水解键连接的形式，裂解酶类中表示裂解键的形式等。第三个数字是亚类中再进行分类，用来补充第二个数字分类的不足，如表示氧化还原酶中氢原子的受体，转移酶的转移基团再进行细分。前三个数字表示酶作用的形式。第四个数字表示对相同作用的酶进行流水编号。

1. 氧化还原酶类

凡能催化底物发生氧化还原反应的酶，均称为氧化还原酶。在有机反应中，通常把脱氢加氧视为氧化，加氢脱氧视为还原。此类酶包括脱氢酶、加氧酶、氧化酶、还原酶、过氧化物酶等。其中最多的是脱氢酶，脱氢酶催化的反应，可用以下通式表示：

$$AH_2+B \rightarrow A+BH_2$$

AH_2 表示底物，B 为受氢体。在脱氢反应中，直接从底物上获得氢原子的都是辅酶（基）。辅酶（基）从底物上得到氢原子后，再经过一定的传递过程，最后使之与氧结合成水。由氧化酶所催化的反应可用以下通式表示：

$$AH_2+O_2 \rightarrow A+H_2O$$

此类反应中，从底物分子中脱下来的氢原子，不经传递，直接与氧反应生成水。由氧化酶催化的反应多数是不可逆的。

2. 转移酶类

凡能催化底物发生基团转移或交换的酶，均称为转移酶。根据所转移基团种类的不同，常见的转移酶有氨基转移酶、甲基转移酶、酰基转移酶、激酶及磷酸化酶。由转移酶所催化的反应可用以下通式表示：

$$A-R+B \rightarrow A+B-R$$

上式中，R 为被转移的基团。不少的转移酶是结合蛋白质，被转移的基团首先与辅酶结合，而后再转移给另一受体。如氨基转移酶的辅酶是磷酸吡哆醛，在转氨过程中，被转移的氨基首先与磷酸吡哆醛结合生成磷酸吡哆胺，然后磷酸吡哆胺再把氨基转移到另一物质上。

3. 水解酶类

凡能催化底物发生水解反应的酶，均称为水解酶。常见的水解酶有淀粉酶、麦芽糖酶、蛋白酶、肽酶、脂酶及磷酸酯酶等。这类酶的酶促反应可用以下通式表示：

$$A-B+H_2O \rightarrow AH+BOH$$

水解酶所催化的反应多数是不可逆的。

4. 裂解酶类

凡能催化底物分子中 C—C（或 C—O、C—N 等）化学键的断裂，断裂后一分子底物转变为两分子产物的酶，均称为裂解酶。此类酶的酶促反应可用以下通式表示：

$$A-B \rightarrow A+B$$

这类酶催化的反应多数是可逆的，从左向右进行的反应是裂解反应，由右向左是合成反应，所以又称裂合酶。常见的裂解酶有醛缩酶、脱羧酶、异柠檬酸裂解酶、脱水酶和脱氨酶等。

5. 异构酶类

异构酶能催化底物分子发生几何学或结构学的同分异构变化。几何学上的变化有顺反异构、差向异构（表异构）和分子构型的改变；结构学上的变化有分子内的基团转移（变位）和分子内的氧化还原。常见的异构酶有顺反异构酶、表异构酶、变位酶和消旋酶。异构酶催化的反应可用以下通式表示：

$$A \rightarrow B$$

异构酶所催化的反应都是可逆的。常见的异构酶有磷酸葡萄糖变位酶、磷酸丙糖变位酶及磷酸甘油醛变位酶。

6. 合成酶类

合成酶是催化两个分子连接在一起，并伴随有 ATP 分子中的高能磷酸键断裂的一类酶，又称连接酶。酶促反应可用以下通式表示：

$$A+B+ATP \rightarrow A\text{-}B+ADP+P_i$$

$$\text{或 } A+B+ATP \rightarrow A\text{-}B+AMP+PP_i$$

此类反应多数是不可逆的。反应式中的 P_i 或 PP_i 分别代表无机磷酸与焦磷酸。反应中必须有 ATP（或 GTP 等）参与。常见的合成酶有丙酮酸羧化酶、谷氨酰胺合成酶、谷胱甘肽合成酶等。

三、酶催化的特性

酶是生物催化剂，与一般催化剂相比，在许多方面是相同的。如用量少而催化效率高；仅能改变化学反应的速度，并不能改变平衡点；在反应前后本身不发生质和量变化。酶的催化作用与一般催化剂相比，又表现出特有的生物大分子的特征。酶具有催化效率高、专一性强、不稳定性、酶活力可调控等特点。

1. 酶的高效催化性

酶具有高效催化性。少量的酶就可以起到很强的催化作用，酶的催化速度比一般催化剂的催化反应速度高 $10^8 \sim 10^{20}$ 倍。所以在细胞中相对含量很低的酶在短时间内能催化大量的底物发生变化。如过氧化氢酶（含 Fe^{2+}）和无机铁离子都能催化 H_2O_2 分解，产生水与氧。由实验结果得知，1mol 的过氧化氢酶 1min 内可催化 5×10^6mol 的 H_2O_2 分解。同样条件下，用 1mol 的化学催化剂 Fe^{2+}，只能催化 6×10^{-4}mol 的 H_2O_2 分解。二者相比，过氧化氢酶的催化效率比 Fe^{2+} 的催化效率大 10^{10} 倍。

2. 酶的高度专一催化性

酶对其所催化的底物具有严格的选择性，即一种酶只能作用于某一类或某一种特定的反应，这就是酶作用的专一性。如糖苷键、酯键、肽键等都能被酸碱水解，但酶对这些化学键的水解却各不相同，对这些化学键水解的酶分别相应的有糖苷酶、酯酶和肽酶，即它们只能被专一性的酶作用才能水解。按酶具有不同程度的专一性来分，有绝对专一性、相对专一性及立体专一性三种类型。

（1）绝对专一性　绝对专一性是酶对底物要求很严格，只能催化一种底物发生一定的化学反应并生成一定的产物。若底物分子发生细微的改变，便不能作为酶的底物被催化。如脲酶具有绝对专一性，只能催化尿素水解成氨和二氧化碳，而对尿素的各种衍生物，如尿素的甲基取代物或氯取代物均不能发生水解反应。过氧化氢酶只能催化过氧化氢分解为水和氧气；麦芽糖酶只作用于麦芽糖，而不作用于其他双糖；淀粉酶只作用于淀粉，而不作用于纤维素。大多数酶属于此类。

（2）相对专一性　有的酶能够催化结构相似的一类底物或一种化学键发生反应，这种不太严格的专一性称为相对专一性。如脂肪酶不仅能水解脂肪，也能水解简单的酯类化合物；磷酸酶对一般的磷酸酯都有水解作用；蔗糖酶不仅能水解蔗糖，也能水解棉子糖中的同一类糖苷键。

（3）立体专一性　一种酶只对一种特殊的旋光或立体异构物起催化作用，而对此底物立体对映体无作用，这种专一性称为立体专一性。在生物体中，具有立体专一性的酶相当普遍。如 α-淀粉酶只能水解淀粉中的 α-1，4-糖苷键，而不能水解纤维素中的 β-1，4-糖苷键；L-乳酸脱氢酶只催化 L-乳酸脱氢生成丙酮酸，对其旋光异构体 D-乳酸则无作用；又如延胡索酸酶只催化延胡索酸（反丁烯二酸）加水生成苹果酸，而不能催化顺丁烯二酸的水合作用。

3. 酶活力的不稳定性

酶促反应一般要求在常温、常压、中性酸碱度等温和的条件下进行。因为酶是蛋白质，一切使蛋白质变性的因素，如高温、强酸、强碱、重金属盐、有机溶剂、剧烈搅拌、紫外线等因素均能使酶容易失去活力。由于酶对外界环境的变化比较敏感，容易变性失活，因此在应用时，必须严格控制反应条件。

4. 酶活力的可调性

酶催化作用的另一个特征，是其催化活性可以调控。底物浓度、产物浓度以及环境条件的改变，都有可能影响酶催化的活力，改变生化反应的有序进行。任一生化反应的错乱与失调，必将造成生物体产生疾病，严重时甚至死亡。生物体为适应环境的变化，保持正常的生命活动，在漫长的进化过程中，形成了自动调控酶活力的系统。

四、酶的活力中心与催化作用机制

（一）酶的活力中心

酶分子很大，其催化作用往往并不需要整个分子，如用氨基肽酶处理木瓜蛋白酶，使其肽链自 N 端开始逐渐缩短，当其原有的 180 个氨基酸残基被水解掉 120 个后，剩余的短肽仍有水解蛋白质的活力。又如将核糖核酸酶肽链 C 末端的三肽切断，余下部分也有酶的活力，足见某些酶的催化活力仅与其分子的一小部分有关。

酶的分子中存在许多功能基团。例如，$—NH_2$、—COOH、—SH、—OH 等，但并不是这些基团都与酶活力有关。一般将与酶活力有关的基团称为酶的必需基团。有些必需基团虽然在一级结构上可能相距很远，但在空间结构上彼此靠近，集中在一起形成具有一定空间结构的区域，该区域与底物相结合并将底物转化为产物，这一区域称为酶的活力中心，对于结合酶来说，辅酶或辅基上的一部分结构往往是活力中心的组成成分。

酶的活力中心是由三级结构中空间位置相邻的几个氨基酸共同构成的。酶的活力中心包括两个功能部位：一个是结合部位，是酶与底物结合的基团，决定酶的专一性；另一个是催化部位，催化底物敏感键发生化学变化的基团，决定酶的催化能力。但这两个部位并不是各自独立存在的，而是相互联系的。

（二）酶的催化作用机制

酶催化作用机制的研究是当代生物化学的一个重要课题。科学家们对酶催化作用的机制，提出了许多不同的观点和学说，目前被大多数人接受的是中间产物学说，该学说认为：酶（S）的活力中心首先与底物（E）结合生成一个不稳定的中间产物（ES）（也称为中间络合物）。由于 S 与 E 的结合导致底物分子内的某些化学键发生不同程度的变化，呈不稳定状态，也就是其活化状态，使反应的活化能降低。然后，经过原子间的重新键合，中间产物（ES）便转变为酶与产物（P）。这一过程，可用下面的反应式说明：

$$S+E \rightarrow ES \rightarrow E+P$$

通过中间产物的形成，降低了反应所需的活化能，以至于相同的能量能使更多的分子活化，从而加速了化学反应的进行。

五、影响酶促反应速度的因素

由于绝大多数酶的化学本质是蛋白质，凡能影响蛋白质的理化因素都可能影响酶的结构和功能。底物浓度、酶浓度、pH、温度、抑制剂、激活剂和水分活度等因素都会影响酶的活力。

酶促反应的影响因素

1. 底物浓度对反应速度的影响

在酶的浓度及其他条件不变的情况下，底物浓度［S］对反应速度 v 影响的作用呈双曲线形式，如图 7-1 所示。

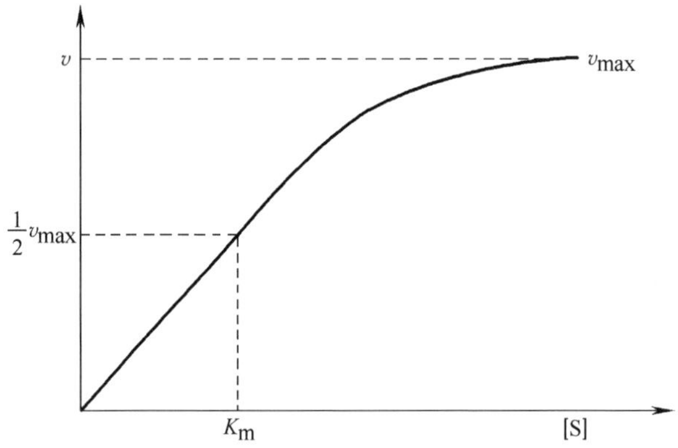

图 7-1　底物浓度对反应速度的影响

在底物浓度［S］很低时，底物没有完全和酶结合，反应速度 v 随底物浓度［S］的增加而急剧加快，两者呈正比关系；随着底物浓度［S］的升高，反应速度 v 不再与底物浓度［S］呈明显的比例而加快，反应速度增加的幅度不断下降。如果继续加大底物浓度，达到底物与酶完全结合后，此时所有的酶分子已被底物所饱和，即酶分子与底物结合的部位已被占据，速度不再增加。

Michaelis 和 Menten 在前人工作的基础上，经过大量的实验，1913 年提出了著名的米-曼氏方程，简称米氏方程：

$$v=\frac{v_{max}[S]}{K_m+[S]} \tag{7-1}$$

式中　v_{max}——酶促反应的最大速度；

［S］——底物浓度；

K_m——米氏常数；

v——在某一底物浓度时相应的反应速度。

2. 酶浓度对反应速度的影响

当酶促反应体系的底物浓度足够大且其他条件不变时，此时反应速度与酶的浓度成正比关系。因为在酶促反应中，酶分子首先与底物分子作用，生成活化的中间产物（或活化络合物），而后再转变为最终产物。在底物浓度充分过量的情况下，酶的数量越多，则生成的中间产物越多，反应速度也就越快，如图 7-2 所示。

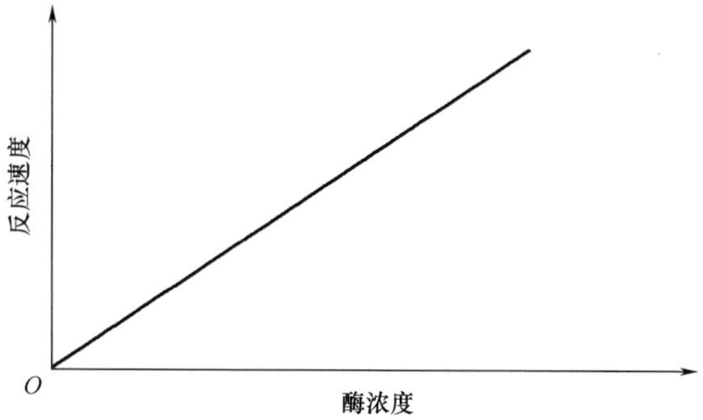

图 7-2 酶浓度对反应速度的影响（底物浓度充分过量）

3. pH 对反应速度的影响

酶的化学本质是蛋白质，pH 会影响酶和底物的解离。特别是活力中心必需基团的解离程度，影响催化基团中质子供体或质子受体所需的离子化状态，也可影响底物和辅酶的解离程度，从而影响酶与底物的结合。因此，pH 对绝大部分酶的活力都有显著的影响。通常将酶表现最大活力的 pH 称为酶反应的最适 pH，高于或低于此 pH 时，反应速度都会下降。pH 对反应速度的影响，如图 7-3 所示。

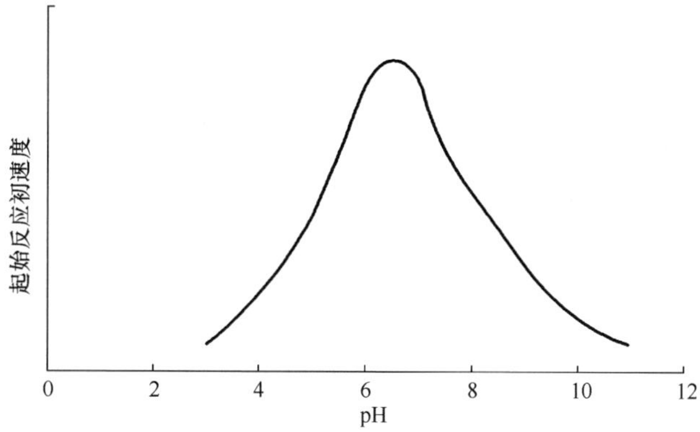

图 7-3 pH 对反应速度的影响

最适 pH 不是酶的特征性常数，它因底物种类和浓度及缓冲液成分不同而不同，而且常与酶的等电点不一致。因此在酶的提纯或酶活力测定时，必须保持体系中 pH 的恒定，在实际操作中多在缓冲液体系中进行。

4. 温度对反应速度的影响

温度对酶促反应速度的影响很大，具有双重影响。

（1）与非酶的化学反应相同，在温度较低时，反应速度随温度升高而加快，一般来说，温度每升高 10℃，酶反应速度就会增加 1~2 倍。

（2）由于酶是蛋白质，在温度较高时，超过一定数值后，反应速度随温度上升而减慢，甚至失活。在一定温度下，酶反应具有最大速度，高于或低于此值，反应速度都下降，通常将酶表现最大活力时的温度称为酶反应的最适温度。一般来说，动物体内的酶最适温度在 35~40℃，植物体内的酶最适温度为 40~55℃。大部分酶在 60℃以上即变性失活，但低温一般不破坏酶的活力。

5. 抑制剂对反应速度的影响

凡能使酶的活力下降而不引起酶变性的物质称为酶的抑制剂。抑制剂只能使酶的催化活力降低或丧失，而不引起酶蛋白变性，这种作用称为抑制作用。

酶蛋白变性而引起酶活力丧失的作用称为变性作用，又称失活作用。所以抑制作用与变性作用的机制是不同的。根据抑制剂与酶的作用方式可将抑制作用分为可逆性抑制和不可逆性抑制两大类。可逆性抑制作用的抑制剂与酶以非共价键结合，可用透析等物理方法除去抑制剂，即抑制剂与酶的结合是可逆的。而不可逆性抑制作用的抑制剂与酶的结合是不可逆的，抑制剂通常以共价键方式与酶结合而使酶丧失活力。

6. 激活剂对反应速度的影响

凡能提高酶活力或使酶原转变成酶的物质，均称为酶的激活剂，其中大部分是离子或小分子有机物。无机离子主要是阳离子，如 Mg^{2+} 是多种激酶及合成酶的激活剂，Cl^- 是唾液淀粉酶的激活剂；胆汁酸盐是胰脂肪酶的激活剂。

7. 水分活度对反应速度的影响

水是酶进行催化作用的必需条件。研究表明，即使水分活度很低时，许多酶仍然可以保持活力。例如，脱水蔬菜最好在干燥前进行热烫，否则将会很快产生干草味，而不宜贮藏；干燥的燕麦食品，如果不用加热法使酶失活，则经过贮藏后会产生苦味；面粉在低水分（14%以下）时，脂肪酶能很快使脂肪分解成脂肪酸和醇类；完整的谷粒因酶与底物分别位于不同的部位而无法作用，因而能贮藏数月或数年以上而不会变质，但谷粒如受机械破损或磨成粉后，则酶与底物得以接触，因而在相同含水量条件下会很快变质。

知识点二　食品中的酶

一、酶在食品中的作用

在生物体内，酶控制着蛋白质、碳水化合物、脂类、核酸等重要的生物大分子和氨基酸、糖和维生素等小分子的合成和分解。

酶的作用对于食品质量的影响是非常重要的。食品原料中的内源酶，不仅在植物生长和成熟中起作用，而且在成熟之后的收获、贮藏和加工过程中，会改变食品原料的特性，加快食品变质的速度或者提高食品的质量。

在食品加工中加入酶制剂，其作用主要表现在以下几个方面。

（1）改进了食品的传统加工方法。例如，甜面酱和酱油利用酶制剂生产，较以往的曲霉酿造法简化了工艺，大大缩短了发酵时间。

（2）创立了食品加工的一些新技术。例如，采用固定化酶技术生成果葡糖浆、低乳糖甜味酸奶及有机酸等。

（3）改进了某些食品的加工工艺。酶法食品加工常在常压、常温和温和的 pH 条件下进行，例如利用酶制剂加工果汁，使产品的风味和营养价值的保持得到了大大地提高。

（4）提高了食品原料和制品的质量。例如，对于质量较差的面粉，加入 10%的淀粉酶，可改善面团品质和面包质量。

（5）酶法有助于降低食品加工的成本。通过提高产品数量、缩短生产周期、改善工艺过程和提高产品质量，可使成本降低。

二、食品中酶的来源

食品加工、贮藏中酶的来源主要有两个方式：一是食品原料中的内源酶，这些内源酶可能会带来有利的影响，如牛奶中的蛋白酶，在干酪成熟过程中能催化酪蛋白水解而赋予干酪特殊风味；另外在果蔬汁加工过程中，果胶酶的作用改善了果蔬汁质量。这些内源酶也可能破坏或降低食品的质量和营养，如番茄中的果胶酶，在番茄酱加工中能催化果胶物质的降解而使番茄酱产品的黏度下降；另外，在罐藏果蔬中的果胶酶会使得果蔬出现过度软化，降低产品品质。二是工业化生产的酶制剂，方便了酶在工业化生产中的使用。

下面着重介绍食品加工中常用的几类酶。

（一）淀粉酶

能水解淀粉的酶通称为淀粉酶，根据水解淀粉的方式不同，可将淀粉酶分为 α-淀粉酶、β-淀粉酶、糖化酶和脱支酶四类。

1. α-淀粉酶

α-淀粉酶广泛存在于动植物及微生物中，如发芽的种子、人的唾液以及动物的胰脏内。目前，工业中常用的 α-淀粉酶是利用枯草杆菌、黑曲霉、米曲霉等微生物生产制备的。

α-淀粉酶是一种内切酶，它能随机水解淀粉中的 α-1，4-糖苷键，能使直链淀粉的黏度很快降低，同时由于生成还原基团而增加了还原能力。α-淀粉酶以类似的方式攻击支链淀粉，但不能水解其中的 α-1，6-糖苷键，α-淀粉酶会使淀粉生成麦芽糖、葡萄糖与糊精。由于 α-淀粉酶能很快降低糊化淀粉的浓度，改善其流动性，又称液化酶。

不同来源的 α-淀粉酶由于其氨基酸组成不同，其最适 pH 和最适温度有所不同，最适 pH 一般在 4.5~7.0。

2. β-淀粉酶

β-淀粉酶只存在于植物组织以及少数的细菌、霉菌等微生物中，如大麦芽、小麦、白薯和大豆中含量丰富。哺乳动物中没有发现。在水果成熟，马铃薯加工，玉米糖浆、玉米糖、啤酒和面包制作过程中淀粉酶是很重要的。

β-淀粉酶是一种外切酶，它作用于 α-1，4-糖苷键，只能攻击非还原性末端，以麦芽糖为单位一个一个地切下来，同时将切下的 α-麦芽糖转变成 β-麦芽糖。直链淀粉中偶尔出现的 α-1，3-糖苷键和支链淀粉中的 α-1，6-糖苷键不能被淀粉酶水解，因而反应就停止，剩下的化合物称为极限糊精。因此，β-淀粉酶对淀粉水解不彻底，其终产物为麦芽糖、极限糊精和微量的麦芽三糖。若用脱支酶去水解这些键后，β-淀粉酶可继续作用。

3. 葡萄糖淀粉酶

工业上常利用葡萄糖淀粉酶来生产葡萄糖，也称糖化酶。糖化酶是一种外切酶，主要由根霉、曲霉生产，最适温度 50~60℃，最适 pH 4~5。它不仅能够水解淀粉的 α-1，4-糖苷键，而且能够水解 α-1，6-糖苷键和 α-1，3-糖苷键。但是水解后两种糖苷键的速度较慢。在食品工业上可用来生产玉米糖浆和葡萄糖。

4. 脱支酶

脱支酶分布于许多动植物和微生物中，是水解淀粉和糖原分子中 α-1，6-糖苷键、将支链剪下的一类酶。在麦芽糖的生产中，脱支酶常与 β-淀粉酶配合使用，以提高麦芽糖的收率。

淀粉酶是最早实现工业化生产和产量最大的酶制剂，约占酶制剂总产量的 50%，被广泛用于食品、发酵行业。如 α-淀粉酶在啤酒酿造中用于液化和糖化辅料中的淀粉原料，利用葡萄糖淀粉酶将低黏度麦芽糊精转化为葡萄糖。

（二）果胶酶

果胶酶广泛分布于高等植物和微生物中，果胶酶是一组酶复合物，每一组分可分别作用于果胶分子的不同部位，其作用位点包括内切、外切、切断甲基酯键等方式，引起果胶物质的降解。果胶酶有三种类型：一是果胶酯酶；二是果胶裂解酶；三是聚半乳糖醛酸酶。

1. 果胶酯酶

果胶酯酶存在于植物及部分微生物中，在柑橘和番茄中含量丰富。它能催化水解除去果胶物质中的甲氧基团产生对人体有害的甲醇物质。在葡萄酒、苹果酒等果酒的酿造中，由于果胶酯酶的作用，可能会造成酒中甲醇的含量超标。

不同来源的果胶酯酶，其最适 pH 不同，来源于霉菌的果胶酯酶最适 pH 在酸性范围，来源于细菌的果胶酯酶最适 pH 在偏碱性范围，来源于植物的果胶酯酶最适 pH 在中性附近。此外，来源不同的果胶酯酶的热稳定性也有差异。

2. 果胶裂解酶

果胶裂解酶主要存在于霉菌中。它催化果胶或果胶酸的半乳糖醛酸残基的 C_4~C_6 位上的氢进行反式消去作用，使糖苷键断裂，生产含不饱和键的半乳糖醛酸。

3. 聚半乳糖醛酸酶

聚半乳糖醛酸酶是降解果胶酸的酶，根据对底物的作用方式不同分为两类：一类是随机的水解果胶酸的苷键，属于内切酶，多存在于高等植物、霉菌、细菌和一些酵母菌中；另一类是从果胶酸链的末端开始逐个切断苷键，属于外切酶，多存在于高等植物、霉菌及一些细菌中。

果胶酶常用于葡萄、苹果、草莓、山楂等多种水果的加工，也用于饮料工业果汁的提取和澄清。为了保持混浊果汁的稳定性，常用高温短时间杀菌法或巴氏消毒法使果胶酶失活，因果胶是一种保护性胶体，有助于维持悬浮溶液中的不溶性颗粒而保持果汁混浊。许多真菌和细菌产生的果胶酶能使植物细胞间隙的果胶层降解，导致细胞的降解和分离，使植物组织软化腐烂，在果蔬中称为软腐病。

（三）蛋白酶

蛋白酶能使蛋白质分解成低分子的肽和氨基酸。蛋白酶种类很多，按来源可分为动物蛋白酶、植物蛋白酶和微生物蛋白酶；按作用方式不同，可分为内肽酶和外肽酶；按最适pH 不同，可分为酸性蛋白酶、碱性蛋白酶和中性蛋白酶；按其活性中心的化学性质不同，可分为丝氨酸蛋白酶、巯基蛋白酶、金属蛋白酶等。

1. 动物蛋白酶

在人和动物的消化道内存在各种蛋白酶，如胃黏膜细胞能分泌胃蛋白酶，胰腺能分泌胰蛋白酶、胰凝乳蛋白酶，小肠黏膜能分泌氨肽酶、羧肽酶等。人体摄取蛋白质后就是在消化道中的这些酶的作用下，被分解成氨基酸而被吸收的。

动物蛋白酶由于来源少，价格昂贵，所用不能广泛用于食品工业中。

2. 植物蛋白酶

蛋白酶在植物中分布广泛，常见的有木瓜蛋白酶、无花果蛋白酶和菠萝蛋白酶。木瓜蛋白酶是番木瓜胶乳中的一种巯基蛋白酶；无花果蛋白酶存在于无花果胶乳中，新鲜的无花果中蛋白酶含量高达 1%左右；菠萝汁中含有丰富的菠萝蛋白酶。

以上三种蛋白酶在食品工业中常用于肉的嫩化和啤酒的澄清，特别是木瓜蛋白酶的应用，很久以前民间就使用木瓜叶包肉，使肉更鲜嫩、更香，现在这些植物蛋白酶还用于医药上的助消化剂。

3. 微生物蛋白酶

细菌、酵母菌、霉菌等微生物中都含有多种蛋白酶，是生产蛋白酶的主要来源。目前，食品和医药所使用蛋白酶的生产菌种主要是枯草杆菌、黑曲霉和米曲霉。

在肉类的嫩化尤其是牛肉嫩化上应用微生物蛋白酶来代替木瓜蛋白酶，不仅可达到更好的效果，而且大大降低了成本。在酱油的传统酿造中常通过制曲来获得蛋白酶，而通过添加微生物蛋白酶后，既能提高产量，又可改善质量。细菌蛋白酶还常用于日化工业，添加到洗涤剂中以增强去污效果。

（四）脂肪酶

脂肪酶广泛存在于含有脂肪的组织中，植物的种子中含有脂肪酶，一些霉菌、细菌等微生物能够分泌脂肪酶。

脂肪酶能催化脂肪水解成甘油和脂肪酸，它的作用是双重的。例如，在干酪生产中，牛奶脂肪适度的水解会产生一种很好的风味；而在牛奶、奶油、干果等含脂肪食品中，过度的脂肪分解，会造成不良风味的产生。

三、酶在食品加工中的应用

酶在食品工业中主要用于淀粉加工，乳品加工，酒类酿造，果蔬加工，肉、鱼类加工，焙烤食品制造等行业。

（一）酶在淀粉加工行业中的应用

淀粉类食品是指含有大量淀粉或者以淀粉为主要原料加工制成的食品，是世界上产量最大的一类食品。在淀粉类食品加工中使用的酶主要有 α-淀粉酶、β-淀粉酶、糖化酶、葡萄糖异构酶和脱支酶等。它们的作用特点各不相同，α-淀粉酶是从底物分子内部将 α-1，4-糖苷键裂开，从而使庞大的葡萄糖分子链迅速断开，变小、变短；β-淀粉酶是从底物的非还原端将麦芽糖单位水解下来；糖化酶是从底物的非还原端将葡萄糖单位水解下来；葡萄糖异构酶则可使木糖、葡萄糖异构化成木酮糖和果糖；脱支酶是水解支链淀粉的 α-1，6-糖苷键，使整个侧枝切下而生成直链糊精。

淀粉加工的第一步是用 α-淀粉酶将淀粉液化，再通过其他各种糖酶的作用生成各种淀粉糖浆，各种淀粉糖浆由于 DE 值不同，糖的成分不同，其性质也各不相同，风味各异，从而适合于不同的用途。随着人们对食品要求的提高，食品工业广泛使用各种糖浆来改善食品的风味、组织结构和其他性质，例如水果罐头加入葡萄糖与果糖浆后，可保持果实原有的色香味且甜度适中；在制造糕点时，加入饴糖可增加稠度，且可减轻淀粉老化，保持糕点的柔韧性；淀粉糖浆用于蜜饯制造可防止蔗糖析出晶体；果葡糖浆以其渗透压高，防腐性好，在低温下甜度突出等特点，适合于蜜饯、冷饮等制造，又因吸湿性强，故可用于制造面包和其他糕点，保质期也得到延长；低 DE 麦芽糊精用于糖果制造可冲淡甜度，使之更接近于天然风味，用于饮料在增稠和稳定泡沫方面益处很大。

（二）酶在乳品加工行业中的应用

在乳品生产过程中所用的酶主要有凝乳酶、乳糖酶、脂肪酶等。凝乳酶用于干酪制造；乳糖酶用于牛奶中的乳糖分解；脂肪酶用于干酪和黄油的香气增加。

凝乳酶在乳制品工业中的应用最为常见。全世界每年生产干酪所用牛奶达一亿多吨，占牛奶总产量的 1/4。干酪生产的第一步是将牛奶用乳酸菌发酵制成酸奶，再加凝乳酶水解 κ-酪蛋白，在酸性环境下，Ca^{2+} 使酪蛋白凝固，再切块加热压榨熟化而成。以前所用凝乳酶均取自小牛，全世界一年要宰杀 4000 万头小牛，来源不足，价格昂贵。现在 85%动物酶已由微生物酶所代替。凝乳酶已成为仅次于淀粉酶的大宗产品，凝乳酶的本质是酸性蛋白酶，只是凝乳作用强而蛋白分解作用弱，在一定程度上使酪蛋白分解形成苦味，现在用基因工程的方法将牛凝乳酶原生成基因植入大肠杆菌，已经表达成功，用发酵法已可生产凝乳酶。

乳糖酶可分解乳糖生成半乳糖和葡萄糖，乳糖是缺乏甜味而溶解度低的双糖，牛奶中含有 4. 5%的乳糖，有些人由于体内缺乏乳糖酶，因而在饮用牛奶后常发生腹泻、腹胀等；另外，由于乳糖难溶于水，常在炼乳、冰淇淋中呈沙样结晶而析出，影响风味，因此需要除去牛奶中的乳糖。现在，用固定化黑曲霉乳糖酶装成酶柱，处理牛奶后可生产出脱乳糖牛奶。另外，可利用乳糖酶处理乳清，因为乳清中含有大量的乳糖，从而可使乳清作为饲料和生产酵母的培养基，而不是把乳清作为废水排放。

脂肪酶在乳制品的增香过程中发挥着重要的作用。乳制品的特有香味主要是加工时所产生的挥发性物质（如脂肪酸、醇、醛、酮、酯以及胺类），乳品加工时添加适量脂肪酶可增加干酪和黄油的香味，将增香黄油用于奶糖、糕点等可节约用量。

（三）酶在酒类酿造行业中的应用

酒类酿造行业特别是在啤酒生产中常使用酶制剂。啤酒是以大麦为主要原料，玉米或大米为辅料，经麦芽制备、糖化和发酵而成的酒精饮料。麦芽中含有降解大麦和辅料生成可发酵性物质所必需的各种酶类，主要为淀粉酶、蛋白酶、β-葡聚糖酶、纤维素酶等。当麦芽质量欠佳或大麦、大米等辅助原料使用量较大时，由于酶的活力不足，使糖化不能充分，蛋白质降解不足，从而影响啤酒的风味与收率。使用微生物淀粉酶、蛋白酶、β-淀粉酶、β-葡聚糖酶等酶制剂，可补充麦芽中酶活力不足的缺陷。特别是在用大麦作辅料或麦芽发芽不良时，其中因含 β-葡聚糖（一种黏性多糖），而使麦芽汁的过滤发生困难，特别是由于β-葡聚糖不溶于酒精，啤酒生成沉淀而不易滤清，用β-葡聚糖酶处理可使其分解而改善过滤操作，从而可以稳定啤酒的质量。另外，使用木瓜蛋白酶、菠萝蛋白酶或霉菌酸性蛋白酶，可以用于啤酒澄清并防止混浊，从而延长啤酒的保质期。

果酒是以各种果汁为原料，通过微生物发酵而成的酒精饮料。主要是指葡萄酒，此外还有苹果酒、草莓酒、荔枝酒等。在葡萄酒等果酒的生产过程中，已经广泛使用果胶酶和蛋白酶等酶制剂。果胶酶用于葡萄酒生产，除了在葡萄汁的压榨过程中应用，以利于压榨和澄清，提高葡萄汁和葡萄酒的产量，还可以提高产品质量。例如，使用果胶酶处理以后，葡萄中单宁的浸出率降低，使酿制的白葡萄酒风味更佳；在红葡萄酒的酿制过程中，葡萄浆经过果胶酶处理后可以提高色素的浸出率，有助于葡萄酒的老熟，增加酒香。

在各种果酒的生产过程中，还可以通过添加蛋白酶，使酒中存在的蛋白质水解，以防止出现蛋白质混浊，使酒体清澈透明。

（四）酶在果蔬加工行业中的应用

果蔬类食品是指以各种水果或蔬菜为主要原料加工而成的食品。在果蔬加工过程中加入各种酶，可以提高果蔬类食品的产量和质量。

1. 柑橘制品去除苦味

柑橘果实制品，如柑橘罐头、橘汁、橘子酱等，由于柑橘果实中含有柚苷，而具有苦味，通过添加柚苷酶可以去除苦味。柚苷酶可由黑曲霉、米曲霉、青霉等微生物生产，柚苷在柚苷酶的作用下，水解生成鼠李糖和无苦味的普鲁宁。

在柑橘制品的生产过程中，加入一定量的柚苷酶，在30~40℃处理1~2h，即可脱去苦味。

2. 柑橘罐头防止白色混浊

柑橘中含有橙皮苷，会使汁液中出现白色混浊而影响质量。橙皮苷在橙皮苷酶作用下，水解生成溶解度较大的鼠李糖和橙皮素-7-葡萄糖苷，能有效地防止柑橘类罐头制品出现白色混浊。橙皮苷酶也是一种鼠李糖苷酶。

3. 果蔬制品的脱色

许多果蔬含有花青素，在不同的pH条件下呈现不同的颜色，在光照或高温下变为褐色，与金属离子反应则成灰紫色，对果蔬制品的外观质量有一定的影响。如果采用一定浓度的花青素酶处理水果、蔬菜，可使花青素水解，以防止变色，从而保证产品质量。

花青素酶是催化花青素水解生成β-葡萄糖和它的一种配基β-葡萄糖苷的酶。在实际应用过程中，只需要在果蔬制品中加入一定浓度的花青素酶，于40℃的条件下保温20~30min，即可达到脱色效果。

4. 酶在果汁生产中的应用

水果中含有大量果胶，在果汁和果酒生产过程中会造成压榨困难、出汁率低、果汁混浊等不良影响。在果汁的生产过程中，广泛使用果胶酶，通过果胶酶处理，有利于压榨，提高出汁率，在沉降、过滤、离心分离过程中，有利于沉淀分离，达到果汁澄清效果。经过果胶酶处理的果汁稳定性好，可以防止在存放过程中产生混浊。果胶酶已经广泛应用于苹果汁、葡萄汁、柑橘汁等的生产。

（五）酶在肉、鱼类加工行业中的应用

老牛、老母猪的肌肉，由于其结构组织中胶原蛋白的机械程度大，烹煮时不宜软化，因而难以嚼碎。用木瓜蛋白酶、菠萝蛋白酶、米曲霉蛋白酶等酶制剂，可以水解胶原蛋白，从而使肌肉嫩化。工业上嫩化瘦肉的方法有两种：一种是宰杀前，肌肉注射酶溶液于动物体内；另一种是将酶制剂涂抹于肌肉的表面或将肌肉浸泡于酶溶液中。

近年来，利用废弃蛋白如杂鱼、动物血、碎肉等用酶水解，抽提其中蛋白质以供食用或做饲料，是增加人类蛋白质资源的有效措施，其中以杂鱼和鱼厂废弃物的利用最为引人注目。蛋白酶还可用于生产牛肉汁、鸡汁等以提高产品收率。此外，将酸性蛋白酶在中性 pH 时处理解冻鱼类，可以除去鱼腥味。

（六）酶在焙烤食品行业中的应用

在制造面包、糕点时，面团中的酵母依靠面粉本身的淀粉酶和蛋白酶的作用所生成的麦芽糖和氨基酸来进行繁殖和发酵。当使用酶活力不足或陈旧面粉来制造面包时，由于发酵力差，烤制的面包体积小，色泽差，虽向面包中补加葡萄糖或蔗糖，效果也不理想。如果使用酶活力高的面粉来发酵制造面包，则气孔细而分布均匀，体积大、弹性好、色泽佳，因此欧美各国都把淀粉酶活力作为面粉质量指标之一。为了保证面团的质量，常需添加酶进行强化，一般添加 α-淀粉酶来调节麦芽糖生成量，使二氧化碳产生和面团气体保持力相平衡。蛋白酶可促进面筋软化，增强伸延性，减少揉面时间和动力，从而改善发酵效果。而用 β-淀粉酶强化面粉可防止糕点老化，加蔗糖酶可以防止糕点中的蔗糖从糖浆中析晶。

在面包、糕点制造中，还广泛使用脂肪氧化酶，使面包中不饱和脂肪酸同胡萝卜素等发生共轭氧化作用而将面包漂白。此外，这种酶由于氧化面粉中不饱和脂肪酸，生成芳香的羧基化合物而增加面包风味，改善面团结构。乳糖酶也用于添加脱脂奶粉的面包制造，乳糖酶分解乳糖生成发酵性糖，促进酵母发酵，改善面包色泽。

知识点三 酶促褐变

一、酶促褐变的条件

褐变作用可按其发生机制分为酶促褐变（生化褐变）及非酶褐变（非生化褐变）两大类。酶促褐变发生在水果、蔬菜等新鲜植物性食物中。

食品的褐变

采收水果和蔬菜后，植物组织中仍在进行活跃的代谢活动。在正常情况下，完整的果蔬组织中氧化还原反应处于平衡状态，但是发生削皮、切开、压伤、虫咬、磨浆等机械性的损伤后或处于受冻、受热等异常的环境条件下时，便会破坏水果和蔬菜中的氧化还原平衡，发生氧化产物的积累，造成褐变。这种由酶催化所引起的褐变，称为酶促褐变。在大多数情况下，酶促褐变是一种不希望出现于食品中的变化，如香蕉、苹果、梨、茄子、马铃薯等，在削皮、切开后都很容易褐变，应尽可能避免。但褐变也可应用于某些食品的加工中，如加工茶叶、可可豆等食品，适当的褐变则是形成良好的风味与色泽所必需的。

酶促褐变的发生，需要三个条件：一是适当的酚类物质底物，二是酚氧化酶，三是氧，三个条件同时存在才会发生褐变。

二、酶促褐变的机制

酚氧化酶是以铜为辅基，以氧为受氢体的末端氧化酶。主要是在有氧的条件下催化酚类物质形成黑色素物质。根据作用可分为两类：多酚氧化酶（或儿茶酚酶）和酚羟基酶（或甲酚酶）。

酶促褐变是酚氧化酶催化酚类物质形成醌及其聚合物的反应过程。

植物组织中含有酚类物质，在完整的细胞中作为呼吸传递物质，在酚—醌之间保持着动态平衡。当细胞被破坏以后，氧气就大量侵入，酚类物质在多酚氧化酶的催化下氧化生成无色的邻醌，然后邻醌在酚羟基酶催化下合成三羟基化合物。由于邻醌具有较强的氧化能力，三羟基化合物进一步被氧化成羟基醌，羟基醌容易发生聚合作用，从而生成黑色素。

酚氧化酶作用的底物主要有一元酚、邻二酚、单宁类和黄酮类化合物。在酶作用下反应最快的通常是邻二酚（儿茶酚、咖啡酸、原儿茶酸、绿原酸），在水果中，儿茶酚是分布非常广泛的酚类物质，绿原酸是许多水果特别是桃、苹果等褐变的关键物质。

但是邻二酚则不能为酚氧化酶所催化，不仅不能作为酚氧化酶催化的底物，甚至还对酚氧化酶有抑制作用。另外，邻二酚的取代衍生物也不能为酚氧化酶所催化，如愈创木酚及阿魏酸。

三、酶促褐变的防止

食品加工过程中，大多数发生的酶促褐变对食品特别是果蔬的色泽造成不良影响，只有少数是我们期望的。

所以，根据酶促褐变发生的条件，消除酚类物质底物、酚氧化酶、氧三者中的任何一个即可。在控制酶促褐变的实践中，曾经有人设想将酚类底物的结构改变，例如将邻二酚改变为其取代衍生物，但迄今未取得实用上的成功。所以，实践中控制酶促褐变的方法，主要是从控制酶活力和氧气这两方面着手，主要途径：①钝化酶活力（热烫、抑制剂等）；②改变酶作用的条件（pH、水分活度等）；③隔绝氧气；④使用抗氧化剂（抗坏血酸、二氧化硫等）。

常用的控制酶促褐变的方法有以下几种。

（1）热处理法　在适当的温度和时间条件下，热烫新鲜果蔬，使酚氧化酶失活，是最广泛使用的控制酶促褐变的方法。热烫的温度和时间是达到钝化酶的关键，过度加热会影响产品质量；相反，如果热烫处理不彻底，未能钝化酶，反而会加强酶和底物的接触而促进褐变。例如，白洋葱如果热烫不彻底，变成粉红色的程度比未热烫的还要厉害。

来源不同的酚氧化酶对热的敏感性不同，但在 70~95℃ 加热约 7s 可使大部分酚氧化酶钝化。水煮和蒸汽处理，仍是目前使用最广泛的热烫方法。不过微波加热法是热力钝化酶活力的新方法，它可使组织内外一致迅速受热，对质地和风味的保持极为有利。

（2）酸处理法　酚氧化酶的最适 pH 6~7，低于 3 时几乎完全丧失活力。例如，苹果的 pH 4 时能发生褐变，在 3.7 时褐变速度大大减小，在 2.5 时完全被抑制。所以利用酸来控制酶促褐变，也是目前广泛使用的方法。常用的酸有柠檬酸、苹果酸、磷酸以及抗坏血酸等。一般来说，它们的作用是降低 pH 以控制酚氧化酶的活力。

柠檬酸是使用最广泛的食用酸。它对抑制酶的氧化具有双重作用：既能降低 pH，又能螯合酚氧化酶的铜辅基。通常与抗坏血酸或亚硫酸混合使用，如 0.5%的柠檬酸与 0.3%的抗坏血酸混合使用效果更好。

苹果酸是苹果汁中的主要有机酸，在苹果汁中对酚氧化酶的抑制作用要比柠檬酸强得多。

抗坏血酸是更加有效的酚氧化酶抑制剂，即使浓度极大也无异味，对金属无腐蚀作用，而且作为一种维生素，其营养价值也是人尽皆知。抗坏血酸对褐变作用的抑制除了降低 pH 外，还具有使醌还原成酚从而阻止醌聚合的作用。在水果制品中，加入 0.66g 抗坏血酸即可有效控制褐变。

（3）抑制剂处理　二氧化硫及常用的亚硫酸盐（Na_2SO_3、$NaHSO_3$、$Na_2S_2O_5$、$Na_2S_2O_4$）等都是广泛使用于食品工业中的酚氧化酶抑制剂。在蘑菇、马铃薯、桃、苹果等加工中已广泛应用。

二氧化硫及常用的亚硫酸盐对酚氧化酶的抑制作用，原因主要有三个方面：一是能抑制酶的活力；二是亚硫酸盐能抑制酪氨酸转变成 3，4-二羟基苯丙氨酸；三是亚硫酸盐能将已经氧化的醌还原成酚，降低醌的积累和进一步的聚合。

二氧化硫及亚硫酸盐溶液在微酸性（pH 6）的条件下对酚氧化酶抑制的效果最好。不管采取哪种形式，只有游离的二氧化硫才能起到作用。

二氧化硫法的优点是使用方便、效力可靠、成本低、有利于抗坏血酸的保存，残存的二氧化硫可用抽真空、炊煮或使用 H_2O_2 等方法除去。缺点是使食品失去原色而被漂白（花青素破坏），腐蚀铁罐的内壁，有不愉快的嗅感与味感，残留浓度超过 0.064%即可感觉出来，并且破坏 B 族维生素。

（4）驱除或隔绝氧气　具体措施：①将去皮切开的水果、蔬菜浸没在清水、糖水或盐水中；②浸涂抗坏血酸液，使果蔬表面生成一层氧化态抗坏血酸隔离层；③用真空渗入法把糖水或盐水渗入组织内部将空气驱出。苹果、梨等果肉组织空隙中具有较多气体的水果最适宜用此法。一般在 93.3kPa 真空下保持 5~15min，然后突然破除真空即可。

（5）加酚氧化酶底物类似物　用酚氧化酶底物类似物如肉桂酸、对位香豆酸及阿魏酸等酚氧化酶可以有效地控制苹果汁的酶促褐变。

由于这三种酸都是水果、蔬菜中天然存在的芳香族有机酸，安全性高。肉桂酸钠盐的溶解性好，浓度大于 0.5mmol/L 时即可有效控制苹果汁褐变的时间 7h。

重点小结

目前，仅少数几种酶为核酸分子，其余绝大多数酶均为蛋白质。酶是一类由生物活细胞产生的，对其特异底物具有高效催化功能，而自身在反应前后不产生变化的物质。长期以来在酶的利用过程中形成了习惯命名法，由于缺乏系统性，没有统一的原则，很容易造成酶名称的混乱。酶按照化学组成可分为单纯蛋白质酶和结合蛋白质酶两大类，根据酶催化反应的类型可分成氧化还原酶类、转移酶类、水解酶类、裂解酶类、异构酶类、连接酶类六大类。酶具有催化效率高、专一性强、不稳定性、酶活力可调控等特点。酶的活力中心是由三级结构中空间位置相邻的几个氨基酸共同构成的，酶的活力中心包括结合部位和催化部位两个功能部位。影响酶活力的因素主要有底物浓度、酶浓度、pH、温度、抑制剂、激活剂和水分活度等。酶促褐变的发生，需要三个条件：一是有适当的酚类物质底物，二是酚氧化酶，三是氧，三个条件同时存在才会发生褐变。常用的控制酶促褐变的方法有热处理、酸处理、添加抑制剂、驱除或隔绝氧气、添加酚氧化酶底物类似物。酶在食品工业中主要用于淀粉加工，乳品加工，酒类酿造，果蔬加工，肉、鱼类加工，焙烤食品制造等行业。

技能训练

技能训练一 酶的催化特性

一、目的要求

（1）了解酶的特性。
（2）熟悉酶的催化特点。
（3）掌握酶促反应的高效性和专一性。

二、实验原理

酶是由活细胞产生的，能在体内或体外起同样催化作用的一类具有活性中心和特殊构象的生物大分子，主要为蛋白质（少数为核酸），是生物催化剂。生物体内的化学反应基本上都是在酶催化下进行的。

酶的催化效率比一般催化剂高出 $10^7 \sim 10^{13}$ 倍。专一性实验以过氧化氢酶为例，过氧化氢酶广泛分布于生物体内，能将代谢中产生的有害的 H_2O_2 分解成 H_2O 和 O_2，使 H_2O_2 不致在体内大量积累。其催化效率比无机催化剂铁粉高 10 个数量级，反应速率可观察 O_2 产生情况。

酶与一般催化剂相比，最显著的区别之一是酶具有高度的专一性，专一性又叫特异性，是指一种酶只作用于一类化合物或一定的化学键，以促进一定的化学变化，并生成一定的产物。本实验中，唾液淀粉酶只能使淀粉水解成麦芽糖，而不能使蔗糖水解成葡萄糖和果糖；相反，蔗糖酶只能使蔗糖水解成葡萄糖和果糖，而不能使淀粉水解成麦芽糖，由此证明酶的专一性。判断淀粉或蔗糖是否水解，是利用水解后产生的麦芽糖、葡萄糖和果糖具有还原性，可使班氏试剂中的 Cu^{2+} 还原成 Cu^{+} 而出现棕红色沉淀；相反，不被水解的淀粉、蔗糖没有还原性，不出现棕红色沉淀。

三、实验材料、器材和试剂

1. 实验材料

约 0.5cm 的马铃薯方块（生、熟）。

2. 实验器材

恒温水浴（37℃）、沸水浴（100℃）；试管（18mm×180mm）；移液管（1mL、2mL、

5mL）或吸量管；量筒；白瓷板。

3. 实验试剂

（1）铁粉。

（2）2%过氧化氢溶液。

（3）唾液淀粉酶溶液　先用蒸馏水漱口，再含 10mL 左右蒸馏水，轻轻漱动，数分钟后吐出收集在烧杯中，用数层纱布或棉花过滤，即得清澈的唾液淀粉酶原液。根据酶活力高低稀释 50~100 倍，即为唾液淀粉酶溶液。

（4）蔗糖酶溶液　取 1g 鲜酵母或干酵母放入研钵中，加入少量石英砂和水研磨，再加入 50mL 蒸馏水，静置片刻，过滤即得。

（5）20g/L 蔗糖溶液　用分析纯蔗糖现用现配。

（6）10g/L 淀粉溶液　1g 淀粉和 0.3g 氯化钠，用 5mL 蒸馏水悬浮，慢慢倒入 60mL 煮沸的蒸馏水中，煮沸 1min，冷却至室温，加水到 100mL，冰箱贮存。

（7）1g/L 淀粉溶液　0.1g 淀粉，以 5mL 水悬浮，慢慢倒入 60mL 煮沸的蒸馏水中，煮沸 1min，冷却至室温，加水到 100mL，冰箱贮存。

（8）班氏（Benedict）试剂　17.3g 硫酸铜（$CuSO_4 \cdot 5H_2O$），加 100mL 蒸馏水加热溶解，冷却；173g 柠檬酸钠和 100g 碳酸钠，以 600mL 蒸馏水加热溶解，冷却后将硫酸铜溶液慢慢加到柠檬酸钠-碳酸钠溶液中，边加边搅匀，最后定容至 1000mL。如有沉淀可过滤除去，此试剂可长期保存。

四、操作步骤

（1）酶催化的高效性　取 4 支试管，按表 7-1 操作。

表 7-1　　酶催化的高效性操作表

操作项目	管号			
	1	2	3	4
2%过氧化氢/mL	3	3	3	3
生马铃薯小块/块	2	0	0	0
熟马铃薯小块/块	0	2	0	0
铁粉	0	0	一小匙	0
现象				
解释实验现象				

（2）酶催化的专一性　取 5 支干净试管，按表 7-2 操作。

表 7-2　　酶催化的专一性操作表

操作项目	管　号				
	1	2	3	4	5
10g/L 淀粉/mL	1	1	0	0	1

续表

操作项目	管号				
	1	2	3	4	5
20g/L 蔗糖/mL	0	0	1	1	0
唾液淀粉酶溶液/mL	1	0	1	0	0
蔗糖酶溶液/mL	0	1	0	1	0
蒸馏水/mL	0	0	0	0	1
酶促水解	摇匀，37℃水浴中保温 10min				
班氏试剂	各 2 mL				
反应	摇匀，沸水浴中加热 5~10min				
现象					
解释实验现象					

五、结果表示

观测、记录各试管的反应现象，并对现象作出相应的解释。

六、注意事项

（1）人唾液中淀粉酶活力不同，所以所得唾液淀粉酶溶液的酶活力会有所差异。

（2）过氧化氢长时间放置会被还原分解，所以 2%过氧化氢溶液需要现用现配。

七、思考题

酶作为一种生物催化剂，其催化特性除了高效性和专一性，还有哪些特点?

技能训练二 酶促反应的影响因素

一、目的要求

（1）了解酶促反应的影响因素。

（2）掌握温度、pH、激活剂和抑制剂对酶促反应的影响情况。

二、实验原理

酶促反应的特性除了高效性和专一性之外，还易受环境因素（如激活剂或抑制剂的存在）的影响；作用条件温和：常温常压，溶液接近中性等。

酶促反应并不是温度越高越好，因为酶是蛋白质，温度高易变性失活。在一定的条件下，酶在最适温度时，显示其最大活力。

由于酶具有许多极性基团，在不同的酸碱环境中，这些基团的游离状态和所带的电荷不同。pH 既影响酶蛋白本身也影响底物的离解程度和电荷，从而改变酶与底物的结合和催化作用。本实验比较唾液淀粉酶在不同 pH 条件下，催化淀粉水解的速率，证实 pH 影响酶促反应，利用碘与淀粉及其水解产物的反应来判断淀粉的水解速率。

某些无机离子，作为一种酶的辅助因子，加快某种酶的反应速率。例如氯离子是唾液淀粉酶的激活剂，能加速唾液淀粉酶催化淀粉水解的速率，而硫酸铜则是唾液淀粉酶的抑制剂。

三、实验材料、器材和试剂

1. 实验材料

人的唾液。

2. 实验仪器

恒温水浴（37℃）、冰水浴（0℃）；试管（18mm×180mm）；移液管（1mL、2mL、5mL）或吸量管；量筒（100mL）；白瓷板；胶头滴管。

3. 实验试剂

（1）唾液淀粉酶溶液　先用蒸馏水漱口，再含 10mL 左右蒸馏水，轻轻漱动，数分钟后吐出收集在烧杯中，用数层纱布或棉花过滤，即得清澈的唾液淀粉酶原液，根据酶活力高低稀释 50~100 倍，即为唾液淀粉酶溶液。

（2）10g/L 淀粉溶液　1g 淀粉和 0.3g 氯化钠，用 5mL 蒸馏水悬浮，慢慢倒入 60mL 煮沸的蒸馏水中，煮沸 1min，冷却至室温，加水到 100mL，冰箱贮存。

（3）碘液　3g 碘化钾溶于 5mL 蒸馏水中，加 1g 碘，溶解后再加 295mL 水，混匀贮存于棕色瓶中。

（4）磷酸缓冲液

①A 液：0.2 mol/L 磷酸氢二钠（Na_2HPO_4）。称取 28.40g Na_2HPO_4（或 71.64g $Na_2HPO_4 \cdot 12H_2O$）溶于水，配成 1000mL 溶液。

②B 液：0.1mol/L 柠檬酸（$C_6H_8O_7$）。称取 21.01g 柠檬酸（$C_6H_8O_7 \cdot H_2O$）溶于水，同样配成 1000mL 溶液。

pH 5.0 磷酸缓冲液：10.30mL A 液+9.70mL B 液

pH 7.0 磷酸缓冲液：16.47mL A 液+3.53mL B 液

pH 8.0 磷酸缓冲液：19.45mL A 液+0.55mL B 液

（5）10g/L 硫酸铜溶液。

（6）10g/L 氯化钠溶液。

四、操作步骤

1. 温度对酶促反应的影响

取 3 支试管，按表 7-3 操作。

表 7-3　温度对酶促反应的影响

操作项目	管号		
	1	2	3
唾液淀粉酶溶液/mL	1	1	1
pH 7.0 磷酸缓冲液/mL	2	2	2
温度预处理 5min	0℃	37℃	70℃
10g/L 淀粉溶液/mL	2	2	2
反应 10min	试管摇匀后，保持各自温度继续反应，10min 后从第 2 号管吸取 1 滴反应液于白瓷板上，用碘液检查反应进行情况，每隔 1min 检测一次，直至反应液不再变色（只有碘液的颜色）		
冷却	流水冷却 5min		
碘液	各 1 滴		
现象			

2. pH 对酶促反应的影响

取 3 支试管，按表 7-4 操作。

表 7-4　pH 对酶促反应的影响

操作项目	管号		
	1	2	3
pH 5.0 磷酸缓冲液/mL	1	1	0
pH 7.0 磷酸缓冲液/mL	0	0	1
pH 8.0 磷酸缓冲液/mL	1	0	1
10g/L 淀粉溶液/mL	0	1	0
预保温	摇匀，37℃水浴中保温 2 min		
唾液淀粉酶溶液/mL	2	2	2
检查淀粉水解程度	摇匀，置 37℃水浴中继续反应，每隔半分钟从第 2 号管中取出 1 滴反应液于白瓷板上，加碘液检查反应情况，直至反应液不再变色，即停止反应，取出所有管		
碘液	各 1 滴		
现象			

3. 抑制剂和激活剂对酶促反应的影响

取 3 支试管，按表 7-5 操作。

表 7-5　　抑制剂和激活剂对酶促反应的影响

操作项目	管号		
	1	2	3
10g/L 氯化钠/mL	1	0	0
10g/L 硫酸铜/mL	0	1	0
蒸馏水/mL	0	0	1
唾液淀粉酶溶液/mL	1	1	1
10g/L 淀粉溶液/mL	3	3	3
检查淀粉水解程度	摇匀，置 37℃ 水浴中 1min 左右即可用碘液检查 1 号管淀粉的水解程度。待 1 号管反应液不再变色，即停止反应，取出所有管		
碘液	各 1 滴		
现象			

五、结果表示

观测、记录各试管的反应现象，并对现象作出相应的解释。

六、注意事项

（1）各人唾液中淀粉酶活力有所不同，实验过程中应随时检查反应进行情况。如反应进行太快，应适当稀释唾液；反之，则应减少唾液淀粉酶稀释倍数。

（2）由于人的唾液中可能含有少量 Cl^-，所以酶的抑制与激活的实验最好用经透析的唾液。

七、思考题

（1）为什么酶促反应有最适 pH 和最适温度？

（2）酶的抑制剂对酶的抑制有哪几种情况？

技能训练三　果胶酶对果汁的澄清效果

一、目的要求

（1）了解果胶酶在果汁澄清中的作用。

（2）通过果胶酶的使用，理解酶制剂在食品工业中的应用。

二、实验原理

果胶酶是应用于果汁生产的重要酶制剂之一，它可以水解果汁中引起混浊的果胶物质以及多糖，使果汁变得清澈透亮。同时改善果汁的过滤效率进而提高其生产效率和出汁率。该方法具有快速、简单、效果好等特点，对果汁营养成分保持十分有利。澄清型果汁的透光率是衡量产品质量的重要指标，透光率越大表明澄清效果越好，澄清度越高。

三、实验材料、器材和试剂

（1）实验材料　市售葡萄。

（2）实验器材　榨汁机、电子天平、分光光度计、恒温水浴锅。

（3）实验试剂　果胶酶。

四、操作步骤

（1）榨汁　将新鲜的葡萄分选、清洗，用榨汁机榨汁，然后用纱布过滤、取汁。

（2）酶解　取葡萄汁 2 份，各 100mL，一份按 0.2mL/ L 的量添加果胶酶；另一份不作任何处理。然后分别将 2 份葡萄汁置于 50℃的恒温水浴锅中，保温 60min。

（3）澄清度测定　采用分光光度计法，在波长 660nm 的可见光下，以蒸馏水调零点，分别测定 2 份葡萄汁的透光率。

五、结果表示

比较 2 份葡萄汁的透光率，说明果胶酶的澄清作用。

六、注意事项

用果胶酶处理葡萄汁能较完全地分解果胶类物质，得到澄清的葡萄汁。果胶酶添加量对澄清效果影响较大，其次是温度和时间。实验证明果胶酶制取澄清葡萄汁的最佳工艺为果胶酶添加量 0.2mL/L、酶解温度 50℃、酶解时间 60min。

七、思考题

在用果胶酶处理葡萄汁时，减少或增加酶用量、降低或升高酶解温度、缩短或延长酶解时间对实验结果分别有什么影响？

思政案例

从诺贝尔奖看酶学研究发展历史中的重大发现

1896年，德国化学家Eduard Buchner经大量实验证实酵母的无细胞抽提液能将糖发酵成酒精，质疑酶催化必须在活细胞中进行的权威观点，强调发酵是酶作用的结果，Buchner因此获得1911年诺贝尔化学奖。1926年，Sumner在经过多年实验积累基础上，首次从刀豆提取液中分离纯化得到脲酶结晶，Northrop也先后制得多种酶晶体，二人共同获得1947年度的诺贝尔化学奖，值得一提的是，Sumner是在左臂残缺的情况下进行科学研究工作的，其艰苦奋斗精神可见一斑。Thomas Cech与Sidney Altman等分别在1982年和1983年发现具有催化功能的RNA，这一发现使酶学研究又进入了一个新领域，Cech和Altman共同获得1989年诺贝尔化学奖。

参考文献：李秀凉，宋永，孟利．“酶工程”课程融入思政元素的实践探索［J］．食品工业．2023，44（01）：252-254.

育人目标：酶学研究发展史是科学家们坚持不懈追寻真理的过程。创造性与批判性思维是推动科技进步的主要助力。科学研究要独立思考、善于批判，在传承基础上不断探索与创新。

复习思考

1. 酶有哪些分类？
2. 酶有哪些催化特性？酶催化专一性的类型有几类？
3. 酶促反应主要包括哪些影响因素？
4. 酶在食品加工中的作用有哪些？
5. 在食品加工应用中有哪些酶类？
6. 举例说明酶在食品加工中的应用。
7. 食品酶促褐变机制及其控制措施是什么？

模块八

食品中的天然色素

学习目标

【知识目标】

1. 了解常见食品天然色素的化学结构及理化性质。

2. 理解食品加工和贮藏中控制色泽的原理。

3. 掌握食品着色剂的使用要求。

4. 掌握常见食品天然色素在食品加工和贮藏中发生的重要变化及其条件。

5. 会运用色素相关知识防止食品贮藏和加工中的褐变现象。

【素质目标】

通过了解我国色素研发现状与发展趋势，了解食品中色素的应用，培养独立思考和科学判断的能力，增强民族自豪感和创新意识。

学习导图

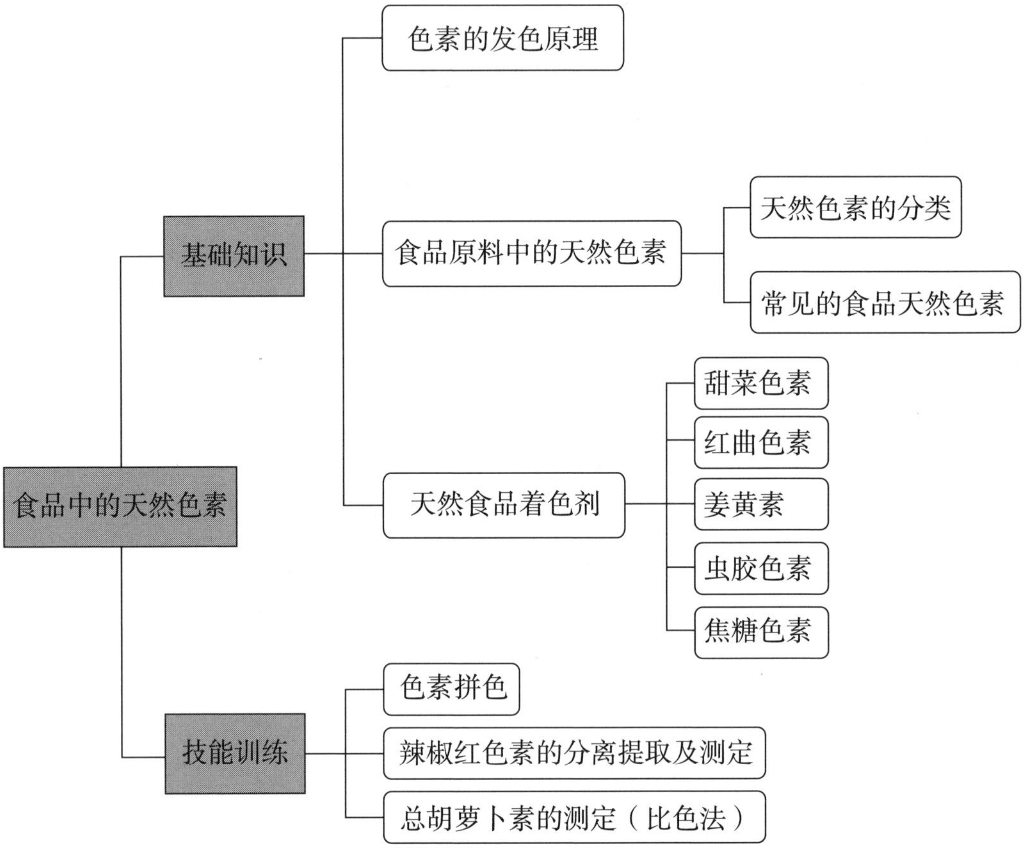
食品中的天然色素
基础知识
色素的发色原理
食品原料中的天然色素
天然色素的分类
常见的食品天然色素
天然食品着色剂
甜菜色素
红曲色素
姜黄素
虫胶色素
焦糖色素
技能训练
色素拼色
辣椒红色素的分离提取及测定
总胡萝卜素的测定（比色法）

基础知识

知识点一 色素的发色原理

食品中的色素

食品的品质，除了营养价值和卫生要求外，还应该包括食品的色泽和风味。颜色不仅通过视觉给人以美感，增加食欲，而且在一定程度上反映食品质量的优劣和新鲜程度。不自然、不均匀、不正常的食品颜色通常被认为是劣质、变质或工艺不良的标志。因此，在生产食品时，如何采用合理的加工工艺和贮藏方法，以保持食品的天然色泽，以及使用食品着色剂改进食品的颜色非常重要。

自然光是由不同波长的光组成的，波长在 380~770nm 的电磁波称为可见光，波长小于 380nm 的紫外区域的光和波长大于 770nm 的红外区域的光均为不可见光。在可见光区内，不同波长的光能显示不同的颜色。

颜色是通过色素对自然光中的可见光的选择吸收及反射而产生的。能够吸收可见光激发而发生电子跃迁的食物成分称为食品色素。

食品所显示出的颜色，不是吸收光自身的颜色，而是食品反射光（或透射光）中可见光的颜色。若光源为自然光，食品吸收光的颜色与反射光的颜色互为补色。例如，食品呈现紫色，是其吸收绿色光所致，紫色和绿色互为补色。食品将可见光全部吸收时呈黑色，食品将可见光全部通过时呈无色。

各种色素都是由发色基团和助色基团组成的。凡是有机化合物分子在紫外及可见光区域内（200 ~ 700nm）有吸收峰的基团都称为发色基团，如 $—C{=}C—$、$—\overset{\text{O}}{\overset{\|}{\text{C}}}—$、—CHO、—COOH、—N=N—、—N=O、$—NO_2$、—C=S 等。发色基团吸收光能时，电子就会从能量较低的 π 轨道或 n 轨道（非共用电子轨道）跃迁至 π^* 轨道，然后再从高能轨道以放热的形式回到基态，从而完成了吸光和光能转化。能发生 $n\rightarrow\pi^*$ 电子跃迁的色素，其发色基团中至少有一个 $—\overset{\text{O}}{\overset{\|}{\text{C}}}—$、—N=N—、—N=O、—C=S 等含有杂原子的双键与 3~4 个以上的 —C=C— 双键共轭体系；能发生 $\pi\rightarrow\pi^*$ 电子跃迁的色素，其发色基团至少有 5~6 个 —C=C— 双键共轭体系。随着共轭双键数目的增多，吸收光波长向长波方向移动，每增加 1 个 —C=C— 双键，吸收光波长约增加 30nm。与发色基团直接相连接的—OH、—OR、$—NH_2$、$—NR_2$、—SH、—Cl、—Br 等官能团也可使色素的吸收光向长波方向移动，它们被称为助色基团。不同色素的颜色差异和变化主要取决于发色基团和助色基团。

知识点二 食品原料中的天然色素

食品原料中天然存在的有色物质称为食品中的天然色素。它可以是食品原料本身固有的成分，也可以是从其他材料中提取的天然有色物质。

一、天然色素的分类

食品中的天然色素按其来源不同可分为三类。①植物色素：如叶绿素、胡萝卜素、花青素等；②动物色素：如血红素、胭脂虫红等；③微生物色素：如红曲色素、核黄素等。按溶解性可分为两类。①水溶性色素：如花青素、黄酮类化合物；②脂溶性色素：如叶绿素、类胡萝卜素。大多情况下，食品中的天然色素按其化学结构进行分类，如表 8-1 所示。

表 8-1　　天然色素分类

系别	类别	色素举例
多烯色素	胡萝卜素类	β-胡萝卜素
	叶黄素类	辣椒红素、藏红花素
多酚色素	花青苷类	玉米红、萝卜红
	黄酮类	高粱红、可可色素
	鞣质类	鞣质、儿茶素
	查耳酮类	红花红、红花黄
醌酮色素	酮类	姜黄素、红曲色素
	蒽醌类	虫胶色素
	萘醌类	紫草根色素
吡咯色素	卟啉类	叶绿素、血红素
其他色素	含氮花青素	甜菜红、核黄素
	混合物	焦糖

二、常见的食品天然色素

（一）叶绿素

1. 结构与性质

叶绿素是绿色植物的主要色素，存在于叶绿体中类囊体的片层膜上，在植物光合作用中进行光能的捕获和转换。叶绿素是由叶绿酸、叶绿醇和甲醇缩合而成的二醇酯。高等植物中的叶绿素有 a、b 两种类型，其区别仅在于 3 位碳原子（图 8-1 中的 R）上的取代基不同。取代基是甲基时为叶绿素 a（蓝绿色），是醛基时为叶绿素 b（黄绿色），二者的比例一般为 3∶1。其分子结构如图 8-1 所示。叶绿素不溶于水，易溶于乙醇、乙醚、丙酮等有机溶剂。作为天然食品着色剂的叶绿素铜钠盐就是用碱性乙醇浸提干燥的沙蚕或植物，再以硫酸铜处理制得。

在活体植物细胞中，叶绿素与类胡萝卜素、类脂物及脂蛋白结合成复合体，共同存在于叶绿体中。当细胞死亡后，叶绿素就游离出来，游离的叶绿素对光、热敏感，很不稳

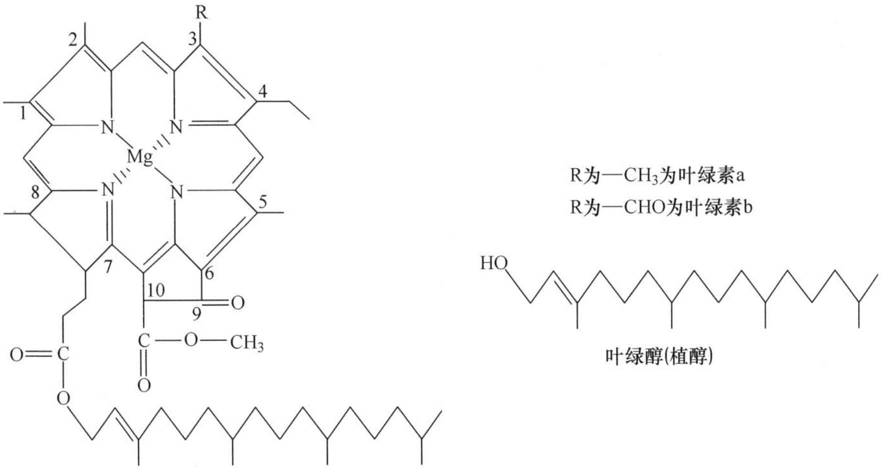

图 8-1　叶绿素的结构

定。因此，在食品加工和贮藏中会发生多种反应，生成不同的衍生物，如图 8-2 所示。在酸性条件下，叶绿素分子中的镁离子被两个质子取代，生成橄榄色的脱镁叶绿素，依然是脂溶性的。在叶绿素酶作用下，分子中的植醇由羟基取代，生成水溶性的脱植叶绿素，仍然为绿色的。焦脱镁叶绿素的结构中除镁离子被取代外，甲酯基也脱去，同时该环的酮基也转为烯醇式，颜色比脱镁叶绿素更暗。

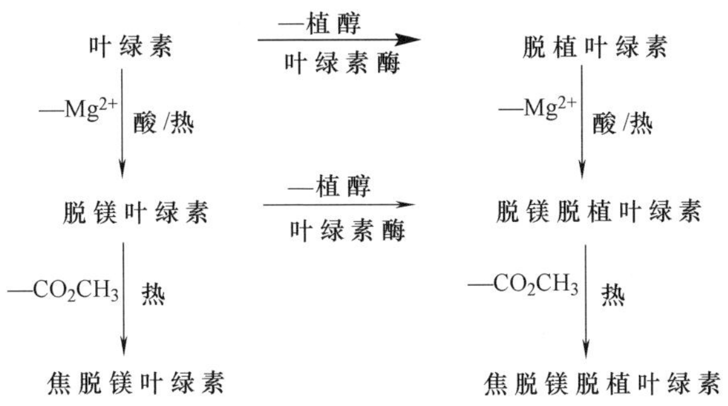

图 8-2　叶绿素的衍生物

2. 在食品加工与贮藏中的变化

（1）酸和热引起的变化　绿色蔬菜加工中的热烫和杀菌是造成叶绿素损失的主要原因。在加热下组织被破坏，细胞内的有机酸成分不再区域化，加强了与叶绿素的接触。更重要的是，又生成了新的有机酸，如乙酸、吡咯酮羧酸、草酸、苹果酸、柠檬酸等。由于酸的作用，叶绿素发生脱镁反应生成脱镁叶绿素，并进一步生成焦脱镁叶绿素，食品的颜色转变为橄榄绿、甚至褐色。pH 是决定脱镁反应速度的一个重要因素。在 pH 9.0 时，叶绿素很耐热；在 pH 3.0 时，非常不稳定。植物组织在加热期间，其 pH 大约会下降 1，这对叶绿素的降解影响很大。提高罐藏蔬菜的 pH 是一种有效的护绿方法，加入适量钙、镁的氢氧化物或氧化物以提高热烫液的 pH，可防止生成脱镁叶绿素，但会破坏植物的质地、风味和维生素 C。

（2）酶促变化　在植物衰老和贮藏过程中，酶能引起叶绿素的分解破坏。这种酶促变化可分为直接作用和间接作用两类。直接以叶绿素为底物的只有叶绿素酶，催化叶绿素中植醇酯键水解而产生脱植醇叶绿素。脱镁叶绿素也是它的底物，产物是水溶性的脱镁脱植叶绿素，它是橄榄色的。叶绿素酶的最适温度为60~82℃，100℃时完全失活。

起间接作用的有蛋白酶、酯酶、脂氧合酶、过氧化物酶、果胶酯酶等。蛋白酶和酯酶通过分解叶绿素蛋白质复合体，使叶绿素失去保护而更易遭到破坏。脂氧合酶和过氧化物酶可催化相应的底物氧化，其间产生的物质会引起叶绿素的氧化分解。果胶酯酶的作用是将果胶水解为果胶酸，从而提高了质子浓度，使叶绿素脱镁而被破坏。

（3）光解　在活体绿色植物中，叶绿素既可发挥光合作用，又不会发生光分解。但在加工和贮藏过程中，叶绿素经常会受到光和氧气作用，被光解为一系列小分子物质而褪色。光解产物是乳酸、柠檬酸、琥珀酸、马来酸以及少量丙氨酸。因此，正确选择包装材料和方法以及适当使用抗氧化剂，以防止光氧化褪色。

（二）血红素

1. 结构与性质

血红素是存在于高等动物血液和肌肉中的主要色素，是血红蛋白和肌红蛋白的辅基。肌肉中90%以上的色素是血红素，故肌肉的颜色主要为血红素的紫红色。肌肉中的肌红蛋白是由1个血红素分子和1条肽链组成的，相对分子质量为17 000。而血液中的血红蛋白由4个血红素分子分别和4条肽链结合而成，相对分子质量为68 000。血红蛋白分子可粗略看作肌红蛋白的四连体。在活体动物中，血红蛋白和肌红蛋白发挥着氧气转运和储备的功能。

如图8-3所示，血红素是一种铁卟啉化合物，中心铁离子有6个配位键，其中4个分别与卟啉环的4个氮原子配位结合。还有一个与肌红蛋白或血红蛋白中的球蛋白以配位键相连接，结合位点是球蛋白中组氨酸残基的咪唑基氮原子。第6个键则可以与任何一种能提供电子对的原子结合。

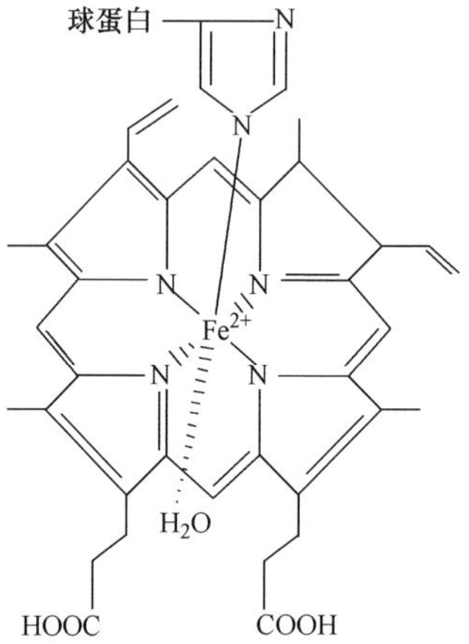

图8-3　血红素的结构

动物屠宰放血后，对肌肉组织的供氧停止，新鲜肉中的肌红蛋白则保持还原状态，肌肉的颜色呈稍暗的紫红色。当鲜肉存放在空气中，肌红蛋白向两种不同的方向转变，部分肌红蛋白与氧气发生氧合反应生成鲜红色的氧合肌红蛋白，部分肌红蛋白与氧气发生氧化反应，生成褐色的高铁肌红蛋白。这两种反应如图8-4所示。

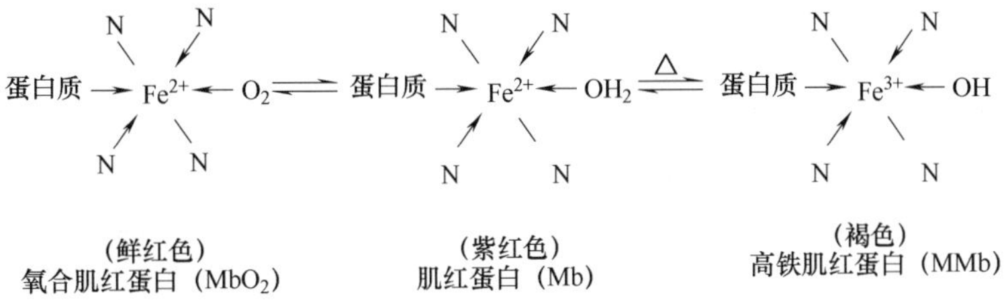

图 8-4　肌红蛋白的相互转化

2. 在食品加工与贮藏中的变化

在肉品的加工与贮藏中，肌红蛋白会转化为多种衍生物，包括氧合肌红蛋白、高铁肌红蛋白、氧化氮肌红蛋白、氧化氮高铁肌红蛋白、肌色原、高铁肌色原、氧化氮肌色原、亚硝酰高铁肌红蛋白、亚硝酰高铁血红素、硫肌红蛋白和胆绿蛋白。这些衍生物的颜色各异，氧合肌红蛋白为鲜红色，高铁肌红蛋白为褐色，氧化氮肌红蛋白和氧化氮肌色原为粉红色，氧化氮高铁肌红蛋白为深红色，肌色原为暗红色，高铁肌色原为褐色，亚硝酰高铁肌红蛋白为红褐色，亚硝酰高铁血红素、硫肌红蛋白和胆绿蛋白为绿色。

新鲜肉放置空气中，表面会形成很薄一层鲜红色泽的氧合肌红蛋白。而在中间部分，由于肉中原有的还原性物质存在，肌红蛋白就会保持还原状态，为紫红色。当鲜肉在空气中放置过久时，还原性物质被耗尽，高铁肌红蛋白的褐色就成为主要色泽。

鲜肉在热加工时，由于温度升高以及氧分压降低，肌红蛋白的球蛋白部分变性，铁被氧化成三价铁，产生高铁肌色原，熟肉的色泽呈褐色。当其内部有还原性物质存在时，铁可能被还原成亚铁，产生暗红色的肌色原。

火腿、香肠等肉类腌制品的加工中经常使用硝酸盐或亚硝酸盐作为护色剂。血红素的中心铁离子可与氧化氮以配位键结合而转变为氧化氮肌红蛋白，加热则生成粉红色的氧化氮肌色原，如图 8-5 所示。因此，肉类腌制品的颜色更加诱人，并对加热和氧化表现出更大的稳定性。但可见光可促使氧化氮肌红蛋白和氧化氮肌色原重新分解为肌红蛋白和肌色原，并被继续氧化为高铁肌红蛋白和高铁肌色原。这就是肉类腌制品见光褐变的原因。

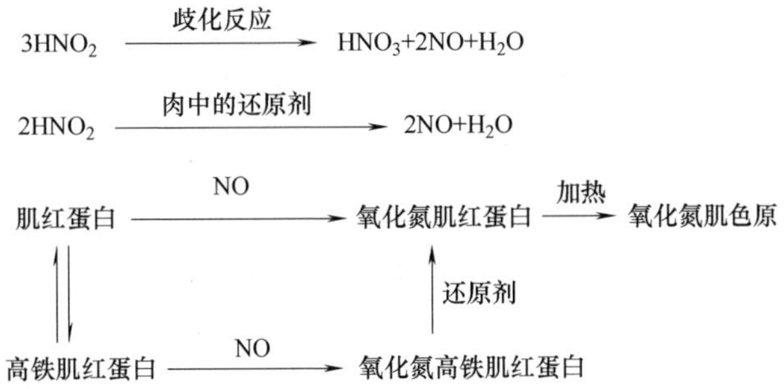

图 8-5　肉类腌制品中的发色反应

鲜肉不合理存放会导致微生物大量生长，产生过氧化氢、硫化氢等化合物。过氧化氢可强烈氧化血红素卟啉环的 α-亚甲基而生成胆绿蛋白。在氧气或过氧化氢存在下，硫化氢等硫化物可将硫直接加在卟啉环的 α-亚甲基上，成为硫肌红蛋白。另外，肉类腌制品过量使用护色剂时，卟啉环的α-亚甲基被硝基化，生成亚硝酰高铁血红素。这是肉类偶尔发生变绿现象的原因。

（三）类胡萝卜素

1. 结构与性质

类胡萝卜素广泛分布于生物界中，蔬菜和红色、黄色、橙色的水果及根用作物是富含类胡萝卜素的食品。类胡萝卜素可以游离态溶于细胞的脂质中，也能与碳水化合物、蛋白质或脂类形成结合态存在，或与脂肪酸形成酯。

类胡萝卜素按结构可归为两大类：一类是称为胡萝卜素的纯碳氢化合物，包括α-，β-，γ-胡萝卜素及番茄红素；另一类是结构中含有羟基、环氧基、醛基、酮基等含氧基团的叶黄素类，如叶黄素、玉米黄素、辣椒红素、虾黄素等。图8-6所示为一些常见类胡萝卜素的结构。从中可以看出，类胡萝卜素的基本结构是多个异戊二烯结构首尾相连的大共轭多烯，多数类胡萝卜素的结构两端都具有环己烷。

α-胡萝卜素

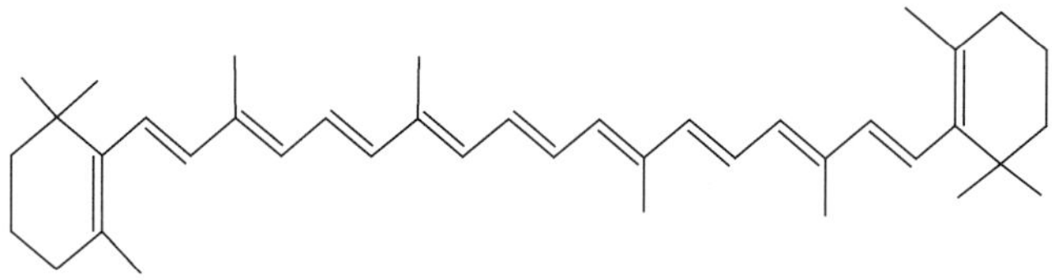

β-胡萝卜素

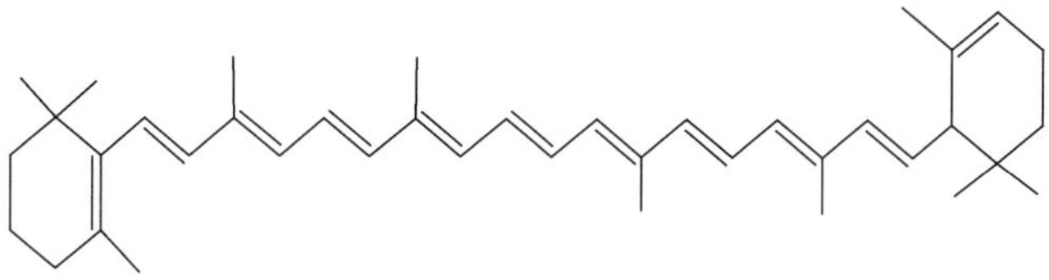

γ-胡萝卜素

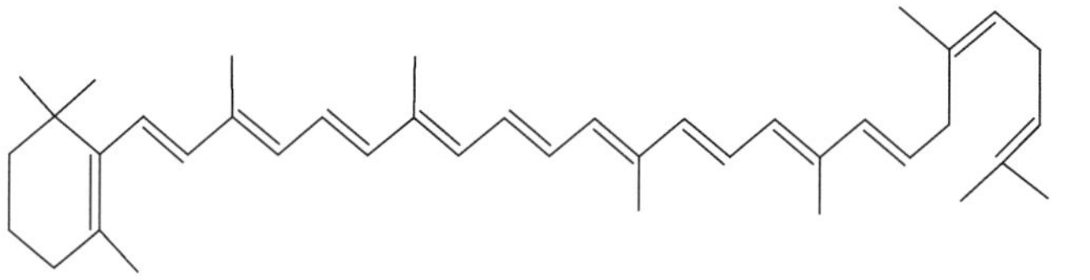

番茄红素

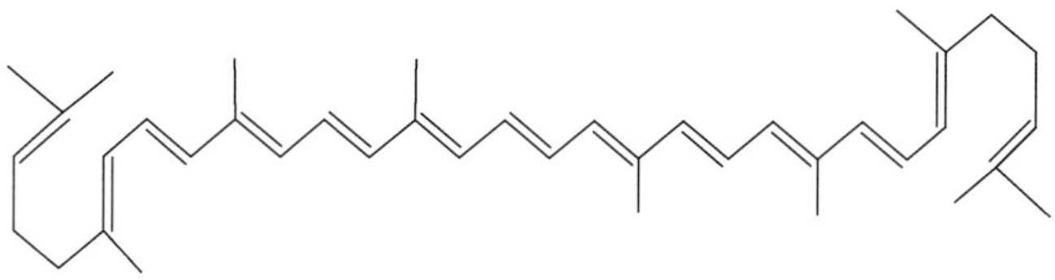

叶黄素

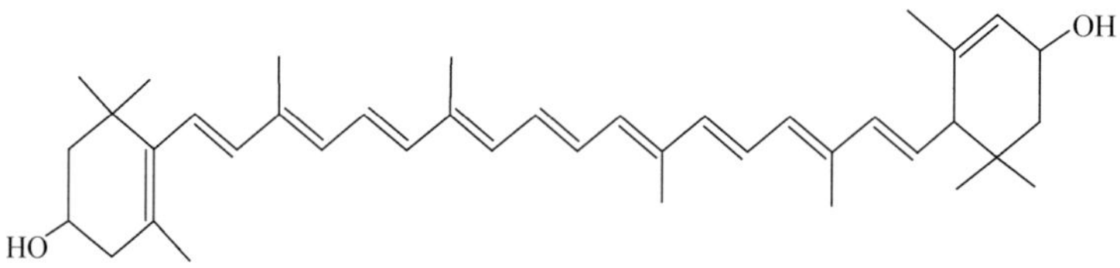

玉米黄素

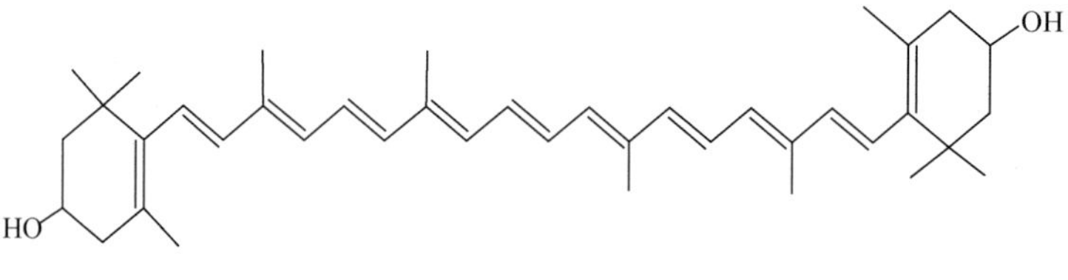

隐黄素

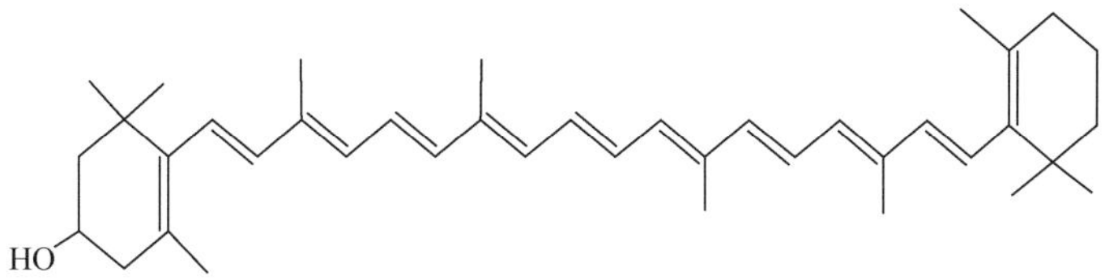

虾黄素

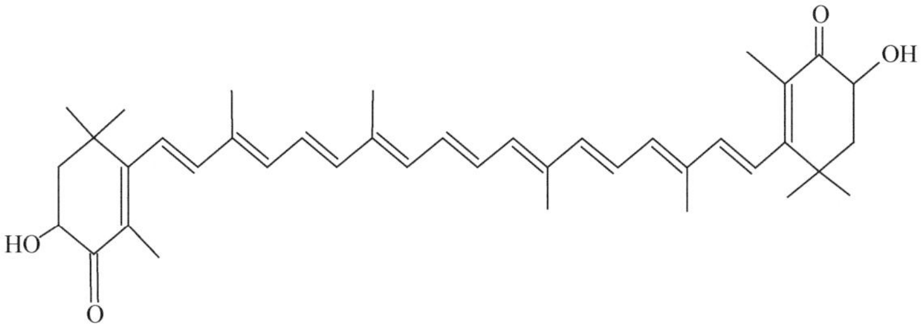

辣椒红素

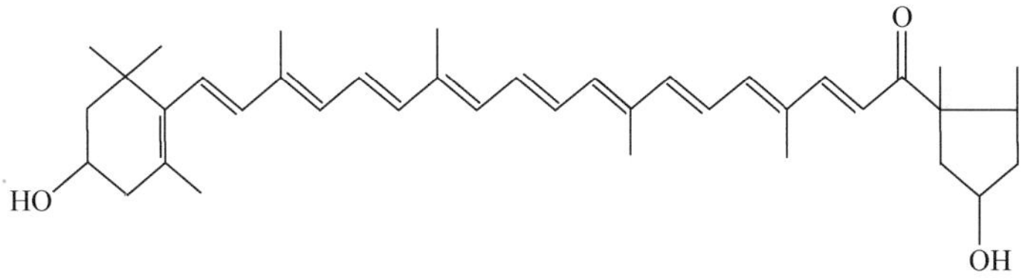

藏红花素

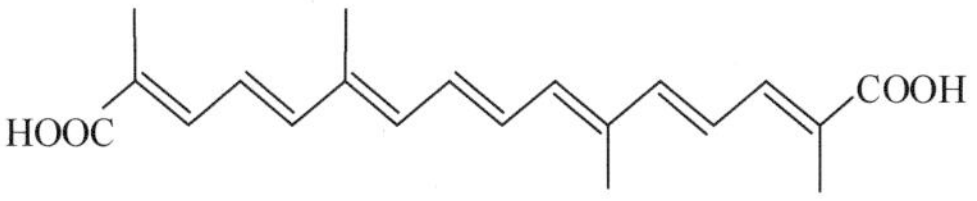

图 8-6　常见类胡萝卜素的结构

类胡萝卜素是脂溶性色素，胡萝卜素类微溶于甲醇和乙醇，易溶于石油醚；叶黄素类却易溶于甲醇或乙醇中。由于类胡萝卜素具有高度共轭双键的发色基团和含有—OH 等助色基团，故呈现不同的颜色。但分子中至少含有 7 个共轭双键时才能呈现出黄色。食物中的类胡萝卜素一般是全反式构型，偶尔也有单顺式或二顺式化合物存在。全反式化合物颜色最深，若顺式双键数目增加，会使颜色变浅。类胡萝卜素在酸、热和光作用下很容易发生顺反异构化，所以颜色常在黄色和红色范围内轻微变动。

2. 在食品加工与贮藏中的变化

一般说来，食品加工过程对类胡萝卜素的影响很小。类胡萝卜素耐 pH 变化，对热较稳定。但在脱水食品中类胡萝卜素的稳定性较差，能被迅速氧化褪色。首先是处于类胡萝卜素结构两端的烯键被氧化，造成两端的环状结构开环并产生羰基。进一步的氧化可发生在任何一个双键上，产生分子质量较小的含氧化合物，被过度氧化时，完全失去颜色。脂氧合酶催化底物氧化时会产生具有高度氧化性的中间体，能加速类胡萝卜素的氧化分解。食品加工中，热烫处理可钝化降解类胡萝卜素的酶类。

类胡萝卜素与蛋白质形成的复合物，比游离的类胡萝卜素更稳定。例如，虾黄素是存在于虾、蟹、牡蛎及某些昆虫体内的一种类胡萝卜素。在活体组织中，其与蛋白质结合，呈蓝青色。当久存或煮熟后，蛋白质变性与色素分离，同时虾黄素发生氧化，变为红色的虾红素。烹熟的虾、蟹呈砖红色就是虾黄素转化的结果。

小资料

胡萝卜的吃法

胡萝卜素易溶于油脂、不溶于水并不代表胡萝卜必须用油炒。只要进入小肠的食物里面有脂肪，就足够帮助胡萝卜素吸收了。

胡萝卜素在植物细胞中，算得上是“被锁深宫”，细胞壁是它跑出来的大障碍。生啃胡萝卜，细胞壁太坚硬完整，就比较难吸收，而且需要更多的油脂帮忙。胡萝卜蒸软炖软是有帮助的，油炒油炸则是不必要的。经过加热，让细胞变软，细胞透性上升，嚼烂之后，胡萝卜素就比较容易被吸收利用。

再推荐一些更棒的吃法：蒸饭煮粥的时候撒点胡萝卜丁；直接把味道比较甜的胡萝卜切条蒸熟当成甜食吃。

（四）花青素

1. 结构

花青素是一类水溶性色素。许多花、果实、茎和叶具有鲜艳的颜色，就是因为在其细胞液中存在花青素。已知花青素有 20 多种，食物中重要的有 6 种，即天竺葵色素、矢车菊色素、飞燕草色素、芍药色素、牵牛花色素和锦葵色素。自然状态的花青素都以糖苷形式存在，称为花青苷，很少有游离的花青素存在。花青素的基本结构是带有羟基或甲氧基的 2-苯基-苯并吡喃环的多酚化合物，称为花色基原。花色基原可与一个或几个单糖结合成花青苷，糖基部分一般是葡萄糖、鼠李糖、半乳糖、木糖和阿拉伯糖。这些糖基有时被有机酸酰化，主要的有机酸包括对香豆酸、咖啡酸、阿魏酸、丙二酸、对羟基苯甲酸等。花青苷比花青素的稳定性强，且花色基原中甲氧基多时稳定性比羟基多时高。

花青素可呈蓝、紫、红、橙等不同的色泽，主要是结构中的羟基和甲氧基的取代作用的影响。如图 8-7 所示，随着羟基数目的增加，颜色向紫蓝方向增强；随着甲氧基数目的增加，颜色向红色方向变动。

2. 在食品加工与贮藏中的变化

花青素和花青苷的化学稳定性不高，在食品加工和贮藏中经常因化学作用而变色。影响变色反应的因素包括 pH、温度、光照、氧、氧化剂、金属离子、酶等。

（1）pH 的影响　在花青苷分子中，其吡喃环上的氧原子是四价的，具有碱的性质，而其酚羟基则具有酸的性质。这使花青苷在不同 pH 下出现 4 种结构形式，如图 8-8 所示，花青苷的颜色随之发生相应改变。以矢车菊色素为例，在酸性 pH 中呈红色，在 pH 8~10 时呈蓝色，而 pH>11 时吡喃环开裂，形成无色的查耳酮。

（2）温度和光照的影响　高温和光照会影响花青苷的稳定性，加速花青苷的降解变色。一般来说，花色基原中含羟基多的花青苷的热稳定性不如含甲氧基或含糖基多的花青苷。光照下，酰化和甲基化的二糖苷比非酰化的二糖苷稳定，二糖苷又比单糖苷稳定。

（3）抗坏血酸的影响　果汁中抗坏血酸和花青苷的量会同步减少，且促进或抑制抗坏血酸和花色苷氧化降解的条件相同。这是因为抗坏血酸在被氧化时可产生 H_2O_2，H_2O_2 对花色基原的 2 位碳进行亲核进攻，裂开吡喃环而产生无色的醌和香豆素衍生物，这些产物还可进一步降解或聚合，最终在果汁中产生棕褐色沉淀。

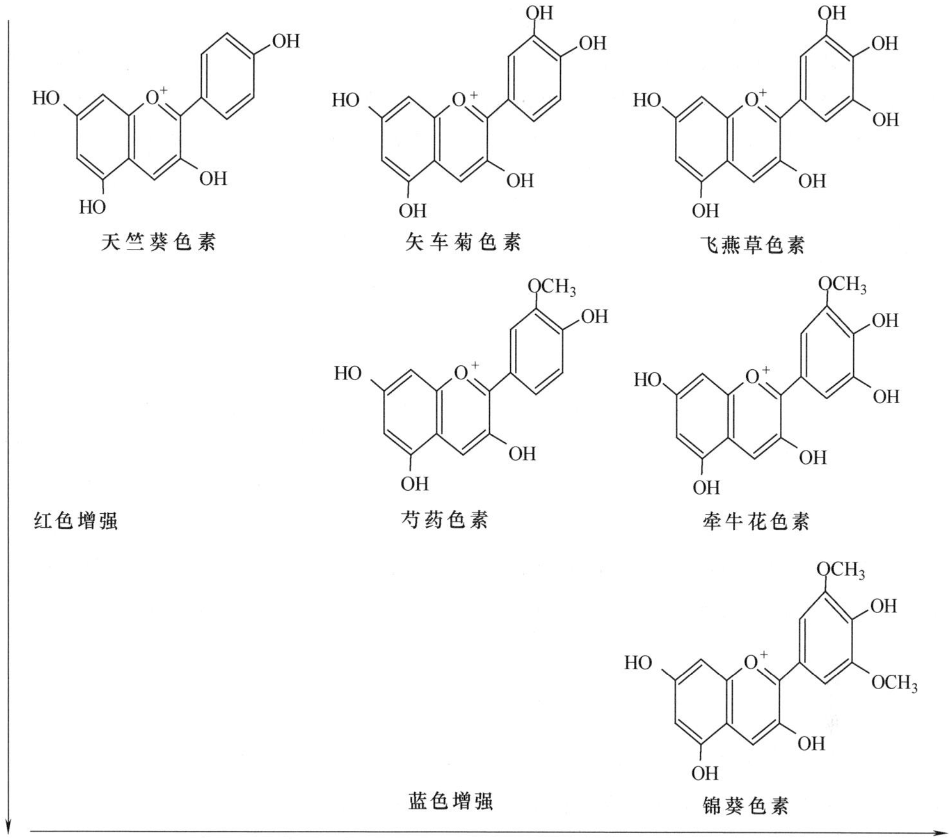

图 8-7　食品中常见花青素及取代基对其颜色的影响

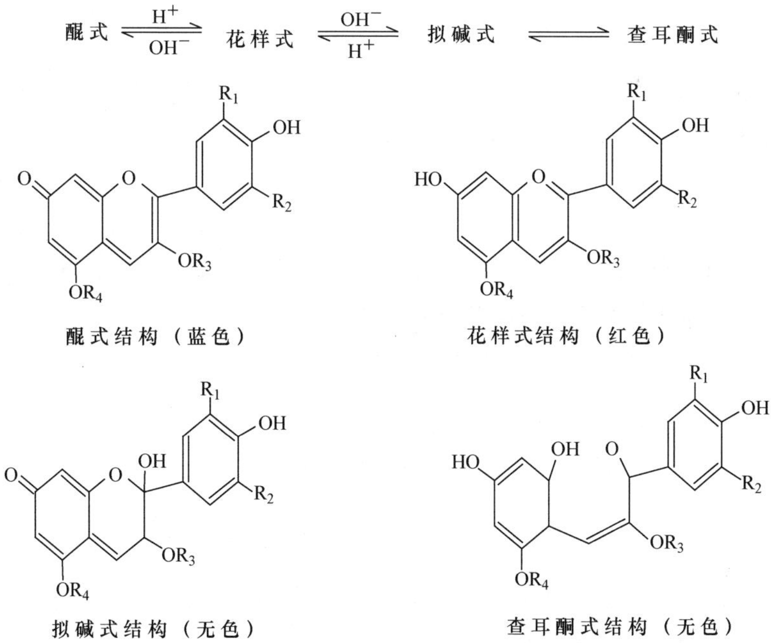

图 8-8　花青苷在不同 pH 下结构和颜色的变化

（4）二氧化硫的影响　水果在加工时常添加亚硫酸盐或二氧化硫，使其中的花青素褪色成微黄色或无色。如图 8-9 所示，其原因不是由于氧化还原作用或使 pH 发生变化，而是能在 2，4 位碳的位置上发生加成反应，生成无色的化合物。

（5）金属元素的影响　花青苷可与 Ca、Mg、Mn、Fe、Al 等金属元素形成络合物，如图 8-10 所示，产物通常为暗灰色、紫色、蓝色等深色色素，使食品失去吸引力。因此，含花青苷的果蔬加工时不能接触金属制品，并且最好用涂料罐或玻璃罐包装。

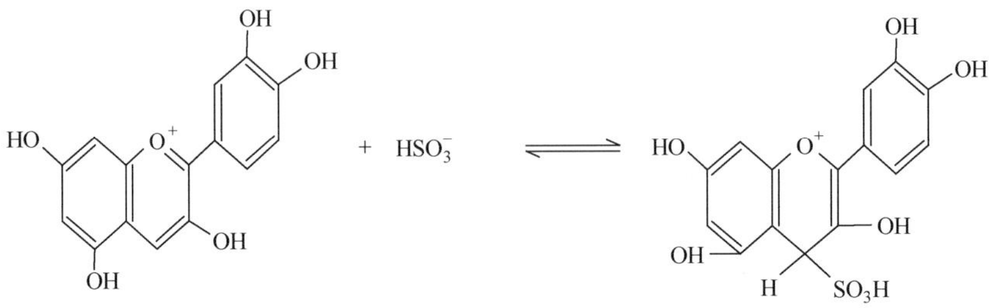

图 8-9　花青素与亚硫酸盐形成复合物

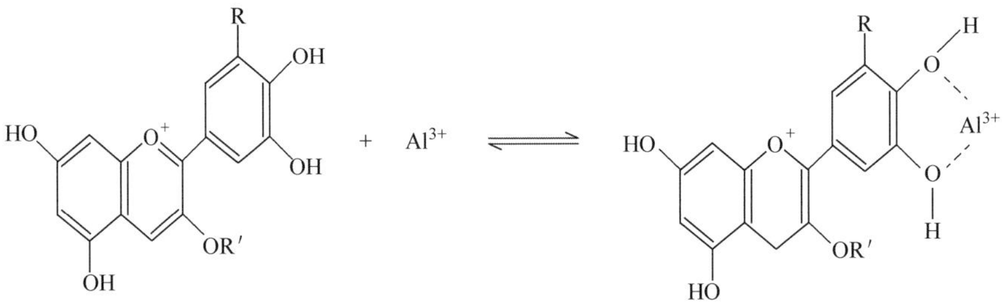

图 8-10　花色苷与金属离子形成络合物

（6）糖及糖的降解产物的影响　高浓度糖存在下，水分活度降低，花青苷生成拟碱式结构的速度减慢，故花青苷的颜色较稳定。在果汁等食品中，糖的浓度较低，花青苷的降解加速，生成褐色物质。果糖、阿拉伯糖、乳糖和山梨糖的这种作用比葡萄糖、蔗糖和麦芽糖更强。这种反应的机制尚未充分阐明。

（7）酶促变化的影响　花青苷的降解与酶有关。糖苷水解酶能将花青苷水解为稳定性差的花青素，加速花青苷的降解。多酚氧化酶催化小分子酚类氧化，产生的中间产物邻醌能使花青苷转化为氧化的花青苷及降解产物。

小资料

花青素的功效

紫甘薯、葡萄、紫甘蓝、蓝莓、茄子皮、樱桃、草莓、桑葚、黑米等富含花青素。

1. 预防癌症

花青素具有清除自由基的功效，也可让癌细胞无法顺利扩散，借此保护更多健康的细胞免于被癌细胞侵蚀。

2. 保护视力

蓝莓中的花青素可促进视网膜细胞中视紫质的再生成，对保护视力有潜在作用。

3. 口服的皮肤化妆品

在欧洲，花青素被称为是“口服的皮肤化妆品”，能防止皮肤皱纹提早生成，更能补充营养及消除体内有害的自由基。花青素是天然的阳光遮盖物，能够阻止紫外线侵害皮肤。

4. 清除体内有害的自由基

自由基是造成老化及诸多疾病的重要原因之一，花青素能保持并增强维生素在人体内的活性，是维生素的增效剂。花色素对抗自由基的能力比维生素 E 强 50 倍，比维生素 C 强 20 倍。

5. 改善睡眠

睡眠不足导致免疫调节功能下降，内分泌功能紊乱，致使体内产生大量的自由基。花青素具有深入细胞、保护细胞膜不被自由基氧化的作用；具有强力抗氧化和抗过敏功能；还能穿越血脑屏障，保护脑神经不被氧化，同时稳定脑组织，保护大脑不受有害化学物质和毒素的伤害。

6. 加固血管，改善循环

花青素能够改善血液循环，恢复失去的微血管功效，使血管更具弹性。

（五）黄酮类色素

1. 结构与性质

黄酮类色素是广泛分布于植物组织细胞中的一类水溶性色素，常为浅黄色或无色，偶为橙黄色。如图 8-11 所示，构成黄酮类色素的母核，其显著特征是含有 2-苯基-苯并吡喃酮。

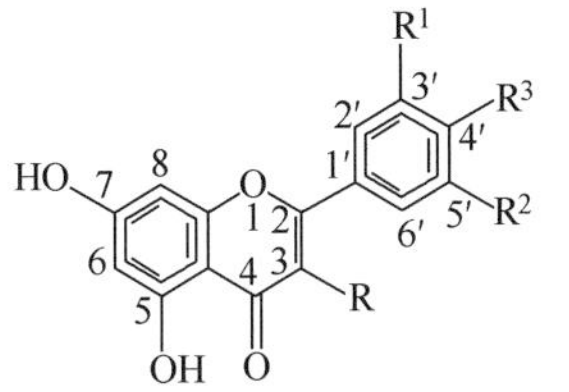

图 8-11　黄酮类色素母核的结构

黄酮类色素母核在不同碳位上发生羟基或甲氧基取代，即成为黄酮类色素。食品中常见黄酮类色素的结构如图 8-12 所示。黄酮类多以糖苷的形式存在，成苷位置一般在母核的 4，5，7，3′碳位上，其中以 C_7 位最常见。成苷的糖基包括葡萄糖、鼠李糖、半乳糖、阿拉伯糖、木糖、芸香糖、新橙皮糖和葡萄糖酸。

槲皮素广泛存在于苹果、梨、柑橘、洋葱、茶叶、啤酒花、玉米、芦笋等中。苹果中的槲皮素苷是 3-半乳糖苷基槲皮素，称为海棠苷；柑橘中的芸香苷是 3-β-芸香糖苷基槲皮素；玉米中的异槲皮素为 3-葡萄糖苷基槲皮素。圣草素在柑橘类果实中含量最多。柠檬等水果中的 7-鼠李糖苷基圣草素称为圣草苷，是维生素 P 的组成之一。柚皮素在 C_7 处与新橙皮糖成苷，称为柚皮苷，味极苦。其在碱性条件下开环、加氢形成二氢查耳酮类化

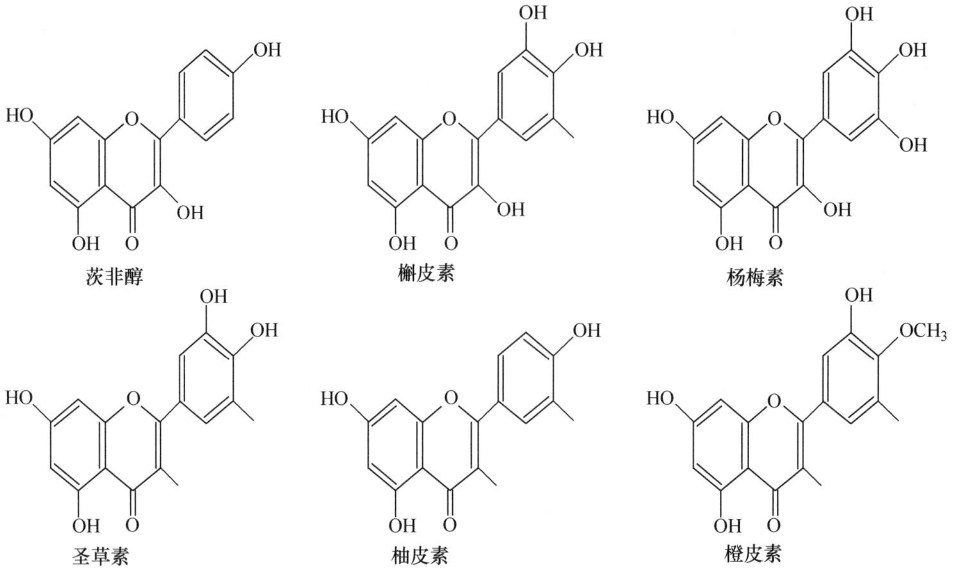

图 8-12　常见黄酮类色素的结构

合物时，则是一种甜味剂，甜度可达蔗糖的 2 000 倍。橙皮素大量存在于柑橘皮中，在 C_7 处与芸香糖成苷，称为橙皮苷，在 C_7 处与 β-新橙皮糖成苷，称为新橙皮苷。红花素是一种查耳酮类色素，存在于菊科植物红花中。自然状态下与葡萄糖形成红色的红花酮苷，当用稀酸处理时转化为黄色的异构体异红花苷。

黄酮类色素的类似物还有黄酮醇、查耳酮、黄烷酮、异黄酮、双黄酮等衍生物，其中部分物质的结构如图 8-13 所示。

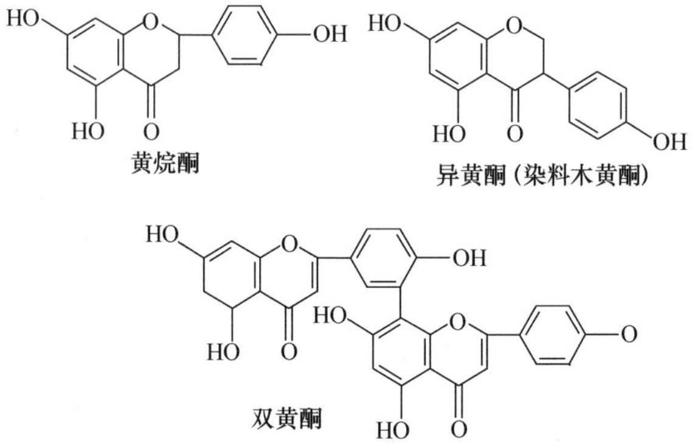

图 8-13　部分类黄酮类物质

2. 在食品加工与贮藏中的变化

在食品加工中，若水的硬度较高或因使用碳酸钠和碳酸氢钠而使 pH 上升，原本无色的黄烷酮或黄酮醇之类的类黄酮可转变为有色物。例如，马铃薯、小麦粉、芦笋、荸荠、黄皮洋葱、菜花和甘蓝等在碱性水中烫煮都会出现由白变黄的现象，其主要变化是黄烷酮类转化为有色的查耳酮类。该变化为可逆变化，可用有机酸加以控制和逆转。在水果蔬菜加工中，用柠檬酸调整预煮水 pH 的目的之一就在于控制黄酮色素的变化。

类黄酮可与多价金属离子形成络合物。例如，与 Al^{3+} 络合后会增强黄色，与 Fe^{2+} 络合后可呈蓝、黑、紫、棕等不同颜色。芦笋中的芸香苷遇到 Fe^{2+} 后会产生难看的深色，使芦笋产生深色斑点。相反，芸香苷与 Sn^{2+} 络合时，则生成吸引人的黄色。黄酮类色素在空气中久置，易氧化而成为褐色沉淀，这是果汁久置变褐生成沉淀的原因之一。

3. 提取、分离与纯化

黄酮类物质又称维生素 P，具有抗氧化及抗自由基作用，可用于延缓衰老，预防和治疗癌症、心血管病等退变性疾病，提高机体免疫力，具有很大的开发应用价值。食品工业中利用柑橘皮、芦笋加工的下脚料可制成药用芦丁，是良好的降血压用药。

黄酮类物质因其结构和来源的不同，溶解特性差异也很大，应根据其极性和水溶性的大小选择合适的溶剂进行提取。甲醇和乙醇是常用的提取溶剂，90%～95%的高浓度醇适于提取苷元，60%左右浓度的醇适于提取苷类。提取次数一般是 2～4 次，可用冷浸法或加热抽提法提取。

黄酮类物质的分离纯化方法很多，有柱层析、薄层层析、溶剂萃取、高效液相色谱、液滴逆流层析等，但均存在不同程度的缺点而限制了其工业化生产。目前，超临界 CO_2 萃取法由于具有工艺简单、无有机溶剂残留、操作条件温和等优点而备受青睐。另外，大孔树脂吸附法具有物化稳定性高、吸附选择性好、再生简便、解吸条件温和、使用周期长等特性，可用于黄酮类物质的分离纯化。

知识点三 天然食品着色剂

天然食品着色剂是从天然原料中提取的有机物，安全性高，资源丰富。近年来天然食品着色剂发展很快，各国许可使用的品种和产量不断增加，国际上已开发的天然食品着色剂在 100 种以上。我国天然食品着色剂年产 1 万 t 左右，其中焦糖色素 600 多吨，虫胶红、叶绿素铜钠盐、辣椒红、红曲色素、栀子黄、高粱红、姜黄素等都有一定的生产量。

一、甜菜色素

甜菜色素是存在于食用红甜菜中的天然植物色素，由红色的甜菜红素和黄色的甜菜黄素组成。甜菜红素中主要成分为甜菜红苷，占红色素的 75%～95%，其余尚有异甜菜苷、前甜菜苷等。甜菜黄素包括甜菜黄素Ⅰ和甜菜黄素Ⅱ。其结构如图 8-14 所示，是一种吡啶衍生物。

甜菜红素一般以糖苷的形式存在，有时也有游离的甜菜红素。甜菜红素分子在缺氧、酸性或碱性条件下很容易在 C_{15} 位上发生差向异构形成异甜菜红素。

甜菜色素易溶于水呈红紫色，在 pH 4.0～7.0 范围内不变色；pH 小于 4.0 或大于 7.0 时，溶液颜色由红变紫；pH 超过 10.0 时，溶液颜色迅速变黄，此时甜菜红素转变成甜菜黄素。

甜菜色素的耐热性不高，在 pH 4.0～5.0 时相对稳定，光、氧、金属离子等可促进其降解。水分活度对甜菜色素的稳定性影响较大，其稳定性随水分活度的降低而增大。

甜菜色素对食品的着色性好，能使食品具有杨梅或玫瑰的鲜红色泽，我国允许用量按

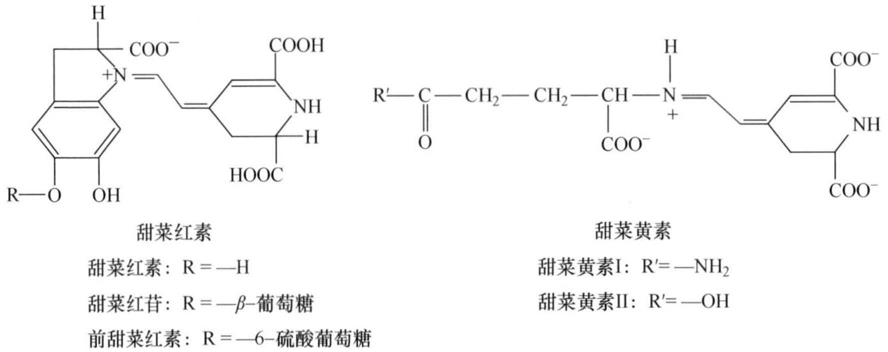

图 8-14　甜菜色素的结构

正常生产需要而定。

二、红曲色素

红曲色素是由红曲霉菌产生的色素，有 6 种结构相似的组分，均属于酮类化合物，其化学结构式如图 8-15 所示。

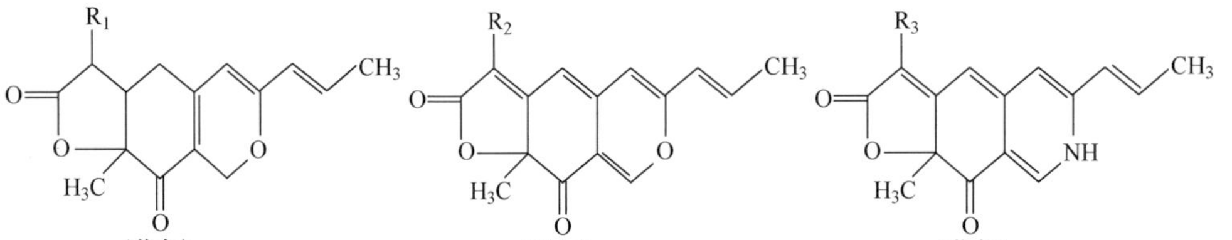

图 8-15　红曲色素的结构

红曲色素是用水将米浸透、蒸熟，接种红曲霉菌发酵而成。用乙醇提取得到红曲色素溶液，进一步精制结晶可得红曲色素。红曲色素具有较强的耐光、耐热性，对 pH 稳定，几乎不受金属离子的影响，也不易被氧化或还原。

红曲色素安全性高，稳定性强，着色性好，广泛用于畜产品、水产品、豆制品、酿造食品和酒类的着色。我国允许按正常生产需要量添加于食品中。

三、姜黄素

姜黄素是从草本植物姜黄根茎中提取的一种黄色色素，属于二酮类化合物，其化学结构式如图 8-16 所示。

姜黄素为橙黄色粉末，具有姜黄特有的香辛气味，味微苦。在中性和酸性溶液中呈黄

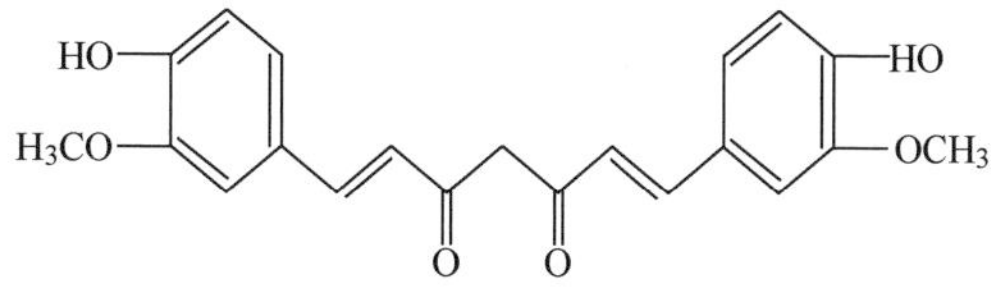

图 8-16　姜黄素的结构

色，在碱性溶液中呈褐红色。不易被还原，易与铁离子结合而变色。对光、热稳定性差，着色性较好，对蛋白质的着色力强。可以作为糖果、冰淇淋等食品的增香着色剂。我国允许的添加量因食品而异，一般为 0.01g/kg。

四、虫胶色素

虫胶色素是一种动物色素，它是紫胶虫在蝶形花科黄檀属、梧桐科芒木属等寄生植物上分泌的紫胶原胶中的一种色素成分。在我国主要产于云南、四川、台湾等地。

虫胶色素有溶于水和不溶于水两大类，均属于蒽醌衍生物。溶于水的虫胶色素称为虫胶红酸，包括 A、B、C、D、E 五种组分，结构式如图 8-17 所示。

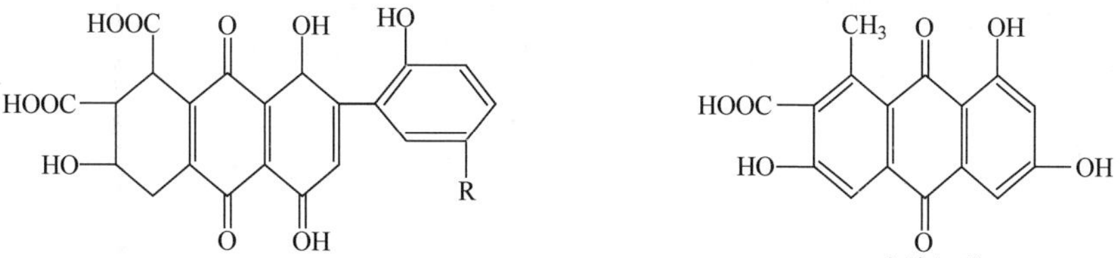

虫胶红酸A，B，C，E　　　虫胶红酸D

A：R = —$CH_2CH_2NHCOCH_3$

B：R = —CH_2CH_2OH

C：R = —$CH_2CH(NH_2)COOH$

E：R = —$CH_2CH_2NH_2$

图 8-17　虫胶红酸的结构

虫胶红酸为鲜红色粉末，微溶于水，易溶于碱性溶液。溶液的颜色随 pH 而变化，pH <4 为黄色，pH = 4.5~5.5 显橙红色，pH >5.5 为紫红色。虫胶红酸易与碱金属以外的金属离子生成沉淀，在酸性时对光、热稳定，在强碱性溶液（pH >12）中易褪色。常用于饮料、糖果、罐头着色，我国允许的最大使用量为 0.5g/kg。

五、焦糖色素

焦糖色素也称酱色，是蔗糖、饴糖、淀粉水解产物等在高温下发生不完全分解并脱水聚合而形成的红褐色或黑褐色的混合物。如蔗糖，在 160℃ 下形成葡聚糖和果聚糖，在 185~190℃ 下形成异蔗聚糖，在 200℃ 左右聚合成焦糖烷和焦糖烯，200℃ 以上则形成焦糖块，酱色即上述各种脱水聚合物的混合物。

焦糖色素具有焦糖香味和愉快的苦味，易溶于水，在不同 pH 下呈色稳定，耐光、耐色性均好，但当 pH >6 时易发霉。焦糖色素用于罐头、糖果、饮料、酱油、醋等食品的着色，其用量无特殊规定。

小资料

生抽和老抽的区别

酿造酱油可分为生抽和老抽。

生抽：以优质黄豆和面粉为原料，经发酵成熟后提取而成。色泽淡雅，酯香、酱香浓郁，味道鲜美。

老抽：在生抽中加入焦糖，经过特别工艺制成的浓色酱油，适用于红烧肉、烧卤食品及烹调深色菜肴。色泽浓郁，具有醋香和酱香。

生抽、老抽二者最大的区别是老抽由于添加了焦糖而颜色浓，黏稠度较大；而生抽酱油盐度较低，颜色也较浅。如果做粤菜或者需要保持菜肴原味时可以选用生抽酱油；如果想做口味重的菜或需要上色的菜肴如红烧肉，最好选用老抽酱油。

重点小结

食品原料中天然存在的有色物质称为食品中的天然色素。可按其来源、溶解性和化学结构分别进行分类。常见的食品天然色素包括叶绿素、血红素、类胡萝卜素、花青素、黄酮类色素等，它们由于自身的结构和性质，在食品加工与贮藏中，受到一定因素的影响，发生着一定的变化。天然食品着色剂是从天然原料中提取的有机物，均具有稳定性好、安全性高、着色性好的特点。在食品加工中，多数食品着色剂国家都规定了其允许的最大使用量。

技能训练

技能训练一 色素拼色

一、目的要求

（1）掌握基本色、二次色、三次色的不同色谱。
（2）学习拼色的基本方法。

二、实验原理

红、黄、蓝是所有色彩中的基本色，由这 3 种基本色可配制出不同的色调。在食品工业中，色调的选择要符合人们的心理和习惯上对食品颜色的要求，即选择符合自然色泽的颜色，如橘汁要选橙黄色、杨梅汁要选红色等，还可根据不同的需要，选择 2 种或 3 种色素配成不同的色调。基本方法是由基本色配制成二次色，或由二次色配制成三次色。其过程表示如下：

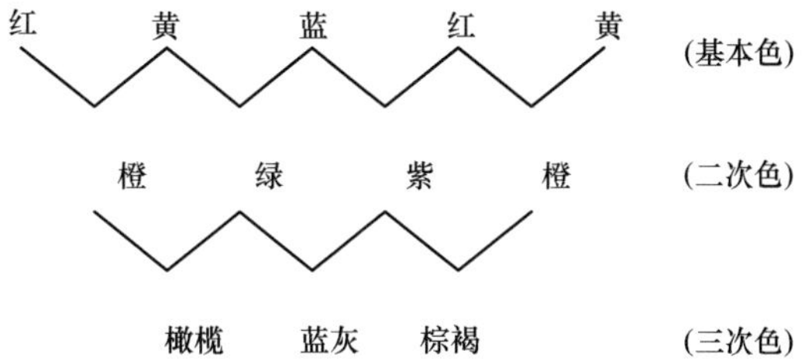

不同的色调可由不同的色素按不同比例拼配而成，如表 8-2 所示。

表 8-2　　几种色调的拼配比例　　单位：%

色　调	苋菜红	胭脂红	柠檬黄	日落黄	靛蓝	亮蓝
橘红		40	60			
大红	50	50				
杨梅红	60	40				
番茄红	93			7		
草莓红	73			27		
蛋黄	2		93	5		
绿色			72			28
苹果绿			45		55	
紫色	68					32
葡萄紫	40				60	
葡萄酒	75		20			5
小豆	43		32		25	
巧克力	36		48		16	

另外，各种食用合成色素溶解在不同的溶剂中可能产生不同的色调和颜色强度。尤其是两种食用合成色素拼色时，情况更为显著。

三、实验器材和试剂

（1）实验试剂　无水乙醇、0.2g/L 苋菜红溶液、0.2g/L 胭脂红溶液、0.2g/L 日落黄溶液、0.5g/L 柠檬黄溶液、0.2g/L 亮蓝溶液、0.1g/L 靛蓝溶液。

（2）实验仪器　试管和试管架、滴管、吸量管（1mL、2mL、5mL、10mL）。

四、操作步骤

1. 由基本色配制二次色

取 6 支洁净干燥的试管，依次排列于试管架上，按表 8-3 要求加入试剂，并记录滴数。

表 8-3　　配色方法

试管号	胭脂红溶液体积/mL	靛蓝溶液体积/mL	柠檬黄溶液体积/mL
1	5	逐滴加入变成紫色	0
2	5	0	逐滴加入变成橙色
3	逐滴加入变成紫色	5	0
4	0	5	逐滴加入变成绿色
5	逐滴加入变成橙色	0	5
6	0	逐滴加入变成绿色	5

加入试剂后摇匀，仔细观察 3 种二次色的颜色。

2. 二次色配制三次色

按上述方法再配成橄榄、蓝灰、棕褐三次色，并记录滴数。配完后仔细观察三次色的颜色。

3. 不同色调的配制

（1）葡萄酒色调　取 1 支洁净干燥的试管，加入 0.2g/L 苋菜红溶液 7.5mL，加入 0.2g/L 柠檬黄溶液 2.0mL（0.5g/L 柠檬黄溶液稀释制得），再逐滴加入 0.2g/L 亮蓝溶液使成葡萄酒色调，记录滴数。

（2）蛋黄色调　取 1 支洁净干燥的试管，加入 0.2g/L 柠檬黄溶液（稀释制得）9.3mL，加入 0.2g/L 日落黄溶液 0.5mL，逐滴加入 0.2g/L 苋菜红溶液使其成为蛋黄色调，记录滴数。

（3）巧克力色调　取 1 支洁净干燥的试管，加入 0.1g/L 柠檬黄溶液（稀释制得）4.8mL，加入 0.1g/L 苋菜红溶液 3.6mL（稀释制得），逐滴加入 0.1g/L 靛蓝溶液使其成为巧克力色调，记录滴数。

（4）自选一种色调进行拼色。

4. 不同溶剂对色调的影响

（1）将上述 3 支试管的溶液（葡萄酒色调、蛋黄色调、巧克力色调）分别移取 5.0mL 依次注入另外 3 支洁净干燥的试管中，于试管架上依次排列。

（2）在前 3 支试管中分别各加入 5.0mL 蒸馏水，摇匀。在后 3 支试管中各加入 5.0mL 无水乙醇，摇匀。一一对应仔细观察色调和颜色强度的变化。

将记录的滴数换算成体积，粗略算出二次色的三种色调的拼配比例。

五、注意事项

（1）试剂的加取均用吸量管。

（2）色素溶液配制要相对准确，避免接触金属。

六、思考题

（1）色素拼色的基本方法是什么？

（2）生产中食用合成色素调色应注意什么问题？

技能训练二 辣椒红色素的分离提取及测定

一、目的要求

（1）了解食品中天然色素的提取技术。
（2）熟悉辣椒红色素分离技术。
（3）掌握辣椒红色素测定方法。

二、实验原理

辣椒红色素为脂溶性色素，选用适当的方法提取后，可采用不同的分离技术进行色素的分离，用分光光度法或色谱法进行定量测定。

三、实验材料与设备

（1）实验材料　干红辣椒。
（2）实验试剂　石油醚、丙酮、氯仿、乙酸乙酯、乙醇、甲醇、柱层析用硅胶、薄层层析用硅胶、5g/L羧甲基纤维素钠等。
（3）实验设备　粉碎机、索式抽提器、超声波清洗器、微波萃取器、旋转蒸发仪、烘箱、柱层析、层析缸、分光光度计、高效液相色谱仪等。

四、操作步骤（可作为参考）

（1）色素提取　将干红辣椒粉碎后用索氏提取法进行浸提。
（2）色素的粗分离　柱层析法。
（3）色素分离　薄层板的制备及薄层层析分离。
（4）色素测定　分光光度法或高效液相色谱法。

五、注意事项

（1）实验的设计及实施要根据实验室的条件而定，只要条件能够满足，具体方法不限。
（2）实验结束后，每组需交一份研究性实验报告，内容包括辣椒红素的简要综述、实验的方法和结果（需附分离图）、分析讨论、参考文献。

六、思考题

（1）除辣椒红素外，还有哪些色素的分离提取可以用到你所采用的方法？

（2）辣椒红素属于食品中的哪一类色素？它的性质如何？在分离提取以及贮藏、加工过程中应注意哪些问题？

（3）一个实验的成功包括很多因素，通过这次实验，你最大的收获和体会是什么？

技能训练三 总胡萝卜素的测定（比色法）

一、目的要求

（1）了解总胡萝卜素的测定原理。

（2）掌握总胡萝卜素的测定方法。

二、实验原理

样品通过石油醚-丙酮（1∶0.5，体积比）混合液萃取，使之与非类胡萝卜素成分分离，在451nm波长下测定萃取溶液的吸光度，可以计算出食品中总胡萝卜素的含量。

三、实验材料、仪器与试剂

（1）实验材料　胡萝卜、菠菜、油菜等。

（2）实验仪器　可见分光光度计、分液漏斗（150mL）、容量瓶（50mL）、量筒（100mL）、三角瓶（100mL）、研钵、铁架台、漏斗、铁圈。

（3）实验试剂　石油醚、丙酮、无水硫酸钠、石英砂、饱和氯化钠溶液。

四、操作步骤

（1）样品处理　称取5g已捣碎混匀的样品置研钵内，加石油醚-丙酮（1∶0.5）混合溶液10mL，石英砂少量，研磨提取，然后将提取液过滤至100mL三角瓶中。如此反复提取残渣3~4次。并过滤，直到提取液无色，将几次滤液从100mL三角瓶移至150mL梨形分液漏斗中，并用水洗涤石油醚层，出现乳化时，加饱和氯化钠溶液3~5mL，剧烈振荡，待液相分层后，弃去下层水相，重复2~3次，将石油醚层定量转移至50mL容量瓶中，用无水硫酸钠过滤，以石油醚定容，摇匀。置暗处供比色用。

（2）测定　用1cm比色皿以石油醚作空白，在451nm波长处测定吸光度。

五、结果计算

以β-胡萝卜素含量计：

$$\text{总胡萝卜素}(\mu g/100g)=\frac{A\times V\times 100\times 1000\times 1000}{A_1\times m\times 100}=\frac{A\times 100\times 1000\times 1000}{2500\times m\times 100}=\frac{A}{m}\times 20000 \tag{8-1}$$

式中　A——样品在451nm波长下吸光度值；

A_1——1%β-胡萝卜素石油醚溶液在451nm波长下的吸光度值，即2500；
V——样品中总胡萝卜素石油醚提取液定容体积，mL；
m——样品质量，g。

六、注意事项

（1）为避免色素见光分解，操作时应尽量避光，捣碎时应尽量缩短时间。

（2）胡萝卜捣碎后颗粒越小越好，这样做的目的是让原料与萃取剂充分接触，提高萃取效率。

七、思考题

提取植物有效成分，如胡萝卜素时，为什么选择石油醚作为萃取剂？

思政案例

饮品褐变巧用巧控，脚踏实地志存高远

焦糖色素为一种暗褐色、有特殊甜香气及愉快焦苦味的天然着色剂，在饮料、罐头、饼干等食品中有着广泛应用。可乐饮料用焦糖色素调成红褐色，才成为色调悦目、广受欢迎的畅销饮品。焦糖色素是利用非酶褐变中的焦糖化反应制成的，可乐产品运用了褐变；对于消费者同样喜欢的果汁类饮品，褐变则是不适宜的，果汁从传统的小作坊榨汁得以实现现今的商品化流通，需要防止酶促褐变。

参考文献：滕静，张晶，等．食品化学课程融合思政教学探索［J］．安徽农业科学，2021，49（17）：269-271，275.

育人目标：酶促褐变与非酶褐变虽均属褐变现象，但背后蕴含着不同的反应机制，因此要学会透过现象发掘本质，科学研究需要有求索、钻研的精神。

复习思考

1. 食品中的天然色素按其化学结构可以分为哪几类？
2. 色素的发色原理是什么？
3. 试述叶绿素在食品加工与贮藏中的变化。
4. 试述肉类腌制品中的发色反应。
5. 虾、蟹经烹煮后变色的原因是什么？
6. 试述花青素在食品加工与贮藏中的变化。
7. 常见的黄酮类色素有哪些？

模块九

食品中的风味物质

学习目标

【知识目标】

1. 了解食品风味产生的途径及生理基础。
2. 熟悉风味物质的特点。
3. 掌握常见味感物质的特征。
4. 学会食品香气的控制方法。

【素质目标】

通过学习食品物质中风味的形成，以研究肉味香精的过程为案例，了解中国的合成香精不但在食品中得到了广泛应用，而且研发技术也遥遥领先，明白这种现象的背后离不开无数科研人员的辛劳付出，学习他们的科学精神，增强对科技兴邦的认识，激发对科技创新报国的决心。

学习导图

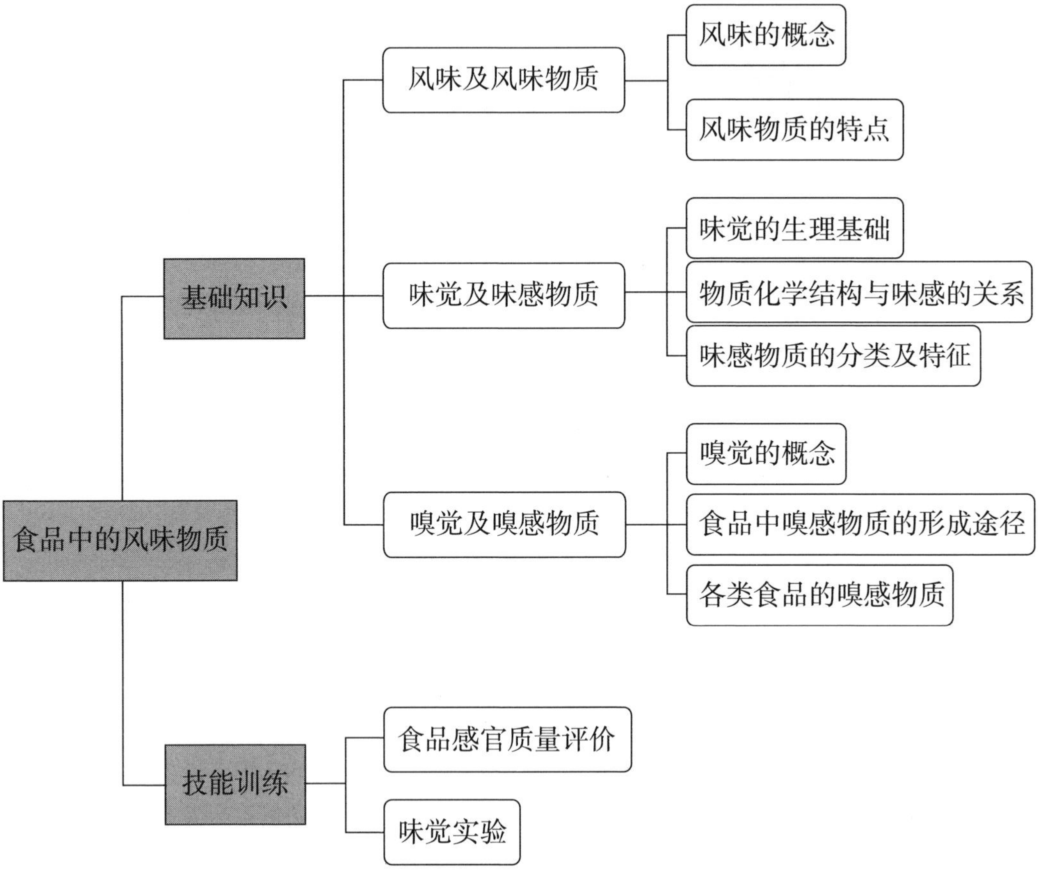
食品中的风味物质
基础知识
风味及风味物质
风味的概念
风味物质的特点
味觉及味感物质
味觉的生理基础
物质化学结构与味感的关系
味感物质的分类及特征
嗅觉及嗅感物质
嗅觉的概念
食品中嗅感物质的形成途径
各类食品的嗅感物质
技能训练
食品感官质量评价
味觉实验

基础知识

知识点一 风味及风味物质

一、风味的概念

风味通常是指食品风味，食品风味一般是指摄入口腔的食品，刺激人的各种感觉受体，使人产生的短时的、综合的生理感觉。这类感觉主要包括味觉、嗅觉、触觉、视觉等。由于食品风味是一种主观感觉，所以对风味的理解和评价往往会带有强烈的个人、地区或民族的特殊倾向性和习惯性。

实际上，食品所产生的风味是建立在复杂的物质基础之上的，就风味一词而言，“风”指的是飘逸的、挥发性物质，一般引起嗅觉反应；“味”指的是水溶性或油溶性物质，在口腔引起味觉的反应。因此，狭义上讲，食品风味就是食品中的风味物质刺激人的嗅觉和味觉器官产生的短时的、综合的生理感觉。食品风味的感官刺激分类和特点，如表 9-1 所示。

表 9-1　食品风味的感官刺激分类和特点

分类名称	感觉器官	刺激类别	特点
物理味	触觉 听觉	物理的和化学的	冷热、软硬、咀嚼感、黏稠度、弹性和平滑性等
化学味	嗅觉 听觉 触觉	化学的	甜味、酸味、咸味、苦味等
心理味	视觉	物理的	色泽、形状和光泽等

二、风味物质的特点

风味物质是指能够改善口感，赋予食品特征风味的化合物，它们具有以下特点。

(1) 食品风味物质是由多种不同类别的化合物组成的，通常根据味感与嗅感特点分类，如酸味物质、香味物质。但是同类风味物质不一定有相同的结构特点，酸味物质具有相同的结构特点，但香味物质结构差异很大。

(2) 除少数几种味感物质作用浓度较高以外，大多数风味物质作用浓度都很低。很多嗅感物质的作用浓度在 10^{-6}、10^{-9}、10^{-12} 数量级。虽然浓度很小，但对人的食欲产生极大作用。

(3) 很多能产生嗅觉的物质易挥发、易热解、易与其他物质发生作用，因而在食品加工中，哪怕是工艺过程很微小的差别，都将导致食品风味发生很大的变化。食品贮藏期的长短对食品风味也有极显著的影响。

（4）食品的风味是由多种风味物质组合而成，如目前已分离鉴定茶叶中的香气成分达500多种；咖啡中的风味物质有600多种；白酒中的风味物质也有300多种。一般食品中风味物质越多，食品的风味越好。

（5）呈味物质之间的相互作用对食品风味产生不同的影响。

①对比现象：两种或两种以上的呈味物质适当调配，使其中一种呈味物质的味觉变得更协调可口，称为对比现象。如100g/L的蔗糖水溶液中加入15g/L的食盐，使蔗糖的甜味更甜爽；味精中加入少量的食盐，使鲜味更饱满。

②相乘现象：两种具有相同味感的物质共同作用，其味感强度几倍于两者分别使用时的味感强度，称为相乘作用，又称协同作用。如味精与5′-肌苷酸（5′-IMP）共同使用，能相互增强鲜味；甘草苷本身的甜度为蔗糖的50倍，但与蔗糖共同使用时，其甜度为蔗糖的100倍。

③消杀现象：一种呈味物质能抑制或减弱另一种物质的味感称作消杀现象。例如，蔗糖、柠檬酸、食盐和奎宁之间，若将任何两种物质以适当比例混合时，都会使其中的一种味感比单独存在时减弱。如在10~20g/L的食盐水溶液中，添加70~100g/L的蔗糖溶液，则咸味的强度会减弱，甚至消失。

④变调现象：如刚吃过中药，接着喝白开水，感到水有些甜味，这就称为变调现象。先吃甜食，接着饮酒，感到酒似乎有点苦味，所以，宴席在安排菜肴的顺序上，总是先清淡，再味道稍重，最后安排甜食。这样可使人能充分感受美味佳肴的味道。

知识点二 味觉及味感物质

味觉及味感物质

味感是食物在人的口腔内对味觉器官刺激并产生的一种感觉。目前，世界各国对味感的分类并不一致（表9-2）。

表9-2　味感分类

国家或地区	味感
中国	甜、酸、咸、苦、鲜
日本	咸、酸、甜、苦、辣、鲜
欧美	酸、甜、苦、辣、咸、金属味
印度	咸、酸、甜、苦、辣、淡、涩、不正常味

一、味觉的生理基础

味觉的形成一般认为是呈味物质作用于舌面上的味蕾而产生的。味蕾是由30~100个变长的舌表皮细胞组成，味蕾深度为50~60μm、宽30~70μm，嵌入舌面的乳突中，顶部有味觉孔，敏感细胞连接着神经末梢，呈味物质刺激敏感细胞，产生兴奋作用，由味觉神经传入神经中枢，进入大脑皮质，产生味觉。味觉一般在1.5~4.0ms内完成。人的舌部有味蕾2 000~3 000个。人的味蕾结构如图9-1所示。

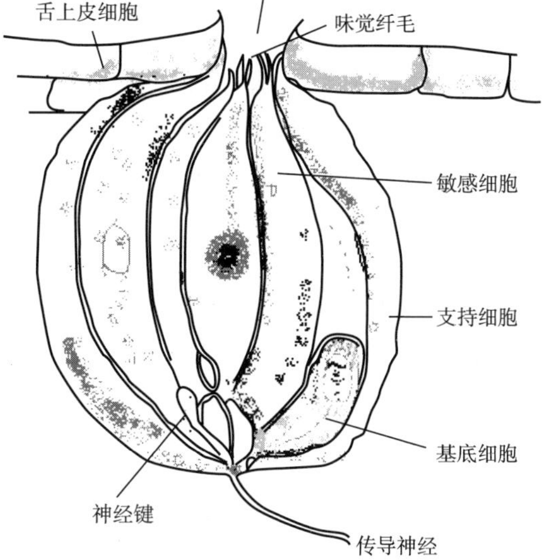

图9-1　味蕾的解剖图

由于舌部的不同部位味蕾结构有差异，因此，不同部位对不同的味感物质灵敏度不同，舌尖和边缘对咸味较为敏感，而靠腮两边对酸味敏感，舌根部则对苦味最敏感。通常把人能感受到某种物质的最低浓度称为阈值。表9-3所示为几种基本味感物质的阈值。物质的阈值越小，表示其敏感性越强。除上述情况外，人的味觉还有很多影响因素。俗话讲“饥不择食”，当你处于饥饿状态时，吃啥都感到格外香；当情绪欠佳时，总感到没有味道，这是心理因素在起作用。经常吃鸡鸭鱼肉，即使山珍海味，美味佳肴也不感觉新鲜，这是味觉疲劳现象。

表9-3　　几种基本味感物质的阈值

项目	味感物质			
	食盐	砂糖	柠檬酸	奎宁
味道	咸	甜	酸	苦
阈值/%	0.08	0.5	0.001 2	0.000 05

二、物质化学结构与味感的关系

物质的结构影响着味感。一般来说，化学结构上的“糖”多呈现甜味，如葡萄糖、果糖、蔗糖等；甜味一般来源于有解离性的羟基物质，尤其是糖类、醇类、甘醇类。

化学结构上的“酸”多呈现酸味，如酒石酸、柠檬酸、醋酸等，从化学的角度看，酸味是H^+的性质，几乎所有在溶液中能解离出H^+的化合物都能引起酸感。目前普遍认为，酸味的产生主要是受正离子的作用，质子H^+是酸味物质的定味基，负离子A^-是助味基。

定味基在受体上发生交换作用，从而产生酸感。各种酸具有不同的酸感，造成的酸感与H^+浓度、酸根负离子的性质、pH、总酸度以及缓冲效果有关。

化学结构上的“盐”多呈现咸味，如NaCl、KCl等；咸味的形成主要取决于咸味物质的阴离子，阳离子只起增强和辅助作用，这种说法可以从许多无机盐水溶液都有咸味，但咸味之外尚有副味得到印证。如Cl^-呈强咸味，而Na^+有微苦味，K^+和NH_4^+则有弱苦味，Ca^{2+}有令人讨厌的苦涩味，Mg^{2+}则有强苦味。因此食盐的咸味是由解离后的Cl^-显示的，Na^+只赋予微苦的副味。对于肾病患者来说，可以用KCl代替NaCl作咸味剂，而$CaCl_2$或$MgCl_2$则不可，因其太苦。

重金属盐、生物碱则多呈现苦味。但是也有例外，如草酸呈涩味，碘化钾呈苦味。苦味物质就其化学结构来看，一般都含有下列几个基团：$—NO_2$、—S—、=C=、=S、—SO_3H，无机盐类有Ca^{2+}、Mg^{2+}、NH_4^+等离子也含有苦味。苦味产生的原因是苦味物质分子内相互之间形成氢键，从而使苦味物质的分子疏水性增强，它们对味细胞具有刺激作用，使人感到苦味。

沙氏理论认为苦味的呈味机制是：苦味来自呈味物质分子内的疏水基受到的空间阻碍，即苦味物质分子内的氢供体和氢受体之间的距离在15nm以内，从而形成了分子内氢键，使整个分子的疏水性增强。而这种疏水性又是与脂膜中多烯磷酸酯组合成苦味受体相结合的必要条件，因此给人以苦味感。如多肽中有部分肽呈苦味，它是在肽链变短时，露出了氨基酸的疏水性侧链，刺激舌头而呈苦味。

总之，物质的结构与呈味之间关系密切，即使分子结构发生微小的变化，都可能引起味感的极大变化。

三、味感物质的分类及特征

（一）甜味及甜味物质

甜味是人们喜欢的基本味感，常作为饮料、糕点、饼干等食品的原料，用于改进食品的可口性。

1. 甜味理论

早期人类对甜味的认识有很大的局限性，认为糖分子中含有多个羟基则可产生甜味，但有很多物质中并不含羟基，也具有甜味。如糖精（现已不允许使用）、某些氨基酸、甚至氯仿分子也具有甜味。1967年，沙伦伯格（Shallenberger）提出的甜味学说被广泛接受。该学说认为：甜味物质的分子中都含有一个电负性的A原子（可能是O、N原子），与氢原子以共价键形成AH基团（如—OH、=NH、$—NH_2$），在距氢0.25~0.4nm的范围内，必须有另外一个电负性原子B（也可以是O、N原子），在甜味受体上也有AH和B基团，两者之间通过一对氢键耦合，产生甜味感觉。甜味的强弱与这种氢键的强度有关，如图9-2-(1)所示。沙伦伯格的理论应用于分析氨基酸、氯仿、单糖等物质上，能说明该类物质具有甜味的道理［图9-2-(2)］。

沙伦伯格理论不能解释具有相同AH-B结构的糖或D-氨基酸为什么它们的甜度相差数千倍。后来克伊尔（Kier）又对沙伦伯格理论进行了补充。他认为在距A基团0.35nm和B基团0.55nm处，若有疏水基团γ存在，能增强甜度。因为此疏水基易与甜味感受器的疏水部位结合，加强了甜味物质与感受器的结合。甜味理论为寻找新的甜味物质提供了方向和依据。

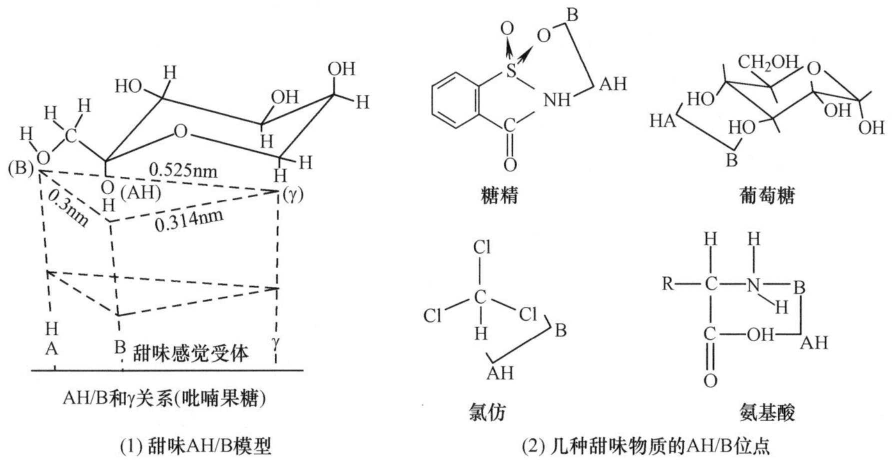

图 9-2　沙伦伯格理论

2. 影响甜味剂甜度的因素

甜味的强弱称作甜度。甜度只能靠人的感官品尝进行评定，一般是以蔗糖溶液作为甜度的参比标准，将一定浓度的蔗糖溶液的甜度定为 1（或 100），其他甜味物质的甜度与它比较，根据浓度关系来确定甜度，这样得到的甜度称为相对甜度。评定甜度的方法有极限法和相对法。前者是品尝出各种物质的阈值浓度，与蔗糖的阈值浓度相比较，得出相对甜度；后者是选择蔗糖的适当浓度（100g/L），品尝出其他甜味剂在该相同的甜味下的浓度，根据浓度大小求出相对甜度。

（1）糖的结构对甜度的影响

①聚合度的影响：单糖和低聚糖都具有甜味，其甜度顺序是：葡萄糖>麦芽糖>麦芽三糖，而淀粉和纤维素虽然基本构成单位都是葡萄糖，但无甜味。

②糖异构体的影响：异构体之间的甜度不同，如 α-D-葡萄糖>β-D-葡萄糖。

③糖环大小的影响：如结晶的 β-D-吡喃果糖（五元环）的甜度是蔗糖的 2 倍，溶于水后，向 β-D-呋喃果糖（六元环）转化，甜度降低。

④糖苷键的影响：如麦芽糖是由两个葡萄糖通过 α-1，4-糖苷键形成的，有甜味；同样由两个葡萄糖组成而以 β-1，6-糖苷键形成的龙胆二糖，不但无甜味，而且还有苦味。

（2）结晶颗粒对甜度的影响　商品蔗糖结晶颗粒大小不同，可分成细砂糖、粗砂糖，还有绵白糖。一般认为绵白糖的甜度比白砂糖甜，细砂糖又比粗砂糖甜，实际上这些糖的化学组成相同。产生甜度的差异是结晶颗粒大小对溶解速度的影响造成的。糖与唾液接触，晶体越小，表面积越大，与舌的接触面积越大，溶解速度越快，能很快达到甜度高峰。

（3）温度对甜度的影响　在较低的温度范围内，温度对大多数糖的甜度影响不大，尤其对蔗糖和葡萄糖影响很小，但果糖的甜度随温度的变化较大。当温度低于 40℃时，果糖的甜度较蔗糖大，而在温度大于 50℃时，其甜度反比蔗糖小。这主要是由于高甜味的果糖分子向低甜味异构体转化的结果。甜度受温度变化而变化，一般温度越高，甜度越低。

（4）浓度对甜度的影响　糖类的甜度一般随着糖浓度的增加而增加。在相等的甜度下，几种糖的浓度从小到大的顺序是：果糖、蔗糖、葡萄糖、乳糖、麦芽糖。

各种糖类混合使用时，表现有相乘现象。将 26.7%的蔗糖溶液和 13.3%的 42DE 淀粉糖浆组成混合糖溶液，尽管糖浆的甜度远低于相同浓度的蔗糖溶液，但混合糖溶液的甜度与 40%的蔗糖溶液相当。

3. 甜味物质

甜味物质的种类很多，按来源分成天然和人工合成的。按种类可分成糖类甜味剂、非糖天然甜味剂、天然衍生物甜味剂、人工合成甜味剂。

（1）糖类甜味剂　糖类甜味剂包括糖、糖浆、糖醇。该类物质是否甜，取决于分子中碳数与羟基数之比，碳数比羟基数小于 2 时为甜味，2~7 时产生苦味或甜而苦，大于 7 时则味淡。

糖类是一种能够提供营养和能量的物质，是食物的天然成分。例如，葡萄糖易溶于水，难溶于乙醇，甜味有凉爽感，适合食用，也可静脉注射；果糖易溶于水，难溶于乙醇，吸湿性强，不需要胰岛素控制，能够直接在人体内代谢，适合老人和病人食用；木糖吸湿性差，易溶于水，不溶于乙醇，不参与人体代谢，易引起褐变反应；蔗糖易溶于水，不易溶于乙醇，甜味纯正，甜度大；麦芽糖溶于水，微溶于乙醇，甜味爽口温和，营养价值高；乳糖有助于人体对钙的吸收，它对气体和有色物质的吸附性较强，可用作肉类制品风味和颜色的保护剂，添加于烘烤食品中也易形成诱人的金黄色；淀粉、纤维素等，它们不能结晶，也无甜味，但经过水解后得到的转化糖浆，有一定的甜度。

目前，糖醇类投入使用的种类较少，如木糖醇、山梨糖醇、麦芽糖醇、甘露醇四种。其中，麦芽糖醇的甜度接近蔗糖的甜度。它们在人体内的吸收和代谢均不受胰岛素的控制，也不妨碍糖原的合成，是糖尿病、心脏病、肝脏病人理想的甜味剂。木糖醇和山梨糖醇因不能被微生物利用，具有防止龋齿的功效。山梨糖醇有很强的保湿性，所以常用于食品的保湿，防止淀粉的老化、冷藏食品的水分蒸发。

（2）非糖天然甜味剂　非糖天然甜味剂存在于部分植物的叶、果、根等部位，这是一类天然的、化学结构差别很大的甜味物质，安全性较高。主要有甘草苷［图 9-3-（1）］、甜叶菊苷［图 9-3-（2）］、甘茶素。

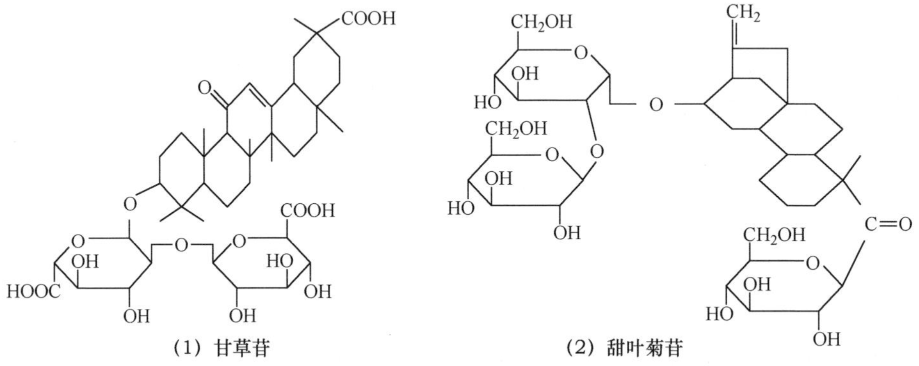

图 9-3　甘草苷与甜叶菊苷

甘草是多年生豆科植物甘草的根，产于欧亚各地。甘草中的甜味成分是由甘草酸和二分子葡萄糖结合成的甘草苷。纯甘草苷的甜度为蔗糖的 250 倍，其甜味缓慢、存留时间长，故很少单独使用，蔗糖可有助于甘草苷甜味的发挥，因此使用蔗糖时加入甘草苷可节省蔗糖。作为商品使用的一般是甘草苷二钠盐或三钠盐，通常用作酱油、豆酱腌渍物的调味剂。

甜叶菊原产巴西、阿根廷、巴拉圭，含有7%左右的糖苷。甜叶菊苷相对甜度200~300，对酸、碱都稳定，溶解性好，没有苦味和发泡性，是一种低热值的甜味物质，可作甜味代用品应用于食品工业。甜叶菊苷具有降低血压、促进新陈代谢、强壮身体的功用，在治疗胃酸过多等方面也有疗效，目前日本、美国、西欧等已普遍应用于饮料、糕点、罐头、果脯、蜜饯、保健食品及儿童食品中，我国也有生产。

甘茶素又称甜茶素，是虎耳草科植物叶中的甜味成分，相对甜度为400。它对热、酸都比较稳定。分子中由于有酚羟基存在，故也有微弱的防腐性能。若在蔗糖液中加入1%的甘茶素，能使蔗糖甜度提高3倍。

（3）天然衍生物甜味剂　天然衍生物甜味剂是指本来不甜的天然物质，通过改性加工而成的安全甜味剂。主要有：氨基酸衍生物（6-甲基-D-色氨酸，相对甜度1000）、二肽衍生物（天门冬酰苯丙氨酸甲酯，相对甜度20~50）、二氢查耳酮衍生物等，二氢查耳酮衍生物（图9-4）是柚皮苷、橙皮苷等黄酮类物质在碱性条件下还原生成的开环化合物。这类化合物有很强的甜味，其相对甜度可参阅表9-4。

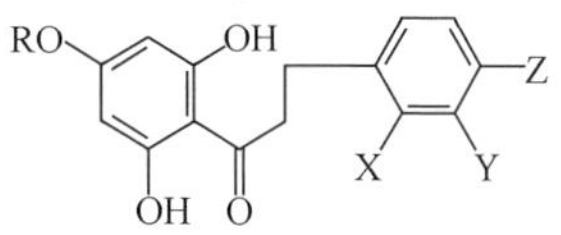

图9-4　二氢查耳酮衍生物

表9-4　具有甜味的二氢查耳酮衍生物的结构和相对甜度

二氢查耳酮衍生物	R	X	Y	Z	相对甜度
柚皮苷	新橙皮糖	—H	—H	—OH	100
新橙皮苷	新橙皮糖	—H	—OH	$—OCH_3$	1000
高新橙皮苷	新橙皮糖	—H	—OH	$—OC_2H_5$	1000
4-*O*-正丙基新圣草柠檬苷	新橙皮糖	—H	—OH	$—OC_2H_5$	2000
洋李苷	葡萄糖	—H	—OH	—OH	40

（4）人工合成甜味剂

①糖精钠：糖精钠是无色结晶或稍带白色的结晶性粉末，无臭或微有香气，味浓甜带苦。甜度为蔗糖的200~500倍，甜味阈值约为0.00048%。易溶于水，溶解度为99.8%（20℃），略溶于乙醇。可用于果酱、腌渍的蔬菜、复合调味料、蜜饯、配制酒、冷冻饮品和新型豆制品等。

②甜蜜素：甜蜜素的化学名为环己基氨基磺酸钠，甜度约为蔗糖的30倍。优点是甜味好，后苦味比糖精钠低，成本较低。缺点是甜度不高，用量大，易超标使用。1970年，美国禁用，英国、日本、加拿大等国随后也禁用。我国规定了其在腌渍的蔬菜、配制酒、糕点、饼干、面包、冷冻饮品、蜜饯等食品中的最大使用量。

③天门冬酰苯丙氨酸甲酯：天门冬酰苯丙氨酸甲酯又称阿斯巴甜，由美国Searle公司1965年在肽类药剂的研究中偶然发现，是在美国占主导地位的低热甜味剂。添加阿斯巴甜（含苯丙氨酸）制品应该标明。

天门冬酰苯丙氨酸甲酯为白色结晶状粉末，常温下稳定，20℃时溶解度为 1，其水溶液受 pH、温度影响，室温下放置一个月甜度下降严重，最适 pH 4.2。其钠钾盐风味更好，溶解度更大。其甜度为蔗糖的 200 倍，甜味和蔗糖接近，无后苦味，与糖、糖醇、糖精钠等合用有协同作用。

（二）酸味及酸味物质

酸味物质是食品和饮料中的重要成分或调味料。酸味能促进消化、防止腐败、增加食欲、改良风味。酸味是由质子（H^+）与存在于味蕾中的磷脂相互作用而产生的味感。因此，凡是在溶液中能解离出 H^+的化合物都具有酸味。在相同的 pH 下，有机酸的酸味一般大于无机酸。这是因为有机酸的酸根、负离子在磷脂受体表面的吸附性较强，从而减少受体表面的正电荷，降低其对质子的排斥能力，有利于质子与磷脂作用，所以有机酸的酸味强于无机酸，有机酸的酸味阈值在 pH 3.7~4.9，而无机酸的阈值在 pH 3.5~4.0。一般有机酸种类不同，其酸味特性也不同，6 碳酸风味较好，4 碳酸味道不好，3 碳酸、2 碳酸有刺激性。

酸味的品质和强度除取决于酸味物质的组成、pH 外，还与酸的缓冲作用和共存物的浓度、性质有关，甜味物质、味精对酸味有影响。酸味强度一般以结晶柠檬酸（一个结晶水）为基准定为 100，其他如无水柠檬酸为 110，苹果酸为 125，酒石酸为 130，乳酸为（50%）60，富马酸为 165。酸味强度与它们的阈值大小不相关（表 9-5）。

表 9-5　一些有机酸的阈值　单位：%

有机酸	柠檬酸	苹果酸	乳酸	酒石酸	延胡索酸	琥珀酸	醋酸
阈值	0.0019	0.0027	0.0018	0.0015	0.0013	0.0024	0.0012

（三）苦味及苦味物质

食品中有不少苦味物质，单纯的苦味人们是不喜欢的，但当它与甜、酸或其他味感物质调配适当时，能起到丰富或改进食品风味的特殊作用。如苦瓜、白果、莲子的苦味被人们视为美味，啤酒、咖啡、茶叶的苦味也广泛受到人们的欢迎。当消化道活动发生障碍时，味觉的感受能力会减退，需要对味觉受体进行强烈刺激，用苦味能起到提高和恢复味觉正常功能的作用，可见苦味物质对人的消化和味觉的正常活动是重要的。俗话讲“良药苦口”，说明苦味物质在治疗疾病方面有着重要作用。应强调的是很多有苦味的物质毒性强，主要为低价态的氮硫化合物、胺类、核苷酸降解产物、毒肽（蛇毒、虫毒、蘑菇毒）等。

植物性食品中常见的苦味物质是生物碱类、糖苷类、萜类、苦味肽等；动物性食品中常见的苦味物质是胆汁和蛋白质的水解产物等；其他苦味物质有无机盐（钙、镁离子）、含氮有机物等。

苦味物质的结构特点是：生物碱碱性越强越苦；糖苷类碳/羟比值大于 2 为苦味［其中—N（CH_3）$_3$ 和—SO_3 可视为 2 个羟基］；D-氨基酸大多为甜味，L-氨基酸有苦有甜，当 R 基大（碳数大于 3）并带有碱基时以苦味为主；多肽的疏水值大于 6.85kJ/mol（$Q=\sum\Delta g/n$）时有苦味；盐的离子半径之和大于 0.658nm 的具有苦味。

盐酸奎宁（图 9-5）一般作为苦味物质的标准。

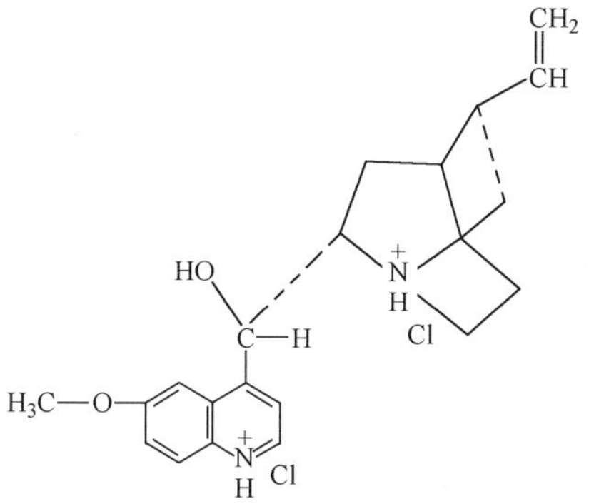

图 9-5　盐酸奎宁

（1）茶碱、咖啡碱、可可碱　茶碱、咖啡碱、可可碱是生物碱类苦味物质，属于嘌呤类的衍生物（图 9-6）。

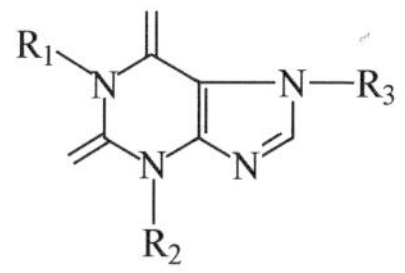

咖啡碱:R_1=R_2=R_3=—CH_3;可可碱:R_1=—H，R_2=R_3=—CH_3;茶碱:R_1=R_2=—CH_3，R_3=—H

图 9-6　生物碱类苦味物质

咖啡碱主要存在于咖啡和茶叶中，在茶叶中含量为 1%~5%。纯品为白色具有丝绢光泽的结晶，含一分子结晶水，易溶于热水，能溶于冷水、乙醇、乙醚、氯仿等。熔点 235~238℃，120℃升华。咖啡碱较稳定，在茶叶加工中损失较少。

茶碱主要存在于茶叶中，含量极微，在茶叶中的含量为 0.002%左右，与可可碱是同分异构体，具有丝光的针状结晶，熔点 273℃，易溶于热水，微溶于冷水。

可可碱主要存在于可可和茶叶中，在茶叶中的含量约为 0.05%，纯品为白色粉末结晶，熔点 342~343℃，290℃升华，溶于热水，难溶于冷水、乙醇和乙醚等。

（2）啤酒中的苦味物质　啤酒中的苦味物质主要来源于啤酒花和在酿造中产生的苦味物质，有 30 多种，其中主要是 α 酸和异 α 酸等。

α 酸是多种物质的混合物，有葎草酮、副葎草酮、蛇麻酮等（图 9-7）。主要存在于制造啤酒的重要原料啤酒花中，它在新鲜啤酒花中含量为 2%~8%，有很强的苦味和防腐能力，在啤酒的苦味物质中约占 85%。

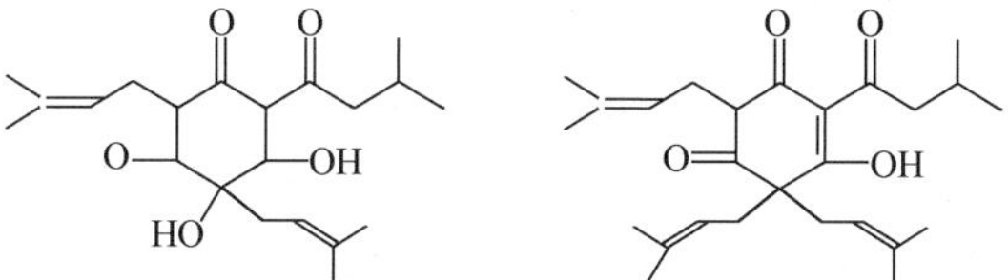

葎草酮　　蛇麻酮

图 9-7　葎草酮、蛇麻酮结构

异 α 酸是啤酒花与麦芽在煮沸过程中，由 40%～60%的 α 酸异构化而形成的。在啤酒中异 α 酸是重要的苦味物质。

当啤酒花煮沸超过 2h 或在稀碱溶液中煮沸 3min，α 酸则水解为葎草酸和异己烯-3-酸，使苦味完全消失。

（3）糖苷类　苦杏仁苷、水杨苷都是糖苷类物质，一般都有苦味。存在于中草药中的糖苷类物质，也有苦味，可以治病。存在于柑橘、柠檬、柚子中的苦味物质主要是新橙皮苷和柚皮苷，在未成熟的水果中含量很多，它的化学结构属于黄烷酮苷类（图 9-8）。

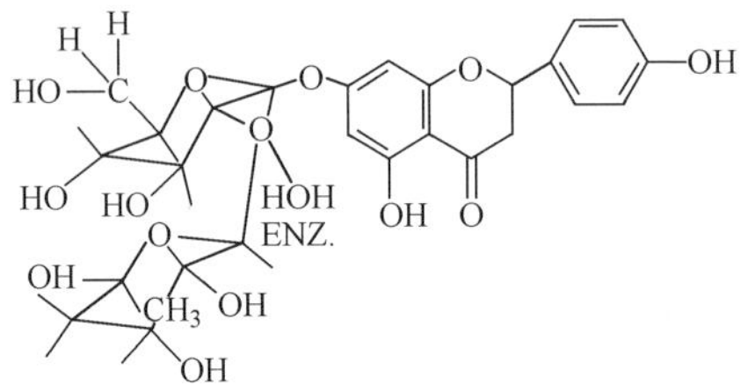

图 9-8　柚皮苷的结构

柚皮苷的苦味与它连接的双糖有关，该糖为芸香糖，由鼠李糖和葡萄糖通过-1，2-糖苷键结合而成，柚苷酶能切断柚皮苷中的鼠李糖和葡萄糖之间的-1，2-糖苷键，可脱除柚皮苷的苦味。在工业上制备柑橘果胶时可以提取柚皮苷酶，并采用酶的固定化技术分解柚皮苷，脱除葡萄柚果汁中的苦味。

（4）氨基酸和肽类中的苦味物质　一部分氨基酸如亮氨酸、异亮氨酸、苯丙氨酸、酪氨酸、色氨酸、组氨酸、赖氨酸和精氨酸都有苦味。水解蛋白质和发酵成熟的干酪常有明显的令人厌恶的苦味。氨基酸苦味的强弱与分子中的疏水基团有关；小肽的苦味与相对分子质量有关，相对分子质量低于 6000 的肽才可能有苦味。

（四）咸味及咸味物质

咸味是中性盐呈现的味道，是人类的最基本味感。没有咸味就没有美味佳肴，可见咸味在调味中的作用。在所有中性盐中，NaCl 的咸味最纯正，未精制的粗食盐中因含有 KCl、$MgCl_2$ 和 $MgSO_4$，而略带苦味。在中性盐中，正负离子半径小的盐以咸味为主；正负离子半径大的盐以苦味为主。苹果酸钠和葡萄糖酸钠也具有纯正的咸味，可用于无盐酱油和肾脏病人的特殊需要。

（五）其他味感

辣味、涩味、鲜味等味感虽然不属于基本味，但它们是日常生活中经常遇到的味感，对调节食品的风味有重要作用。现简单介绍如下。

1. 辣味及辣味物质

辣味是刺激口腔黏膜、鼻腔黏膜、皮肤、三叉神经而引起的一种痛觉。适当的辣味可增进食欲，促进消化液的分泌，在食品烹调中经常使用辣味物质作调味品。

辣椒、花椒、生姜、大蒜、葱、胡椒、芥末和许多香辛料都具有辣味，是常用的辣味物质，但其辣味成分和综合风味各不相同。分别有热辣味、辛辣味、刺激辣等。属于热辣味的有：辣椒中的辣椒素，主要是一类碳链长度不等（C_8～C_{11}）的不饱和脂肪酸香草基酰胺；胡椒中的胡椒碱、花椒中的花椒素都是酰胺化合物；属于辛辣味的有姜中的姜醇、姜酚、姜酮，肉豆蔻和丁香中的丁香酚，都是邻甲氧基酚基类化合物；属于刺激辣的有蒜，葱中的蒜素、二烯丙基二硫化物、丙基烯丙基二硫化物，芥末、萝卜中的异硫氢酸酯类化合物等。几种辣味物质的结构如图 9-9 所示。

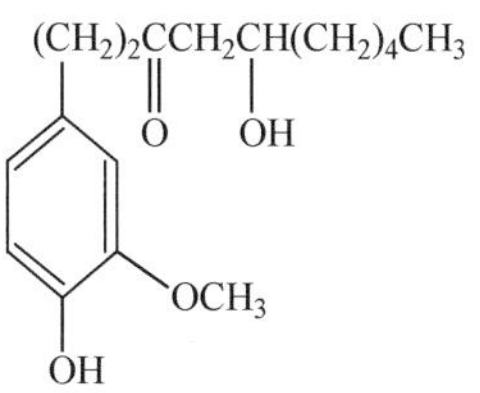

姜醇

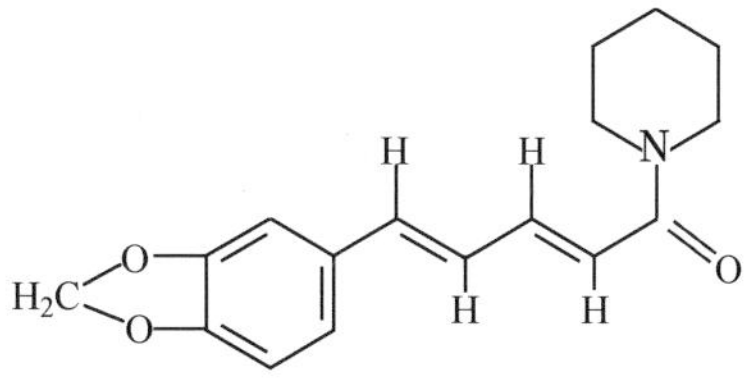

胡椒碱

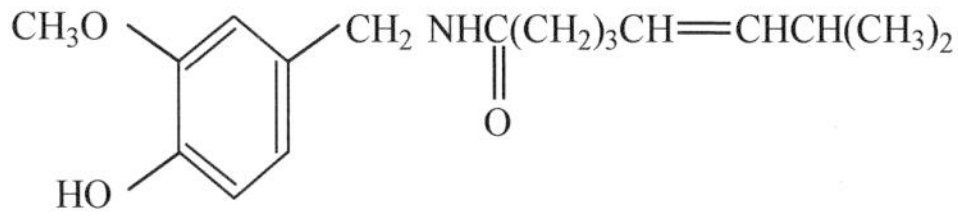

类辣椒素

图 9-9　几种辣味物质结构

2. 涩味及涩味物质

涩味是涩味物质与口腔内的蛋白质发生疏水性结合，交联反应产生的收敛感觉与干燥感觉。食品中主要涩味物质有：金属、明矾、醛类、单宁。

单宁是其中的重要代表物，单宁易于同蛋白质发生疏水结合；同时它还含有许多能转变为醌式结构的苯酚基团（图 9-10），也能与蛋白质发生交联反应。这种疏水作用和交联反应都可能是形成涩感的原因。柿子、茶叶、香蕉、石榴等都含有涩味物质。茶叶、葡萄酒中的涩味人们能接受；但未成熟的柿子、香蕉的涩味，必须脱除。随着果实的成熟，单宁类物质会形成聚合物而失去水溶性，涩味也随之消失。柿子的涩味也可以用人工方法脱掉。单宁是多酚类物质，所以在加工过程中容易发生褐变。

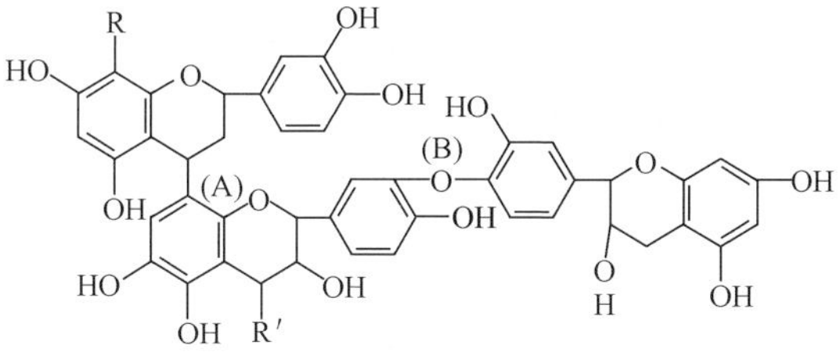

图 9-10　单宁

3. 鲜味及鲜味物质

鲜味是呈味物质（如味精）产生的能使食品风味更为柔和、协调的特殊味感，鲜味物质与其他味感物质相配合时，有强化其他风味的作用，所以，各国都把鲜味物质列为风味增强剂或增效剂。常用的鲜味物质主要有氨基酸和核苷酸类。氨基酸类有谷氨酸一钠

(MSG)、谷甘丝三肽和水解植物蛋白等；核苷酸类有 5′-肌苷酸（IMP）、5′-鸟苷酸（GMP）、5′-黄苷酸（XMP）等。当鲜味物质使用量高于阈值时，表现出鲜味，低于阈值时则增强其他物质的风味。

动物的肌肉中含有丰富的核苷酸，植物中含量少。5′-肌苷酸广泛存在于肉类中，使肉具有良好的鲜味，肉中 5′-肌苷酸来自动物屠宰后三磷酸腺苷（ATP）的降解。动物屠宰后，需要放置一段时间，味道方能变得更加鲜美，这是因为 ATP 转变成 5′-肌苷酸需要时间。但肉类存放时间过长，5′-肌苷酸会继续降解为无味的肌苷，最后分解成有苦味的次黄嘌呤，使鲜味降低。在实际工作中通过检测次黄嘌呤的含量判断肉类，尤其是水产品的新鲜程度。

图 9-11 所示为鳕鱼肉在 0℃贮藏期间 ATP 及其降解产物的消长情况。其中：三磷酸腺苷（ATP）是无鲜味的物质，肌苷酸（IMP）是具有很好鲜味的物质，肌苷（Ino）是无味的物质，次黄嘌呤（Hx）是苦味物质。鱼肉在尸僵前主要核苷酸类物质是 ATP，此时鱼肉风味不好；贮藏 2~4d 时大多数 ATP 转化为 IMP，此时的肉最鲜美；贮藏到 10d 后肌苷酸类物质都转化为 Hx，肉的味感变差。

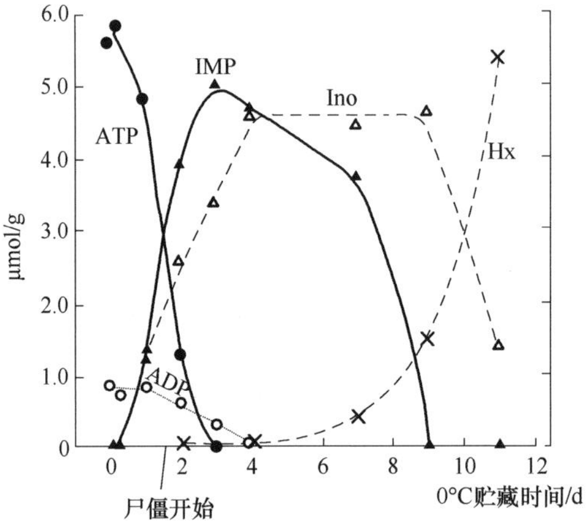

图 9-11　鳕鱼肉在贮藏期间核苷酸类物质的消长情况

除了以上介绍的鲜味物质外，常用的还有琥珀酸及其钠盐，琥珀酸多用于果酒、清凉饮料、糖果，其钠盐多用于酿造食品及肉制品。

知识链接

口感特殊的食物

1. 口感粗糙的食物

有些人不喜欢糙米和窝头，因为它们吃着“扎嗓子”，而偏爱精细的香米和白面制品，其实扎嗓子的是宝贵的膳食纤维。膳食纤维能刺激肠道蠕动，帮助排便，并改变肠道微生物的种类及数目，降低致癌物生成。膳食纤维广泛存在于口感粗糙的食物当中，包括全谷类的米、麦及杂豆，如糙米、燕麦、红豆等。为预防便秘和肠癌，每日应保证摄入20~30g膳食纤维。建议早餐放弃传统的白米粥，改喝杂粮粥，精细白米饭改为全麦馒头。

2. 发涩的食物

单宁、植酸和草酸会让食物发涩，因为它们会和唾液蛋白结合形成沉淀，使唾液失去润滑性，致使舌上皮组织收缩，产生涩味。但这些物质具有很强的抗氧化性，对预防糖尿病和高脂血有益。比如橄榄、紫葡萄皮、苹果皮、核桃仁皮，它们都比果肉具有更强的抗氧化作用。建议苹果和葡萄带皮一起吃，吃核桃仁时，也不要把那层褐色的皮去掉。

3. 味酸的食物

和甜橙、西瓜、香蕉相比，爱吃沙果、山楂等酸味水果的人相对要少。其实，这类水果的酸味主要来自于柠檬酸、苹果酸等有机酸，这些天然的酸性物质能促进铁等矿物质的吸收。如果感觉酸味食物口感不好，可以把它们做成水果羹，加少量冰糖，放入冰箱冷冻，口感会大有改善。

4. 发苦的食物

食物中的天然苦味物质也具有一定的保健作用，如柠檬和柚子当中的柚皮苷，茶里面的茶多酚，红酒里面的多酚，以及巧克力里面的多酚，它们都是有助预防癌症和心脏病的成分，苦瓜中的奎宁精，还能提高人体免疫力，帮助控制血糖。所以，吃水果一定要搭配着吃，不能光吃甜的，要适当吃点苦的、酸的。吃过的柚子皮，不要扔掉，可以切成条，做成蜂蜜柚子茶。对于苦瓜而言，将其用热水焯一下，冰镇后可蘸蜂蜜食用。

5. 味冲的食物

洋葱和大蒜是很多人唯恐避之不及的食物，因为它们味道太冲，吃完之后嘴里会有难闻的气味。其实，这股冲味来源于硫苷类物质和烯丙基二硫化物，它们可有效预防癌症，广泛存在于萝卜、蒜、洋葱等食物中。因此，日常饮食不要忽略它们，萝卜可以做成泡菜、炖排骨汤，洋葱可以用来拌凉菜，大蒜最理想的吃法是生吃。进食大蒜、洋葱等食物后觉得口气难闻，可以嚼食少量茶叶。

知识点三 嗅觉及嗅感物质

一、嗅觉的概念

1. 嗅感现象

嗅感是指挥发性物质刺激鼻黏膜，再传到大脑的中枢神经而产生的综合感觉。在人的鼻腔前庭部分有一块嗅感上皮区域，也称嗅黏膜，膜上密集排列着许多嗅细胞就是嗅感受器。嗅感受器由嗅纤毛、嗅小胞、细胞树突和嗅细胞体等组成。人类鼻腔每侧约有2 000万个嗅细胞，挥发性物质的小分子在空气中扩散进入鼻腔，人们从嗅到气味到产生感觉时间很短，仅需0. 2~0. 3s。

人们的嗅觉是非常复杂的生理和心理现象，具有敏锐、易疲劳、适应与习惯等特点，嗅觉比味觉更复杂。不同的香气成分给人的感受各不相同，薄荷、菊花散发的香气使青少年思维活跃、思路清晰；玫瑰花的香气使人神清气爽、心情舒畅；而紫罗兰和水仙花的香气能唤起美好的回忆。食品的香气给人愉快感受，能诱发食欲，增加人们对营养物质的消化吸收，唤起购买欲望。

人对嗅感物质的敏感性个性差异大，若某人的嗅觉受体越多，则对气味的识别越灵敏、越准确。若缺少某种嗅觉受体，则对某些气味感觉失灵。嗅感物质的阈值也随人的身体状况而变化，身体状况好，嗅觉灵敏，反之，嗅觉迟钝。

某物质的嗅感强度常用香气值（Flavor Unit，FU）衡量：

FU＝嗅感物质的浓度/阈值。

FU 小于 1，不能产生嗅感，FU 大，说明是该体系的特征嗅感成分。

2. 嗅感信息分类

由于各种食品都有复杂的化学组成，食品的嗅感物质一般都有几百种。有人用物理、化学分类法，根据气味与基本化学结构，把 600 多种气味物质分为 44 类，如花味、甜味、汗味等。有人采用心理分类法，由 180 人对 30 种物质进行嗅感评价，按各人的感觉，归纳嗅感因子，如辛香、香味、醚味等 9 种嗅感因子。因此，科学分类嗅感信息，对于研究食品的香气是十分重要的。目前，研究工作中采用较多的是根据物质分子的嗅感强度分类，分为：基本特征类、综合特征类、背景特征类三大类。

（1）基本特征类　在食品中具有占优势的嗅感，如麝香气味、尿气味是基本特征类气味。基本特征类气味有 30 多种，但目前还有很多没有确定分子结构特征。

（2）综合特征类　一些物质不具有很强的特征嗅感，但与其他物质综合作用于嗅感器官时，具有多个互不占优势的嗅感信息的复合气味。这类气味也能赋予食品风味的一些特征。

（3）背景特征类　是多种低强度嗅感的组合，信息图形非常复杂，信息结构与“噪声本底”的概念类似，对食品风味只有较小的作用。

在食品风味的研究中，掌握食品的特征性香气成分是重要的分析方法之一。

二、食品中嗅感物质的形成途径

食品风味的好坏取决于三个关键环节。第一是食品原料的生产阶段，对动植物而言，合理的生理、生态条件，合理的熟度是产生良好风味的基础。第二是原料和产品的贮藏阶段，由于酶和微生物的作用，会使部分风味物质损失，甚至会导致食品腐败不能食用。第三是食品的加工阶段，合理的加工工艺能使食品形成良好的风味。其中，前两个阶段对食品风味的影响主要是酶催化的反应，第三个阶段主要是非酶的反应。

（一）酶催化反应

食品中酶催化的反应包括主要成分和非主要成分的反应。生物体在正常生长期内酶催化的反应一般可形成较好的风味，如桃、苹果、梨和香蕉等随着果实的逐渐成熟香气逐渐变浓。几种典型物质的反应如下。

1. 油脂与脂肪酸的酶促氧化

由于该类反应受到生物体的控制，脂肪在果蔬体内的生物氧化，裂解产物多为 6~9 个碳的化合物，有较好的气味；由 β 氧化而产生的嗅感物质为中碳链的化合物（6~12 个碳），生成的产物主要为 C_6 和 C_9 醛、醇类，对促成食物风味转化有很好的作用（图 9-12）。

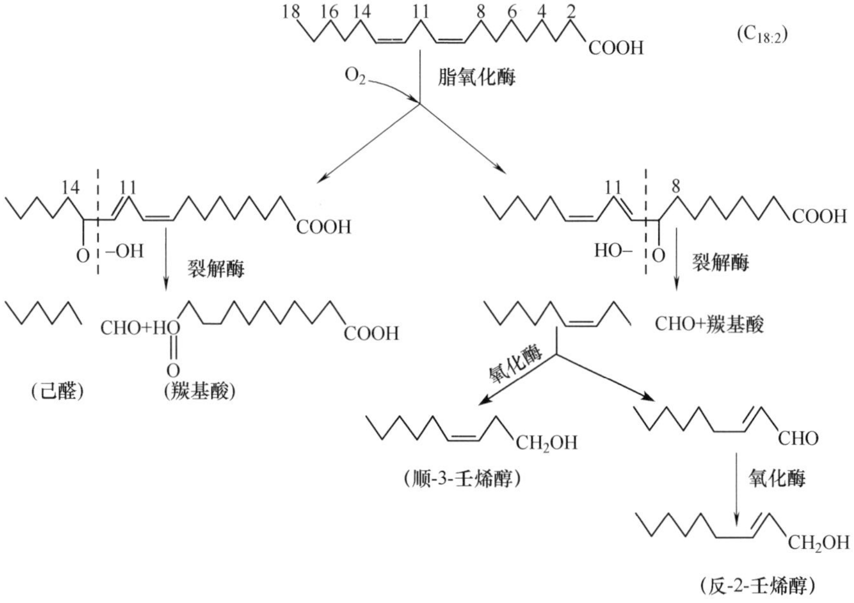

图 9-12　油酸在生物体内的氧化产生的风味物质

2. 芳香族氨基酸的转化

生物体内的酪氨酸、苯丙氨酸等是香味物质的重要前体，在酶的作用下，莽草酸途径产生各类酚醚类化合物。植物中丁香酚类物质的形成途径如图 9-13 所示。

3. 蛋白质、氨基酸的转化

生物体内的蛋白质在酶的作用下，可以水解为氨基酸，然后氨基酸进一步分解转化。典型的葱蒜风味就是由含硫氨基酸转化而来的。一般氨基酸在生物体内形成酯类的反应步骤如图 9-14 所示。

4. 其他物质的转化

其他物质的转化主要指的是在食品中存在比较多的碳水化合物、酸类及部分色素的转化。碳水化合物、有机酸是生物主流代谢的核心物质，在糖酵解、三羧酸循环中，能产生多种中间产物，这些产物或对食品质量有好处，或对食品质量不利。如淀粉在酶的作用下转化为糖（图 9-15），是高淀粉、高水分农作物的常见反应，反应对食品风味的影响很大，如甘薯中淀粉转化为糖，有利于改进烤甘薯的色泽风味，但马铃薯中淀粉转化为糖，不仅使马铃薯片变色，过多的糖分还使油炸马铃薯特有的香味损失。

（二）非酶反应

在食品加工中，加热是最普通、最重要的步骤，也是形成食品风味的主要途径。风味前体物质可发生各类反应，从而形成不同特性的风味物质。

1. 基本组分的相互作用

基本组分是指碳水化合物、蛋白质、油脂。这类物质在加工条件下的反应是本书的重点，前面的模块已经有详细介绍。加工中形成风味物质的反应主要是热降解反应。糖的热降解反应有：裂解、分子内脱水、异构，反应中单糖和双糖等产生低分子醛、酮、焦糖素等；纤维素、淀粉等在 400℃以下生成呋喃、糠醛、麦芽酚等。氨基酸的热降解反应主要为含硫氨基酸的降解（肉香成分）、杂环氨基酸的降解（面包、饼干、烘玉米与谷物的香

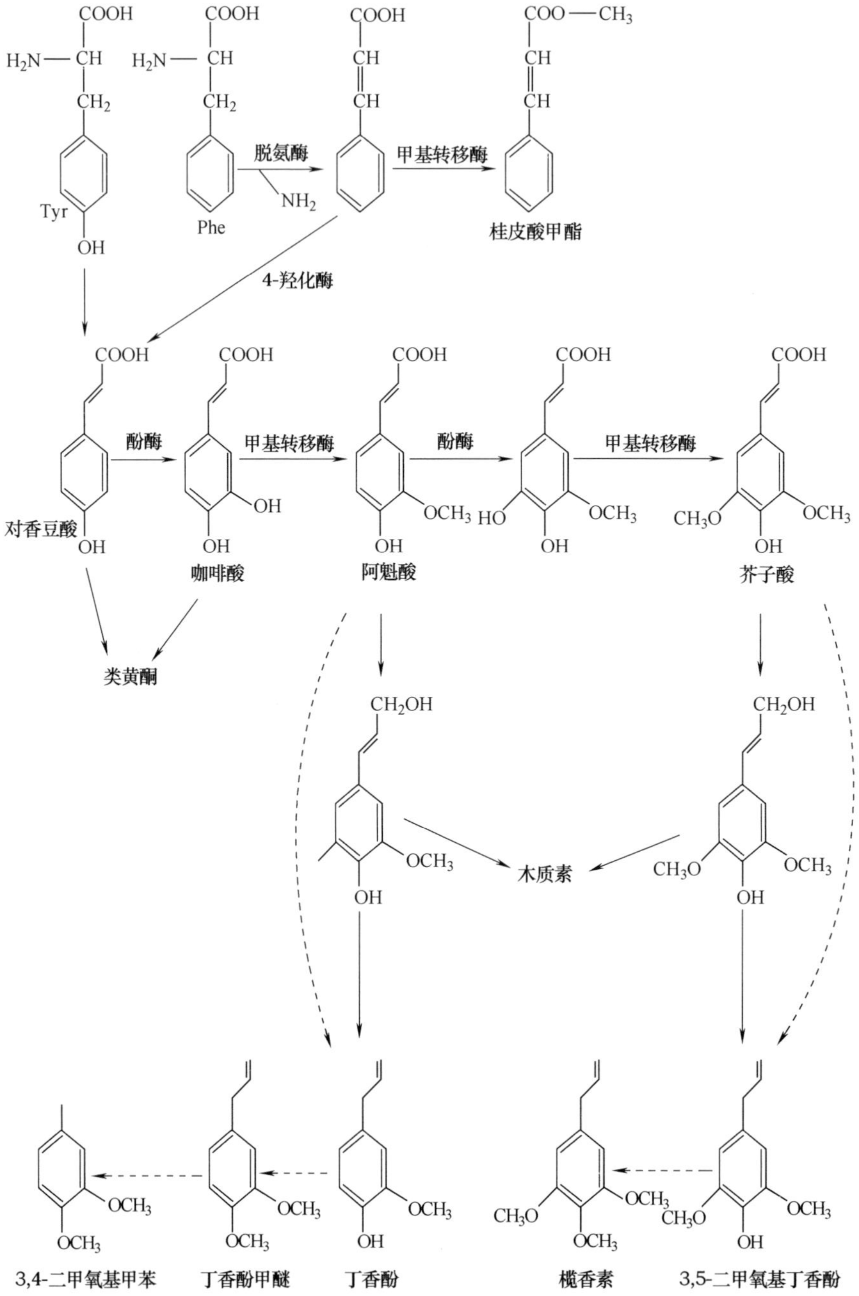

图 9-13　莽草酸途径产生的酚醚类化合物

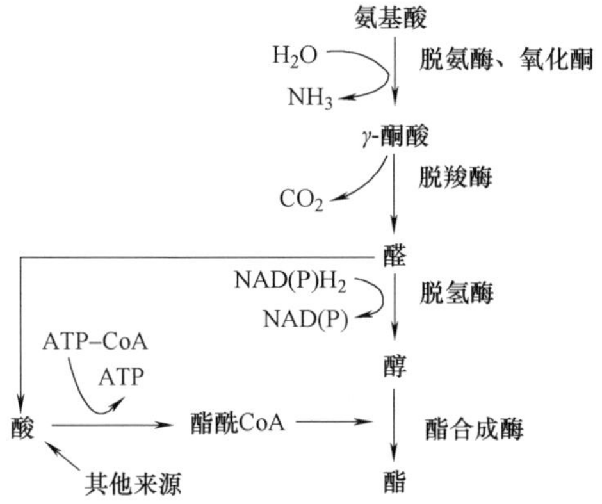

图 9–14　氨基酸转化酯类的一般途径

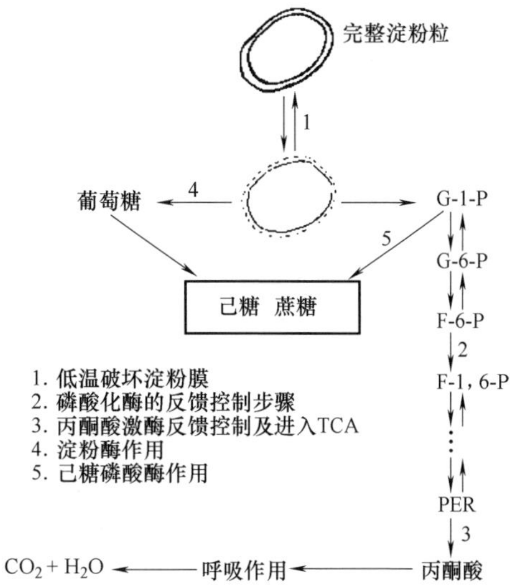

图 9–15　淀粉在低温条件下的降解

气）。油脂热降解反应主要为不饱和脂肪酸的热氧化降解，生成各种小分子的烯醛、醛、烃类；饱和脂肪酸的热氧化降解，生成物有甲基酮、内酯、脂肪酸及丙烯醛等。控制好温度与反应时间，基本组分的相互作用可产生很好的香气。

2. 非基本组分的热降解

非基本组分是指食品中含量相对低的组分。在食品加工中维生素类物质的降解，虽然损失了营养，但能产生较好的风味。如抗坏血酸在热加工中生成糠醛，糠醛再进一步转化，产生的物质具有较好的香气；类胡萝卜素等物质转变为紫罗酮等衍生物，可使食品产生更好的嗅感；硫胺素降解可产生多种嗅感物质，大多具有肉香味（图 9–16）。

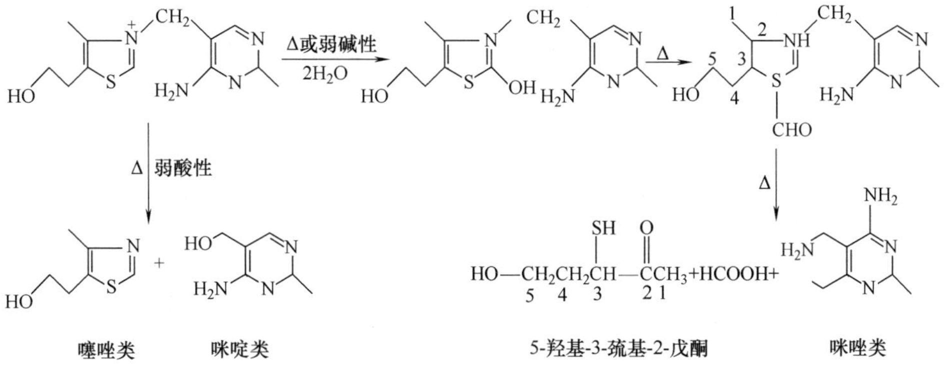

图 9–16　硫胺素的降解反应

三、各类食品的嗅感物质

（一）植物性食品的嗅感物质

1. 水果的风味成分

水果的香味主要通过酶促作用生物合成，随着果实逐渐成熟而增加，但人工催熟的水果香气不如自然成熟的好。水果的香气成分醛、醇来源于亚油酸与亚麻酸的分解，带支链的脂肪族酯、醇、酸来源于支链氨基酸。水果香在贮藏期会不断减弱，热加工时一般原有香气被破坏，形成加工后的嗅感物质。水果的主要香气物质有：有机酸酯类、醛类、萜烯类，其次还有有机酸类、醇类和羰基化合物类。各种水果的香气成分差异较大，成分十分复杂，如表 9-6 所示。

表 9-6　　几种水果中主要呈香物质

水果名称	香气种类/种	主要香气物质
苹果	250	2-甲基丁酸乙酯、2-己烯醛、丁酸乙酯、乙酸丁酯
桃	70	C_6、C_{11} 内酯和其他酯类，如 γ-十一烷酸内酯
香蕉	350	乙酸异戊酯、异戊酸异戊酯、丁酸异戊酯
葡萄	280	邻氨基苯甲酸酯、2-甲基-3-丁烯-2-醇、芳樟醇、香叶醇
香瓜	80	烯醇、烯醛、酯类
菠萝	120	己酸甲酯、乙酸乙酯、3-甲硫基丙酸甲酯

2. 蔬菜的风味成分

除少数品种外，大多数蔬菜的总体香气较弱，但气味却多样。百合科蔬菜（葱、蒜、洋葱、韭菜）具有刺鼻的芳香；十字花科蔬菜（卷心菜、芥菜、萝卜）具有辛辣气味；伞形科蔬菜（胡萝卜、芫荽、芹菜）具有微刺鼻的特殊芳香与清香。葫芦科和茄科中的黄瓜、青椒和番茄等具有显著的青鲜气味，食用菌则具有壤香香气。

百合科蔬菜最主要的风味物是含硫化合物。例如，二丙烯基二硫醚物（洋葱气味）、二烯丙基二硫醚（大蒜气味）、2-丙烯基亚砜（催泪而刺激气味）、硫醇（韭菜气味之一）。

十字花科蔬菜最主要的气味物也是含硫化合物。例如，卷心菜以硫醚、硫醇和异硫氰酸酯及不饱和醇与醛为主体风味物，萝卜、芥菜和菜花中的异硫氰酸酯是主要的特征风味物。

伞形科的胡萝卜和芹菜的风味物中，萜烯类气味物质地位突出，它们和醇类及羰基化合物共同组成主要气味物质，形成有点刺鼻的清香。

黄瓜和番茄具有青鲜气味，有关的特征气味物质是 C_6 或 C_9 的不饱和醇和醛，蘑菇的主体香气物质是具有强烈的鲜蘑菇味的 1-庚（辛）烯-3-醇、2-庚烯-4-醇。香菇的主体香气物质是具有异香的香菇精，它是含硫杂环化合物。某些蔬菜中的香气物质如表 9-7 所示。

表 9-7　　某些蔬菜中的香气物质

蔬菜	化学成分	气味
萝卜	甲基硫醇、2-丙烯基异硫氰酸酯	刺激辣味
蒜	二丙烯基二硫醚物、甲基丙烯基二硫醚物、丙烯硫醚	辛辣气味
葱	丙烯硫醚、丙基丙烯基二硫化物、甲基硫醇、二丙烯基二硫醚物、二丙基二硫化物	香辛气味

续表

蔬菜	化学成分	气味
姜	姜酚、水芹、姜萜、莰烯	香辛气味
椒	天竺葵醇、香茅醇	蔷薇气味
芥类	硫氰酸酯、异硫氰酸酯、二甲基硫醚	刺激性辣味
叶菜类	叶醇	青草气味
黄瓜	2，6-壬二烯、2-醛基壬烯、2-醛基己烯	青鲜气

3. 茶叶的风味成分

茶的香型和特征是决定茶叶品质的重要因素，各种不同来源的茶叶，具有各自独特香气，习惯上把茶叶具有的特殊香气统称茶香。茶香与原料品种、采摘季节、叶的鲜嫩程度、生长条件、加热温度、发酵程度等因素有关。

茶香物质十分复杂，其中有萜烯类化合物、醇类、酯类、酚类、羰基化合物类等。在这些香气物质中，沸点在200℃以下的属于低沸点芳香物质，一般具有强烈的青草味；沸点在200℃以上的具有良好的香气。如苯乙醇具有苹果香，苯甲醇具有玫瑰香，茉莉酮［3-甲基-2-（2′-戊烯基）环戊烯-（2）酮］具有茉莉花香。芳樟醇具有百合花香或玉兰花香。

（1）绿茶的香气成分　绿茶的香气来源于两条途径。①在“杀青”过程中，鲜叶中低沸点物质，如青叶醇（3-顺-己烯醇及2-顺-己烯醇）、青叶醛（3-顺-乙烯醛及2-顺-己烯醛），因加热部分逸出。高沸点的香气成分如苯甲醇、苯丙醇、芳樟醇、苯乙酮等随着低沸点物质部分挥发而显露出来，如芳樟醇在鲜叶中仅占2%左右，制成绿茶后含量上升到10%左右。部分青叶醇在加热过程中也可异构成具有清香味的反式青叶醇，它与鲜叶中剩余的青叶醇、青叶醛以及高沸点的香气成分共同组成了绿茶的清香鲜爽的特有风味。②在加热过程中，形成了新的香气物质，使绿茶的香气得以充实和提高。绿叶中存在的胡萝卜素，经氧化裂解而生成具有紫罗兰香气的紫罗兰酮；可溶性糖，在绿茶炒制过程中，形成焦糖香气；茶叶中所含的甲基甲硫氨酸锍盐受热分解，生成二甲硫醚和丝氨酸。绿茶中虽然仅含有微量的二甲硫醚（约0.25mg/kg），但它与残留的青叶醇共存形成绿茶的“新茶香”。这种特殊的茶香随着茶叶贮存期的延长因挥发而散失，使绿茶丧失了新茶香味。

（2）红茶的香气成分　红茶的制作可分为萎凋、揉捻、发酵、二次干燥等工艺过程。鲜叶中的酶系很复杂，在萎凋过程中，多酚氧化酶、水解酶异常活跃，使红茶的香气前体物质，如儿茶酚类、类胡萝卜素、不饱和脂肪酸、碳水化合物等发生明显变化，尤其在发酵阶段，茶叶成分发生各种变化，生成的香气成分可达数百种。在红茶的香气成分中，醇、醛、酸、酯的含量高，尤其是紫罗兰酮类化合物，对红茶特征茶香的形成起着重要作用。

另外，茶叶中非常重要的多酚类物质（占干重的15%以上），在红茶的加工过程中被多酚氧化酶氧化成邻醌结构，经进一步化学反应生成茶黄素、茶红素等，在焙制干燥时发生美拉德反应，产生褐变产物，对红茶的色泽起着重要作用。

（二）动物性食品中的嗅感物质

1. 畜禽肉类的风味

各种熟肉的香气都非常诱人，现已鉴定出近千种香气成分，形成熟肉香气的前体物质包括：糖类、氨基酸类、肽类和脂类等。影响肉类风味的主要因素分为屠宰前与屠宰后的各种因素。屠宰前因素包括畜禽种类、性别、年龄、饲养条件。如鸡可积累 α-生育酚，体内羰化物少，嗅感不强；未成年公猪有类似尿的气味（甾体激素 α-5-雄甾-16-烯-3-酮）；幼小动物缺少典型的肉香。另外，畜禽屠宰前的精神压力，导致生理代谢及 ATP 的分解不正常，也明显影响风味。屠宰后因素包括屠宰后处理（熟化、冷藏、嫩化）、加工方式等。

动物来源食品风味

肉香与其前体物质有关，瘦肉中水溶性低分子质量化合物（还原糖、肽类、氨基酸等）在加工过程中形成风味物质，肌肉组织中低分子质量物质越多，风味越好，这是肉类风味的主体。另外一些含硫氨基酸在高温加工条件下也产生特有风味。脂肪是形成畜禽肉风味差异的主要物质，脂肪酸组成的差异、脂肪的酶促氧化产物的不同、脂溶性成分的不同（脂溶维生素、脂蛋白等），都导致肉制品风味的不同。完全无脂肪的瘦肉，难区别肉的种类。

煮肉香气以硫化物、呋喃、苯环型化合物为主体；烤肉香气以吡嗪、吡咯、吡啶等碱性组分与异戊醛为主；炒肉介于煮与烤之间；熏肉时烟料质量影响肉的风味，烟料的主要成分有酚类（愈创木酚、甲酚）、羰化物（甲醛、乙醛、丙酮），以及脂肪酸类、醇类、糠醛。熏制的温度影响肉与烟料成分的作用。另外，腌料配方也明显影响腌肉的风味。

牛脂肪加热时产生烃类 25 种，羰化物 15 种，酯类 2 种，醇类 11 种，内酯类 9 种，吡嗪类 5 种，脂肪酸类等。$C_5 \sim C_9$ 的饱和醛类、2-壬烯醛、2-癸烯醛另加微量硫化氢，就有明显的牛脂臭味。猪脂肪也有与牛脂肪类似的成分，含 $C_5 \sim C_9$ 的饱和醛类、2-庚烯醛、2-癸烯醛、2，4-癸二烯醛、戊醇、辛醇、1-辛烯-3-醇等化合物。

2. 乳及乳制品的风味

鲜乳含多种脂肪酸、多种蛋白质与盐类，还含有一定量的糖，这些物质都以胶体态或溶液态存在，易于发生各种酶促与非酶促反应。鲜乳或乳制品风味的好坏与加工、贮藏等关系密切。鲜乳的主要香气成分有 142 种不同的酸，低碳数的酸对嗅感影响大；有少量低分子醛类，4-顺-庚烯醛是特征化合物之一，还有甲基酮、丁二酮等羰化物；酯类化合物有 $C_1 \sim C_{10}$ 的脂肪酸甲酯或乙酯；硫化物有二甲硫醚、硫化氢等。

新鲜乳制品如管理不当，易产生不良嗅感。主要有以下几方面原因。

（1）在 35℃时对外界异味很容易吸收。

（2）牛奶中的脂酶易水解产生脂肪酸（丁酸）。

（3）乳脂肪易发生自动氧化产生辛二烯醛与壬二烯醛。

（4）日晒会使牛奶中甲硫氨酸通过光化学反应生成 β-甲巯基丙醛，产生牛奶的日晒味。其反应如下：

$$CH_3—S—(CH_2)_2—CH(NH_2)COOH \rightarrow CH_3—S—(CH_2)_2—CHO+CO_2+NH_3$$

β-甲巯基丙醛有一种甘蓝气味，即使稀释到 0.05mg/kg，这种日晒味也能被感觉出来。产生日晒味的四个要素为游离氨基酸与肽类、光能、氧气和维生素 B_2（核黄素）。

（5）细菌在牛奶中生长繁殖，作用于亮氨酸生成异戊醛，产生麦芽气味。反应如下：

$$(CH_3)_2CH—CH_2—CH(NH_2)COOH \rightarrow (CH_3)_2—CH—CH_2—CHO+CO_2+NH_3$$

奶粉和炼乳的加工是热加工工艺，各物质之间的非酶褐变反应是不可避免的，特别是美拉德反应的产物与二次生成物，可使牛奶形成特有香气。另一方面，少量脂肪的氧化，也易使奶粉产生不新鲜气味，奶粉脂肪的氧化产物主要有糠醛、丁酸-2-糠醇酯、邻甲酚、苯甲醛、水杨醛等。

发酵乳制品主要有酸奶和干酪。乳酸菌产生的香气主要有异戊醛、$C_2 \sim C_8$ 的挥发性酸，特征风味成分有 3-羟基丁酮、丁二酮，它们由乙酰乳酸分解而成，都有好的清香气味，酸奶的风味由乳酸味、乳糖的甜味及上述香气组成。干酪品种有 400 种以上，一般熟化过程长，有各种微生物、酶参与反应。其中乳酸菌产生乳酸香气，其他微生物产生脂酶、蛋白酶分解脂肪与蛋白质，干酪的加工处理不同，风味差别很大。干酪主要香气物质有甲基酮、醛、甲酯、乙酯、内酯等。

3. 水产品的风味

水产品包括鱼类、贝类、甲壳类的动物种类，还包括水产植物等。每种水产品的风味因新鲜程度和加工条件不同而丰富多彩。

动物性水产品的风味主要由嗅感香气和鲜味共同组成。

（1）新鲜鱼类和其他海产品的风味　研究证明刚刚捕获的鱼和其他海产品具有令人愉快的植物般的清香和甜瓜般香气。这一类香气来源于 C_6、C_8 和 C_9 的醛类、酮类和醇类化合物，这些化合物是由长链不饱和脂肪酸经酶促氧化生成的产物。如花生四烯酸在脂肪氧化酶作用下生成氢过氧化物中间体，再被裂解酶或经歧化反应生成 C_6 系列挥发性香气物质，主要是顺-3-己烯醛或己醛。在大多数海产品中发现有 C_8 系列的醇类和酮类，它们使鱼具有特别的植物般香味。

鱼和其他海产品的种类很多，新鲜度也差别很大，随着新鲜度变化而改变的风味物质导致了鱼的风味有较大差异，过去一直认为鱼腥味与三甲胺有关系，但纯三甲胺通常只有氨味而无腥味，受酶的作用，三甲胺氧化物降解成三甲胺、二甲胺，只有在海产品中有相当数量的三甲胺氧化物，很新鲜的鱼基本不含三甲胺，该化合物经改性后能增强鱼腥味。

当鱼新鲜度降低时，会形成腥臭气味。鱼腥味的特征成分是存在于鱼皮黏液内的 δ-氨基戊酸、δ-氨基戊醛和六氢吡啶类化合物共同形成的。在鱼的血液内也含有 δ-氨基戊醛。在淡水鱼中，六氢吡啶类化合物所含比例大于海鱼，这些腥气特征化合物的前体物质，主要是碱性氨基酸，所以在烹调时加入食醋可消除腥味。鱼臭是鱼表皮黏液和体内含有的各种蛋白质、脂肪等在微生物的作用下，生成了硫化氢、氨、甲硫醇、腐胺、尸胺、吲哚、四氢吡咯、六氢吡啶等化合物。

在被称为氧化鱼油般的鱼腥气味中，还有部分来自 ω-不饱和脂肪酸自动氧化而生成的羰基化合物，鱼油中含有丰富的多不饱和脂肪酸，如亚麻酸（18∶3 ω-3）、花生四烯酸（20∶5 ω-3）和二十二碳六烯酸（22∶6 ω-3，DHA）是鱼油中三种主要不饱和脂肪酸，它们容易发生自动氧化反应，产生焦味、鱼腥味，例如 2，4-癸二烯醛、2，4，7-癸三烯醛等，后者即使浓度很低，也带有鱼腥味。

（2）冷冻鱼和干鱼的呈味成分　和鲜鱼相比，冷冻鱼的嗅感成分中羰基化合物和脂肪酸含量有所增加，其他成分与鲜鱼基本相同，干鱼那种青香霉味，主要是由丙醛、异戊醛、丁酸、异戊酸产生，这些物质也是通过鱼的脂肪发生自动氧化而产生的。鱼死亡后，肉质变化与畜肉变化类似，但由于鱼肉的变化速度较快，一般鱼死亡不久，鱼肉的品质便很快变差，加之鱼肉中不饱和脂肪酸含量比畜肉高，更容易引起氧化酸败，新鲜度降低很快。所以，新鲜鱼加工时，应及时处理，防止产生不良的腐败臭气。

（3）熟鱼和烤鱼的香气成分　熟鱼和鲜鱼比较，挥发性酸、含氮化合物和羰基化合物的含量都有所增加，并产生熟鱼诱人的香气。熟鱼的香气形成途径与其他畜禽肉类相似，主要是通过美拉德反应、氨基酸降解、脂肪酸的热氧化降解以及硫胺素的热解等反应生成，各种加工方法不同，香气成分和含量都有差别，形成了各种制品的香气特征。

烤鱼和熏鱼的香气与烹调鱼的方法有关，如果不加任何调味品烘烤鲜鱼时，主要是鱼皮及部分脂肪、肌肉在加热条件下发生的非酶褐变，其香气成分较贫乏；若在鱼体表面涂上调味料后再烘烤，来自调味料中的乙醇、酱油、糖也参与了受热反应，羰基化合物和其他风味物质含量明显增加，风味较浓。

（4）其他水产品的香气成分　甲壳类和软体水生动物的风味，在很大程度上取决于非挥发性的味感成分，而挥发性的嗅感成分仅对风味产生一定的影响。例如蒸煮螃蟹的鲜味，可用核苷酸、盐和12种氨基酸混合便可重现，如果在这些呈味混合物基础上，加入某些羰基化合物和少量三甲胺，便制成酷似螃蟹的风味产品。海参具有良好的风味，其青香气味的特征化合物有2，6-壬二烯醇、2，7-癸二烯醇、7-癸烯醇、辛醇、壬醇等，产生这些物质的前体物是氨基酸和脂肪。

（三）发酵食品中的嗅感物质

发酵食品的种类很多，酒类、酱油、醋、酸奶等都是发酵食品。它们的风味物质非常复杂。主要由下列途径形成：①原料本身含有的风味物质；②原料中所含的糖类、氨基酸及其他类无味物质，经发酵在微生物的作用下代谢而生成风味物质；③在制作过程和熟化过程中产生的风味物质。由于酿造选择的原料、菌种不同，发酵条件不同，产生的风味物质千差万别，形成各自独特的风味。

1. 白酒的香气

白酒的芳香物质已经鉴别出300多种，主要成分包括：醇类、酯类、酸类、羰基化合物、酚类化合物及硫化物等。以上这些物质按不同比例相互配合，构成各种芳香成分。按风味成分将白酒分成五种主要香型（表9-8）。

表9-8　白酒的香型

香型	代表酒	香型特点	特征风味物质
浓香型	五粮液、泸州大曲	香气浓郁、纯正协调、绵甜爽净、回味悠长	酯类占绝对优势，其次是酸，酯类以乙酸乙酯、乳酸乙酯、己酸乙酯最多
清香型	山西汾酒	清香纯正、入口微甜、干爽微苦、香味悠长	几乎都是乙酸乙酯、己酸乙酯
酱香型	茅台、郎酒	优雅的酱香、醇甜绵柔、醇厚持久、空杯留香时间长、口味细腻、回味悠长	乳酸乙酯、己酸乙酯比浓香型酒中的含量少，丁酸乙酯增多。高沸点物质、杂环类物质含量高，成分复杂
米香型	桂林三花	香气清淡	香味成分总量较少，乳酸乙酯、β-苯乙醇含量相对较高
凤香型	西凤酒	介于浓香和清香之间	己酸乙酯含量高、乙酸乙酯和乳酸乙酯比例恰当

（1）醇类化合物　白酒香气成分中含量最大的是醇类物质，其中以乙醇含量最多，它是通过淀粉类物质经酒精发酵得来的。除此外，还含有甲醇、丙醇、2-甲基丙醇、正丁

醇、正戊醇、异戊醇等。除甲醇外，这些醇统称高级醇，又称高碳醇。高碳醇含量的多少，决定了白酒风味的好坏。高碳醇来源于氨基酸发酵，故酒类发酵原料要有一定蛋白质。果酒发酵因氨基酸少，生成的高碳醇较少；白酒及啤酒发酵，高碳醇直接从亮氨酸、异亮氨酸等转化而成，反应如下：

$$(—CH_3)_2—CH—CH_2—CH_2—CH(NH_2)—COOH+H_2O \rightarrow (CH_3)_2CH—CH_2CH_2OH+NH_3+CO_2$$

亮氨酸　　　　　　　　　　　　　　　　异戊醇

好酒应高碳醇含量稍高，且比例适当。如果高碳醇含量过高，会产生不正常风味。

（2）酯类化合物　白酒中的酯类化合物主要是发酵过程中的生化反应产物，此外，也可以通过化学合成而来。酯类的含量、种类和它们之间的比例关系，对白酒的香型、香气质量至关重要。白酒的香型基本是按酯类的种类、含量以及相互之间的比例进行分类的。例如，在浓香型白酒中，它的香气主要是由酯类物质所决定，酯类的绝对含量占各成分含量之首，其中己酸乙酯的含量又占各微量成分之冠，己酸乙酯的香气占主导；清香型白酒的香味组分仍然是以酯类化合物占绝对优势，以乙酸乙酯为主，酯类的来源有：

①酵母的生物合成，是酯类生成的主要途径。

$$R—COOH+COA—SH+ATP \rightarrow R—CO—S—COA+AMP+PPi$$

$$R—CO—S—COA+ROH \rightarrow R—CO—OR+COA—SH$$

②白酒在蒸馏和贮藏过程中发生酯化反应。在常温下酯化速度很慢，往往十几年才能达到平衡。因此，随着酒贮藏期的延长，酯类的含量会增加（表 9-9）。这是陈酿酒比新酿造的酒香气浓的原因。一般优质酒都经多年陈酿。

表 9-9　　蒸馏酒贮藏时间与酯化率的关系

贮藏期	8 个月	2 年	3 年	4~5 年
酯化率/%	34	36	62	64

（3）酸类化合物　有机酸类化合物在白酒中是重要的呈味物质，它们的种类很多，有含量相对较高、易挥发的有机酸，如乙酸、丁酸、己酸等；有含量中等的含 C_3、C_5、C_7 的脂肪酸；有含量较少、沸点较高的 C_{10} 或 C_{10} 以上的高级脂肪酸，如油酸、亚油酸、棕榈酸等。酸类化合物本身对酒香直接贡献不大，但具有调节体系口味和维持酯的香气的作用，也是酯化反应的原料之一。这些酸类一部分来源于原料，大部分是由微生物发酵而成的。带侧链的脂肪酸一般是通过 α-酮酸脱羧生成，这些带侧链的酮酸，则是由氨基酸生物合成而来。

（4）羰基化合物　羰基化合物也是白酒中主要的香气成分。茅台酒中羰基化合物最多，主要有乙缩醛、丙醛、糠醛、异戊醛、丁二酮等。大多数羰基化合物由微生物酵解而来。酒中的乙醇和乙醛缩合生成柔和香味的缩醛：

$$R—CHO+2R'OH \rightarrow R—CH(OR')_2+H_2O$$

除上述主要形成途径外，少数羰基化合物可以在酒的蒸馏过程中通过美拉德反应或氧化反应生成。酒中的双乙酰及 2，3-戊二酮是酵母正常的新陈代谢产物。在酿造酒和蒸馏酒中均含有双乙酰，它对酒类的口味和风味有重要影响，当含量在 2~4mg/kg 时，能增强酒的香气强度，含量过高时会使酒产生不正常气味。

（5）酚类化合物　某些白酒中含有微量的酚类化合物，如4-乙基苯酚、愈创木酚、4-乙基愈创木酚等。这些酚类化合物一方面由原料中的成分在发酵过程中生成，另一方面是贮酒桶等木质容器中的某些成分，如香兰素等溶于酒中，经氧化还原产生。

2. 果酒的香气

最重要的果酒是葡萄酒，葡萄酒的种类很多，按颜色分为红葡萄酒（用果皮带色的葡萄制成）和白葡萄酒（用白葡萄或红葡萄果汁制成）。按含糖量分为干葡萄酒（含糖量小于4g/L）、半干葡萄酒（含糖量4~12g/L）、半甜葡萄酒（含糖量12~50g/L）和甜葡萄酒（含糖量大于50g/L）。

葡萄酒的香气成分，包括芳香和花香两大类：芳香来自果实本身，是果酒的特征香气；花香是在发酵、陈化过程中产生的。葡萄酒的香气物质特点如下。

（1）醇类化合物　葡萄酒中的高级醇含量以红葡萄酒较多，但较白酒少，主要的高级醇有异戊醇，其他的如异丁醇、仲戊醇的含量很少。这些高级醇主要是发酵过程中由微生物生物合成的，高级醇的含量和品种对其风味有重要影响，较少的高级醇会给葡萄酒带来良好的风味，如葡萄牙的包尔德葡萄酒中含较多的高级醇，备受各国欢迎。甘油是发酵的副产物，味甜，像油一样浓厚，而且会影响葡萄酒的风味。葡萄酒中还有些醇是来自果实，例如麝香葡萄的香气成分中含有芳樟醇、香茅醇等萜烯类化合物，用这种葡萄酿成的酒中也含有这种成分，从而酒呈麝香气味。

（2）酯类化合物　葡萄酒中的酯类化合物比啤酒多，而比白酒少。主要是乙酸乙酯，其次是己酸乙酯和辛酸乙酯。由于酒中含酯类化合物少，故香气较淡。在发酵过程中除生成酯类还会生成内酯类，如γ-内酯等，这些成分与葡萄酒的花香有关。如5-乙酰基-2-二氢呋喃酮是雪犁葡萄酒香气的主要成分之一。另外，葡萄酒在陈化期间4，5-二羟基己酸-γ-内酯含量会明显增加，故该化合物常作为酒是否陈化的指标。

（3）羰基化合物　葡萄酒中的羰基化合物主要是乙醛，有的酒可高达100mg/kg，当乙醛和乙醇缩合形成乙缩醛后，香气就会变得很柔和。葡萄酒中也含有微量的2，3-戊二酮。

（4）酸类及其他化合物　葡萄酒中含有多种有机酸，如酒石酸、葡萄酸、乙酸、乳酸、琥珀酸、柠檬酸、葡萄糖酸等，含酸总量比白酒大，其中酒石酸含量相对较高，它们主要来自果汁。在酿造过程中，酒石酸会以酒石（酒石酸氢钾）形式沉淀，部分苹果酸在乳酸菌的作用下变成乳酸，使葡萄酒的酸度降低。葡萄酒中还有微量的酚类化合物，如对乙基苯酚、对乙烯基苯酚呈木香味；4-乙基（乙烯基）-2-甲氧基苯酚呈丁香气味。为使葡萄酒的风味更加浓厚，陈化时的容器最好使用橡木桶。从果皮溶出的花色苷、黄酮及儿茶酚、单宁等多酚类化合物，含量较高，使葡萄酒产生涩味，甚至苦味，人们不希望葡萄酒的涩味和苦味太强，在生产过程中应设法控制，以降低酒中多酚物质的含量。

葡萄酒中的糖类产生甜味，有机酸产生酸味及酒中所含的香气物质，共同组成了它的特殊风味。红葡萄酒一般是深红色或宝石红色，具优雅的酒香和浓郁的花香；白葡萄酒澄清透明，呈淡黄色，酒味清新，有果实的清香，风味滑润爽口，葡萄酒中还含有一定量维生素，具有滋补、强身作用，受到人们普遍欢迎。

3. 酱制品的香气

酱制品是以大豆或豆饼、小麦或麸皮为原料，由霉菌、酵母菌和细菌综合发酵生成的调味品。酱制品的香气物质主要是醇类、醛类、酚类和有机酸等。醇类是以发酵原料中的糖类物质在酵母菌作用下产生，乙醇为主，其次是戊醇和异戊醇，它们是经氨基酸分解而成的，所以酱制品多采用含蛋白质、氨基酸的豆类植物为原料制得。羰基化合物中构成酱油芳香成分的主要有乙醛、丙酮、丁醛、异戊醛、糠醛、不饱和酮醛等；酚类以 4-乙基愈创木酚、4-乙基苯酚、对羟基苯乙醇为代表；酯类中的主要成分是乙酸戊酯、乙酸丁酯；酸类主要有乙酸、丙酸、异戊酸、己酸等。酱油中还有含硫氨基酸转化而得的硫醇、甲基硫等香味物质，其中甲基硫是构成酱油特征香气的主要成分。经分析，优质酱油中的香气物质近 300 种。

4. 焙烤食品的香气

许多食品焙烤过程中都会散发出香气，香气产生于加热过程中的羰氨反应、油脂的分解和含硫化合物（维生素 B_1、含硫氨基酸）的分解。羰氨反应的产物随着参加反应的氨基酸与还原糖的种类和反应温度而变化，反应产生大量的羰基化合物、吡嗪类化合物及少量含硫有机物，是焙烤食品香气的重要组成部分。

不同焙烤食品中气味物的种类尽管各不相同，但它们大多富含呋喃类、羰基化合物、吡嗪类、吡咯类及含硫的噻吩、噻唑等。

油炸类食品中包括羰氨反应产生的各种物质，油脂分解产生的部分低级脂肪酸、羰基化合物及醇等物质。例如，亚麻酸可分解成己烯醛、己烯醇、壬二烯醇和壬二烯醛。

面包等制品除了在发酵过程中形成醇、酯类外，在焙烤过程中还发生羰氨反应，产生许多羰基化合物，已鉴定的达 70 多种，这些物质构成了面包的香气。

花生及芝麻焙炒后有很强的香气。花生焙炒产生的香气中，除了羰基化合物以外，还发现 5 种吡嗪类化合物和 *N*-甲基吡咯；芝麻焙炒中产生的香气成分主要是含硫化合物。

重点小结

味感是食物在人的口腔内对味觉器官刺激并产生的一种感觉。甜味是人们喜爱的基本味感，常用于改进食品的可口性和食用性。食品中的甜味剂可分为天然和合成两大类。前者主要包括葡萄糖、果糖、麦芽糖、乳糖等糖类，木糖醇、山梨糖醇、麦芽糖醇、甘露醇等糖醇类，甘草苷、甜叶菊苷、甘茶素等非糖天然甜味剂，后者主要包括糖精钠、甜蜜素和天门冬酰苯丙氨酸甲酯。食品中的酸味物质主要有乙酸、柠檬酸、苹果酸、酒石酸、乳酸和抗坏血酸。咸味对食品的调味十分重要，主要有低钠型盐、强化型盐、风味型盐。

食品的香气常常是人们辨别、选择和接受食品的依据。大多数蔬菜的总体香气较弱，但气味却多样。水果香气浓郁，基本是清香与芳香的综合。新鲜鱼有淡淡的新鲜气味。酒类的香气成分与酿酒的原料种类和生产工艺有密切的关系，某些酿造方法和酿酒菌种及环境等条件不同，其芳香物含量比例也不相同，因而酒类有不同的香型。许多食品焙烤过程中都会散发出香气，香气产生于加热过程中的羰氨反应、油脂的分解和含硫化合物（维生素 B_1、含硫氨基酸）的分解。

技能训练

技能训练一 食品感官质量评价

一、目的要求

（1）掌握食品感官质量评价原理。
（2）熟悉食品感官质量评价方法在食品品质鉴定中的应用。

二、实验原理

食品感官质量（即感官标准）是食品质量标准不可缺少的部分。它是以人的感觉器官（视觉、嗅觉、味觉及触觉）作为分析工具，对食品的外观、颜色、柔软度、气味、滋味以及包装等进行综合评价，即感官检查。常用的感官评定方法有：两点比较法、三点比较法、顺序比较法、加权平均法、模糊数学法等。

目前常用加权平均法。但是由于评审人员自身条件不尽相同，比如嗜好、情绪、经验、生理条件等的不同，所评定的分数结果离散度较大，很难获得比较一致的结果。用一个平均数，很难准确地表示某一指标应得的分数，使结果存在误差。采用模糊关系的方法来处理评定的结果，由于综合地考虑所有的因素，可以获得一个综合的比较客观的结果。模糊数学模型能编成计算机程序，只要输入评比分数，就能由计算机完成，最后打印出评判结果。感官评定的质量指标标准，往往是一些“亦此亦彼”的，难以定量化的模糊元素。如滋味指标标准有：好吃，不好吃，特有风味等；香气标准有：原有香气、清香、浓郁等，采用模糊数学法，可以使这些模糊信息，经过数学处理后，产生数值信息，从而获得较客观的质量评价结果。

通过本实验掌握用加权平均法和初步掌握用模糊数学法评价食品的感官质量。

三、实验材料

四种啤酒或饮料，茶叶。

四、操作步骤

（1）根据所给的样品和质量标准，进行感官检验和评定。用文字描述质量合格标准。
（2）用加权平均法，对所给四种样品进行质量评价并计算，进行各项排列。
（3）用模糊数学法对茶叶等样品进行品评和数学处理，计算，进行质量评价。
（4）比较不同数学处理方法的结果，讨论其准确性。

五、注意事项

注意样品种类不同时，其评判标准也有所差别。

技能训练二 味觉实验

一、目的要求

（1）掌握味觉形成原理。
（2）熟悉味觉实验在食品品质鉴定中的应用。

二、实验原理

味觉是指食品中的水溶性成分溶于唾液或食品溶液刺激口腔舌表面的味觉感受器——味蕾，再经味神经纤维送到大脑的味觉中枢神经后形成的感觉。基本味（即原味，Original Taste）有：甜、酸、咸、苦四味。影响味觉的因素除了呈味物质的化学结构、呈味阈值、呈味温度、浓度、味的交互影响等，人本身的生理特点也不可忽略。通过本实验，认识自己的味觉能力。

三、实验试剂及器材

（1）实验试剂　蔗糖、柠檬酸、氯化钠、苯基硫脲、味精、纯水。
（2）实验器材　滤纸、烧杯。

四、操作步骤

（1）味觉试纸实验　取 6 张 1.5cm×5cm 大小的定性滤纸，分别按表 9-10 浸入水溶液中，约 30min 后取出，风干。无序地用舌头舐尝分辨，答对至少 4 种，可认为具有正常的味觉能力。

表 9-10　味觉试纸实验

味觉	呈味试剂	浓度/%
甜	蔗糖	2.5
酸	柠檬酸	0.5
咸	氯化钠	0.9
苦	苯基硫脲	0.012
鲜	味精	1.0
无味	纯水	—

（2）水溶液实验　按表 9-11 将各种呈味试剂配成水溶液，并将纯水增加到 3 个，共 8 个样品进行品尝。品对至少 7 个为合格。

表 9-11　水溶液实验

味觉	呈味试剂	浓度/%
甜	蔗糖	0.5
酸	酒石酸	0.009
咸	氯化钠	0.15
苦	苯基硫脲	0.00023
鲜	味精	0.05
无味	纯水	—
无味	纯水	—
无味	纯水	—

（3）呈味物质浓度试验　按表 9-12，对每一种呈味试剂设定中心浓度，再配出等级数递增、递减的 5 个等级浓度的水溶液，品尝味感强度顺序。如蔗糖的中心浓度为 5.46%，配出以 15%浓度递变的梯度浓度系列溶液为：4.13%→4.75%→5.46%→6.28%→7.22%。

表 9-12　浓度差识别实验

味觉	呈味试剂	中心浓度/%	浓度递增率/%
甜	蔗糖	5.46	15
酸	酒石酸	0.02	25
咸	氯化钠	1	15
鲜	味精	0.2	30

注：用于味觉实验的所有试剂、容器等用具均需符合食品卫生要求。

五、注意事项

每次品尝完一种试剂后都要用纯水漱口，避免影响评判准确性。

思政案例

传统香料自古芬芳，宝国院士开创辉煌

从古至今，香料一直是炎黄子孙的骄傲。古有花椒、桂皮飘香千年，今有宝国院士开创辉煌。20 世纪 80 年代，两种关键肉味香精生产技术为美国公司所垄断，高昂售价堪比黄金，严重制约了我国食品工业的发展。年轻的孙宝国把实验室当成家，夜以继日研究，终于合成出2-甲基-3-巯基呋喃与甲基（2-甲基-3-呋喃基）二硫醚，弥补了国内空白，10多家香料企业应运而生，产品远销国外；他坚持制作有中国特色的肉味香精，提出的“味料同源”制造理念奠定了中国天然级肉味食品香精制造技术基础，被30余家企业采用。孙宝国院士为食品工业创造了巨大的经济效益，先后获得了国家科学技术进步奖、国家技术发明奖等。

参考文献：滕静，张晶，等. 食品化学课程融合思政教学探索［J］. 安徽农业科学，2021，49（17）：269-271，275.

育人目标：孙宝国院士研发香精的事迹，说明做科研必须要有恒心和毅力。我们要向榜样学习，敬业爱国，勇敢肩负起新时代的责任与使命！

复习思考

1. 风味物质的相互作用有哪些现象，试举例说明。
2. 食品味觉是如何产生的？
3. 糖的甜度受哪些因素影响？
4. 苦味物质的来源和重要的生理作用有哪些？
5. 辣味物质有哪几类，各具有什么结构特点和典型化合物？
6. 影响肉类风味的主要因素有哪些？
7. 具有麝香气味的物质有几类，呈香强度与分子结构有何关系？
8. 食品香气的形成有哪几种途径？
9. 使乳制品产生不良嗅感的原因有哪些？

模块十

食品中的天然活性成分

学习目标

【知识目标】

1. 掌握活性多糖、低聚糖、多不饱和脂肪酸、磷脂、活性氨基酸、肽及蛋白质的生理功能。

2. 了解类黄酮、皂苷类及萜类、生物碱活性成分生理作用。

【素质目标】

通过了解中国古代劳动人民对食品中的天然活性成分的认识和利用历史，激发爱国情怀、文化自信和民族自豪感。

学习导图

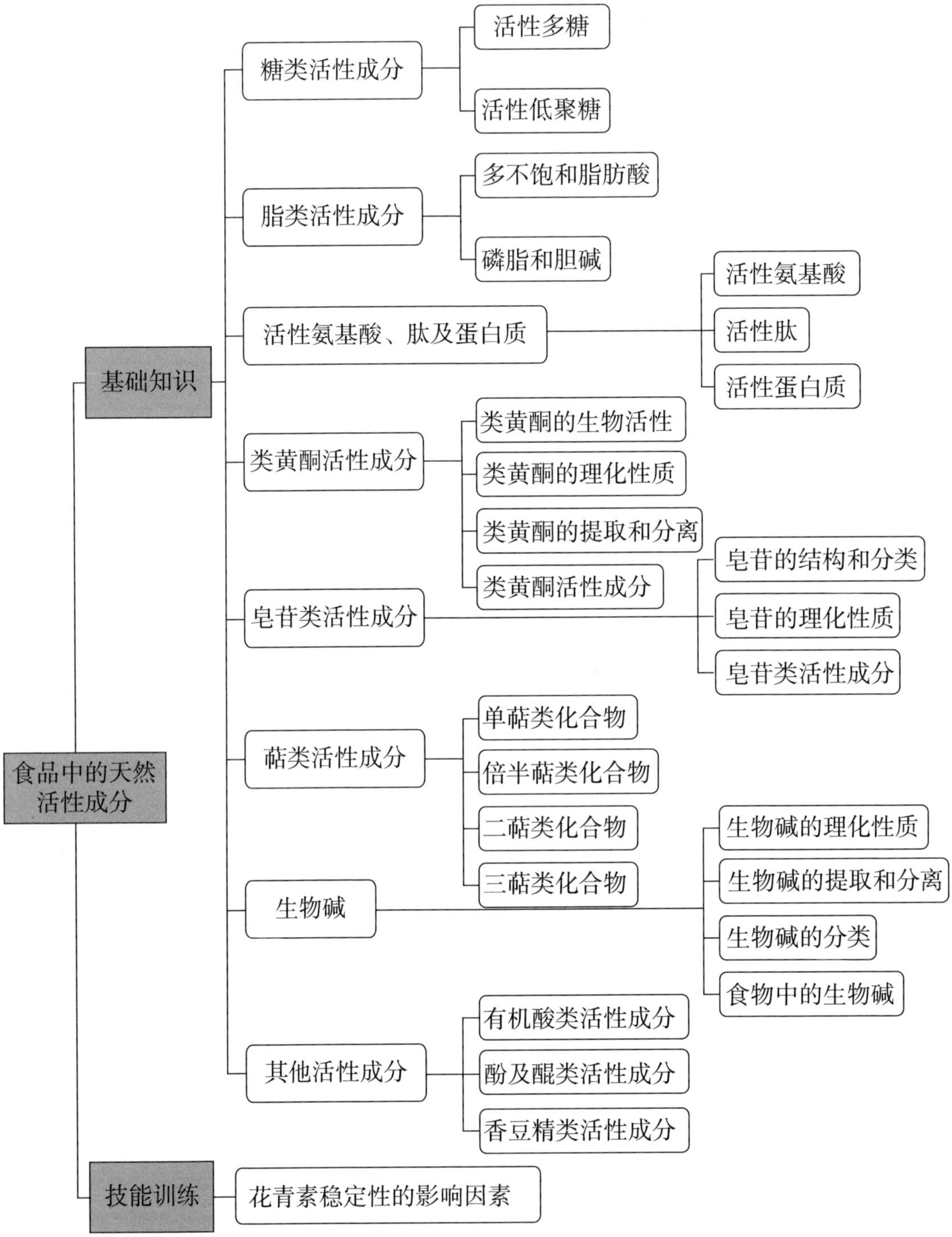
食品中的天然活性成分
基础知识
糖类活性成分
活性多糖
活性低聚糖
脂类活性成分
多不饱和脂肪酸
磷脂和胆碱
活性氨基酸、肽及蛋白质
活性氨基酸
活性肽
活性蛋白质
类黄酮活性成分
类黄酮的生物活性
类黄酮的理化性质
类黄酮的提取和分离
类黄酮活性成分
皂苷类活性成分
皂苷的结构和分类
皂苷的理化性质
皂苷类活性成分
萜类活性成分
单萜类化合物
倍半萜类化合物
二萜类化合物
三萜类化合物
生物碱
生物碱的理化性质
生物碱的提取和分离
生物碱的分类
食物中的生物碱
其他活性成分
有机酸类活性成分
酚及醌类活性成分
香豆精类活性成分
技能训练
花青素稳定性的影响因素

天然产物中的一些活性成分，具有特殊的生理功能，对预防和治疗心脑血管病、肿瘤、糖尿病和其他一些疾病具有一定的功效。本模块主要介绍存在于食物和药食两用品种中的天然活性成分，包括糖类、蛋白质类、脂类、类黄酮、皂苷类、萜类化合物及生物碱等活性成分。这些天然活性成分与人类生活密切相关，具有特定的保健功能，而且毒副作用很小。通过对食品中天然活性成分的研究，不仅可针对个人情况制定合理的食谱，发挥活性成分之间的协调作用，减少在贮藏和加工过程中的活性损失，而且还能充分发掘我国的天然产物资源，生产出具有特定生理功能的保健食品，更好地为人类的健康服务。

基础知识

知识点一 糖类活性成分

一、活性多糖

活性多糖是指那些具有某些特殊生理功能的多糖类化合物，主要包括真菌多糖和植物多糖。

（一）真菌多糖

经研究表明，真菌多糖存在于香菇、金针菇、蘑菇、灵芝、银耳、黑木耳、茯苓和猴头菇等大型食用或药用真菌中，在增强人体免疫力和抗肿瘤方面具有独特的生理功能。

1. 真菌多糖的化学结构

（1）香菇多糖　1969 年日本人千原首次报道从香菇中分离出一种抗肿瘤多糖。这种香菇多糖的主链是由 β-1，3-糖苷键连接的葡聚糖，主链上约有 23%的葡萄糖残基通过支点连有侧链。香菇多糖的化学结构如图 10-1 所示。

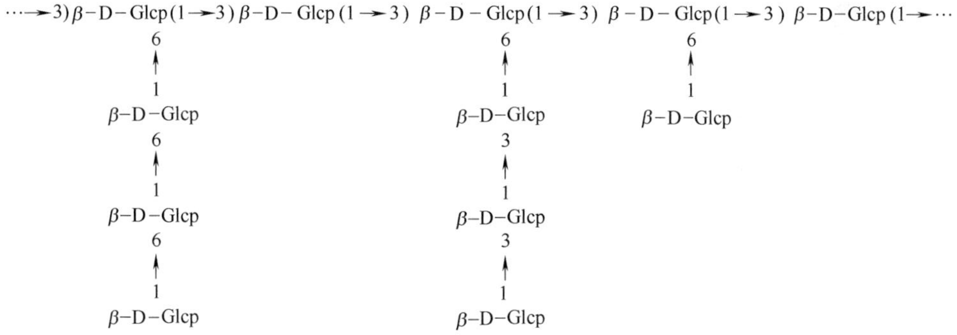

图 10-1　香菇多糖的化学结构

（2）金针菇多糖　1973 年 Yuko Yoshioka 从金针菇的水溶性多糖中分离出 4 种组分。一种组分是由 β-1，3-糖苷键连接的葡聚糖，结构与香菇多糖相似。另外 3 种组分除葡萄糖外，还含有少量的半乳糖、甘露糖、阿拉伯糖和木糖。

（3）银耳多糖　1979 年 Kakuta 等人报道的银耳多糖是一种酸性杂多糖，其主链是由 α-1，3-糖苷键连接的甘露聚糖，侧链由葡萄糖醛酸和木糖组成。银耳多糖的化学结构如

图 10-2 所示。

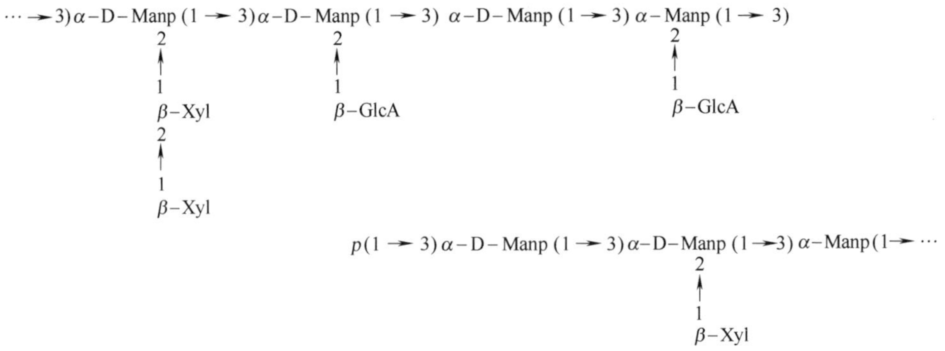

图 10-2　银耳多糖的化学结构

（4）灵芝多糖　1982 年日本的宫琦等人从灵芝子实体中获得一种水溶性多糖，由岩藻糖（Fuc）、木糖（Xyl）和甘露糖以 1∶1∶1 的物质的量之比组成，其主链为-1，4-糖苷键连接的 D-甘露聚糖，支链［Fuc（1→4）Xyl（1→…］通过 C_3 分支点与甘露糖残基相连，是一种高度分支的杂多糖。同年，日本的鹈甘等人从紫芝子实体中提取出一碱性多糖，是由-1，3-糖苷键连接的 β-D-吡喃葡聚糖，每隔 30 个残基连接有一个 β-1，6-D-吡喃葡萄糖作为侧链。

真菌多糖研究较多的还有黑木耳多糖、云芝多糖、猪苓多糖、茯苓多糖、冬虫夏草多糖、核盘菌多糖、裂褶多糖、灰树花多糖和蘑菇多糖等。

2. 真菌多糖的生理功能

（1）增强免疫力和抗肿瘤　很多真菌多糖和植物多糖都具有抗肿瘤活性，其中一部分多糖是直接作用于肿瘤组织的靶细胞，另一部分多糖则是通过提高机体免疫力起作用，真菌多糖的抗肿瘤主要是基于后者。机体免疫力的提高，包括细胞免疫和体液免疫两个方面。真菌多糖能激发巨噬细胞的吞噬能力，刺激或恢复 T 淋巴细胞和 B 淋巴细胞，增强淋巴细胞的转化作用，还能提高血浆蛋白水平，促进抗体和溶血素的形成，激活补体系统，诱导干扰素的产生。应当指出，迄今所发现的抗肿瘤多糖虽对移植性肿瘤有较强的抑制活性，但对固有（原发性）肿瘤却缺乏明显的反应，因此其作用重在防而不在治。

（2）抗衰老　衰老是复杂的生物学过程，它可以使机体的免疫功能下降。目前普遍认为衰老时主要表现为 T 淋巴细胞所介导的细胞免疫功能低下。1991 年，雷林生等证明，灵芝多糖能显著促进 T 淋巴细胞的增殖，提高老年机体抗外来感染能力，并减少自身免疫反应，起到抗病、延缓衰老的作用。

（3）其他生理功能　真菌多糖还有促进蛋白质与核酸合成、抗辐射、抗溃疡及炎症、降血糖、降血脂抗血栓、保护肝脏、抗凝血、增强骨髓的造血功能等作用。

3. 真菌多糖的开发和利用

从食用或药用真菌子实体提取多糖的工艺比较简单。真菌子实体粉碎后，用 5~20 倍体积的水、稀酸或稀碱（0.2~1mol/L）在 50~80℃ 下进行浸提，将浸提液中和、过滤和减压浓缩后，即可直接用来制造功能性食品，也可将浓缩液真空干燥或喷雾干燥制成固体粉末来使用。这种浸提物除含有丰富的真菌多糖外，还包括蛋白质、氨基酸、微量活性元素、风味物质等其他营养成分和活性物质。此外，通过深层发酵得到的真菌丝体与农业栽培得到的真菌子实体在化学组成和生理活性上均很相似，因而有可能工业化、大规模地生产真菌多糖。

小资料

银耳怎样吃

银耳的保健功能主要在于银耳多糖。将银耳熬制成粥可以使银耳多糖充分释放出来。主要步骤如下。

第一步：银耳用水泡至发软，去除硬块，然后洗净。

第二步：将锅内水煮开，放入银耳，烧开后需煮至汤汁成胶状，否则银耳多糖不能发挥作用。与红枣、莲子、山药同煮效果更佳。当天食用。

（二）植物多糖

许多植物多糖具有类似真菌多糖的生物活性，如今也成为国内外研究的热点。

1. 枸杞多糖

枸杞在我国西北地区生长较为普遍，其中主要栽培品种是宁夏枸杞，其成熟干燥的红色果实称为枸杞子。枸杞子中的主要活性成分有多糖、类胡萝卜素和甜菜碱等。枸杞多糖（LBP）主要成分为阿拉伯糖、葡萄糖、半乳糖、甘露糖、木糖、鼠李糖等，易溶于水，不溶于丙酮、氯仿等有机溶剂。

枸杞多糖有增强机体免疫力、抗肿瘤与抗衰老作用。此外，还有明显的降血脂、降血糖、耐缺氧和抗疲劳等作用。

枸杞粗多糖的提取方法是将烘干粉碎的枸杞子，先用石油醚、丙酮（体积比 1∶1）脱脂，再用 80%乙醇除去单糖和低聚糖，然后用 90~100℃水溶提取多糖，提取液减压浓缩后用乙醇沉淀多糖，真空干燥后即得枸杞粗多糖。可直接用枸杞子加工成枸杞酒和饮料，也可将枸杞粗多糖与其他活性成分配伍制成各种功能性食品。

2. 人参多糖

人参生长于山坡密林中，近年在我国广大地区尤其东北地区种植广泛。人参的主要活性成分为人参多糖和人参皂苷。不同品系和产地的人参，其多糖组成物结构不同。已从人参中分离出 30 多种多糖成分。主要由阿拉伯糖、葡萄糖、鼠李糖、半乳糖和半乳糖醛酸等组成。

人参多糖有降血糖作用。人参多糖注射液临床上主要用于增强机体免疫功能，克服肿瘤化疗和放射治疗引起的副作用。人参作为保健食品在我国已有悠久的历史。用提取人参皂苷后的废渣作为提取人参多糖的原料。将人参废渣用沸水浸提 2 次，每次 3h，过滤，滤液减压浓缩至原体积的 1/10，加入乙醇使含醇量达到 80%以上，静置后过滤，干燥，可得人参多糖粗品，得率为 40%。

3. 茶多糖

茶多糖在成品茶中含量为 1%左右，它是一类与蛋白质结合在一起的酸性多糖或一种酸性糖蛋白。一般认为，茶多糖是由葡萄糖、阿拉伯糖和核糖等构成的多糖复合物。在我国不同种类茶叶中，因制作方法不同多糖含量不同，绿茶含多糖高，乌龙茶因两晒两晾容易引起多糖的水解，红茶为全发酵茶，多糖含量最低。

从茶叶冷水提取物中分离得到的茶多糖有明显的降血糖作用，在中国和日本民间也有常喝粗老茶叶水防治糖尿病的说法。此外，茶多糖还有增加机体免疫力、抗辐射等作用。我国茶叶资源十分丰富，年产粗老茶10万t以上，此外还有大量的下脚茶，修剪枝及更新后的老茶棵等。可将这些材料变废为宝，从中提取茶多糖，然后加工成各种保健品。

4. 花粉多糖

花粉营养全面而丰富，被誉为“完全营养品”。花粉约含2%的核酸，还含有丰富的蛋白质、17种氨基酸、糖类等，其中糖类总含量为25%~48%，除单糖和低聚糖外，花粉还含有多糖。花粉多糖研究起步较晚，Knss（1982）从细胞水平上证明了植物花粉内壁含有酸性多糖和中性多糖，它具有很强的提高机体免疫功能之效，还是一种理想的开胃剂，并对神经衰弱、精神抑郁症有明显疗效。花粉的常规食用方法是将采集的蜜源花粉雄蕊囊膜研破，使花粉溢出（以利于消化吸收），低温储于瓶内，每次服1~3g；或掺入食物中，做成各种肴馔食用。对花粉有过敏反应的人不宜食用花粉，有毒植物的花粉也不宜食用。

（三）壳聚糖

甲壳素又名几丁质、甲壳质或壳多糖，是许多低等动物特别是节肢动物如虾、蟹、昆虫等外壳的重要成分，也存在于低等植物如菌藻类和真菌的细胞壁中。据推测，甲壳素每年的生物合成量超过10亿t，是一种巨大的可再生资源。壳聚糖是甲壳素脱去乙酰基后的产物。甲壳素和壳聚糖的分子结构如图10-3所示。

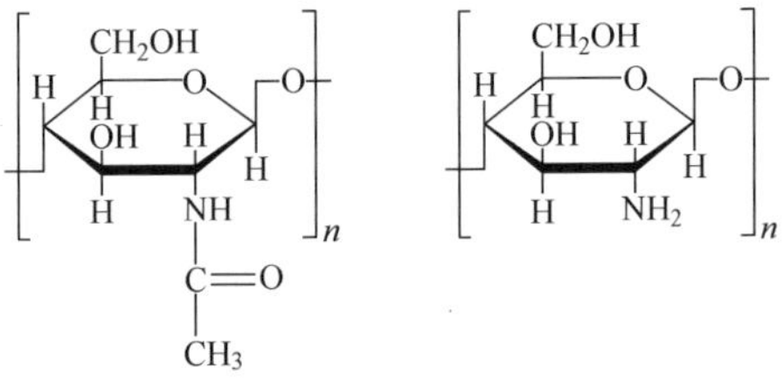

图10-3　甲壳素和壳聚糖的分子结构

壳聚糖具有膳食纤维的部分特性，它能降低血清胆固醇和血压，并能诱导溶菌酶和几丁质酶的活力，促进伤口愈合，防止霉菌生长。因其具有良好的生物相溶性，可用于加工成各种医药用材料，如手术缝合线、人造血管、药物缓释剂、血液透析膜、伤口愈合材料等。

壳聚糖的制备方法是将虾皮、蟹壳等材料用水洗、碱洗和酸洗除去蛋白质、脂质和$CaCO_3$后，得甲壳素，再将甲壳素用浓碱处理脱去乙酰基，即得壳聚糖。还可用蛋白酶、脱乙酰酶来制取壳聚糖，酶法工艺的特点是环境污染小。

二、活性低聚糖

活性低聚糖包括棉子糖、水苏糖、乳酮糖、异麦芽酮糖、低聚果糖、低聚木糖、低聚半乳糖、低聚乳果糖、低聚异麦芽糖和低聚龙胆糖等功能性低聚糖，人体肠道内没有水解这些低聚糖的酶系统，它们不被消化吸收而直接进入大肠内为双歧杆菌所利用。除低聚龙胆糖外，均带有一定的甜味，可用来替代或部分替代食品中的蔗糖。

活性低聚糖的生理功能、结构及性质等内容参见模块四知识点三。

知识点二 脂类活性成分

一、多不饱和脂肪酸

血清中胆固醇水平的高低与心血管疾病之间有密切的联系。胆固醇的熔点较高，在血清中主要以脂肪酸酯的形式存在。饱和脂肪酸与胆固醇形成的酯熔点高，不易乳化，也不易在动脉血管中流动，因而较易形成沉淀物沉积在动脉血管壁上，久而久之就发展为硬化症状。相反，多不饱和脂肪酸与胆固醇形成的脂熔点较低，易于乳化、输送和代谢，因此不易在动脉血管壁上沉积。大量的研究证实，用富含多不饱和脂肪酸的油脂代替膳食中富含饱和脂肪酸的动物脂肪，可明显降低血清胆固醇水平。

亚油酸、亚麻酸和花生四烯酸是必需脂肪酸，人体自身不能合成，尽管亚麻酸和花生四烯酸可由亚油酸在体内部分转化而得，但转化率受多种因素影响很有限，因而仍需从食物中获得。值得注意的是，必需脂肪酸是全顺式多烯酸，反式异构体起不到必需脂肪酸的生理功能。

1. 亚油酸

亚油酸是分布最广的一种多不饱和脂肪酸。常见植物油中亚油酸的含量为：花生油占25%、芝麻油占45%、小麦胚芽油占50%、大豆油占50%、辣椒籽油占72%、红花籽油占75%、山核桃油占88%~96%。亚油酸的主要生理功能：①维持细胞膜功能；②降低血清胆固醇；③作为某些生理调节物质（如前列腺素）的前体物；④补脑作用。

2. γ-亚麻酸

通常所说的亚麻酸是指α-亚麻酸，存在于许多植物油中。γ-亚麻酸是α-亚麻酸的同分异构体，母乳中含γ-亚麻酸，而动物乳中不含γ-亚麻酸。γ-亚麻酸是婴儿不可缺少的营养素。可将精制γ-亚麻酸或γ-亚麻酸酯，以β-环糊精为载体，制成γ-亚麻酸粉末或γ-亚麻酸酯粉末，然后加到牛奶或奶粉中，供婴儿食用。

γ-亚麻酸的主要生理功能：①γ-亚麻酸有扩张血管的作用，能预防血栓的生成；②降低血清胆固醇。γ-亚麻酸还具有升高高密度脂蛋白、降低低密度脂蛋白的作用，从而防止胆固醇在血管壁上的沉积；③参与细胞膜的化学组成；④改善过敏性皮炎的症状。

正常情况下，人体不缺乏γ-亚麻酸，但有些人为的或生理的因素（如嗜烟、酗酒、肥胖、糖尿病、高胆固醇血症、长期精神紧张及年龄增长等）会损害人体内γ-亚麻酸的正常合成，这时就需从外界补充γ-亚麻酸。

3. 二十碳五烯酸和二十二碳六烯酸

二十碳五烯酸（Eicosapentaenoic Acid，EPA）和二十二碳六烯酸（Docosahexaenoic Acid，DHA）主要来自海洋动物的油脂中，特别是鱼油中含量较高，结构如图10-4所示。

EPA和DHA的主要生理功能：①预防心血管疾病；②健脑和预防老年性痴呆；③预防免疫性疾病；④保护视力；⑤预防癌症。有研究表明，EPA与DHA还有助降低罹患下列疾病的机会及改善有关症状：阅读障碍及其他学习障碍，注意力不足、多动症及其他行为异常，运动障碍及其他动作协调障碍。

图 10-4 EPA 和 DHA 的分子结构

二、磷脂和胆碱

磷脂（Phospholipid）即含有磷酸残基的酯类，包括磷酸甘油酯和神经鞘磷脂。磷脂主要以与蛋白质相结合的形式，存在于许多动植物性食品（如蛋黄、肝脏、脑、大豆）中。磷脂普遍存在于生物体细胞质和细胞膜中，对生物膜的生物活性和机体的正常代谢有重要的调节作用。胆碱（图 10-5）是卵磷脂和鞘磷脂的组成部分，还是神经传递物质乙酰胆碱的前体物质，对细胞的生命活动有重要的调节作用。

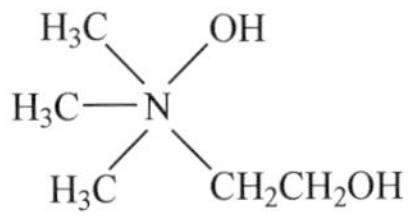

图 10-5 胆碱的化学结构

1. 磷脂和胆碱的生理功能

磷脂是构成生物膜的重要组分，它使膜具有独特的性质和功能。磷脂还能修复自由基对膜造成的损伤，显示出抗衰老的作用。磷脂（特别是卵磷脂）有乳化性，能溶解血清胆固醇，清除血管壁上的沉积物，可防止动脉硬化等心血管病的发生。磷脂还能降低血液黏度，促进血液循环，改善血液供氧情况，延长红细胞的存活时间，加强造血功能，有利于减少贫血症状。

各种神经细胞之间依靠乙酰胆碱来传递信息。食物中的磷脂被有机体消化吸收后，释放出胆碱，随血液循环送至大脑，与乙酸结合成乙酰胆碱。当大脑中乙酰胆碱含量增加时，大脑细胞之间的信息传递加快，学习记忆和思维能力得到加强。胆碱对脂肪有亲和力，可促进脂肪以磷脂形式由肝脏输送至血液，因而可预防肝炎、脂肪肝和肝硬化等疾病。

2. 大豆磷脂和蛋黄磷脂

大豆磷脂是油脂加工后油脚的主产品，主要有卵磷脂、脑磷脂和肌醇磷脂。卵磷脂占大豆磷脂的29%左右，脑磷脂占31%左右，肌醇磷脂占40%左右。从生理生化角度，人体日摄入磷脂量以 5~7g 为宜。在面包中添加 0.1%~0.2%的磷脂，面包芯有弹性，能延长保鲜时间，使产品保持松软，提高营养效价；在奶粉中添加 0.2%的磷脂，可使奶粉的溶解度显著加强，分散度 90%以上；磷脂是天然的乳化剂，在糖果中添加量 0.1%~0.3%，使奶油与糖迅速地混合，冷却后也不分开。这就避免了糖果起纹、粒化和走水现象，保持糖果的新鲜和不变味。此外，大豆磷脂在巧克力、通心粉制作中都有广泛的应用。

蛋黄磷脂的主要成分为卵磷脂、脑磷脂、溶血卵磷脂和神经鞘磷脂等。与大豆磷脂相比，蛋黄磷脂的特点是卵磷脂含量高，可达 70%~80%。蛋黄磷脂除具有磷脂一般生理功能外，还能改善肺功能，尤其是新生儿的肺部功能。蛋黄磷脂可用乙醇等有机物溶剂从蛋黄中提取。

小资料

胆碱缺乏症

长期摄入缺乏胆碱的膳食，可导致肝、肾、胰腺病变，记忆紊乱和生长障碍等。

（1）肝脏变化　大部分动物（除反刍动物外）胆碱缺乏将导致肝脏功能异常，肝脏出现大量脂质（主要为甘油三酯）积累，最终充满整个肝细胞。

（2）肾脏变化　胆碱缺乏也危害肾脏缩水功能。

（3）诱发癌症　胆碱缺乏所造成的致癌过程首先造成基因损伤，然后是某些可以形成肿瘤的变异细胞株生存并增殖。

（4）与膳食低胆碱有关的不育症、生长迟缓、骨质异常、造血障碍和高血压也均有报道。

知识点三 活性氨基酸、肽及蛋白质

一、活性氨基酸

活性氨基酸是指构成蛋白质以外的、具有生物调节活性的、在生物体内呈游离状态的一类氨基酸。这类氨基酸种类很多，这里简单介绍几种重要的活性氨基酸。

1. 蒜氨酸

大蒜中含蒜氨酸和蒜酶，二者接触后产生蒜辣素，具杀菌效力。蒜辣素有极强的抑菌能力，对多种细菌、真菌及原虫有杀灭作用，据估计其杀菌能力为青霉素的 15 倍。科学家发现蒜辣素及其降解产物有防癌作用，它除了能诱导肝细胞脱毒酶的活力外，还能阻断亚硝胺致癌物的合成。此外，蒜辣素还能有效地降低血脂和血糖，并能调节血清胆固醇含量。因蒜辣素易受热分解，故大蒜最好生吃。有眼疾的人不宜生食大蒜，因为大蒜有百益而独损于目。

2. 牛磺酸

牛磺酸化学名为 2-氨基乙磺酸，分子式为 $H_2N—CH_2—CH_2—SO_2H$。因 1872 年首次从牛胆汁中分离出而得名。牛磺酸为白色棒状结晶或结晶性粉末，无臭略酸，溶于水，不溶于乙醇、乙醚等有机溶剂，对热稳定。牛磺酸主要存在于肉类、海产品等动物性食品中，以海产品中的含量最高。

牛磺酸的生理功能：①促进婴幼儿的脑组织和智力发育，提高神经传导和视觉机能；②促进胆汁分泌，改善肝代谢和肝功能；③能抵抗心力衰竭，对心肌细胞有保护作用；④具有抗氧化作用，实验表明，它能在细胞内预防次氯酸及其他氧化剂对细胞成分的氧化破坏；⑤可降低许多药物（如抗肿瘤药）的毒副作用。

人出生后必须从母乳中摄取牛磺酸，直至可以自给自足。当母乳含量不足时，就需人为补充牛磺酸。因此，婴儿配方奶粉中要添加一定数量的牛磺酸。牛磺酸溶于水，在做菜时往往溶解在汤里，因此，吃菜时应多喝一些汤。

3. L-茶氨酸

L-茶氨酸是茶特有的氨基酸，也是茶中含量最多的一种氨基酸。它由根部合成经树干转移至叶并积蓄下来，在日光照射下转换成儿茶酸，因此在见日光很少的玉露等高级茶中茶氨酸含量高，普通绿茶中多酚含量高。

1950 年，日本学者酒户从玉露茶中分离出茶氨酸，其结构如图 10-6 所示。1964 年茶氨酸被确定为食品添加剂，1992 年生产出低成本高纯度的 L-茶氨酸。

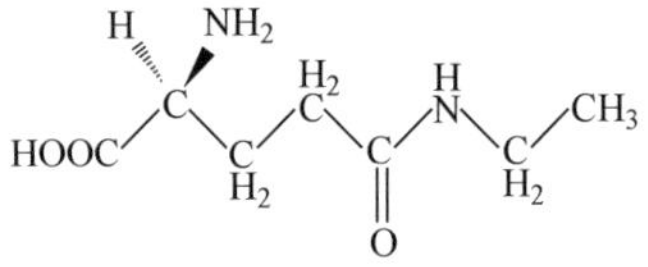

图 10-6　L-茶氨酸的结构

L-茶氨酸的生理功能：①进入脑后使脑内神经传递物质多巴胺显著增加，对传达脑神经细胞兴奋起重要作用；②对正常血压无作用，对高血压有明显降低作用；③对情绪不稳定者有松弛作用；④作为食品添加剂，对食品的苦、涩味有良好的抑制改善效果。

二、活性肽

活性肽是指那些具有特殊生理功能的肽，包括谷胱甘肽、降血压肽、促进钙吸收肽、消化吸收肽和高 *F* 值低聚肽等。

1. 谷胱甘肽

谷胱甘肽（GSH）是由谷氨酸、半胱氨酸和甘氨酸组成的三肽，结构式如图 10-7 所示。

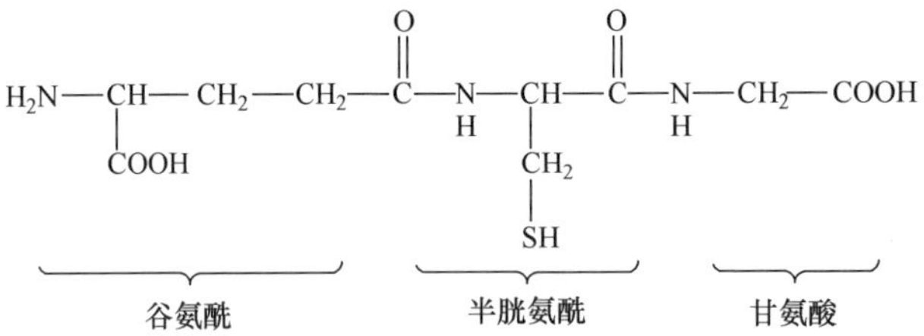

图 10-7　谷胱甘肽的化学结构

GSH 分子中有一个活泼的巯基（—SH），易被氧化脱氢，两分子的 GSH 脱氢后转变为氧化型谷胱甘肽（GSSG）。GSH 能清除体内的自由基，其反应式为：

$$R\cdot + GSH \rightarrow RH + GS\cdot \quad 2GS\cdot \rightarrow GSSG$$

GSSG 在体内还原酶催化下，又可以还原为 GSH，继续起到清除自由基的作用。

GSH 对放射线及抗肿瘤药物引起的白细胞减少症有恢复保护作用，对有毒化合物和重金属有解毒作用，还可抑制由于乙醇侵害造成的脂肪肝的发生。

GSH 广泛分布于生物体内，在动物肝脏、酵母和小麦胚芽中的含量高达 1～10g/kg，番茄中也含有丰富的谷胱甘肽。谷胱甘肽可抑制黑色素，从而使沉着的色素减退或消失。

2. 降血压肽

降血压肽指的是一类具有血管紧张素转换酶（ACE）抑制活性的多肽物质，其作用机制是通过抑制 ACE 的活性来实现降血压功能，其突出特点是对血压正常的人无降压作用。降血压肽大多由食物蛋白质经蛋白酶水解而得，如来自乳酪蛋白的肽（C_{12}、C_7、C_6 肽），来自鱼、贝类的肽（C_8、C_{11}、C_3 肽），以及来自大豆、玉米、无花果中的肽，食用安全性极高。

3. 促进钙吸收肽

促进钙吸收肽主要是酪蛋白磷酸肽（Casein Phosphopeptide，CPP）。来自于α-脂蛋白的称为α-CPP，来自于β-酪蛋白的称为β-CPP，其肽链结构式如图 10-8 所示。

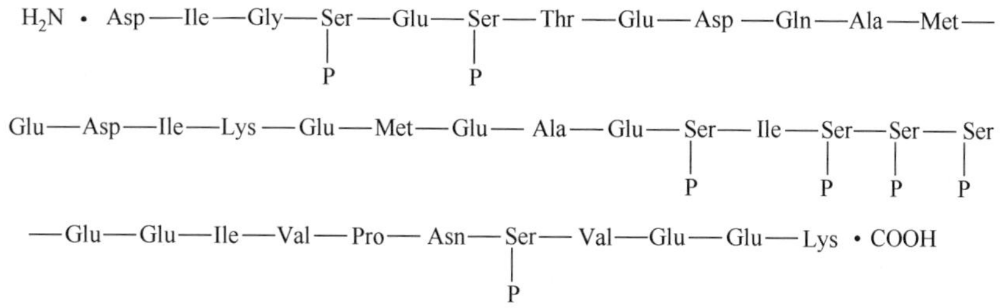

α-CPP

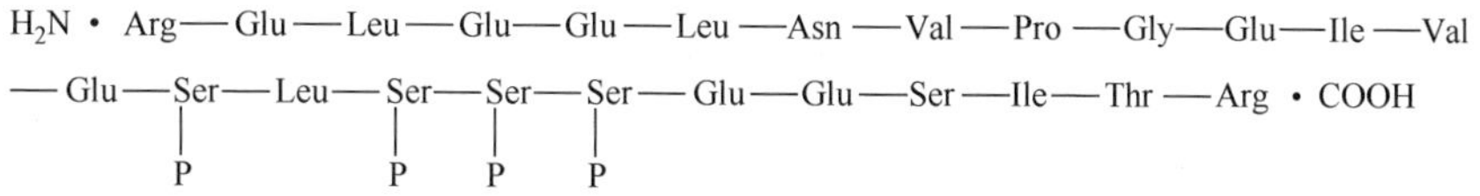

β-CPP

图 10-8　CPP 的化学结构

从α-CPP 和β-CPP 的一级结构可见，二者均含有一段相同的核心部位，即三个磷酸丝氨酸与两个谷氨酸相连的一段。

在酸性条件下，钙盐的溶解度一般较大，但到小肠远端，管腔内的 pH 为中性或弱碱性，钙离子往往与磷酸根形成不溶性的磷酸钙沉淀，阻碍了钙的吸收。CPP 的核心部位能在 pH 7~8 的条件下有效地与钙形成可溶性复合物，因而能促进肠道对钙的吸收。

工业生产 CPP 以酪蛋白或牛奶为原料，用胰酶水解，使 CPP 游离，再将其提取精制。CPP 作为食品添加剂安全性很高，可与钙、铁等矿物质配合使用。

CPP 与传统的钙吸收促进剂维生素 D 相比，具有以下特点：①CPP 除了具有促进钙吸收的功能外，还可促进铁、锌等二价矿物营养素的吸收，而维生素 D 只对钙的吸收利用起促进作用；②维生素 D 可促进小肠上部可饱和钙的主动运输吸收，它的作用受年龄和钙摄入量的影响。CPP 可促进小肠下部不可饱和钙的被动扩散吸收，这种吸收不受年龄和维生素 D 变化的影响。而钙的被动扩散吸收的比例远大于主动运输吸收；③维生素 D 摄入过量，会对肾脏和骨骼造成一定的危害，而 CPP 来源于牛奶蛋白质，超量使用时，也不会对人体产生毒副作用，不仅如此，添加 CPP 还会增加产品的蛋白质含量。

4. 易消化吸收肽

易消化吸收肽主要是二肽、三肽等低肽，比氨基酸消化吸收快，吸收率高，并具有低抗原性、低渗透压，不会引起过敏、腹泻等不良反应。适用于胃功能低下、消化道疾病患者术后恢复，耐久力运动员、婴幼儿及老人的滋补食品。易消化吸收肽是由牛奶、鸡蛋、大豆等蛋白质经蛋白酶水解而制成的肽混合物。近年的研究表明，低肽（特别是二肽、三肽）可由肠道直接吸收。

5. 高 *F* 值低聚肽

Fischer 值，简称 *F* 值，是支链氨基酸（Branchedchain Ammoacids，BC）与芳香族氨基酸（Aromatic Amino Acid，AC）的摩尔比值。高 *F* 值低聚肽（High Fvalueoligopeptide）是蛋白酶作用于蛋白质后形成的一种低相对分子质量活性肽。关于高 *F* 值（或低苯丙氨酸含量）低聚肽的研究起始于 1976 年，M. Yamashita 等人首次利用胃蛋白酶与链霉蛋白酶从鱼蛋白和大豆分离蛋白中制取了低苯丙氨酸含量的低聚肽混合物。

高 *F* 值低聚肽的生理功能如下：①防治肝性脑病。动物实验和临床证明，注射或口服高 *F* 值低聚肽可使患者血液中 BC/AC 比值接近或大于 3，能有效维持血液中 BC 的浓度，纠正血液和脑中氨基酸的病态模式，改善肝昏迷程度和精神状态；②改善蛋白质营养状况。BC 不仅是肌肉能量代谢的底物，而且能促进氮储备与蛋白质的合成，抑制蛋白质的分解；③抗疲劳作用。BC 在肌肉组织中可氧化供能，在特殊的应激情况下，BC 可直接向肌肉提供能源。因此，高 *F* 值低聚肽可用作高强度工作者及运动员的食品营养剂。

6. 抗菌肽

抗菌肽又称抗微生物肽，广泛分布于自然界，在原核生物和真核生物中都存在。如植物、微生物、昆虫和脊椎动物在微生物感染时迅速合成可得，也可以用基因克隆技术生产。如乳球菌肽（Nisin）即具有很强杀菌作用。抗菌肽主要用于食品防腐保鲜。

三、活性蛋白质

近来研究较多的活性蛋白质有免疫球蛋白、乳铁蛋白和金属硫蛋白。

1. 免疫球蛋白

免疫球蛋白（Immunoglobulin，Ig）是一类具有抗体活性或化学结构与抗体相似的球蛋白。Ig 一般由 1 000 个以上的氨基酸组成，其基本结构单位都是由 4 条多肽链组成的对称性结构，属于糖蛋白。动物乳汁、血液、胃肠液、胆汁和鸡蛋中均含有 Ig，其中动物初乳和血液中含 Ig 最高，是提取和分离 Ig 的最适原料（牛初乳 600mg/L、血清 200mg/L）。

Ig 能明显提高人体的免疫功能。鸡蛋黄中含有较丰富的 Ig（8~20mg/mL），用它作为原料提取 Ig，成本较低，可用于婴儿和老年食品。

2. 乳铁蛋白

乳铁蛋白（Lactoferrin）是一种天然的蛋白质降解物，存在于牛奶和母乳中，在牛奶中的平均浓度为 0.01g/100mL。乳铁蛋白具有结合并转运铁的能力，到达人体肠道的特殊接受细胞后再释放出铁，从而增强铁的生物利用率；还具有结合和转移催化过氧化物自由基生成的游离铁离子和其他二价金属离子的能力，因而能有效抑制由金属离子催化的氧化过程，是理想的抗氧化剂。

乳铁蛋白是一种铁结合性糖蛋白，相对分子质量为 771 004±1 500。乳铁蛋白的分离方法主要有色谱法和超滤法。

3. 金属硫蛋白

金属硫蛋白（MT）是存于人体及哺乳动物肝内的一种富含金属和半胱氨酸的小分子蛋白质。相对分子质量为 6 000~10 000。动物体内的 MT 主要在肝脏中合成，在血液和肾脏中存在。

金属硫蛋白的主要生理功能为防护重金属中毒和清除自由基。金属硫蛋白可为 Cd、

Zn、Cu、Hg、Ag、Au 所诱导而在体内大量产生，因此制备时先给哺乳动物（兔、羊）注射 $ZnCl_2$，诱导期为 8d。然后，取出被诱导动物的肝脏，用乙醇提取金属硫蛋白。以锌金属硫蛋白为主要活性成分，配合中草药黄芪、茯苓、何首乌和黄精等，可制成解毒功能性食品，用于某些长期与重金属（如 Hg、Pb）接触的工作人员。锌金属硫蛋白进入人体后，可与 Pb、Hg 结合成稳定的金属硫蛋白排出体外，而被置换出的 Zn 对人体无害。

知识点四 类黄酮活性成分

类黄酮（Flavonoids）泛指两个苯环通过中央三碳链（即 $C_6—C_3—C_6$ 骨架）联结而成的一类化合物，广泛存在于植物界，具有重要的生物活性。类黄酮种类很多，不同之处在于中间三个碳原子的氢化程度、苯取代的位置以及广吡喃酮的开环等的异构变化。

一、类黄酮的生物活性

类黄酮主要是通过氢键之间的结合对活性作用区域发生效应。酚羟基取代基一般能改进化合物的溶解度，并且酚类物质一般容易通过生物膜而移动，因此类黄酮对一些生物学现象有相对较弱但范围很广的影响。不同结构的类黄酮，可能具有不同的生物活性，现就其主要生理功能进行简单介绍。

（1）抗氧化作用　类黄酮能抑制体内脂质的氧化。其抗氧化作用与结构上的活性酚羟基有关。酚羟基可直接与活泼自由基反应，其机制是阻断自由基链的传递过程。

（2）对心血管系统的作用　多数类黄酮具有维生素同样作用，能降低血管脆性，并可预防高血压、动脉硬化等心血管疾病。

（3）抗突变和抗癌作用　类黄酮能诱导肝细胞脱毒酶的活力，阻断最终致癌物质与遗传物质 DNA 的结合。

（4）植物雌激素作用　大豆异黄酮具有雌激素作用，可帮助妇女缓解在更年期卵巢停止分泌雌激素后所引起的不适，预防一些由性激素诱发的癌症，如乳腺癌、前列腺癌等。

（5）其他作用　一些类黄酮还具有抗菌、抗病毒、消炎、解痉挛等作用。

二、类黄酮的理化性质

类黄酮大多数有完好的结晶形状，少数为无定型粉末。由于是多羟基的衍生物，所以类黄酮都有一定程度的亲水性。游离的类黄酮成分一般难溶于水，较易溶于有机溶剂，多数在乙酸乙酯中溶解度较大。黄酮糖苷因引入糖基而水溶性增加，一般易溶于热水、甲醇等溶剂。类黄酮多数呈黄色或淡黄色，二氢衍生物无色，紫外灯下有特征的颜色或荧光，用氨水熏后颜色发生变化。类黄酮与镁粉/盐酸、锌粉/盐酸、钠汞齐/盐酸、硼氢化钠、氢氧化钠、三氯化铝、五氯化锑、乙酸镁等试剂产生特征颜色，可定性地判断类黄酮的存在和化合物的类别。

三、类黄酮的提取和分离

类黄酮成分种类很多，彼此间的溶解度有显著差异。一般在花、果、叶等组织中，类黄酮以糖苷为主要的存在形式，在木质部的坚硬组织中则多以游离态存在，所以应根据所用植物原料的部位，采用不同的提取方法。

一般的提取方法是将植物材料干燥粉碎后，用水或不同浓度的乙醇浸提 2~3 次，减压去溶剂，用石油醚等脱脂，再用不同溶剂连续萃取，使苷与苷原、极性苷与非极性苷分离，也可用柱层析进行分离纯化。

四、类黄酮活性成分

1. 茶多酚

茶多酚是茶叶中多酚类物质的总称，其中约 75%是游离儿茶素和酯型儿茶素，此外还包括黄酮、花青苷和酚酸类。儿茶素属于黄烷醇的衍生物，已发现茶叶中有 10 多种儿茶素，其中含量最高的 4 种儿茶素为表儿茶素（EC）、表儿茶素没食子酸酯（ECG）、表没食子儿茶素（EGC）和表没食子儿茶素没食子酸酯（EGCG），分别占儿茶素总量的 5%~10%、15%~20%、10%~15%、50%~60%。儿茶素的化学结构如图 10-9 所示。

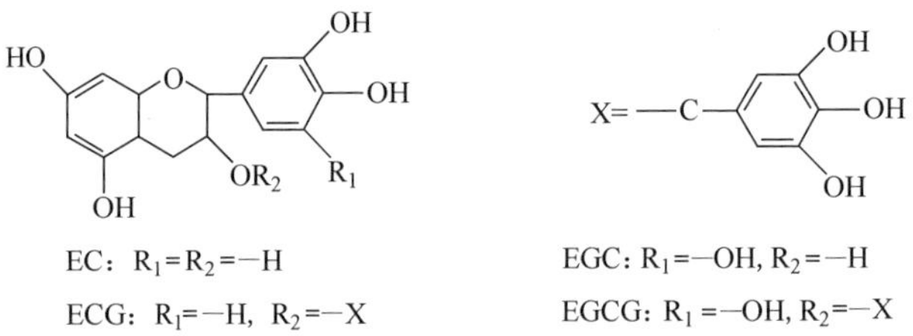

图 10-9　儿茶素的化学结构

茶多酚的特点是均含有很多酚羟基，易氧化成醌类而提供质子 H^+，故具有显著的抗氧化特性，其中儿茶素类的抗氧化能力为：EGCG>ECG>EGC>EC。茶多酚对活性氧自由基有很强的清除作用，其清除能力比维生素 E 和维生素 C 强得多，而且其体外抗氧化能力也高于人工合成的抗氧化剂 BHA 和 BHT。

茶叶，特别是绿茶具有防癌作用，其有效抗癌成分即为茶多酚，其中又以 EGCG 的防癌活性最强。茶多酚对癌的发生、促进和扩展各个过程均有抑制作用，其防癌机制可能与茶多酚具有极强的消除由于化学致癌物引起体内增多的有害自由基有关。而且茶多酚还能阻断亚硝胺等致癌物的形成，诱导脱毒酶活力，抑制癌细胞活化，增强人体的免疫功能。

茶多酚不仅具有防癌功效，还具有降血脂、降血清胆固醇的作用，另外还有抗菌、防龋齿和抗衰老等功能。红茶中的茶多酚又称茶色素，由于在红茶制造过程中多酚类物质发生了氧化聚合，故其抗癌活性不如绿茶，但茶色素的防龋齿效果优于绿茶。

2. 大豆异黄酮

大豆中平均含 0.2%~0.4%的总异黄酮，主要分布在胚轴中，其中 97%~98%的大豆异黄酮以葡萄糖苷的形式存在。大豆异黄酮及糖苷结构如图10-10所示。

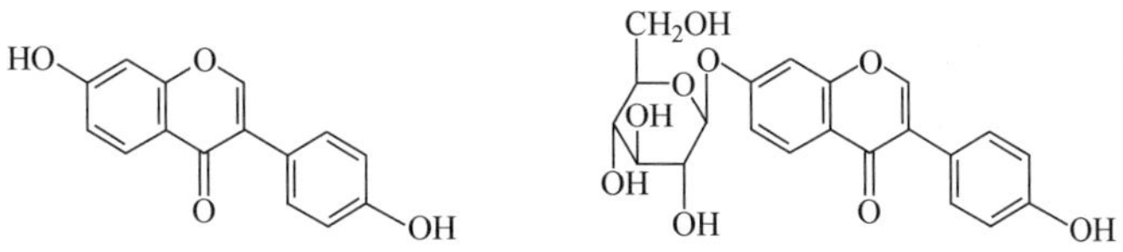

图10-10 大豆异黄酮及糖苷结构

大豆异黄酮的生理功能有以下几点。①抗癌作用：大豆中的三羟基异黄酮在肿瘤细胞的孕育过程中可有效地阻滞血管增生，断绝养料来源，从而延缓或阻止肿瘤发生癌变；②植物雌激素作用：大豆中的异黄酮糖苷可被肠中的细菌转化为类似雌激素的化合物，可预防中老年妇女的骨质疏松症，并防止乳腺癌和前列腺癌等与雌激素平衡有关的癌的发生；③其他作用：大豆异黄酮还具有抗真菌、抗氧化、抗血管收缩、强心及增强毛细血管韧性等作用。

小资料

男性不能喝豆浆吗？

据称，豆浆中含有大豆异黄酮，这是一种雌激素，男性喝了会出现乳房发育、不长胡子、变娘娘腔等女性化特征，所以不宜喝。

其实，男性不能喝豆浆的说法十分荒谬，纯属误传。

首先，大豆异黄酮属于类激素的物质，在结构和性质上与雌激素相似，具有与人体内雌激素受体相结合的能力，故一向有“植物雌激素”之称。这种“植物雌激素”与药物雌激素不同。药物雌激素对人体的作用是单向的，直接增加激素含量。而豆制品中的“植物雌激素”对人体的作用是双向的。当人体内雌激素不足时，能够给予补充；人体雌激素不缺乏时，植物雌激素有抗氧化等积极的生理作用。

由于“植物雌激素”的生物活性只有药物雌激素的千分之一，对于年轻女性来说，每天一杯豆浆不足以引起雌激素水平的明显变化。对于男性来说，豆浆中的植物雌激素也不可能逆转激素平衡，更不可能影响男性性征，或影响男童正常发育。豆浆中丰富的植物蛋白、钙质、维生素等营养物质，可调节女性内分泌系统的功能，对男性来说也是预防骨质疏松的最佳食物之一。

3. 葛根异黄酮

葛根为豆科多年生草本植物，分布在湖南、广西、江西、河南及西南地区，可药食两用，主要含有淀粉、异黄酮、三萜类和生物碱等成分。葛根黄素（Puerarin）是葛根中的主要异黄酮，也是葛根的主要有效成分之一，含量约2.3%。

葛根异黄酮有改善心脑血管功能，同时也具有抗癌、降血糖等作用。

4. 银杏黄酮

银杏，俗称白果，又名公孙树，是一种古老的植物，被誉为植物“活化石”，属我国特产资源，占世界总量的70%以上。银杏叶提取物中的主要活性成分为银杏黄酮和银杏萜内酯，能有效地预防心脑血管疾病，拮抗血小板活化因子（PAF），增强机体免疫功能，对与自由基有关的疾病，如老年性痴呆、衰老等有明显的改善作用。临床证明，银杏黄酮和银杏萜内酯治疗心脑血管疾病效果良好，已得到国际公认，大批产品已出现在欧洲、美国、日本等市场，而原料主要来自中国。

银杏叶中的黄酮主要为双黄酮，其基本结构如图 10-11 所示。

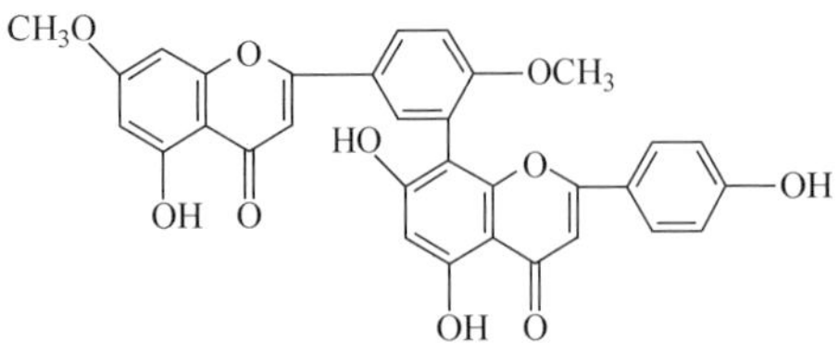

银杏黄素

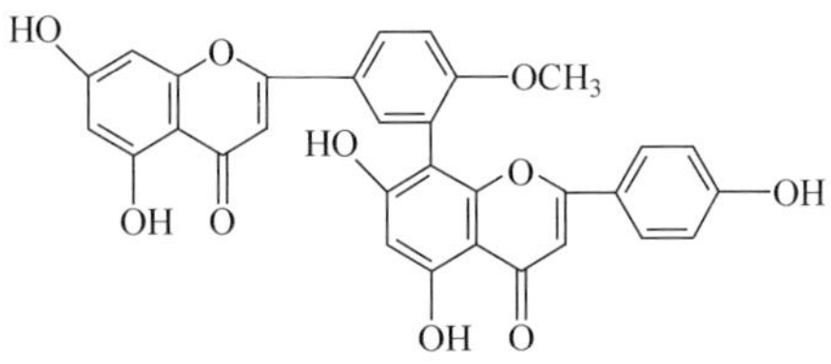

白果素

图 10-11　银杏黄酮的化学结构

5. 果蔬中的类黄酮

果蔬中含有许多生理活性物质，类黄酮是其中重要的成分。果蔬中类黄酮的含量依品种和季节的变换而有相当大的差异，温室内生长的蔬菜类黄酮含量较低。果蔬的加工会影响类黄酮的含量，通常使其降低。

柑橘属水果富含柚皮苷、橙皮苷、川陈皮素等多种类黄酮成分和柠檬苦素等萜类化合物，具有防癌和降血糖作用。特别是柑橘类的果皮，类黄酮含量较高，因而可利用生产果汁的副产品（皮和子）从中提取类黄酮。

山楂果实中类黄酮含量可达 800~900mg/kg 干果，叶中约为 1.8%，皮中的含量也很可观。山楂黄酮对防治冠心病、高血压等心血管疾病效果明显。

葡萄中的酚类物质主要是类黄酮、白藜芦醇等，在葡萄果皮中的含量较高。因红葡萄酒是带皮、籽发酵的，而白葡萄酒是去除皮、籽后用果肉、果汁发酵的，因而红葡萄酒中的多酚类物质含量明显高于白葡萄酒，其抗动脉硬化、抗癌等功能也优于后者。

芹菜中的主要有效成分之一芹黄素（5，7，4-三羟基黄酮）及其双糖苷具有明显的降血脂、降血清胆固醇和降血压的作用。卷心菜又名甘蓝，能提高机体免疫力，其有效成分是类黄酮。张立新等人（1999）对 21 种青岛地区常见蔬菜的乙醇提取液进行了研究，发现茄子、薹菜、尖椒、菜椒、番茄等蔬菜的抗氧化活性较强，其中茄子皮尤为突出，而类黄酮是其中重要的抗氧化成分。

此外，其他水果和蔬菜，尤其是深色果蔬，也含有丰富的类黄酮，同样具有重要的生物活性。当然，果蔬所表现出的很多保健功能，并不仅仅是类黄酮在起作用，而是多种成分（如维生素、矿物质、萜类化合物和类胡萝卜素等）共同作用的结果。

知识点五　皂苷类活性成分

皂苷是苷元为三萜或螺旋固烷的一类特殊的糖苷，因其水溶液振摇后能产生持久性肥皂样泡沫而得名。皂苷在植物界分布广泛，常见于百合科、薯蓣科、玄参科、石竹科、远志科、蔷薇科、龙舌兰科、五加科、葫芦科及豆科等植物，许多中草药如人参、远志、甘草、知母、桔梗和柴胡等的主要有效成分都有皂苷。

一、皂苷的结构和分类

皂苷由皂苷元和糖组成。组成皂苷的糖常见的有葡萄糖、牛乳糖、阿拉伯糖、鼠李糖、木糖、葡萄糖醛酸和半乳糖醛酸等。皂苷元据其结构分为固体皂苷和三萜皂苷两大类。

固体皂苷呈螺旋固烷样结构，分子中不含羧基，呈中性，其结构如图 10-12 所示。燕麦皂苷 D 和薯蓣皂苷为常见的固体皂苷。

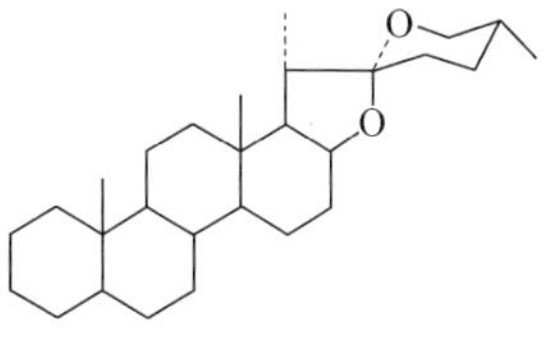

图 10-12　固体皂苷

三萜皂苷的分布比固体皂苷广泛，种类也多。大部分三萜皂苷呈酸性，少数呈中性。三萜皂苷据其结构可分为五环三萜和四环三萜。五环三萜有以下三种主要类型。①β-香树脂醇型：如山楂酸、齐墩果酸等；②α-香树脂醇型：如熊果酸等；③羽扇豆醇型：如白桦脂醇等。它们的结构如图 10-13 所示。

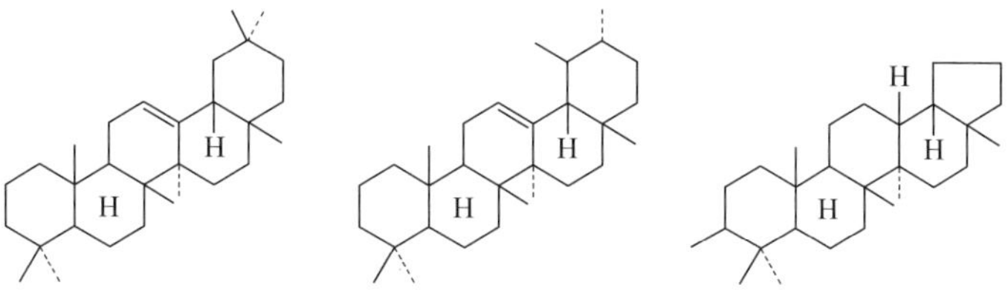

图 10-13　五环三萜皂苷

四环三萜可分为达玛烷型、羊毛脂醇型等六大类，人参皂苷和绞股蓝皂苷属达玛烷型，其结构如图 10-14 所示。

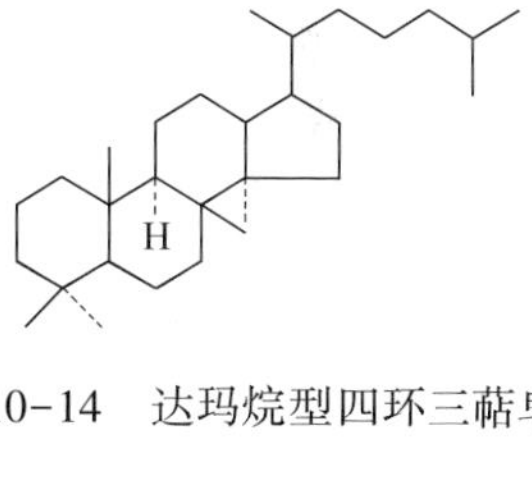

图 10-14　达玛烷型四环三萜皂苷

二、皂苷的理化性质

皂苷的相对分子质量较大，大多数为白色或乳白色的无定型粉末，仅少数为结晶。皂苷多具有苦和辛辣味。皂苷的溶解度随其分子中连接糖的数目而有所不同，一般可溶于水，易溶于热水、热甲醇和乙醇，难溶于丙酮、乙醚。皂苷在含水丁醇中有较大的溶解度，故常从水溶液中用丁醇提取皂苷，使其与糖、蛋白质等亲水性成分分开。皂苷可被酸或酶水解，但水解条件较为剧烈。皂苷元一般不溶于水，可溶于丙酮、乙醚及氯仿等溶剂。

皂苷可用下列显色反应来判别。

1. 氯仿-浓硫酸反应

少量皂苷用氯仿溶解，加入浓硫酸后，在氯仿层呈现红或蓝色，硫酸层有绿色荧光出现。

2. 乙酸-浓硫酸反应

将少量皂苷溶于乙酸，再沿试管壁加浓硫酸，在两液层之间出现紫红色环。固体皂苷颜色变化较快，最后显绿色，三萜皂苷最终显蓝色。

三、皂苷类活性成分

1. 人参皂苷

人参皂苷是人参的主要活性成分之一。已发现人参中含有十多种皂苷，可将它们分为三种类型，即人参萜二醇、人参萜三醇和齐墩果酸型，其结构如图 10-15 所示。人参皂苷一般含有 2~4 个糖基，可溶于甲醇、乙醇及热丙醇，有旋光性。

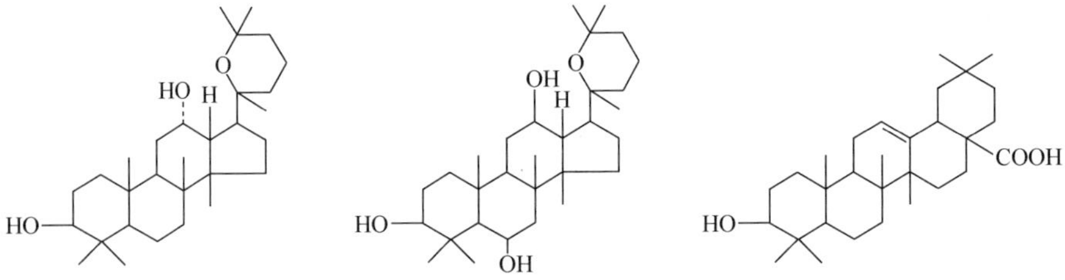

图 10-15 人参皂苷

人参根总皂苷含量约为 4%，须根含量较主根高。此外，人参的茎、花、叶等部位也含有皂苷。提取人参皂苷的方法是将原料先用乙醇回流抽提数小时，滤去乙醇液，滤渣再用水浸提 0.5h，过滤，将两次滤液合并后加水至醇含量为 20%~50%，静置使沉淀完全，滤得的滤液经氧化铝柱，可得纯度为 50%的人参皂苷粗品，产率为 18%，可直接用于配制保健食品。

人参皂苷有多种生理功能，如防癌、增强机体免疫力、激活人体内的氧化还原酶而呈现抗氧化性以及抗衰老等作用，但研究最多的是人参的抗肿瘤活性。人参各部位的总皂苷均有抗肿瘤作用，它一方面直接作用于癌细胞，使其生长受到抑制或逆转；另一方面通过调节机体的免疫功能来抑制肿瘤的生长。人参皂苷作为人体的抗肿瘤剂，适应范围广，几乎没有副作用。

2. 大豆皂苷

过去认为大豆皂苷不仅有溶血性，是大豆的抗营养因子，而且和大豆异黄酮一起使大豆制品产生苦味和涩味，因而在加工中设法将之除去。20 世纪 80 年代以来的研究表明，大豆皂苷和大豆异黄酮都是具有潜在开发应用价值的天然生物活性成分。而且，二者在大豆胚轴分布较集中，这使得在提取了大豆中的脂肪和蛋白质后，又可方便地提取胚轴部位的皂苷和异黄酮。

大豆皂苷属五环三萜 β-香树脂醇型，主要有 7 种类型。由于材料来源和分析方法的差别，所测大豆中皂苷含量为 0.3%~3%，其中胚轴皂苷含量为 0.62%~6.12%，远高于子叶。大豆皂苷的提取是将大豆胚轴粉碎，经正己烷脱脂，回收正己烷，用甲醇萃取，回收甲醇，得甲醇提取物，加入正丁醇水溶液，取正丁醇相，加入乙醚，静置，离心分离，不溶部分即为大豆皂苷。

大豆皂苷的生理功能：①降低血清胆固醇；②抑制脂质过氧化，清除自由基；③抗血栓作用；④减肥作用；⑤降低血糖，提高胰岛素水平；⑥明显的免疫调节作用；⑦对人类艾滋病中的感染有一定的抑制作用。毒理实验表明大豆皂苷的毒副作用很小。

3. 甘草酸

甘草酸为豆科植物甘草的根和根茎中的主要有效成分，含量为3%~14%，以我国东北、内蒙古等地的甘草含量最高。甘草酸为β-香树脂醇型皂苷，由甘草次酸（甘草苷元）和2分子葡萄糖醛酸组成，其结构如图10-16所示。

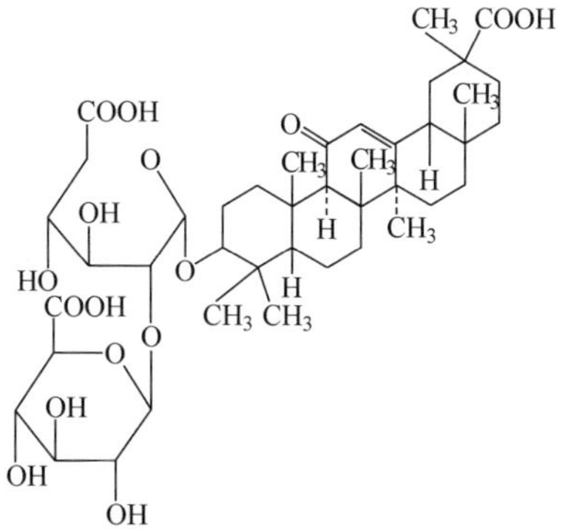

（1）甘草酸

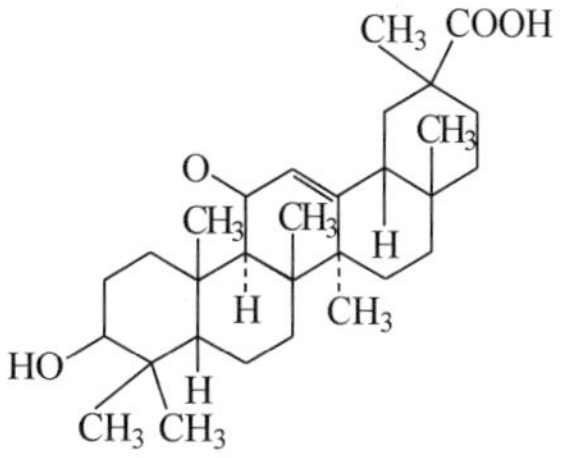

（2）甘草次酸

图10-16　甘草酸和甘草次酸

甘草酸有强甜味，易溶于热水和稀乙醇。几乎不溶于乙醚，比旋光度 $[\alpha]_D^{17}=+46.2°$（$c\approx1.5$g/mL 乙醇）。甘草酸用稀酸水解后可得甘草次酸。甘草次酸本身也游离于甘草中，为针状结晶，无甜味，比旋光度 $[\alpha]_D^{17}=+36°$（氯仿）。

甘草酸和甘草次酸有镇咳、解毒、消炎、改善高脂血症、改善肝功能、改善肾上腺皮质激素分泌、诱生干扰素以及抗肿瘤等生理功能。

甘草酸的甜味呈现时间比糖迟，与盐的咸味呈现时间几乎一致，因此可掩盖食盐的咸味，使食品本来的风味更加突出。甘草酸还有抗菌作用，可抑制富糖食品的发酵和酸败。由于这两大特点，甘草酸被广泛地用于含盐食品、饮料和糖果等食品行业。

知识点六　萜类活性成分

萜类化合物是指具有（C_5H_8）$_n$ 通式以及其含氧饱和度不等的一类衍生物。萜类植物成分的范围很广，种类繁多，习惯上根据分子的碳架由几个 C_5H_8 组成而分类，其分类情况如表10-1所示。

表10-1　萜类植物成分的分类

类别	通式（C_5H_8）$_n$	主要存在形式
单萜	$n=2$	挥发油

续表

类别	通式 $(C_5H_8)_n$	主要存在形式
倍半萜	$n=3$	挥发油、树脂、苦味素
二萜	$n=4$	树脂、苦味素
三萜	$n=6$	树脂、皂苷、苦味素、植物乳液
四萜	$n=8$	类胡萝卜素
复萜	$n>8$	橡胶

一、单萜类化合物

单萜类化合物在室温下多为芳香性液体，沸点 150~190℃。单萜类化合物种类多，是许多挥发油的重要成分，如薄荷醇、樟脑和柠檬烯等。

挥发油一般具有化食消滞、祛痰镇咳、发汗利尿等作用，并有微弱或缓和的消毒作用，个别挥发油有抗病毒、抗癌等特殊的生物活性。

柠檬烯又称柠烯，广泛存在于多种植物挥发油中，以柠檬油、橘皮油、橙皮油和佛手香油中含量较高，橙皮油中含量达 90%，芹菜油等也含有 *d*-柠烯成分。动物实验表明，*d*-柠烯能抑制亚硝胺类致癌物诱导的小鼠胃癌及 NNK 诱导的小鼠肺癌。

二、倍半萜类化合物

倍半萜类化合物多数为液体，沸点 250~280℃，主要存在于挥发油中。

生姜含挥发油 0.25%~3.0%，包括姜醇、姜烯、姜油酮、姜辣素、姜固醇和姜黄酮等成分，具有驱寒、止吐、助消化的功效，其中姜醇、姜烯和姜黄酮属于倍半萜类。郁金、莪术和姜黄等姜黄植物所含的倍半萜醇一类姜黄醇具有较强的防癌作用。

三、二萜类化合物

二萜类化合物由于分子比较大，多不能随水蒸气挥发，是构成树脂类的主要成分。多数已知的二萜类成分都是二环或三环的衍生物。

甜叶菊苷是二萜的三糖苷，主要存在于菊科植物甜叶菊和蔷薇科植物甜菜叶中。甜叶菊苷已用作食品甜味剂，甜度约为蔗糖的 300 倍，无毒副作用。紫杉醇为三环二萜的衍生物，其抗白血病和抗肿瘤活性颇受人们重视。银杏萜内酯主要为二萜衍生物，具有苦味，它被当今医学界认为是血小板活化因子（PAF）受体最有前途的天然拮抗剂。而 PAF 与许多疾病的产生和发展密切相关。

四、三萜类化合物

三萜类化合物中皂类和苦味素具有重要的生物活性。苦味素是一类植物成分的古老名称，它们基本上都属于萜类化合物的范畴，或者和萜类化合物关系密切，而且多数是内酯的衍生物，有一些是苷类。

柠檬苦素为三萜类苦味素，是柑橘汁苦味的主要来源，也是柑橘种子的苦味来源，其结构如图 10-17-（1）所示。柠檬苦素是柑橘属水果的主要防癌物质，其防癌和抗癌作用高于 *d*-柠烯和类黄酮。

葫芦素类是存在于葫芦科植物中的苦味素。一般集中在果实和根中。早年分离出 12 种苦味素，称为葫芦素 A~L，均属四环三萜衍生物。葫芦素具有抗肿瘤作用。丝瓜种子、甜瓜果柄和黄瓜头部均含有葫芦素，其中葫芦素 B 的结构如图 10-17-（2）所示。

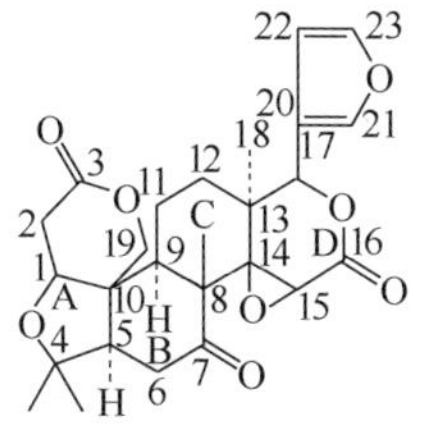
（1）柠檬苦素

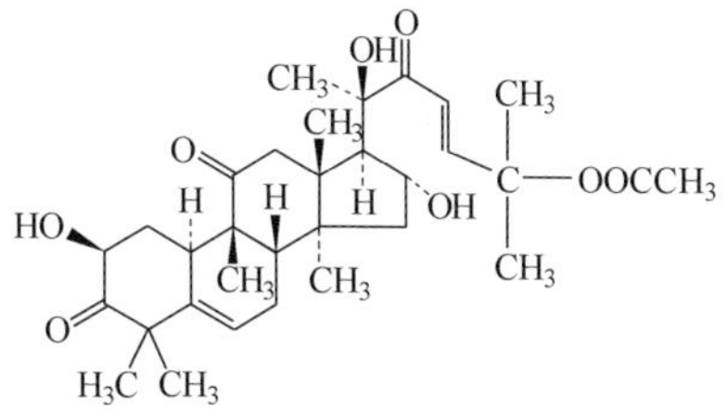
（2）葫芦素 B

图 10-17　两种三萜类苦味素的化学结构

四萜类化合物中研究比较详尽而又比较重要的是类胡萝卜素。类胡萝卜素是以 8 个异戊二烯为链状骨架、高度共轭的多烯类化合物。类胡萝卜素广泛分布于生物界，颜色从黄、橙、红至紫色都有，不溶于水，溶于脂肪溶剂。

类胡萝卜素按其组成和溶解性质可分为胡萝卜素类和叶黄素类。胡萝卜素类为共轭多烯烃，溶于石油醚，微溶于甲醇和乙醇，包括番茄红素和 α-（β-，γ-）胡萝卜素。叶黄素类是共轭多烯烃的含氧衍生物，以醇、醛、酮和酸的形式存在，溶于甲醇和石油醚，包括叶黄素、隐黄素、虾黄素、番茄黄素、辣椒黄素、柑橘黄素和玉米黄素等。类胡萝卜素可以游离状态存在，也可以酯或糖、蛋白质的形式存在。

类胡萝卜素的生理功能正逐渐被人们所认识。除了用于维生素 A 缺乏症和光敏疾病的治疗外，类胡萝卜素在防癌、抗癌、调节机体免疫和预防心血管疾病等方面也起作用，而且是优良的抗氧化剂，能清除人体内的自由基，具有抗衰老的作用。

研究表明，类胡萝卜素的抗氧化机制起着预防疾病的作用。类胡萝卜素可淬灭单重态氧和清除自由基。类胡萝卜素的抗氧化作用受很多因素的影响，包括结构、浓度、温度、氧浓度、界面效应、引发剂类型、检测方法以及是否存在其他内源性抗氧化剂等。在类胡萝卜素中，番茄红素的抗氧化作用最强。Burton 等认为 β-胡萝卜素仅在低氧浓度时表现出捕获自由基的能力，在高氧浓度时它会失去抗氧化性，而显示出自动催化的助氧化作用。

有研究表明，类胡萝卜素能够预防肺癌、食管癌、胃癌等疾病，但也有实验表明，补充 β-胡萝卜素没有抗癌作用，相反可能有害。

虽然类胡萝卜素的许多功能作用的机制尚不明确，对类胡萝卜素的一些认识尚处在探索之中，但经常食用富含类胡萝卜素的蔬菜和水果，仍有益于健康。

知识点七　生物碱

生物碱（Alkaloids）是一类存在于生物体（主要是植物）的含氧有机化合物，有类似碱的性质。大多数生物碱均有复杂的环状结构，氮原子包含在环内，具光学活性，有特殊且较显著的生理作用，往往是许多药用植物的有效成分。

生物碱在植物界分布非常广泛，其中双子叶植物类的豆科、茄科、防己科、罂粟科、毛茛科和小檗科等科属含生物碱较多，而单子叶植物含生物碱较少。在植物中生物碱大多以与有机酸结合成盐的形式存在，个别与无机酸结合成盐，也有少数因碱性很弱而呈游离状态，或与糖结合成苷。

一、生物碱的理化性质

生物碱大多为无色结晶性化合物（少数为液体），有明显的熔点与旋光，味苦，易溶于有机溶剂，一般不溶于水。除酰胺生物碱外，均为碱性。碱性强弱不等，大多能与无机酸或有机酸成盐而溶于水。但生物碱与某些特殊无机酸（如硅钨酸和磷钨酸）及一些有机酸（如苦味酸等）成盐后不溶于水，常利用此性质鉴别和分离生物碱。酚性生物碱也能溶于碱性水溶液，因而具有两性反应。季铵类生物碱一般能溶于水，属水溶性生物碱，提取时应特别注意。

生物碱可用以下颜色反应来鉴别：使生物碱溶于5%的盐酸水溶液中，加入碘化汞钾试剂，有白色沉淀生成；或将试样溶液滴在滤纸上，滴加碘化铋钾试剂或碘-碘化钾试剂，显棕色或橙色斑点为阳性反应。

二、生物碱的提取和分离

生物碱在植物体内常与有机酸结合成盐，所以提取时可直接用乙醇、稀乙醇（60%～80%）、水或酸（一般用0.5%～1%硫酸或乙酸）浸提。提取液蒸去水或乙醇后，把所得胶质用2%稀酸提取生物碱。如用稀醇提取，则所得浓溶液加酸酸化，滤清酸液，用乙醚、氯仿洗涤，酸液用氨水、碳酸钠或石灰溶液碱化，游离出来的生物碱分别用乙醚、氯仿提取即得总生物碱。如有水溶性生物碱，则留在溶剂提取后的水溶剂中。该方法所得的生物碱含杂质较多，但因乙醇比较经济和安全，所以适用于工业生产。也可将稀醇提取液通过大孔树脂柱吸附，而后用水洗净柱体，再用稀酸洗脱，浓缩可得总碱，如用不同浓度的醇洗脱，分别浓缩，则可初步分离总碱。

三、生物碱的分类

人们已从自然界分离出10 000多种生物碱，根据它们的基本结构，大致可分为以下主要类型：有机胺类，吡咯衍生物类，吡啶衍生物类，喹啉衍生物类，异喹啉衍生物类，莨菪烷衍生物类，吖啶酮衍生物类，咪唑衍生物类，喹唑啉衍生物类，吲哚衍生物类，嘌呤衍生物类，固体生物碱类，萜生物碱类，大环生物碱类。

四、食物中的生物碱

茶叶中的咖啡因和茶碱为嘌呤类生物碱，其结构如图10-18-（1），图10-18-（2）

所示。咖啡因具有兴奋中枢神经、扩张冠状血管及末梢血管的作用，因而能起到消除疲劳和兴奋的作用，还能防治心血管疾病。茶碱具有松弛平滑肌和横纹肌、抑制肾小管吸收、增加胃肠分泌的作用，故能治疗支气管哮喘，并有利于尿排毒和消食化滞。

黑木耳、香菇和灵芝等真菌含有腺嘌呤及腺嘌呤核苷，是重要的抗血小板凝固因子，因而具有降低血清胆固醇、降低血压以及增加血管通透性的作用。香菇嘌呤的结构如图10-18-（3）所示。

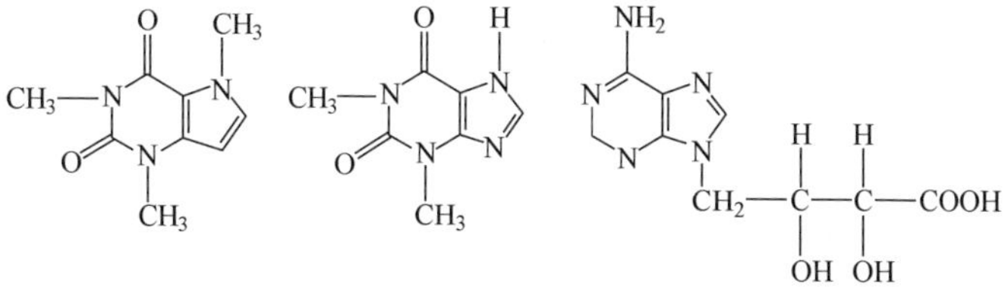

（1）咖啡因　（2）茶碱　（3）香菇嘌呤

图 10-18　几种生物碱的化学结构

十字花科甘蓝属蔬菜具有较强的防癌作用，其防癌物质都是甘蓝黑芥子硫苷的水解产物或衍生物，其中最主要的四类物质是：吲哚-3-甲醇、二甲基二硫醚、异硫氰酸酯化合物及二硫酚硫酮化合物。吲哚-3-甲醇可改变雌激素的代谢途径，预防乳腺癌的发生。

莲的各部分都含有生物碱，这些生物碱与其疗效有密切的关系，例如荷叶能消暑利湿和止血，荷梗能宽中理气，莲子心则能清火祛热，对高血压病有疗效。

桑叶的主要有效成分是其中的生物碱，该成分能与小肠内的 α-葡萄糖苷酶结合，结合性比麦芽糖和蔗糖的结合性高，因而可阻止双糖水解为单糖，故能有效地抑制血糖的急剧上升，可用于防治糖尿病。

茄中的葫芦巴碱、腺嘌呤和茄碱，百合中的秋水仙碱，甜菜中的甜菜碱都具有抗肿瘤活性。

L-肉毒碱是存在于动物肌肉中的季铵盐类生物碱，其结构如图10-19所示。L-肉毒碱在生物体内能将脂酰基转运通过线粒体膜，有利于脂肪酸的氧化功能，是脂肪氧化分解的促进剂，有利于减肥作用，并能在体育运动中提高体力和消除疲劳。L-肉毒碱多存在于肉类食品中，特别是牛肉每千克含1 307mg L-肉毒碱，而蔬菜、水果中几乎没有。

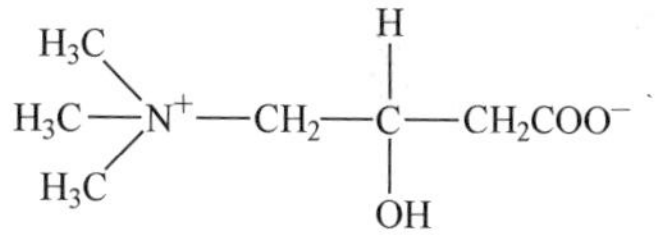

图 10-19　L-肉毒碱的化学结构

知识点八　其他活性成分

食物中的天然活性成分种类很多，除了前面介绍的类别外，还有有机酸类、酚醌类、香豆精类等，在此分别进行简单介绍。

一、有机酸类活性成分

绝大部分简单有机酸并无明显的生物活性，但也有一些结构特殊的有机酸具有一定的生理功能。

延胡索酸存在于无花果、荠菜、灵芝和甘蔗中，具有抗肿瘤活性。此外，无花果中的琥珀酸和甘蔗中的顺式乌头酸，对肿瘤也有抑制作用。

果酸（AHA）是一类从柠檬、苹果、甘蔗和柑橘等水果中提取的 α-羟基酸，包括羟基乙酸、L-乳酸、苹果酸、柠檬酸、酒石酸、葡萄糖醛酸和半乳糖醛酸等十几种，其中以羟基乙酸和 L-乳酸最为重要。果酸有润滑皮肤、增加肌肤弹性、改善皮肤质地的功能，常作为皮肤护理用化妆品的基料。

绿原酸（图 10-20）存在于葵花籽、咖啡豆、金银花、茶叶、杜仲叶和玉米叶等中。绿原酸具有广泛的生理活性，包括抗菌、抗病毒、止血、增多白细胞、降压、增加胃肠蠕动、促进胃液分泌以及利胆等作用，对急性咽喉炎和皮肤病也有明显疗效。杜仲落叶中的绿原酸含量高达 5%左右，绿茶中含绿原酸最高达 0.22%，可作为提取绿原酸的原料。

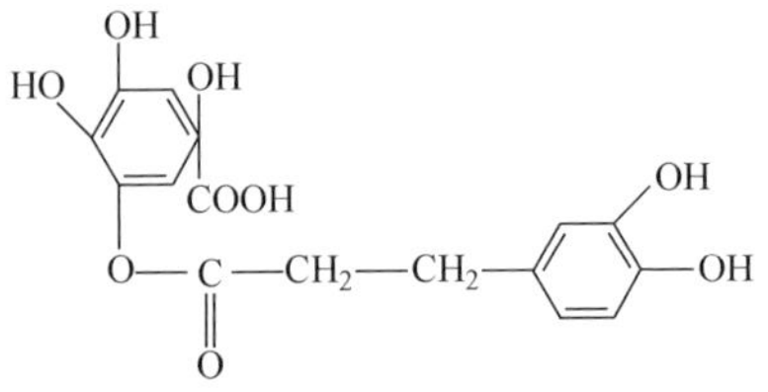

图 10-20　绿原酸的分子结构

二、酚及醌类活性成分

1. 酚类活性成分

酚及其衍生物种类很多，它们大多具有显著的生物活性。

姜酚和姜烯酚是姜的辣味成分，也是姜的主要活性成分之一。姜黄素是姜黄根茎的一种黄色素，在郁金香根茎中也有存在，有降血糖和降低血清胆固醇的作用。姜酚、姜烯酚和姜黄素的结构如图 10-21 所示。

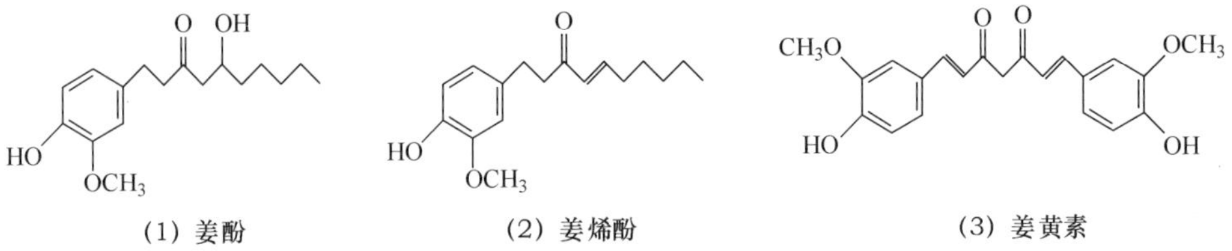

图 10-21　酚类活性成分

鞣质是一类分子比较大、可与蛋白质形成水不溶沉淀的多元酚衍生物的总称。鞣质有收敛性，在医学上用于制作止血药，也可作为生物碱和重金属中毒的解毒剂。茶叶中的鞣质主要为儿茶素类，其生理活性已有介绍。涩柿液即未成熟的柿汁，其鞣质含量较高，有防治高血压和动脉硬化的功效。

2. 醌类活性成分

许多醌类化合物具有广泛的生理活性。这是因为醌易被还原为二酚，后者被氧化后又易变成醌，因而起到了电子传导的作用，加之它们都是生物新陈代谢的产物，故容易参与生物的生化反应。醌类化合物在植物界分布并不很广，但较集中，易于提取和精制。

芦荟苷为蒽醌的还原产物糖苷，是芦荟的主要有效成分，含量高达 25%，其结构如图 10-22-（1）所示。芦荟是传统的美容和治疗皮肤病的中草药，其水提液（以芦荟苷为主）对皮肤真菌有不同程度的抑制作用，对皮肤有调理和愈伤功能。

胡桃醌主要来源于胡桃的叶及未成熟果实，在同属植物山核桃中也有存在，其结构如图 10-22-（2）所示。胡桃醌有抗出血活性，对细菌和真菌有较强的抑制作用，且抗菌谱广。

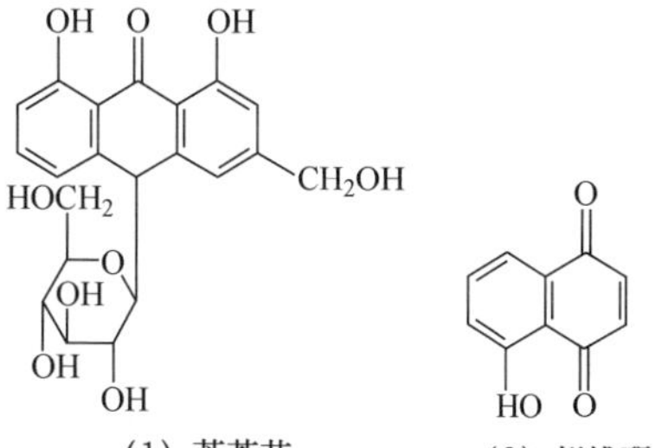

图 10-22　醌类活性成分

三、香豆精类活性成分

香豆精类是具有苯并 α-吡喃酮基本母核的一类化合物，可以看成顺-邻羟基肉桂酸失水形成的内酯，其结构如图 10-23 所示。

香豆精类及其糖苷在植物界分布较广，具有多方面的生物活性。白芷根的有效成分由一系列香豆精类衍生物所组成，有活血和杀菌的作用。伞形科蔬菜包括西芹、芫荽、胡萝卜、小茴香等的香辛气味主要由各种倍半萜和香豆精类挥发成分组成，其中呋喃香豆精类有一定的防癌作用，也是伞形科蔬菜的主要杀虫物质。伞形科蔬菜因本身含有杀虫成分，因此很少需要喷施农药，故多数属于 A 级绿色食品，大多可以生食。

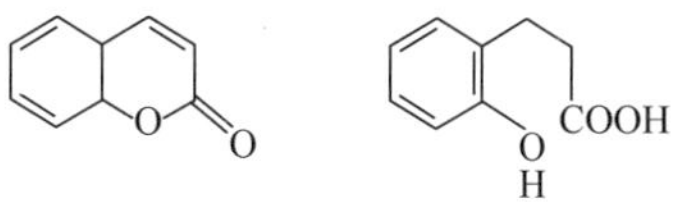

图 10-23　香豆精的化学结构

重点小结

存在于食物和药食两用品种中的天然活性成分包括糖类、蛋白质类、脂类、类黄酮、皂苷类、萜类化合物及生物碱等。活性多糖主要包括真菌多糖和植物多糖，真菌多糖存在于香菇、金针菇、蘑菇、灵芝、银耳、黑木耳、茯苓和猴头菇等大型食用或药用真菌中，能增强人体免疫力和抗肿瘤。枸杞多糖主要成分为阿拉伯糖、葡萄糖、半乳糖、甘露糖、木糖和鼠李糖等，人参多糖主要由阿拉伯糖、葡萄糖、鼠李糖、半乳糖和半乳糖醛酸等组成，茶多糖是由葡萄糖、阿拉伯糖和核糖等构成的多糖复合物，它们有增强机体免疫力、抗肿瘤与抗衰老、降血糖作用。壳聚糖是甲壳素脱去乙酰基后的产物，能降低血清胆固醇和降低血压，并能诱导溶菌酶和几丁质酶的活力，促进伤口愈合，防止霉菌生长。多不饱和脂肪酸与胆固醇形成的脂熔点较低，易于乳化、输送和代谢，因此不易在动脉血管壁上沉积。磷脂主要以与蛋白质相结合的形式，存在于许多动植物性食品中，对生物膜的生物活性和机体的正常代谢有重要的调节作用。胆碱是卵磷脂和鞘磷脂的组成部分，还是神经传递物质乙酰胆碱的前体物质，对细胞的生命活动有重要的调节作用。活性氨基酸种类很多，主要有蒜氨酸、牛磺酸、L-茶氨酸等，它们除构成蛋白质以外，还具有生物调节活性，在生物体内呈游离状态。活性肽包括谷胱甘肽、降血压肽、促进钙吸收肽、消化吸收肽和高 F 值低聚肽等，研究较多的活性蛋白质有免疫球蛋白、乳铁蛋白、降胆固醇蛋白和金属硫蛋白等。类黄酮主要是通过氢键之间的结合对活性作用区域发生效应。不同结构的类黄酮，具有不同的生物活性。皂苷存在于百合科、薯蓣科、玄参科、石竹科、远志科、蔷薇科、龙舌兰科、五加科、葫芦科及豆科等植物中，许多中草药如人参、远志、甘草、知母、桔梗和柴胡等的主要有效成分都会有皂苷。大多数生物碱均有复杂的环状结构，氮原子包含在环内，具光学活性，有特殊且较显著的生理作用，是许多药用植物的有效成分。

技能训练

技能训练　花青素稳定性的影响因素

一、目的要求

（1）了解花青素的性质。

（2）掌握影响花青素颜色变化的主要因素，从而提出在加工过程中如何利用花青素的这些特性为生产实践服务。

二、实验原理

花青素属黄酮类化合物，是植物中主要的水溶性色素之一。它色彩十分鲜艳美丽，以蓝、紫、红、橙等颜色为主。

花青素和花色苷的化学性质不稳定，常常因环境条件的变化而改变颜色，影响变色的条件主要包括 pH、氧化剂、酶、金属离子、糖、温度和光照等。花青素提取液在紫外与可见光区域均具有较强吸收，紫外区最大吸收波长在 270nm 附近，可见光区域最大吸收波长在 500~550nm。实验可通过设计几种影响花青素变色的主要因素，了解其变色的规律及原因。

三、实验材料、试剂与仪器

（1）实验材料　几种色彩不同的植物：玫瑰茄、紫甘蓝、桑葚、心里美萝卜等。

（2）实验试剂　1mol/L NaOH 溶液、冰乙酸、亚硫酸氢钠、20g/L 抗坏血酸、0.1mol/L 三氯化铝溶液、0.1mol/L 三氯化铁溶液、30%过氧化氢、果糖、木糖等。

（3）实验仪器　试管、烧杯、电炉、水浴锅、可见分光光度计（带扫描）等。

四、操作步骤

（一）样品处理

将几种含花青素的水果、蔬菜取少量研磨后用水提取，过滤，取清液实验。

（二）实验操作

1. pH 对花青素色泽的影响

取若干支试管，编号。取不同颜色果蔬汁溶液 2~3mL 分别于各试管中，逐滴加入 1mol/L NaOH 溶液，观察颜色变化，记录。然后再分别向各试管中滴加冰乙酸，观察颜色变化，记录。取1~2种溶液，就其碱性和酸性条件下溶液的颜色在可见光区扫描，分析最大吸收波长的转移特点。

2. 亚硫酸盐对花青素颜色的影响

取不同颜色的溶液2~3mL，分别加入少许亚硫酸氢钠，摇匀，观察色泽变化，记录。也可按实验操作1做扫描分析，结合不同吸收波长的变化和相同波长下吸光度值的变化对比分析。

3. 抗坏血酸对花青素颜色的影响

取不同颜色的溶液2~3mL，分别加几滴20g/L抗坏血酸，观察溶液颜色变化，记录。

4. 金属离子对花青素色泽的影响

取不同颜色的溶液2~3mL，逐一加入少许三氯化铝或三氯化铁溶液，振摇，观察并记录色泽变化。

5. 温度的影响

取不同颜色的溶液2~3mL于试管中，于沸水浴中加热，观察颜色变化。

6. 糖对花青素颜色的影响

取不同颜色的溶液2~3mL于试管中，分别加果糖、木糖等少许，沸水浴中加热，观察其颜色的变化并记录。

五、实验记录

列表记录以上各种处理花青素颜色的变化以及扫描图谱。

六、分析与讨论

通过实验，你对花青素的性质有何理解？对在加工中含花青素样品的护色有什么想法？

七、实验说明

实验中可自行选择带有花青素的样品，影响因素及实验条件也可以自己设计。

八、思考题

（1）在pH的影响中，如果先加酸，为什么不易变色，而加碱却很容易变色？

（2）为什么不同颜色的溶液在相同的环境条件下，其颜色变化会有不同的结果？

（3）在若干影响因素中，哪一种因素对花青素的影响最大？为什么？

思政案例

青蒿素的今生和未来

20世纪60年代初，疟疾肆虐东南亚，疫情难以控制。1969年，中国中医研究院接受抗疟疾药研究任务，屠呦呦任科技组组长，从此开始了与青蒿素的不解之缘。1969 年 1 月开始，历经 380 多次实验，190 多个样品，2000 多张卡片，她查阅大量文献，借鉴了古代用药的经验，设计了多种提取的方法，终于在 1971 年从黄花蒿中发现抗疟有效提取物。1972 年，屠呦呦和她的同事在青蒿中提取到了一种分子式为 $C_{15}H_{22}O_5$ 的无色结晶体，一种熔点为 156~157℃的活性成分，他们将这种无色的结晶体物质命名为青蒿素。1972 年 3 月，屠呦呦在南京召开的“523”项目工作会议上报告了实验结果。1973 年，屠呦呦合成出了双氢青蒿素，证实了其羟（基）氢氧基族的化学结构。1973 年 3 月，上海有机化学研究所研究员周维善，甾体组研究院吴照华和吴毓林确定了化合物的结构。1978 年，“523”项目的科研成果鉴定会最终认定青蒿素的研制成功。1992 年，针对青蒿素成本高、对疟疾难以根治等缺点，屠呦呦发明出双氢青蒿素（抗疟疗效为前者 10 倍的“升级版”）。2015 年 10 月 5 号，中国女药学家屠呦呦获得了诺贝尔奖。她虽不是第一个获得诺贝尔奖的中国人，但却是第一个获得诺贝尔生理学或医学奖的中国人！屠呦呦院士的最新研究成果——“将二氢青蒿素用于红斑狼疮的治疗”，说明青蒿素的研究一直在突破，点明青蒿素的未来在于创新。

参考文献：曾竟，李小娟．有机化学萜类化合物青蒿素的课程思政教学案例研究[J]．新疆师范大学学报（自然科学版）．2022，41（02）：90-96.

育人目标：屠呦呦等人用所学化学知识解决问题，造福了社会。科技的每一次进步都需要踏实的努力和顽强的拼搏，要关注社会与时代的发展，勇于创新，才能攀登科学的高峰。

复习思考

1. 名词解释：倍半萜、多萜、生物碱、银杏内酯、人参皂苷。
2. 在哪些食物或动植物材料中可得到活性肽？它们各有何重要的生理作用？
3. 大豆黄酮具有哪些活性组分？如何分离与利用大豆异黄酮？
4. 人参中重要的活性成分是什么？它的理化结构有何特点？它有何重要的生理作用？
5. 列举几种在食品中具有重要作用的萜类，并分别说明它们的来源及在食品中的具体作用。
6. 生物碱是指哪一类物质？生物碱具有哪些基本的理化特点？
7. 如何从天然动植物中分离提纯萜类化合物？

模块十一

食品添加剂

学习目标

【知识目标】

1. 掌握食品添加剂的定义，理解食品添加剂的使用原则，了解食品添加剂的作用和分类。

2. 熟悉各类食品添加剂在实际应用中的特性与功效。

3. 理解防腐剂、抗氧化剂、乳化剂、增稠剂的基本概念和作用机制。

【素质目标】

通过了解食品添加剂的作用及其使用标准，培养严谨求实、精益求精的工匠精神和勤于动手的劳动精神，增强法治意识、社会责任感。

学习导图

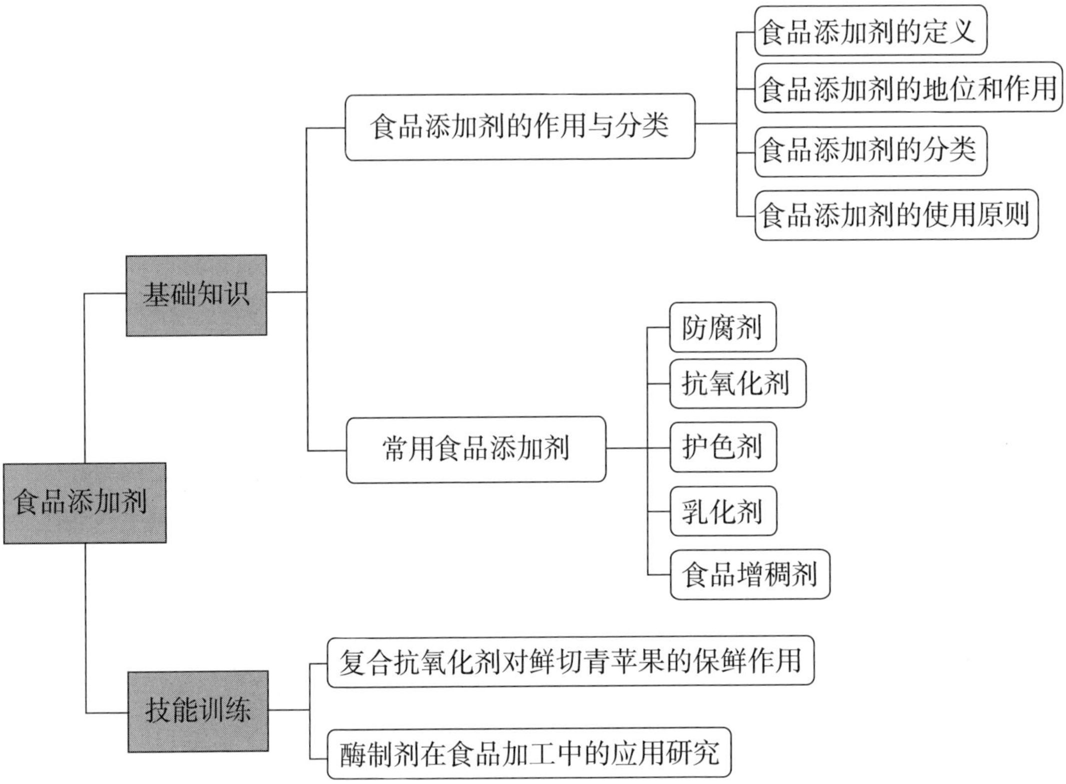
食品添加剂
基础知识
食品添加剂的作用与分类
食品添加剂的定义
食品添加剂的地位和作用
食品添加剂的分类
食品添加剂的使用原则
常用食品添加剂
防腐剂
抗氧化剂
护色剂
乳化剂
食品增稠剂
技能训练
复合抗氧化剂对鲜切青苹果的保鲜作用
酶制剂在食品加工中的应用研究

基础知识

知识点一 食品添加剂的作用与分类

近年来，随着我国食品工业的快速发展和人民生活要求的不断提高，食品添加剂已经是食品加工必不可少的主要基础配料，它的使用极大地丰富了加工食品的种类，提高了食品的感官、理化水平和营养价值，促进了食品工业的发展，正是因为食品添加剂的使用才使我们的食品丰富多彩和易于接受，可以说现代生活已经离不开食品添加剂。食品添加剂产业已经成为了食品工业的重要组成部分。在食品添加剂的使用中，除保证其发挥应有的功效和作用外，最重要的是应保证食品的卫生和安全。

一、食品添加剂的定义

目前，世界各国对食品添加剂规定范围和定义不尽相同。

国际食品法典委员会（CAC）对食品添加剂的定义：食品添加剂是指不管其有无营养价值，通常本身不作食品消费，也不作为食品典型配料的任何物质。它们是在食品制造、加工、预处理、包装、运输或贮藏过程中，为了对食品的性质产生某种作用或是达到所期望的某种目的，有意识地添加到食品中去的某些物质。凡是添加物本身或其产物直接或间接地成为食品的一部分，均为食品添加剂，但不包括污染物质或为了保持或改善食品营养的物质。

美国食品和药物管理局（FDA）对食品添加剂的定义：有明确的或合理的预期目标，无论直接使用或间接使用的，能变成食品的一种成分或影响食品特征的物质统称食品添加剂。

按照《中华人民共和国食品安全法》以及我国 GB 2760—2024《食品安全国家标准 食品添加剂使用标准》（以下简称《食品添加剂使用标准》）（2025 年 2 月 8 日实施），都将食品添加剂定义为：为改善食品品质和色、香、味，以及为防腐、保鲜和加工工艺的需要而加入食品中的人工合成或者天然物质。食品用香料、胶基糖果中基础剂物质、食品工业用加工助剂、营养强化剂也包括在内。

二、食品添加剂的地位和作用

食品添加剂的使用水平是食品工业现代化的重要标志之一。食品添加剂已被列为我国加速开发发展的重要基础行业。

1. 食品添加剂的地位

食品添加剂在食品工业中的重要地位，可归纳为下列四个方面。

（1）以色、香、味适应消费者的需要，从而体现其消费价值。

（2）随着消费者对营养学认识的不断提高，人们愿意以高价购买各种营养素强化食品。

（3）保鲜手段的提高取得了比罐头、速冻食品更有效的、更经济的加工手段。

（4）就业人员增加和单身家庭等因素，促使方便食品、快餐食品高速增加，其色、香、味和品质等均与食品添加剂有关。

2. 食品添加剂的作用

食品添加剂大大促进了食品工业的发展，并被誉为现代食品工业的灵魂和食品工业创新的秘密武器。在食品生产与加工中，根据生产工艺需要及相关标准，合理使用食品添加剂，能够发挥其功效，其主要作用如下。

（1）有利于食品的贮藏，防止食品败坏变质。在对食品进行生产加工或保存期间，食品中某些营养成分极易发生变化，如某些营养素被氧化，进而发生变质。所以在食品生产加工过程中，加入适量的防腐剂或抗氧化剂，可减少或避免营养素损失，延长食品的保质期。防腐剂可以防止由微生物污染引起的食物中毒作用。抗氧化剂则可阻止或推迟食品的氧化变质，以提高食品的稳定性和耐藏性，同时也可防止可能有害的油脂自动氧化物质的形成，以及水果、蔬菜的酶促褐变与非酶褐变。这些对食品的贮藏都是具有一定意义的。

（2）改善食品的感官性状。食品的色、香、味、形态和质地等是衡量食品质量的重要指标。在食品生产过程中，合理添加食品添加剂，对保证及提高食品的质量具有积极作用。食品加工后有的褪色，有的风味和质地等也会有所改变。适当地使用着色剂、护色剂、漂白剂、食用香料以及乳化剂、增稠剂等食品添加剂，可以明显提高食品的感官质量，满足人们的不同需要。如在巧克力中加入香料，能让巧克力的风味变得独特；火腿中加入增稠剂或鲜味剂，会使其兼具香嫩特点。

（3）保持或提高食品的营养价值。食品应富有营养，但食品加工往往可能造成一定的营养素损失。在食品加工时适当地添加某些属于天然营养范围的食品营养强化剂，可以大大提高食品的营养价值，这对防止营养不良和营养缺乏，促进营养平衡，提高人们的健康水平具有重要意义。

（4）增加食品的品种和方便性。现在市场上有上万种食品可供消费者选择，尽管这些食品的生产大多通过一定包装及不同加工方法处理，但在生产过程中，一些色、香、味俱全的产品，大都不同程度地添加了着色剂、增香剂、调味剂乃至其他食品添加剂。正是这些众多的食品，尤其是方便食品的供应，给人们的生活和工作带来极大的方便。

（5）有利于食品加工操作。在食品加工中使用消泡剂、助滤剂、稳定和凝固剂等，可有利于食品的加工操作。例如，当使用葡萄糖酸-δ-内酯作为豆腐凝固剂时，可有利于豆腐生产的机械化和自动化。在方便面面团中加入乳化剂，能够让其水分保持均匀散发，提高其持水性与吸水力，更容易蒸煮。

（6）满足其他特殊需要。食品应尽可能满足人们的不同需求。近年来，人们生活水平不断提高，对特殊膳食的需求也日渐增多。例如，糖尿病人不能吃糖，则可用无营养甜味剂或低热能甜味剂，如天门冬酰苯丙氨酸甲酯制成无糖食品供应。对于一些缺碘地区，在食盐或食品中加入适量碘，能够有效防治由于缺碘而引起的症状。

三、食品添加剂的分类

食品添加剂可按其功能、来源、生产方法和安全性的不同而分类。

1. 按功能分类

根据我国 2024 年发布的 GB 2760—2024《食品添加剂使用标准》规定，按其主要功能作用的不同分为：酸度调节剂、抗结剂、消泡剂、抗氧化剂、漂白剂、膨松剂、胶基糖果中基础剂物质、着色剂、护色剂、乳化剂、酶制剂、增味剂、面粉处理剂、被膜剂、水分保持剂、防腐剂、稳定剂和凝固剂、甜味剂、增稠剂、食品用香料、食品工业用加工助剂、营养强化剂和其他物质。

2. 按来源分类

根据来源可分为天然食品添加剂和化学合成食品添加剂两类。天然食品添加剂主要由动植物提取制得，也有一些来自微生物的代谢产物或矿物；化学合成食品添加剂则是通过化学合成的方法制得，也包括一般化学合成品与人工合成天然等同物，如天然等同香料、天然等同色素等。

3. 按生产方法分类

根据生产方法可分为化学合成、生物合成（酶法和发酵法）、天然提取物三类。

4. 按安全性分类

CCFA（联合国食品添加剂法规委员会）曾在 JECFA（FAO/WHO 联合食品添加剂专家委员会）讨论的基础上将食品添加剂分为 A、B、C 3 类。

A 类：①已制定人体每日容许摄入量（ADI）；②暂定 ADI 者。

B 类：①曾进行过安全评价，但未建立 ADI 值；②未进行过安全评价者。

C 类：①认为在食品中使用不安全；②应该严格限制用于某些特殊用途者。

小资料

方便面中使用的食品添加剂

（1）着色剂　常用的有胭脂红、核黄素、栀子黄、辣椒红、姜黄、姜黄素等，用于改变食品外观，增强食欲。

（2）抗氧化剂　常用的有维生素 E、丁基羟基茴香醚（BHA）、二丁基羟基甲苯（BHT）、特丁基对苯二酚等，用于抑制油脂等氧化变质，延长保质期。

（3）增稠剂　常用的有海藻酸丙二醇酯、磷酸化二淀粉磷酸酯、羧甲基淀粉钠等，用来改善物理性状，使外观润滑细腻。

（4）增味剂　如琥珀酸二钠、5′-呈味核苷酸二钠、谷氨酸钠等，用于增强风味。

（5）稳定剂　常用的是磷酸盐，如三聚磷酸钠、六偏磷酸钠、磷酸二氢钠等，用于保持水分、稳定结构。

（6）食品用香料　具有增香作用。

四、食品添加剂的使用原则

1. 食品添加剂使用的基本要求

（1）不应对人体产生任何健康危害；

（2）不应掩盖食品腐败变质；

（3）不应掩盖食品本身或加工过程中的质量缺陷或以掺杂、掺假、伪造为目的而使用食品添加剂；

（4）不应降低食品本身的营养价值；

（5）在达到预期的效果下尽量降低在食品中的用量。

2. 在下列情况下可使用食品添加剂

（1）保持或提高食品本身的营养价值；

（2）作为某些特殊膳食用食品的必要配料或成分；

（3）提高食品的质量和稳定性，改进其感官特性；

（4）便于食品的生产、加工、包装、运输或者贮藏。

3. 食品添加剂的质量标准

按照我国 GB 2760—2024《食品添加剂使用标准》，使用的食品添加剂应当符合相应的质量规格需求。

4. 带入原则

在下列情况下食品添加剂可以通过食品配料（含食品添加剂）带入食品中：

（1）根据 GB 2760—2024《食品添加剂使用标准》，食品配料允许使用该食品添加剂；

（2）食品配料中该添加剂的用量不应超过允许的最大使用量；

（3）应在正常生产工艺条件下使用这些配料，并且食品中该添加剂的含量不应超过由配料带入的水平；

（4）由配料带入食品中的该添加剂的含量应明显低于直接将其添加到该食品中通常所需要的水平。

当某食品配料作为特定终产品的原料时，批准用于上述特定终产品的添加剂允许添加到这些食品配料中，同时该添加剂在终产品中的量应符合《食品添加剂使用标准》的要求。在所述特定食品配料的标签上应明确表示该食品配料用于上述特定食品的生产。

小资料

理性看待食品添加剂

食品添加剂在我们的生活中可谓必不可少，不添加不太现实，但我们没有必要对食品添加剂产生恐慌。食品添加剂之所以蒙受“食品安全之威胁”的不白之冤，就是因为人们混淆了食品添加剂和非法添加物这两个完全不同的概念，混淆了合理使用和违规滥用（超量或超范围使用）的区别。

食品加工，即使在无菌状态下包装的食品，为了对消费者健康负责，必要时也要加入一定量的防腐抗氧保鲜剂。例如，我们家家户户用的酱油，为了防止夏天发霉，必须添加防腐剂苯甲酸钠。大家熟知的饮料可乐等，为了防止变质也添加了防腐剂苯甲酸钠。有些添加剂还被保健食品和药物采用，例如着色剂红曲、甜味剂甘草甜和木糖醇，均被列入了药物名单。

知识点二 常用食品添加剂

一、防腐剂

防腐剂是能杀死微生物或抑制其增殖，防止由微生物所引起的食品腐败变质，延长食品保质期的物质。

按照防腐剂对微生物的作用性质可将其分为起抑菌作用的防腐剂和杀菌作用的杀菌剂。然而杀菌和抑菌并没有严格的界线。同一物质浓度高时可杀菌，而浓度低时只能抑菌，作用时间长可杀菌，作用时间短则只能抑菌；同一物质对一种微生物具有杀菌作用，而对另一种微生物可能仅有抑菌作用。

按照防腐剂的组成和来源可将其分为有机化学防腐剂、无机化学防腐剂和生物防腐剂。有机化学防腐剂主要包括苯甲酸及其盐类、山梨酸及其盐类、对羟基苯甲酸酯类、乳酸等；无机化学防腐剂主要包括亚硫酸及其盐类、二氧化碳、硝酸盐及亚硝酸盐、游离氯及次氯酸盐。生物防腐剂主要包括溶菌酶等。

我国目前常用的防腐剂有：山梨酸、山梨酸钾、苯甲酸、苯甲酸钠等。

1. 山梨酸及其钾盐

山梨酸及其钾盐（图 11-1）是国际公认的低毒、高效的防腐剂。目前世界上绝大多数国家都允许使用。它对霉菌、酵母菌和好气性细菌的生长发育有良好的抑制作用，但对嫌气性细菌几乎无效。山梨酸为酸性防腐剂，在酸性介质中对微生物有良好的抑制作用，随 pH 增大防腐效果降低，pH 8 时丧失防腐作用，适用于 pH 5.5 以下的食品防腐。

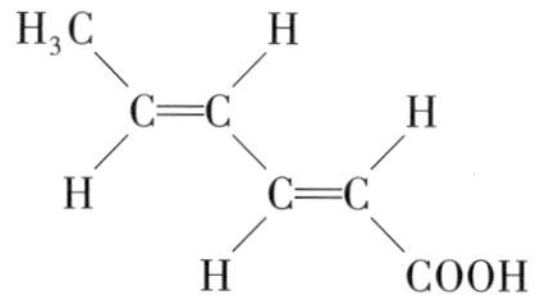

$C_6H_8O_2$（112.13）

$CH_3CH=CHCH=CHCOOK$

$C_6H_7O_2K$（150.22）

图 11-1　山梨酸及其钾盐结构式

我国 GB 2760—2024《食品添加剂使用标准》中规定，山梨酸及其钾盐在各种食品中的最大使用量（均以山梨酸计）：浓缩果蔬汁（浆）（仅限食品工业用）为 2.0g/kg；胶基糖果、其他杂粮制品（仅限杂粮灌肠制品）、方便米面制品（仅限米面灌肠制品）、肉灌肠类、蛋制品（改变其物理性状）为 1.5g/kg；干酪和再制干酪及其类似品、氢化植物油、人造黄油（人造奶油）及其类似制品（如黄油和人造黄油混合品）、果酱（罐头除外）、腌渍的蔬菜、豆干再制品、新型豆制品（大豆蛋白及其膨化食品、大豆素肉等）、除胶基糖果以外的其他糖果、面包、糕点、焙烤食品馅料及表面用挂浆、风干和烘干以及压干等水产品、熟制水产品（可直接食用）、其他水产品及其制品、调味糖浆、食醋、酱油、复合调味料、乳酸菌饮料为 1.0g/kg；果酒 0.6g/kg；配制酒（仅限青稞干酒）0.6g/

L；风味冰、冰棍类、经表面处理的鲜水果、蜜饯、经表面处理的新鲜蔬菜、加工食用菌和藻类、酿造酱、饮料类（包装饮用水除外）、果冻、胶原蛋白肠衣为 0.5g/kg；配制酒 0.4g/kg；葡萄酒 0.2g/kg；预制水产品（半成品）、熟肉制品（肉罐头类除外）为 0.075g/kg。

2. 苯甲酸及其钠盐

苯甲酸（图 11-2）又称安息香酸，天然存在于蔓越橘、洋李和丁香等植物中。

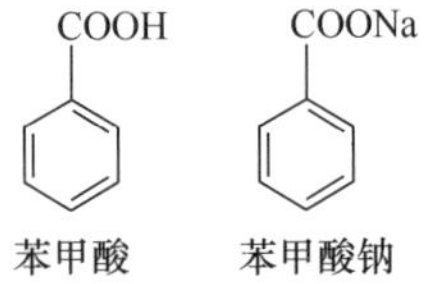

图 11-2　苯甲酸及其钠盐的结构式

苯甲酸作为食品防腐剂被广泛地使用，它是重要的酸型食品防腐剂，抗菌有效性依赖食品的 pH。在酸性环境中，苯甲酸对霉菌、酵母和细菌均有抑制作用，但对产酸菌作用较弱。pH 3 时抑菌作用最强，在 pH 5.5 以上时，对很多霉菌和酵母菌没有什么效果，抗微生物活性的最适 pH 范围是 2.5~4.0，苯甲酸钠的防腐作用与苯甲酸相同。因此，它最适合使用于碳酸饮料、果汁、果酒、腌菜和酸泡菜等食品。在 pH 4.5 时对一般微生物的完全抑制的最小浓度为 0.05%~0.1%。苯甲酸对酵母和细菌很有效，对霉菌活性稍差。

我国 GB 2760—2024《食品添加剂使用标准》中规定，苯甲酸及其钠盐在各种食品中的最大使用量（均以苯甲酸计）：浓缩果蔬汁（浆）（仅限食品工业用）为 2.0g/kg；胶基糖果为 1.5g/kg；风味冰、冰棍类、果酱（罐头除外）、腌渍的蔬菜、调味糖浆、食醋、酱油、酱及酱制品、半固体复合调味料、液体复合调味料（不包括醋和酱油）、果蔬汁（浆）类饮料、蛋白饮料、茶、咖啡、植物（类）饮料、风味饮料为 1.0g/kg；除胶基糖果以外的其他糖果、果酒为 0.8g/kg；复合调味料为 0.6g/kg；配制酒为 0.4g/kg；蜜饯为 0.5g/kg，特殊用途饮料为 0.2g/kg。

二、抗氧化剂

广义的抗氧化剂是指具有清除、终止、限制、捕获并中和自由基，从而祛除自由基，防止发生氧化反应的物质。食品抗氧化剂是能阻止或推迟食品氧化，提高食品稳定性和延长保质期的食品添加剂。

使用食品抗氧化剂的意义是终止在食品的贮藏或加工期间由于自由基导致的连锁反应或抑制酶促氧化延缓食品被氧化的过程。特别是对于含油较多的食品，氧化是导致食品质量变劣的主要因素之一。油脂氧化可影响食品的风味和引起褐变，破坏维生素和蛋白质，甚至还能产生有毒有害物质。

抗氧化剂按来源可分为天然抗氧化剂和人工合成抗氧化剂。天然抗氧化剂包括丁基羟基茴香醚（BHA）、二丁基羟基甲苯（BHT）、没食子酸丙酯（PG）以及叔丁基氢醌（TBHQ）等。人工合成抗氧化剂包括茶多酚、植酸等。

按溶解性可分为油溶性抗氧化剂、水溶性抗氧化剂和兼容性抗氧化剂。油溶性抗氧化剂主要用来抗脂肪氧化。油溶性抗氧化剂包括丁基羟基茴香醚（BHA）、二丁基羟基甲苯（BHT）。水溶性抗氧化剂包括茶多酚、维生素 C、植酸等。兼容性抗氧化剂包括维生素 C、棕榈酸酯等。根据作用方式分为自由基吸附剂、氧清除剂、金属离子螯合剂（抗氧化增效剂）、过氧化物分解剂、酶抗氧化剂、紫外线吸收剂、单线态氧淬灭剂。

1. 丁基羟基茴香醚

丁基羟基茴香醚又称叔丁基-4-羟基茴香醚、丁基大茴香醚，简称 BHA（图 11-3），化学式 $C_{11}H_{16}O_2$，相对分子质量 180.25。它有两种异构体 3-BHA 和 2-BHA，市售 BHA 是两者的混合物，商品 BHA 中 3-BHA 占 90%，2-BHA 占 10%，混合后有一定的协同作用。3-BHA 的抗氧化效果比 2-BHA 强 1.5~2 倍，因此，含有高比例 3-BHA 的混合物，其效力几乎与纯 3-BHA 相仿。

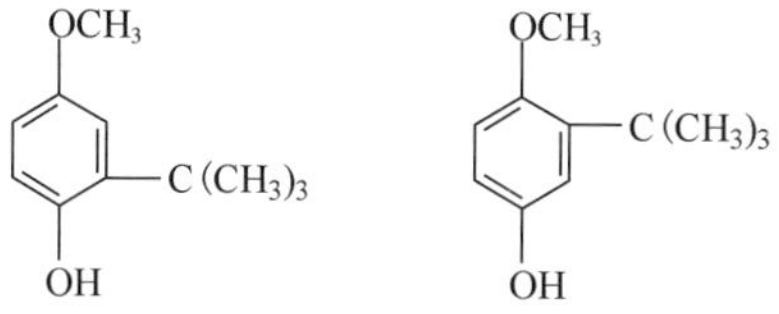

(3-异构体) 3-BHA　　(2-异构体) 2-BHA

图 11-3　丁基羟基茴香醚两种同分异构体的结构式

丁基羟基茴香醚为白色或微黄色蜡样结晶状粉末，熔点为 48~63℃，易溶于乙醇、丙二醇和油脂，不溶于水；对热稳定，在弱碱条件下不易被破坏，这可能是其在焙烤食品中广泛应用的原因。BHA 还可延长咸干鱼类的保质期。BHA 除了具有抗氧化作用外，还具有相当强的抗菌作用。

我国 GB 2760—2024《食品添加剂使用标准》中规定，丁基羟基茴香醚在各种食品中的最大使用量（均以油脂中的含量计）：胶基糖果为 0.4g/kg；脂肪，油和乳化脂肪制品、基本不含水的脂肪和油、熟制坚果与籽类（仅限油炸坚果与籽类）、坚果与籽类罐头、油炸面制品、杂粮粉、即食谷物（包括碾轧燕麦片）、方便米面制品、饼干、腌腊肉制品类（如咸肉、腊肉、板鸭、中式火腿、腊肠）、风干或烘干以及压干等水产品、固体复合调味料（仅限鸡肉粉）、膨化食品为 0.2g/kg。

2. 二丁基羟基甲苯

二丁基羟基甲苯又称 2，6-二特丁基对甲酚，简称 BHT，结构式如图 11-4 所示，化学式 $C_{15}H_{24}O$，相对分子质量 220.36。BHT 为白色结晶或结晶性粉末，无味，无臭，熔点 69.5~70.5℃（其纯品为 69.7℃），沸点为 265℃，不溶于水、丙二醇和甘油，能溶于乙醇和油脂。性质类似 BHA，对热稳定，与金属离子不显色。具有升华性，加热时能与水蒸气一起挥发，应避光密封保存。价格低廉，但毒性相对较高。GB 2760—2024《食品添加剂使用标准》规定最大使用量和 BHA 相同。可用于油脂、油炸食品、干鱼制品、饼干、速煮面、干制品、罐头。一般多和 BHA 等抗氧化剂或增效剂配合使用，很少单独使用。

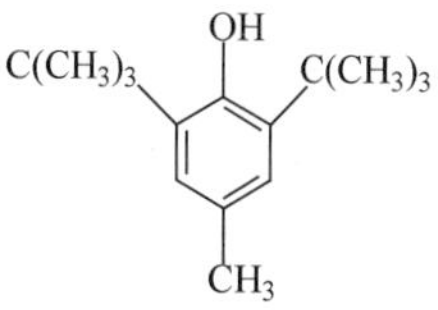

图 11-4　二丁基对甲酚结构式

3. 特丁基对苯二酚

特丁基对苯二酚又称叔丁基对苯二酚、叔丁基氢醌，简称 TBHQ，化学式 $C_{10}H_{14}O_2$，相对分子质量 166.22。TBHQ 为白色结晶，较易溶于油，微溶于水，溶于乙醇、乙醚等有机溶剂，熔点 126.5~128.5℃，对热稳定，遇金属离子不变色，遇光或碱性物质呈粉红色。抗氧化性强。在植物油中的抗氧化效果比 BHA、BHT 强 3~6 倍。它对高度不饱和油脂的抗氧化比 PG 有更好的性能。在油炸马铃薯片中使用，能保持良好的持久性。同时 TBHQ 还具有抑菌作用。

我国 GB 2760—2024《食品添加剂使用标准》中规定，特丁基对苯二酚在各种食品中的最大使用量（均以油脂中的含量计）：脂肪、油和乳化脂肪制品、基本不含水的脂肪和油、熟制坚果与籽类、坚果与籽类罐头、油炸面制品、方便米面制品、月饼、饼干、焙烤食品馅料及表面用挂浆、腌腊肉制品类（如咸肉、腊肉、板鸭、中式火腿、腊肠）、风干或烘干以及压干等水产品、膨化食品均为 0.2g/kg。

三、护色剂

护色剂又称发色剂或助色剂，是能与肉及肉制品产生呈色作用，使之在食品加工和保藏等过程中不致分解、破坏，呈现良好色泽的物质。常用的护色剂有硝酸盐和亚硝酸盐，此类物质具有一定毒性，尤其可与胺类物质生成强致癌物亚硝胺，因而人们一直力图选取某种适当的物质取而代之。

食品中除使用护色剂外，还常常配合使用一些能促进护色的还原性物质，以获得更佳的护色效果，这些物质称为护色助剂。

普通食品中常用的护色剂有亚硝酸钠、亚硝酸钾、硝酸钠、硝酸钾。护色助剂有 L-抗坏血酸及其钠盐、异坏血酸及其钠盐、烟酰胺。在肉类腌制中最常使用的护色剂是硝酸盐及亚硝酸盐，护色助剂为 L-抗坏血酸钠及烟酰胺等。

1. 亚硝酸盐类护色剂

亚硝酸盐类护色剂主要是亚硝酸钠、亚硝酸钾。

亚硝酸钠为白色至浅黄色粒状、棒状或粉末物质。有吸湿性，味微咸，易溶于水，微溶于乙醇，水溶液呈碱性，pH 约 9，密度为 2.168g/cm^3，熔点 271℃，加热至 320℃以上分解。在空气中慢慢氧化为硝酸钠，有氧化性。亚硝酸钾为白色至微黄色棱柱形或条状结晶，易潮解，又易溶于水，不溶于丙酮，微溶于乙醇，密度为 1.915g/cm^3，熔点为 441℃（350℃快速分解）。

亚硝酸盐作为肉制品护色剂，可与肉制品中的肌红蛋白反应生成玫瑰色亚硝基肌红蛋白，增进肉的色泽；还可增进肉的风味和起到防腐剂的作用，防止肉毒梭状芽孢杆菌的生长和延长肉制品的货架期。此外亚硝酸盐对多种厌氧性梭状芽孢菌，如肉毒梭状芽孢杆菌以及绿色乳杆菌等，有抑菌和抑制其产毒作用。

实际生产中，亚硝酸盐在肉制品中，对抑制微生物的繁殖有一定的作用，其效果受 pH 的影响。尤其是对肉毒梭状芽孢杆菌有抑制作用。因亚硝酸盐类物质具有一定毒性，还会和胺类生成致癌物。从食品卫生的角度出发，应予以高度重视。在加工肉制品时应严格控制亚硝酸盐及硝酸盐的使用量。

2. 硝酸盐类护色剂

硝酸盐类护色剂主要是硝酸钠、硝酸钾。

硝酸钠为无色透明或白色微带黄色菱形晶体，其味苦咸。密度为 2.257g/cm^3，熔点为 306.8℃，加热到 380℃分解并生成亚硝酸盐。易溶于水，微溶于甘油和乙醇，在空气中易潮解，特别在含有极少量氯化钠杂质时，硝酸钠潮解性大为增加。当溶解于水时其溶液温度降低，溶液呈中性。硝酸钾又称硝石、钾硝，为无色透明菱形晶体、白色颗粒或白色结晶性粉末。无臭，有咸味，口感清凉。在潮湿空气中稍吸湿，易溶于水，微溶于乙醇。密度为 2.109g/cm^3，熔点为 333℃，在约 400℃时分解，生成亚硝酸钾，水溶液对石蕊呈中性。

硝酸盐在细菌作用下可还原成亚硝酸盐，并在酸性条件下可与肉制品中的肌红蛋白反应生成玫瑰色亚硝基肌红蛋白，增进肉的色泽。同时对肉制品中厌氧性芽孢菌有抑制作用。

我国 GB 2760—2024《食品添加剂使用标准》中规定，硝酸钠（钾）在各种食品中的最大使用量［均以亚硝酸盐钠（钾）计，残留量≤30mg/kg］：腌腊肉制品类（如咸肉、腊肉、板鸭、中式火腿、腊肠）、酱卤肉制品类、熏或烧以及烤肉类、油炸肉类、西式火腿（熏烤、烟熏、蒸煮火腿）、肉灌肠类、发酵肉制品类均为 0.5g/kg。

四、乳化剂

乳状液和乳化剂

食品乳化剂是能使互不相溶的两种液体（如油和水）中的一种呈微滴状分散在另一种液体中的一类添加剂。食品乳化液通常是由互不相溶成分构成的多相体系。

食品乳化剂从来源上分可分为天然食品乳化剂和人工食品乳化剂；从两相中所形成的乳化体系的性质分又可分为水包油型（O/W）和油包水型（W/O）。

食品是由各种成分组成的，各成分单独存在时均为独立相。如水、油为液相；脂肪、碳水化合物、蛋白质、矿物质、维生素等为固相；将水、油脂放在一起时，它们不相溶，独立地分成两个相，若加以搅拌，则形成一相以微粒分散在另一相的体系，称为乳状液。所形成的新体系由于两液体的界面积增大，在热力学上是不稳定的。为使体系稳定，需要加入降低界面能的物质，即乳化剂。乳化剂大都为表面活性剂，其主要功能是起乳化作用。

食品乳化剂能稳定食品的物理状态，改进食品的组织结构，简化和控制食品的加工过程，改善风味、口感，提高食品质量，延长保质期。食品乳化剂在食品工业领域发挥着巨大的作用，它能使两种以上互不相溶的溶液形成稳定的混合体系，从而为开发丰富多彩的食品新品种提供了前提条件。

食品乳化剂有乳化作用，也可以作为食品的稳定剂，并能防止面包的淀粉老化，从而可以保持面包的柔软性。

常用的乳化剂有磷脂和蔗糖脂肪酸酯。

1. 磷脂

磷脂主要成分是卵磷脂（PC）、脑磷脂（PE）和肌醇磷脂（PI）等。

精制磷脂是半透明的黏稠物质，稍有特异臭味。在空气中或光照下迅速变成黄色，逐渐变成不透明的褐色物质。不溶于水，在水中膨润成胶体溶液。溶于乙醚、四氯化碳等，有吸湿性，也是抗氧化剂。磷脂实际上应用的是一些磷脂的混合物，商品粗卵磷脂一般还含有少量甘油三酯、脂肪酸、色素、碳水化合物以及固醇。大豆磷脂是精炼大豆油的副产品，不溶于水，吸水膨润，溶于氯仿、乙醚、乙醇，不溶于丙酮。可溶于热的植物油。可用作乳化剂和润湿剂。

从大豆油中制取磷脂成本很低，不易腐败，可大量生产，是食品工业重要的乳化剂。

许多情况下，卵磷脂进行化学或酶法改性，可以提高乳化能力，并减少与金属离子的反应。

磷脂是水包油型（O/W）和油包水型（W/O）两类兼可使用的乳化剂。

我国 GB 2760—2024《食品添加剂使用标准》中规定，磷脂在各种食品中的最大使用量：稀奶油、氢化植物油、婴幼儿配方食品、婴幼儿辅助食品要按生产需要适量使用。

2. 蔗糖脂肪酸酯

蔗糖脂肪酸酯为白色至黄色粉末，或白色至微黄色的黏稠液体或软固体。无臭或稍有特殊气味。溶于乙醇、丙酮，微溶于水，热不稳定。在食品乳化剂中它的亲水性较大，适用于油水型乳浊液，对油脂仅溶解 1%以下。加热到 145℃以上则分解，120℃以下稳定，在酸性或碱性下加热则被皂化。

蔗糖脂肪酸酯适于糕点的乳化、发泡和泡沫的保持，具有优良充气性，在面包品质改良剂中使用最多的是蔗糖单脂肪酸酯，它能提高面包的酥脆性，改善淀粉糊黏度以及面包体积和蜂窝结构，可防止面包老化和饼干等焙烤制品的油脂乳化，可提高油脂起酥作用。采用冷藏面团制作面包时，添加蔗糖脂肪酸酯可以有效防止面团冷藏变性。可降低巧克力物料黏度，还可用于牛奶等分散剂。

实际使用时，可先将蔗糖脂肪酸酯用适量的冷水调和成糊状，再加入所需的水，升温至 60~80℃，搅拌溶解，或将蔗糖脂肪酸酯加到适量油中，搅拌令其溶解和分散，再加到制品原料中。另外，蔗糖脂肪酸酯暴露在空气中一般易潮解结块，结块后仍可使用，但不利于保存，因蔗糖脂肪酸在 50℃以上即开始熔化，应密封保存于阴冷干燥处。

我国 GB 2760—2024《食品添加剂使用标准》中规定，蔗糖脂肪酸酯在各种食品中的最大使用量：调制稀奶油、稀奶油类似品、基本不含水的脂肪和油、水油状脂肪乳化制品类以外的脂肪乳化制品［包括混合的和（或）调味的脂肪乳化制品］、可可制品、巧克力和巧克力制品（包括代可可脂巧克力及制品）以及糖果均为 10. 0g/kg；果酱、专用小麦粉（如自发粉、饺子粉等）、面糊（如用于鱼和禽肉的面糊）、调味糖浆、调味品、其他（仅限即食菜肴）为 5. 0g/kg；生湿面制品（如面条、饺子皮、馄饨皮、烧麦皮）、生干面制品、方便米面制品、果冻（用于果冻粉，按冲调倍数增加使用量）为 4. 0g/kg；调制乳、焙烤食品为 3. 0g/kg；冷冻饮品（食用冰除外）、经表面处理的鲜水果、杂粮罐头、肉及肉制品、鲜蛋、饮料类（包装饮用水除外）为 1. 5g/kg。

五、食品增稠剂

食品增稠剂是指能改善和增加食品的黏稠度，保持流态食品、胶冻食品的色、香、味和稳定性，改善食品物理性状，并能使食品有润滑适口的感觉的添加剂。一般均属于亲水胶体大分子，也称水溶胶。

增稠剂在食品中的通性包括：在水中有显著的溶解度，能在水中强烈溶胀，在一定的温度范围内能迅速溶解或糊化；水溶液有较大黏度，具有非牛顿流体的性质，在一定条件下能形成凝胶体和薄膜。食品中还利用亲水胶体的某些性质改善或稳定食品的质构、抑制食品中糖和冰的结晶、稳定乳状液和泡沫，以及利用增稠剂作为风味化的物质。

增稠剂按其来源可分为天然和化学合成（包括半合成）两大类，合成的主要是一些化学衍生胶。天然的又可按其来源不同而分为植物种子胶、植物分泌胶、海藻胶、微生物胶等。大多数是从含多糖类黏性物质的植物及海藻类制取，如淀粉、果胶、琼脂、明胶、海藻脂、角叉胶、糊精、黄芪胶、多糖素衍生物等；合成品有羧甲基纤维素钠、海藻酸钠、淀粉和变性淀粉、淀粉衍生物等。

1. 羧甲基纤维素钠

羧甲基纤维素钠简称 CMC，是葡萄糖聚合度为 100~2000 的纤维系的衍生物，结构式如图 11-5 所示。从其结构可以看出，构成纤维素的葡萄糖有三个能醚化的羟基，因此，产品可有各种醚化度（取代度，简称 DS）。理论上最高为 3，一般为 0.4~1.4。DS 不同则 CMC 的性质也不同；取代度增大，溶解性就增强，溶液的透明度及稳定性也越好。CMC 取代度在 0.7~1.2 时透明度较好，其水溶液黏度在 pH 6~9 时最大。

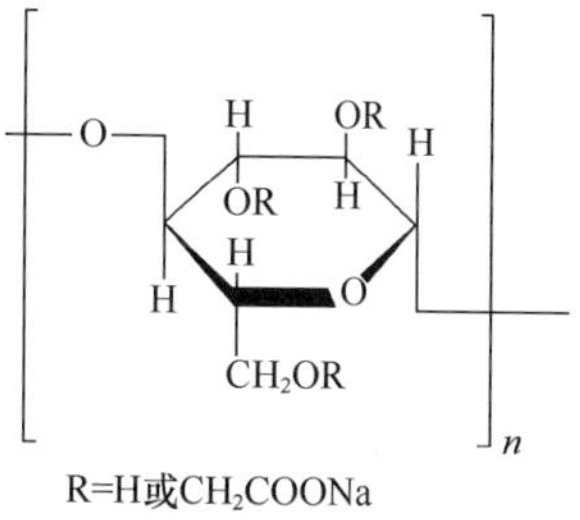

图 11-5　羧甲基纤维素钠的结构式

羧甲基纤维素钠为白色或乳白色纤维状粉末或颗粒，几乎无臭、无味，对热稳定，加热到 226℃左右时颜色变褐。有吸湿性，易于分散在水中成透明胶状溶液。1% 水溶液 pH 6.5~8.5，当 pH>10 或<5 时，胶浆黏度显著降低，在 pH 7 时性能最佳。易溶于水，溶液透明；在碱性溶液中很稳定，遇酸则易水解，pH 2~3 时会出现沉淀，遇多价金属盐也会反应出现沉淀。干 CMC 稳定，溶液状态可被微生物分解，属酸性多糖，一般在 pH 5~10 范围内的食品中应用。含量为面条、速食米粉中 0.1%~0.2%、冰淇淋中 0.1%~0.5%，还可在果奶等蛋白饮料、粉状食品、酱、面包、肉制品等中应用，价格比较便宜。

羧甲基纤维素钠主要用作增稠剂、稳定剂，增稠、稳定性能在与明胶、黄原胶、海藻酸钠、果胶等绝大多数亲水性胶配合时具有明显的协同增效作用。

我国 GB 2760—2024《食品添加剂使用标准》中规定，羧甲基纤维素钠在食品中的最大使用量：在稀奶油中添加量按生产需要适量使用。

2. 羧甲基淀粉钠

羧甲基淀粉钠又称羧甲基淀粉，简称 CMS-Na，是一种阴离子淀粉醚，是能溶于冷水的电解质。其基本骨架由葡萄糖聚合而成，葡萄糖的长链以 α-1，4-糖苷键相结合，聚合度为 100~2000。

羧甲基淀粉钠为白色或黄色粉末，无臭、无味、无毒、易吸潮。在常温下溶于水形成胶体状溶液，对光、热稳定。不溶于乙醇、乙醚、氯仿等有机溶剂。它的吸水性极强，吸水后体积可膨胀 200~300 倍，较一般的淀粉难水解。1%水溶液的 pH 6.7~7.0。其水溶液会被大气中的细菌部分分解，使强度降低。

羧甲基淀粉钠溶液有较高的密度。水溶液呈酸性时，则生成不溶于水的游离酸，黏度降低，稳定性较差，呈碱性时较稳定。易与金属离子作用形成各种不溶于水的盐，因此不适用于强酸性食品。其水溶液不宜在 80℃ 以上长时间加热，以免黏度降低。在食品生产中，羧甲基淀粉钠可作增稠剂、稳定剂、防老剂等。

我国 GB 2760—2024《食品添加剂使用标准》中规定，羧甲基淀粉钠在食品中的最大使用量：方便米面制品为 15.0g/kg；果酱、酿造酱、调味酱为 0.1g/kg；冰淇淋、雪糕类为 0.06g/kg；面包为 0.02g/kg。

重点小结

由于食品工业的快速发展，食品添加剂已经成为现代食品工业的重要组成部分。我国GB 2760—2024《食品安全国家标准　食品添加剂使用标准》，将食品添加剂定义为：为改善食品品质和色、香、味，以及为防腐、保鲜和加工工艺的需要而加入食品中的人工合成或者天然物质。食品用香料、胶基糖果中基础剂物质、食品加工用加工助剂、营养强化剂也包括在内。食品添加剂的主要作用：（1）有利于食品的贮藏，防止食品败坏变质；（2）改善食品的感官性状；（3）保持或提高食品的营养价值；（4）增加食品的品种和方便性；（5）有利于食品加工操作；（6）满足其他特殊需要。食品添加剂按功能分为抗氧化剂、护色剂、乳化剂等；按来源可分为天然食品添加剂和化学合成食品添加剂两类，按生产方法分类可分为化学合成、生物合成（酶法和发酵法）、天然提取物三类。按安全性分为A、B、C三类。

技能训练

技能训练一　复合抗氧化剂对鲜切青苹果的保鲜作用

一、目的要求

（1）了解抗氧化剂与抗氧化增效剂之间的协同作用。
（2）掌握抗氧化剂在防止鲜切青苹果的氧化褐变中的作用。

二、实验原理

鲜切青苹果是指新鲜青苹果经分级、清洗、整修、去皮、切分、保鲜、包装等处理，供消费者立即食用或餐饮业使用的一种新式苹果加工产品，也称最少加工苹果、半加工苹果、轻度加工苹果。由于食品加工过程如去皮、切分等破坏了多酚氧化酶（PPO）和酚类物质在细胞内通过一系列膜系统的区域化分布，促使酶和底物的酚类物质在有氧气的条件下相互接触导致酶促褐变的发生，从而严重影响青苹果的颜色、风味、营养和品质。因此多酚氧化酶是促使鲜切青苹果褐变的主要因素。维生素C又名L-抗坏血酸，是一种水溶性抗氧化剂，应用于水果和蔬菜加工时，主要用来抑制褐变，保持风味和颜色。而柠檬酸作为一种常用的抗氧化增效剂能够有效的增加抗氧化剂的抗氧化效果。

三、实验材料、器材与试剂

（1）实验材料　市售青苹果。
（2）实验器材　电子天平、水果刀。
（3）实验试剂　维生素C、柠檬酸。

四、操作步骤

（1）溶液的配制　分别配制质量浓度为0.4g/L的维生素C的水溶液1000mL，维生素C与柠檬酸质量浓度分别为0.4g/L、8g/L的复合水溶液（以下简称复合溶液）1000mL。

（2）青苹果的挑选、清洗、去皮、切割和浸泡。

（3）分别用维生素C的水溶液和复合溶液浸泡鲜切青苹果，与浸泡在水中和直接放置在空气中的鲜切青苹果进行对比，在其他外部贮存条件相同情况下存放，分别于0.5h、3h、10h、24h、48h、76h、96h观察鲜切青苹果酶促褐变程度，依据感官评分（果肉褐变感官评定标准：每组至少由5人参与评分，采用10分制，最终评定分值取平均值。具体评分标准：10分，无褐变，新鲜多汁；8~9分，较好，稍有褐变迹象；6~7分，尚好，有褐变迹象；3~5分，褐变较严重；0~2分，严重褐变。），平行实验2~3个，结果取平均值。

五、结果表示

认真观测数据并制表记录，对实验结果以及实验中所发现的问题做简短分析和总结。

六、注意事项

维生素C的水溶液现用现配，不宜久置。

七、思考题

什么是抗氧化增效剂，它在食品的抗氧化中起什么作用？

技能训练二　酶制剂在食品加工中的应用研究

一、目的要求

（1）掌握酶制剂在食品加工中的应用研究实验原理。

（2）熟悉酶制剂在食品加工中的主要用途。

二、实验原理

酶在食品加工中的应用非常广泛，根据酶的种类不同，其在加工中的用途也各不相同。

首先，酶在谷物食品加工中的应用主要体现在谷物食品深加工和谷物食品品质改良上。①在淀粉糖生产中的应用：可根据需要选择不同的淀粉酶生产淀粉糖，如糊精、环状糊精、饴糖、麦芽糖、葡萄糖、果糖等，从而使谷物附加值增加；淀粉酶、糖化酶、葡萄糖异构酶可使淀粉转化成高果糖浆。②在谷物发酵食品中的应用：在啤酒、黄酒、白酒、酒精、食醋及谷氨酸等有机酸生产中，酶主要用于处理发酵原，提高原料利用率，节约粮食，同时赋予发酵产品某些特殊的风味。如在白酒生产中使用纤维素酶、淀粉酶、酸性蛋白酶、酯化酶、阿米诺酶等可使白酒生产成本降低，缩短周期，提高酒的产率及质量；在食醋和有机酸的生产中也能起到相同作用。③在面条生产中的应用：酶在小麦粉生产中主要作为面粉改良剂，最常用的是葡萄糖氧化酶、脂肪酶、转谷氨酰胺酶。

其次，果胶酶在食品工业中主要用于果汁澄清、提高果蔬出汁率、提取生物活性功能成分、改善酒的品质等几个方面。

最后，蛋白酶可作用于食品原料中的蛋白质，比如，凝乳酶可使乳中酪蛋白凝固生产干酪；溶菌酶可以作用于微生物从而用于肉品保鲜等。

三、举例：酶法提取果胶的研究

果胶作为一种食品添加剂，以其良好的胶凝性、稳定性、增稠性、优良的口感、低糖和低热量等性能受到人们的青睐。酶法提取果胶用酶根据橘皮材料的构成，较多采用纤维素酶进行研究，由于不同菌种、培养条件的差异，导致纤维素酶系的构成比例不同，不同的纤维素酶对皮渣的综合作用不同，并且国内外在酶法提取果胶的研究中，普遍存在提取用酶的成本高，难以实现产业化的问题。本实验选取了一种价格低廉、适合果胶提取的纤维素酶进行研究，以期为酶法提取果胶技术的进一步研究提供参考。

四、实验试剂与器材

（1）实验材料　赣南脐橙：新鲜采摘，果皮部分未经打蜡，90℃水浴灭酶 5min，40℃真空干燥至含水量 10%左右，粉碎过 60 目筛，真空包装后冷藏备用；纤维素酶。

（2）实验仪器　低速离心机、数显恒温水浴锅、真空包装机、紫外分光光度计、水浴摇床等。

（3）实验试剂　乙酸-乙酸钠缓冲溶液。

五、操作步骤

1. 酶液的配制

精确称取纤维素酶 0.30 000g，用配好的乙酸-乙酸钠缓冲溶液定容到 100mL 容量瓶中，乙酸-乙酸钠缓冲溶液的 pH 根据提取的实验设计变化，根据实验要求当天配制。

2. 酶活力的测定

纤维素酶的滤纸酶活力单位定义为：1min 生成 1μmol 葡萄糖所需要的酶量。果胶酶活力定义为：1g 酶粉或 1mL 酶液在 50℃、pH 3.5 的条件下，1h 分解果胶产生 1mg 半乳糖醛酸为 1 个酶活力单位。

3. 工艺流程

赣南脐橙橙皮粉（60目）→ 水浴摇床酶提取 → 离心 → 上清液 → 85℃灭酶 → 2倍体积乙醇沉淀过滤 → 离心 → 沉淀 → 乙醇清洗 → 真空干燥

4. 操作步骤

称取6.000g橙皮粉，加入乙酸-乙酸钠缓冲溶液，料液比为1∶15；加入一定的酶液，放入水浴摇床中提取，提取液以5 000r/min离心10min；用50mL蒸馏水清洗残渣，离心，合并上清液。上清液在85℃条件下水浴灭酶5min，冷却，用2倍体积乙醇沉淀过夜，以5 000r/min离心5min；分离沉淀出的果胶，用400目滤布15mL乙醇清洗两次，每次5min，以除去色素和游离的中性糖；最后40℃真空干燥3h，称量（精确到0.000 1g），终产品含水量为11.6%。果胶产率用式（11-1）计算：

$$果胶产率（\%）=\frac{果胶干重}{提取原料重}\times 100\% \tag{11-1}$$

六、注意事项

注意每次使用前要测定酶活力。

七、思考题

（1）酶制剂的种类主要有哪些？

（2）根据不同种类的酶制剂自行设计实验，探索酶在食品加工中的用途。

思政案例

非法添加超限量使用食品添加剂

2021年3月12日，江阴××食品有限公司因生产经营标签虚假的食品被江阴市市场监管局处以5000元罚款；2021年1月8日，当事人生产的老式蛋糕被检出超限量添加防腐剂纳他霉素；2021年4月6日，当事人因生产经营超限量使用食品添加剂的食品被江阴市市场监管局处以50000元罚款；2021年9月1日，当事人生产的软心橙蛋糕、老蛋糕被检出超限量添加防腐剂；2021年11月10日，当事人因生产经营超限量使用食品添加剂的食品被江阴市市场监管局处以50000元罚款。

因当事人在一年内累计受到三次以上行政处罚，依据《食品安全法》《食品安全法实施条例》相关规定，江阴市市场监管局责令当事人停产停业7天。同时鉴于该企业存在“屡禁不止、屡罚不改”的情形，江阴市市场监管局根据《市场监督管理严重违法失信名单管理办法》第二条和第五条规定，将当事人列入严重违法失信名单。

参考文献：来自央广网官方。

育人目标：深刻领悟在从事食品领域相关工作时要自觉地把人民群众的生命健康安全放到首位。要有依法添加、按标准添加的遵纪守法意识，加强诚信与职业道德、责任意识和社会责任感教育。

复习思考

1. 什么是食品添加剂，食品添加剂有什么作用？
2. 我国按照用途将食品添加剂分为多少类？
3. 食品添加剂使用时应符合哪些基本要求？
4. 不使用添加剂的食品质量就好吗？
5. 为什么防腐剂能够对食品起到防腐的作用？
6. 现在主要防腐剂有哪些，有何特点？
7. 什么是抗氧化剂，抗氧化剂的抗氧化机制有哪些？
8. 肉制品中使用的护色剂是什么？
9. 什么是乳化剂，乳化剂有哪些作用？
10. 什么是增稠剂，它在食品中有什么用途？

模块十二

食品中的嫌忌成分

学习目标

【知识目标】

1. 了解植物性、动物性食品存在的毒素及其危害性。

2. 理解化学毒素的来源、污染食品的途径、危害性及其预防措施。

3. 掌握食品加工过程中嫌忌成分产生的过程及机制。

4. 能够认识食品中嫌忌成分的危害性，提高食品质量安全意识。

5. 会采用有效手段减少食品加工过程中有害物质的产生。

【素质目标】

通过了解中国古代劳动人民对食品中嫌忌成分的认识、对食物中毒的预防发展历史，激发爱国情怀、文化自信和民族自豪感。

学习导图

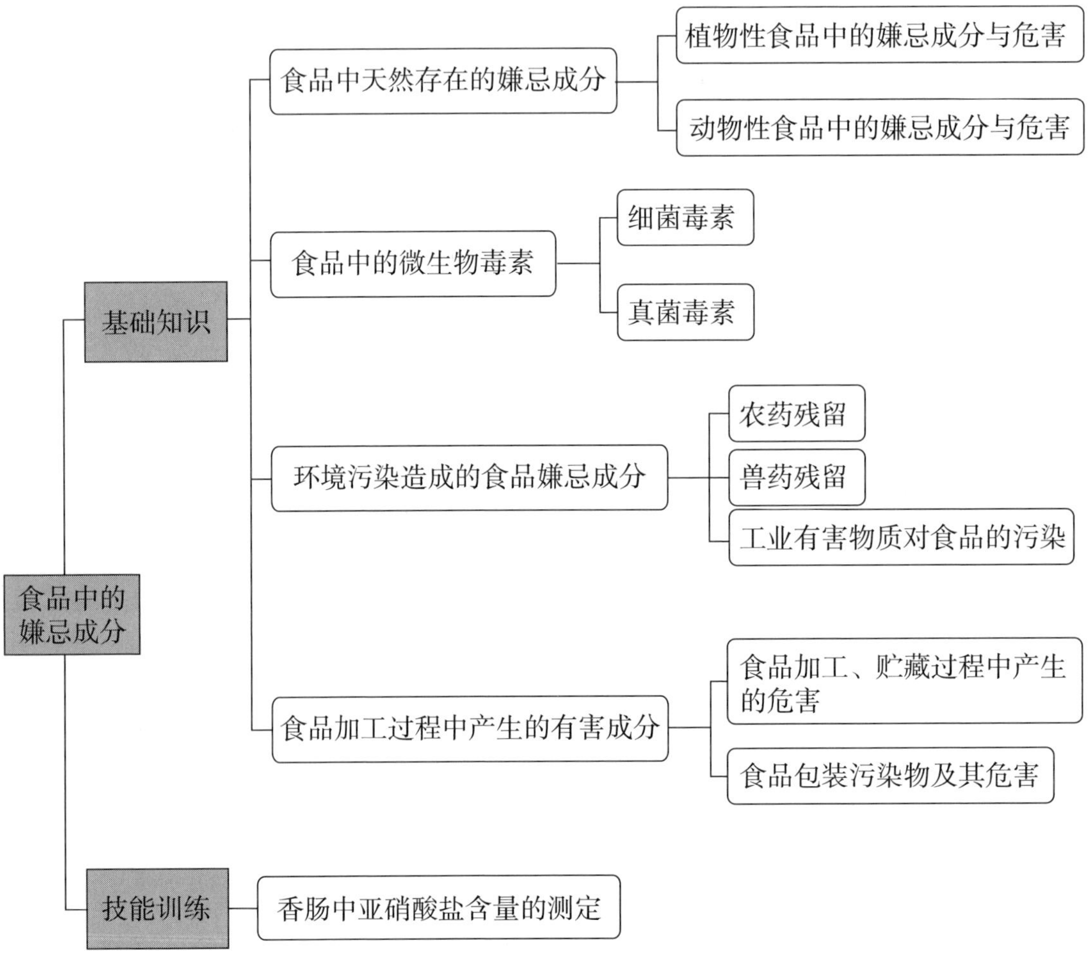
食品中的嫌忌成分
基础知识
食品中天然存在的嫌忌成分
植物性食品中的嫌忌成分与危害
动物性食品中的嫌忌成分与危害
食品中的微生物毒素
细菌毒素
真菌毒素
环境污染造成的食品嫌忌成分
农药残留
兽药残留
工业有害物质对食品的污染
食品加工过程中产生的有害成分
食品加工、贮藏过程中产生的危害
食品包装污染物及其危害
技能训练
香肠中亚硝酸盐含量的测定

食品或食品原料中含有各种分子结构不同的，对人体有毒的或具有潜在危险性的物质，一般把它们称为嫌忌成分，也有将其称为食品毒素或毒物的。

食品中的嫌忌成分一般有以下三个来源。

（1）生物因素　动植物食品中由于进化、代谢、转基因等生物因素出现很多毒素，如马铃薯在长期的进化过程中为了防止昆虫、微生物、人类等的危害而形成茄碱，茄碱是马铃薯中的一种生物碱，它是一种很好的天然农药，在马铃薯中残存可以防止马铃薯甲虫、叶跳虫和其他马铃薯害虫，有利于其物种生存。

（2）加工因素　食品加工过程会产生很多毒素，如鱼类食品在熏制的过程中可产生致癌的多环芳烃，美拉德反应产物中具有致突变物质。另外，加工过程中使用的管道、包装材料等都有可能将有毒物质带到食品中去，如陶瓷器皿中存在的铅可能会导致某些酸性食品铅含量超标。

（3）环境因素　工业上的三废排放在被作为食物的动植物组织中生物富集起来，从而引起中毒，如鱼类可富集汞，牡蛎和蟹可富集镉等。另外，农业上大量使用的农药导致食品中的农药残留从而引起食用者中毒。

基础知识

知识点一　食品中天然存在的嫌忌成分

一、植物性食品中的嫌忌成分与危害

植物毒素又称有毒性植物代谢物，表 12-1 所示为存在于植物性食品中的一部分主要毒物，并附有其主要特征。

表 12-1　植物性食品的毒性组分

有害物质	化学属性	主要植物来源	主要毒性症状
蛋白质抑制剂	蛋白质（相对分子质量 4 000 ~24 000）	豆类（大豆、绿豆）、薯类（甘薯、马铃薯）、谷类	阻碍生长和食品利用，导致胰腺肥大
血球凝集素	蛋白质（相对分子质量 10 000 ~124 000）	豆类、小扁豆、豌豆	阻碍生长和食品利用，试管内红细胞凝聚或丝状分裂
皂苷	糖苷类	大豆、甜菜、花生、菠菜	试管内红细胞溶解
芥子苷	硫代糖苷类	油菜、芥菜、甘蓝、小萝卜等	甲状腺肿大，甲状腺机能亢进
氰	生氰的葡萄糖苷	豆类、亚麻、果核、木薯	HCN 中毒
棉酚色素	棉酚	棉籽	肝损伤，出血，水肿
山熏豆素	β-氨基丙腈及衍生物	鹰嘴豆	骨畸形，中枢神经损伤
过敏原	蛋白性物质	所有食物	过敏反应

续表

有害物质	化学属性	主要植物来源	主要毒性症状
苏铁苷	甲基氧化偶氮甲醇	苏铁属坚果	肝脏或其他器官癌
植物抗毒素	简单及复杂呋喃类化合物，异黄酮	甘薯、芹菜、蚕豆、豌豆、青刀豆	肺水肿，肝肾损伤，皮肤过敏
双稠吡咯啶生物碱	二氢吡咯	茶叶、发芽马铃薯	肺、肺功能损伤，致癌
黄樟素	烯丙基取代苯	黄樟、黑胡椒	致癌
苍术苷	甾族糖苷	洋飞廉、苍术树胶	糖原消耗

（一）氰苷

氰苷是由氰醇衍生物的羟基和 D-葡萄糖缩合形成的糖苷，广泛存在于豆科、蔷薇科、稻科 1 000 余种植物中。含有氰苷的食源性植物有木薯、杏仁、枇杷和豆类等。主要为苦杏仁苷和亚麻仁苷（表 12-2）。氰苷物质可水解生成高毒性的 HCN，HCN 被机体吸收后随血液循环进入组织细胞，再进入线粒体并与其中的细胞色素氧化酶的铁离子结合，使得细胞呼吸不能进行，从而导致组织缺氧，而体内的二氧化碳和乳酸量升高，使得机体处于窒息状态。主要症状包括心律紊乱、肌肉麻痹和呼吸急促，严重者可死亡，慢性中毒导致视力萎缩和思维紊乱。氰苷对人的致死量为 18mg/kg 体重。

食物中毒的概念及类型

表 12-2　　含有氰苷的食物及其中 HCN 的含量

植物	HCN 含量/（mg/100g）	糖苷
苦杏仁	250	苦杏仁苷
木薯块根	53	亚麻仁苷
高粱植株	250	牛角花苷
利马豆	10~312	亚麻苦苷

可采用水浸泡、加热蒸煮的方法使氰苷溶于水；经酶或稀酸水解为氯氰酸对去除 HCN 也有作用。

（二）硫代葡萄糖苷

硫代葡萄糖苷主要存在于甘蓝、萝卜、卷心菜等十字花科植物及大蒜、葱等植物中，由于硫代葡萄糖苷的存在，使得蔬菜具有特定的风味。估计每人每年摄入量为 3~11g。通常情况下，在植物中加入芥子酶，硫代葡萄糖苷将发生降解反应，产物主要为硫氰酸盐、异硫氰酸盐、腈和含硫的唑烷酮。这些降解产物会导致甲状腺肿大。同时，人们还观察到一些降解产物会损害肝脏、肾和胰腺。但硫代葡萄糖苷也有抗癌的积极效果。流行病学调查表明，经常食用十字花科甘蓝属蔬菜的居民的胃癌、食管癌及肺癌发病率较低。近年来进行的多种蔬菜防癌的实验证明各类蔬菜均有一定的预防结肠癌的能力，而以十字花科甘蓝属蔬菜的防癌能力最强。

（三）皂苷

皂苷是类固醇或三萜系化合物的低聚配糖体的总称，这类苷溶于水中能生成胶体，搅动会产生泡沫，类似于肥皂，因此称为皂苷。含有皂苷的植物有豆科、蔷薇科、葫芦科和苋科。常见的皂苷类毒素主要有大豆皂苷、魔芋皂苷和茄碱。以茄碱最为著名，广泛存在于马铃薯中。

（四）天然诱变剂

1. 咖啡碱、茶碱和可可碱

咖啡碱是一类嘌呤类生物碱，广泛存在于咖啡豆、茶叶和可可豆等植物中。咖啡碱在胃肠道中被迅速吸收，并产生兴奋作用，咖啡碱还有利尿、松弛平滑肌并增加胃肠液分泌的作用，另外可以迅速消除疲劳。但不宜过度摄入，否则可导致神经紧张、心律不齐和记忆力明显下降。另外，咖啡碱对胎儿有致畸作用，因此最好是禁止孕妇食用含咖啡碱的食品。

2. 秋水仙碱

秋水仙碱是鲜黄花菜中的一种化学物质，本身无毒，但在体内被氧化成二秋水仙碱，对人体胃肠道、泌尿系统产生强烈的刺激作用，严重时可出现血尿、血便、尿闭与昏迷等。在食用新鲜的黄花菜前，要用开水焯，浸泡后再高温烹饪。食用干黄花菜不会出现食物中毒，因为在蒸煮晒干过程中，秋水仙碱已经流失和破坏。

3. 黄樟素

黄樟素是许多食用天然香精（黄樟精油、八角精油和樟脑油）的主要成分，天然存在于黄樟树树皮根及腐烂的生姜中。黄樟素在小鼠体内首先代谢为苯乙醇形式，接着被激活转化为乙酸盐或硫酸盐，成为最终的致癌物。在小鼠的饲料中添加 0. 04%～1%的黄樟素，150d 到 2 年可诱导小鼠产生肝癌。

（五）抗营养因子

1. 消化酶抑制剂

消化酶抑制剂是一种小分子蛋白质，对食品成分的消化起阻碍作用，比较重要的有胰蛋白酶抑制剂和淀粉酶抑制剂两类。

胰蛋白酶抑制剂主要存在于大豆等豆类及马铃薯块茎食物中，可以与胰蛋白酶或胰凝乳蛋白酶结合，从而抑制酶水解蛋白质的活性，使胃肠消化蛋白质的能力下降，并且会造成胰脏肿大。

淀粉酶抑制剂主要存在于小麦、菜豆、芋头、未成熟的香蕉和芒果等食物中，可以使淀粉酶的活性钝化，影响淀粉的消化，从而引起消化不良等症状。长期生食这类食物或烹调加热不够，会使人的营养素吸收下降，生长和发育受到影响。高压蒸汽处理及充分加热处理可以基本上完全去除有关消化酶抑制剂的活性，消除其不良作用。

2. 外源凝集素

外源凝集素又称植物红细胞凝集素，于 1889 年首次从蓖麻籽中发现。外源凝集素存在于多种植物尤其是豆科植物的种子和荚果中，如大豆、菜豆、刀豆、豌豆、蚕豆和花生等。凝集素可以与小肠细胞表面的特定部位结合而对肠细胞发生不良影响，且能抑制胃肠细胞吸收蛋白质等营养成分，引起营养素缺乏，导致生长迟滞，甚至可导致死亡。高压蒸汽加热 0. 5h 可破坏外源凝集素。对于新鲜豆角类食品，首先须清水浸泡去毒，烹饪必须熟透。

3. 植酸盐、草酸盐

植酸盐即环己醇六磷酸盐，是植物组织中贮存磷元素的一种重要方式，在谷物、豆类和硬果中含量较高，特别是荞麦、玉米、燕麦，一般植物中总磷的 60%~80%为植酸磷。

植酸盐本身对人体无害，但是它可以与钙、镁、铁、锌等形成难溶性盐类，妨碍人体对矿物质的利用，所以是一种抗营养因子。植酸盐的化学稳定性较高，烹调时只有部分被破坏；在发酵食品中植酸盐被水解，主要是植酸酶的作用，但植酸酶的热稳定性较差，受温度、pH 等因素的影响大，容易失活。

草酸盐大量存在于菠菜、茶叶等食物中，在大量摄入时不仅会妨碍人体对矿物质的利用，而且会对肾脏产生影响，所以它也是一种抗营养因子。

4. 抗维生素因子

抗坏血酸氧化酶存在于多种蔬菜和水果内，如黄瓜、西葫芦、莴苣和青番茄等。在弱酸性环境和 38℃ 时酶活力最高。在切碎蔬菜或水果时，酶从细胞中分离出来，使所含维生素 C 量减少。黄豆中的脂氧化酶能促进胡萝卜素的氧化。菜花、甜菜等蔬菜和水果含抗硫胺素物质。如咖啡酸和绿原酸，可将硫胺素水解而破坏。

5. 过敏原

过敏是指接触某种外源物质后所引起的免疫学上的反应。影响的主要器官是皮肤、嘴唇、呼吸道和胃肠道。主要症状包括皮肤湿疹、哮喘、呕吐、腹泻和头疼等，严重者可导致关节肿大和过敏性休克。食品中的任何一种蛋白质从理论上讲都能引起特殊人群的过敏反应，但实际上却并非如此，只有较少类别食品成分能诱导过敏反应，如表 12-3 所示，花生、大豆、菜豆和马铃薯等。能引起过敏的物质（即过敏原）大多是蛋白质。

表 12-3　各类食品中的过敏原

食品	过敏原	食品	过敏原
牛奶	β-乳球蛋白，α-乳清蛋白	花生	伴花生球蛋白
鸡蛋	卵黏蛋白，卵清蛋白	大豆	Kunitz 抑制剂，β-伴大豆球蛋白
小麦	球蛋白，清蛋白	菜豆	清蛋白（18 000U）
水稻	谷蛋白组分，清蛋白（15 000U）	马铃薯	蛋白（16 000~30 000U）
荞麦	胰蛋白酶抑制剂		

（六）棉酚

粗制生棉籽油中有毒物质主要有棉酚（图 12-1）、棉酚紫和棉酚绿三种，存在于棉籽色素腺体中，其中以游离棉酚含量最高。游离棉酚是一种毒苷，为细胞原浆毒，可损害人体的肝、肾、心等实质脏器及中枢神经，并影响生殖系统。棉籽油的毒性决定于游离棉酚的含量，生棉籽中棉酚含量为 0.15%~2.8%，榨油后大部分进入油中，油中棉酚量可达 1%~1.3%。

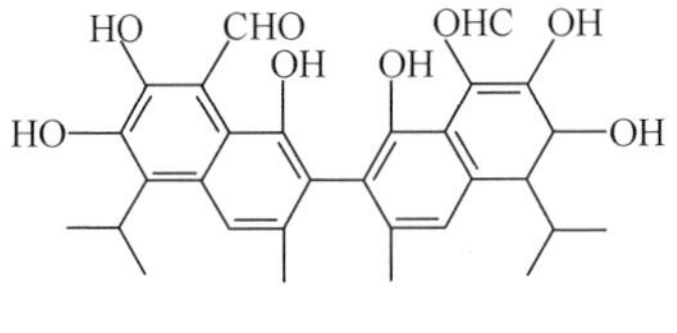

图 12-1　棉酚的化学结构

棉酚中毒无特效解毒剂，故必须加强宣传教育，做好预防工作。在产棉区宣传生棉籽油的毒性，勿食粗制生棉籽油，榨油前必须将棉籽粉碎，经蒸炒加热后再榨油。榨出的油再经过加碱精炼，则可使棉酚逐渐分解破坏。卫生监督人员还应加强对棉籽油的管理，经常抽查其棉酚含量是否符合卫生标准，我国规定棉籽油中游离棉酚含量不得超过0.02%，超过此规定的棉籽油不允许出售和食用。

对广大消费者来讲，经过长期的食用历史，植物性食品的安全性基本是有保障的。虽然植物组织中存在一些不安全的因素（例如一些植物成分对动物是致癌物），但在正常的饮食情况下，现在只有很少的几种固有植物毒素会对人体有实际的毒性作用，在经过正常的加工处理后，植物性食品的安全性可以得到保证。

在植物组织中存在的有毒物质还包括桐酸-异桐酸（桐油籽中）、银杏酸-银杏酚（银杏中）、大麻酚类（大麻籽中）、蓖麻碱（蓖麻籽中）、毒芹碱（毒芹中）、莨菪碱（曼陀罗中）等。

二、动物性食品中的嫌忌成分与危害

（一）动物组织中的嫌忌成分及其消除

1. 动物肝脏中的嫌忌成分

动物肝脏是营养食品，富含蛋白质、维生素A和叶酸。但肝脏同时也是动物最大的解毒器官，动物体内各种毒素，大都需要经过肝脏的生物转化，所以肝脏中还可能存在机体本身代谢产生的毒素。健康的动物肝脏尚且如此，感染寄生虫和细菌或者患上肝炎、肝硬化、肝癌等疾病的肝脏毒性就更大。

牛、羊和兔等动物肝脏中的毒素是胆酸、脱氧胆酸和牛磺胆酸的混合物。其中牛磺胆酸毒性最强，脱氧胆酸次之，胆酸毒性最小。胆酸是中枢神经系统的抑制剂。猪肝脏中的胆酸含量较少，通常不会产生明显的毒性作用。脱氧胆酸是胆酸的代谢物，对人类的肠上皮细胞癌如结肠癌和直肠癌有明显的促进作用。

动物肝脏中的另一毒素来源是维生素A，尤以鱼类（如比目鱼）肝脏中含量最高。人类缺乏维生素A可导致夜盲症及上皮组织的疾病，会影响婴儿的骨骼正常生长。但维生素A也不可过多摄入。当人摄入量超过200万~500万IU时，可引起中毒。

食用动物肝脏时，首先要选择健康动物的新鲜肝脏。肝脏瘀血、异常肿大，流出污染的胆汁或见有虫体时，均视为病态肝脏。其次必须彻底清除肝内毒素。最后是一次不能食用过多。通常情况下每周食用一次动物肝，每次50~100g不会发生维生素A中毒，但应注意千万不要过量。

另一个值得注意的问题是，动物肝脏含胆固醇、嘌呤较高，患有高脂血症、高尿酸血症或痛风的病人应尽量避免食用。另外，据资料分析，妇女妊娠期内，尤以前3个月时，每天摄入的维生素A不宜过量，否则增加胎儿致畸的危险性。通常牛、羊、鸡、鸭等动物肝脏中含维生素A量均高于猪肝，其中鸡肝数倍于猪肝。因此，为保障下一代的健康和安全，孕妇不宜多吃动物肝脏及其制品。另有研究表明过多的动物肝脏摄入会导致骨质疏松。

2. 内分泌组织中的嫌忌成分

（1）甲状腺素　甲状腺素为甲状腺所分泌的一种含碘酪氨酸的激素。猪的甲状腺位于气管喉头的前下部，附在气管上。人一旦误食动物甲状腺，过量甲状腺素扰乱人体正常的内分泌活动，出现类似甲状腺机能亢进的症状。甲状腺素理化性质很稳定，600℃以上的高温才能破坏。因此，一般的家庭烹调方法不能去毒。最有效的防止措施是，屠宰者和消费者都应特别注意检查并摘除牲畜的甲状腺。

（2）肾上腺素　肾上腺素为脂溶性类固醇激素，由家畜肾上腺皮质分泌。如果误食肾上腺，使得人机体内的肾上腺素浓度增高，引起中毒。为防止人误食，屠宰家畜时必须将肾上腺除净。

（3）病变淋巴腺　当淋巴腺发生病变时，其中含有很多的病原微生物，可引起人体各种疾病，特别是鸡、鸭、鹅等的臀尖是淋巴腺集中的地方，贮存有大量的病菌和病毒。因此，为预防此类疾病，最直接的方法就是无论淋巴腺是否病变，食用者都应将其废弃。

（二）鱼类毒素

已知约有500种海洋鱼类在被人类进食后会引起中毒，而其中多种是食用鱼。进食这些鱼后的中毒症状各不相同，常以有关鱼的种类命名，例如肉毒鱼类毒素、河豚毒素等（表12-4）。下面选出几个重要的例子来说明鱼中毒问题的一般特点。

表12-4　　海洋产品中有代表性毒素鱼类

毒素	鱼类名称	毒素	鱼类名称
肉毒鱼类毒素	隆头鱼	鲭鱼毒素	金枪鱼
	颊纹鼻鱼		长鳍金枪鱼
	红鳍笛鲷		灰鲭
	鳝海科		鲣鱼
	鲹科		太平洋竹筴鱼
	鲳科黄鳍鱼	鲱鱼毒素	鳀鱼
	鳞豚鱼		鲱鱼
	鲹科蓝鹦嘴鱼		小沙丁鱼
河豚毒素	虫纹东方河豚鱼	海龟类毒素	海龟
	其他河豚鱼	幻觉性鱼毒素	梭鱼

1. 河豚毒素

河豚又名鲀或链鲅鱼，是一种味道鲜美但含有剧毒物质的鱼类，产于我国沿海各地及长江下游。河豚中毒主要发生在日本、中国和南海周边一些国家。

河豚毒素是河豚鱼所含的有毒成分，是无色针状结晶，微溶于水，对热稳定，煮沸、盐腌、日晒均不被破坏。河豚的肝、脾、肾、卵巢、卵子、睾丸、皮肤以及血液、眼球等都含有河豚毒素，其中以卵巢最多，肝脏次之。新鲜洗净鱼肉一般不含毒素，但如鱼死后较久，毒素可从内脏渗入肌肉中。有的品种河豚鱼肉也具毒性。不同的河豚鱼毒素含量不同，其毒性大小也有差异。不同品种东方鲀毒性大小顺序如下：紫色东方鲀>红鳍东方鲀>豹纹东方鲀>铅点东方鲀>墨绿东方鲀>虫纹东方鲀>条纹东方鲀>弓斑东方鲀>墨点东方鲀>

水纹扁背鲀。每年春季 2~5 月为河豚鱼的生殖产卵期，此时含毒最多，因此春季最易发生中毒。

河豚毒素主要作用于神经系统，阻碍神经传导，可使神经末梢和中枢神经发生麻痹。初为知觉神经麻痹，继而运动神经麻痹，同时引起外周血管扩张，使血压急剧下降，最后出现呼吸中枢和血管运动中枢的麻痹。

由于河豚毒素耐热，120℃、20~60min 才可破坏，一般家庭烹调方法难以将毒素去除，因此最有效的预防方法是将河豚集中处理，禁止出售。集中加工可将鱼头、内脏及鱼皮等有毒部分去除后制成腌干制品，经鉴定合格后方可出售；市场出售海杂鱼前应先经过严格挑选，将挑出的河豚鱼进行掩埋等适当处理，不可随便扔弃，以防被人拣食后中毒。同时还应大力开展宣传教育，使群众了解河豚鱼有毒并能识别其形状，以防误食中毒。

2. 组胺

组胺是由鱼体内的组氨酸经细菌脱羧酶作用后产生的。一般海产鱼类中的青皮红肉鱼，如鲐鱼、鲹鱼、竹筴鱼、金枪鱼等鱼体中含有较多的组氨酸。当鱼体不新鲜或腐败时，污染鱼体的细菌如组胺无色杆菌，特别是莫根变形杆菌产生的脱羧酶，使组氨酸脱羧基形成组胺。在 15~37℃、pH 6.0~6.2 的弱酸性、盐分含量 3%~5%的条件下，最适于组氨酸分解形成组胺。一些青皮红肉鱼（如沙丁鱼）在 37℃ 放置 96h，产生的组胺可达 1.6~3.2mg/kg，淡水鱼类除鲤鱼能产生 1.6mg/kg 的组胺外，鲫鱼和鳝鱼只能产生 0.2mg/kg 的组胺。一般认为，人摄入组胺 1.5mg/kg 体重时，即可引起中毒。

组胺中毒是由于食用含有一定数量组胺的某些鱼类而引起的过敏性食物中毒。高组胺的形成与微生物的作用关系密切，鱼类存放时由于细菌的作用会生成大量的组胺，而且腐败的鱼类容易产生腐败的胺类，这些胺类通过与组胺发生协同作用，可使得毒性大为增强。因此，防止鱼类腐败可以有效防止组胺的产生。

3. 鱼胆和鱼卵毒素

胆汁中含有毒素的鱼类是草鱼、鲢鱼、鲤鱼、青鱼等我国主要的淡水经济鱼类。鱼胆毒素含于鱼的胆汁中，是一种细胞毒和神经毒，可引起胃肠道的剧烈反应、肝肾损伤及神经系统异常。由于食用草鱼胆治病而引起中毒乃至死亡的例子屡见不鲜。

我国有淡水石斑鱼、鳇鱼和鲇鱼等 10 多种鱼能产生鱼卵毒素。这种毒素为一类毒性球蛋白，耐热性较强，毒性较强。120℃ 约 30min 才能使毒性全部消失。其毒性反应包括恶心、呕吐、腹泻和肝脏损伤，严重者可见吞咽困难和全身抽搐甚至休克等现象。

4. 其他鱼类毒素

黄鳝作为我国一种淡水鱼，其血液中存在有毒物质，称为鱼血毒素。调节温度可以使其完全破坏，因此，只要烹调熟透，就不会出现中毒。

另外，任何鱼类腹腔内壁上都会有一层“黑膜”，这层膜虽然很薄，但是它可以保护鱼体内脏器，同时可以阻止鱼体脏器中的有害物质渗透到肌肉中。因此，膜本身会有很多有毒物质经过，颜色也因此而变深而且有毒，所以食用前应该将“黑膜”去除。

（三）贝类毒素

世界上可作食品的贝类约有 28 种，是很好的蛋白质食品。大多数贝类都或多或少含有一定数量的有毒物质，这些毒素并非由贝类自身产生，而是它们通过食物链摄取海藻或与藻类共生而变得有毒进而引起人类食物中毒。

1. 石房蛤毒素等麻痹性贝类毒素

麻痹性贝类毒素与海水的赤潮现象有关。赤潮是指在海洋中某些有毒藻类快速生长使海水变红的现象。鱼类由于摄入有毒藻体而中毒死亡。目前已从甲藻和软体动物中分离得到7种有关的麻痹性贝类毒素，主要是石房蛤毒素、膝沟藻毒素和新石房蛤毒素等。麻痹性贝类毒素很少量时就对人类产生高度毒性，目前已成为影响消费者健康最严重的食物中毒现象之一。

麻痹性贝类毒素中毒后与河豚毒素中毒相似，人出现唇、手、足和面部麻痹，接着出现行走困难、呕吐和昏迷，严重者常在2~12h之内死亡。死亡率一般为5%~18%。石房蛤毒素对人的最小经口致死剂量为1.4~4.0mg/kg体重。贝类毒素加热不易被破坏，因此，最好的预防方法只能是，如果怀疑贝类食品有毒就丢弃掉。

2. 螺类毒素

螺唾液腺毒素含有四甲胺，为神经毒。中毒后，头痛、平衡失调、眼痛、呕吐，一般几个小时之后就能恢复正常。

3. 鲍鱼毒素

鲍鱼肉味鲜美，为高蛋白食品。鲍鱼的外壳可平肝明目。但是有些鲍鱼含有毒素。鲍鱼的肝和内脏中含有一种具有感光力的鲍鱼毒素。人食用了鲍肝和内脏后若在阳光下暴晒就会出现一种特殊的光过敏症。

4. 蟹类毒素

世界上可供食用的蟹类超过20个品种，所有的蟹或多或少地都含有有毒物质，能引起潮红。

5. 海兔毒素

海兔是一种生活在浅海中的贝类，又名海珠，其触角向上伸展，像兔子的两个耳朵，所以称为海兔。为我国东南沿海人民所喜爱的食品，还可入药。

海兔能分泌一种略带酸性的乳状液体，为有毒的蛋白腺，气味令人恶心。另外，其皮肤组织含有有毒的挥发油，对神经系统有麻痹作用，大量食用会引起头痛，误食其有毒部位或皮肤有伤口时接触海兔，都会引起中毒。

防止贝类毒素中毒的措施包括在食用前反复清洗和浸泡，烹饪方法恰当。中毒后，以催吐、洗胃和导泻为主，尽快将摄入的有毒食物及时排出体外。

（四）其他动物毒素

蟾蜍在医学上主要用作药材，但其毒性远远超出其药用价值。蟾蜍的耳后腺及皮肤腺能分泌出剧毒白色浆液。主要毒性成分是蟾蜍毒素，可损害中毒者心肌，导致死亡。预防方法是：不食用蟾蜍，如确为治疗所需，则应在医生的指导下食用，且食用量不能过大。

海参是珍贵的滋补食品，且有药用价值。但全世界1 100多种海参中，有30多种是有毒的，在中国沿海的60多种海参中，有18种有毒。海参毒素存在于海参的内脏和体液中，有很强的溶血作用，同时海参具有细胞毒性和肌肉毒性。不过，一般海参体内毒素很少，少量的海参毒素也能被胃液水解而解毒，因此，常吃的食用海参是安全的。

知识点二 食品中的微生物毒素

在食品加工、贮藏、运输及销售过程中，微生物通过多种途径污染食品：一是原料污染，各种动植物性食品原料在养殖或种植、采集、贮藏过程中已被微生物污染；二是产、贮、运、销过程中的微生物污染；三是从业人员的污染，从业人员不良的卫生习惯和不严格执行卫生操作规程。根据微生物的种类可以将食品中常见的微生物毒素分为两大类：细菌毒素、真菌毒素。

一、细菌毒素

细菌性食物中毒在国内外都是最常见的一类食物中毒。细菌毒素中最重要的是沙门菌毒素、葡萄菌肠毒素及肉毒梭状芽孢杆菌毒素。

1. 沙门菌毒素

在细菌性食物中毒中最常见的是沙门菌属细菌引起的食物中毒。沙门菌的种类繁多，引起食物中毒的最常见的有鼠伤寒沙门菌、肠炎沙门菌、猪霍乱沙门菌、丙型副伤寒沙门菌等。

沙门菌引起感染型食物中毒。大多数的沙门菌食物中毒是沙门菌对肠黏膜的侵袭导致全身性的感染型中毒。当沙门菌进入消化道后，可以在小肠和结肠内繁殖，引起组织感染，并可经淋巴系统进入血液，引起全身感染，这一过程有两种菌体毒素参与作用：一种是菌体代谢分泌的肠毒素，另一种是菌体细胞裂解释放出的菌体内毒素。

沙门菌引起的食物中毒有多种多样的中毒表现，一般可分为胃肠炎型、类伤寒型、类霍乱型、类感冒型和败血症型 5 种类型。其中胃肠炎型最为多见。潜伏期一般为 12~36h，短者 6h，长者为 48~72h，大多集中在 48h 内，超过 72h 的不多。潜伏期短者，病情较严重。

沙门菌食物中毒的临床症状一般在进食 12~24h 后出现。主要表现为急性肠胃炎症状。发病初期表现为寒战、头痛、恶心、食欲不振等，以后出现腹痛、呕吐、腹泻甚至发热等，严重的会出现抽搐及昏迷等症状。病程一般为 3~7d，愈后良好。但老人、儿童和体弱者可能出现面色苍白、四肢发凉、血压下降甚至休克等症状，如不及时救治也可能导致死亡。

沙门菌食物中毒全年可发生，大多发生在 5~10 月，以 7~9 月最多。引起中毒的多数是动物性食品，特别是肉类（如病死牲畜肉、酱肉、熟内脏等），也可由鱼类、家禽类和蛋类食品引起，由植物性食品引起者很少。沙门菌虽在肉、蛋、乳等食物中滋生，却不分解蛋白质产生吲哚类臭味物质。所以，熟肉类食品被沙门菌污染，甚至已繁殖到相当严重的程度，通常也没有感官性质的改变，不易察觉。

2. 葡萄菌肠毒素

葡萄菌属中有金黄色葡萄球菌、表皮葡萄球菌和腐生葡萄球菌三种，其中金黄色葡萄球菌是一种常见于人类和动物的皮肤以及表皮的细菌，只有少数亚型能产生肠毒素，均为成分相似的蛋白质，相对分子质量为 30 000~35 000。据免疫特性的不同，可分为 A、B、C、D、E 等类型。肠毒素的等电点在 7.0~8.6，易溶于水，难溶于有机溶剂，耐热性强，一般烹调温度不能将其破坏，120℃加热 20min 几乎仍不被破坏；在 218~248℃加热 30min 才能失活，毒性完全消除。

当金黄色葡萄球菌肠毒素进入人体消化系统后被吸收进入血液。毒素刺激中枢神经系统而引起中毒反应。潜伏期一般为 1~5h，最短为 15min 左右，最长不超过 8h。中毒症状有恶心、反复呕吐，多者可达 10 余次，并伴有腹痛、头晕、腹泻、发冷等。儿童对肠毒素比成人敏感。因此儿童发病率较高，病情也比成人严重。但金黄色葡萄球菌肠毒素中毒病程较短，1~2d 内即可恢复，愈后良好，一般不导致死亡。

适宜于金黄色葡萄球菌繁殖和产生肠毒素的食品，主要是乳及乳制品、腌制肉、鸡蛋和含有淀粉的食品等。虽然已污染的食品经过消毒，葡萄球菌的活菌体可以被杀死，但不能破坏其毒素，这是应该注意的。

3. 肉毒梭状芽孢杆菌毒素

根据肉毒素抗原性，肉毒梭状芽孢杆菌已有 A、B、C、D、E、F、G 型。各型的肉毒梭状芽孢杆菌分别产生相应型的毒素。其中 A、B、E、F 四型对人体有不同程度的致病性而引起食物中毒。我国肉毒梭状芽孢杆菌食物中毒，大多数是 A 型引起的，B 型和 E 型较少见。肉毒梭状芽孢杆菌生长繁殖必须在厌氧及其他所有菌株都受到抑制的条件下才能进行，能产生对人和动物具有极强毒性的蛋白质类外毒素，0.01mg 便可使人致死。

肉毒梭状芽孢杆菌毒素不耐热，加热至 80℃时 30min 或 100℃时 10min 即可杀死，但芽孢耐热能力强，需经高压蒸汽 121℃、30min 才能将其杀死。

肉毒梭状芽孢杆菌食物中毒，潜伏期 6~36h，长者可达 8~10d。潜伏期越短，病情越重。肉毒梭状芽孢杆菌中毒的最初症状是恶心、呕吐等，严重者呼吸麻痹而死亡，死亡大多在发病后 3~7d 内发生。肉毒梭状芽孢杆菌食物中毒是食物中毒最严重的一种，病死率在 30%~80%。

二、真菌毒素

真菌毒素是真菌产生的次级代谢产物，目前已知的有 300 多种不同的真菌毒素，对人类危害较为严重的主要有 10 多种，包括黄曲霉毒素、赭曲霉毒素、展青霉毒素等。真菌中对食品安全威胁最大的是霉菌。

霉菌毒素是一些小分子的有机化合物，几乎所有的毒素相对分子质量都小于 500。目前已经发现约有 50 个属的霉菌能产生毒素，但其中大多数的毒素代谢物与动物或人类的疾病无关，只有 3 个属的霉菌会产生对人或动物有致病作用的毒素，它们是曲霉属、镰刀霉属、青霉属。这些有毒的霉菌进入食品或饲料的途径很多，包括原料的生产、加工、运输和贮藏。

1. 黄曲霉毒素

黄曲霉毒素是由黄曲霉或寄生曲霉中少数的几个菌株所产生的，它们的孢子广为分布，特别是在土壤中。虽然毒菌株在特定条件下仅能产生两种或三种黄曲霉毒素，但是已鉴定出 17 种在化学结构上相关的毒素或衍生物。其中黄曲霉毒素 B_1（图 12-2）是食品中最为常见的，并且也是这一组毒素中毒性最强的，是砒霜毒性的 70 倍。黄曲霉毒素的耐热性强，正常的食品加热处理不会对其造成有效的破坏，在近 300℃的温度下其分解才明显。但是由于其化学结构的特点，黄曲霉毒素在碱性条件下是不稳定的，所以在大豆、花生等易感染黄曲霉的油料作物的油脂加工过程中，油脂的碱精炼处理可基本除去黄曲霉毒素。

产生黄曲霉毒素所需要的基质并无特异性。事实上，任何食品（或合成基质）只要能支持适当的霉菌的生长，它们就能产生此毒素。因此，任何食品只要霉变，就必须认为可

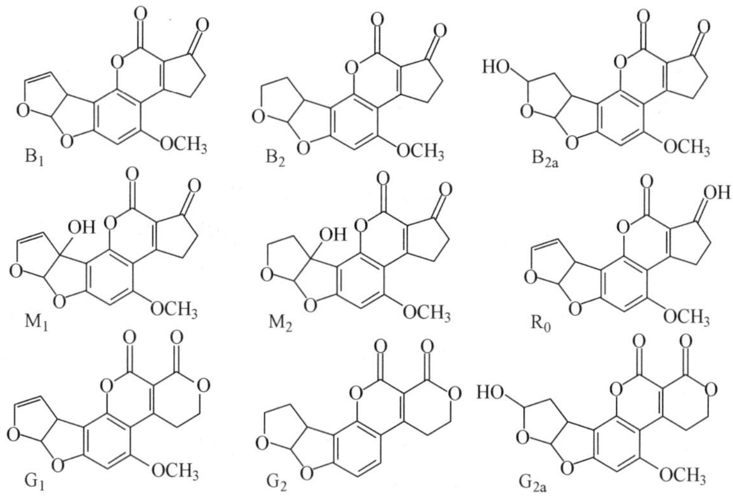

图 12-2　一些黄曲霉毒素的化学结构

能被黄曲霉毒素所污染。但是经验证明，食品中的黄曲霉毒素发现的频度与浓度显著地取决于食品的种类和食品出产的地区。同时需要指出的是，采用黄曲霉发酵的食品，在正常的发酵条件下并无黄曲霉毒素产生。

当动物喂以被黄曲霉毒素污染的食物或按剂量进食黄曲霉毒素的纯制剂时，可产生急性或亚急性中毒。虽然不同种类的动物对急性中毒的敏感性存在差异，但是尚未发现能完全抵抗黄曲霉毒素的动物。在大多数家畜中，给予含有 10~100mg/kg 或更少的黄曲霉毒素的饲料即可产生中毒症状。牛相对地能耐受较多量的黄曲霉毒素，受污染后分泌的牛奶中含有黄曲霉毒素 M_1（黄曲霉毒素 B_1 的代谢物）。黄曲霉毒素 B_1 是已知的最强的化学致癌物之一，它的致癌作用比二甲基亚硝胺强 75 倍。由于黄曲霉毒素的这个性质，推动了人们对霉毒素的研究。不同种类黄曲霉毒素的致癌活性在以下动物实验中得到证明：鸭、硬头鳟、大鼠、家鼠和猕猴。硬头鳟是最敏感的品种，饲料中含低于 1μg/kg 黄曲霉毒素即可产生癌肿块。给大鼠喂食黄曲霉毒素 B_1 含量高于 15μg/kg 的饲料，可引起高的肝癌发病率。目前，全球对黄曲霉毒素在食品中的含量均有严格要求，例如 FAO/WHO 规定不得超过 15μg/kg，我国规定不得超过 20μg/kg。

就黄曲霉毒素在动物中的毒性和致癌作用而论，主要是影响肝脏，而且肝脏并非是唯一受损的脏器，因此有理由假定人类对该毒素具有相似的反应，而肝脏疾病特别是肝癌，是摄入黄曲霉毒素后引起的主要疾病。例如，在美国和欧洲较不常见的肝癌却在其他地区人群中出现高得多的发病率，特别是在那些生活于中非、南非和亚洲地区的人群中更是如此。

在人类食品中含有产生毒素的霉菌，显然是对大众健康的一种潜在的危险，但是还不知道这种潜在的危险以怎样的程度显示出来。正是因为存在着这种潜在的危险性，才能强有力地推动着人们利用一切合理的方法将霉菌毒素对食品的污染程度减至最少。对我国这样一个农业大国来讲，在谷物、油料作物的生产过程中，改善它们的收割、干燥、贮藏条件，会降低霉菌毒素的危害并取得明显的效果。

在日常的生活或粮食生产中，可以通过一定的方法做到防霉去毒，提高食物的安全性，具体做法有以下两点。

（1）防霉　粮食收割后尽可能快地除去水分，将其水分含量降至安全含量，同时采用充氮、充氨气法可以更好地贮藏粮食。

（2）去霉　可以采用物理方法、化学方法除去毒素。物理方法是筛选霉变食物来降低食物中毒素的含量；还有一种方法就是利用有机溶质来萃取毒素。化学方法主要是根据毒素的性质特点，利用化学物质对毒素产生破坏作用来分解毒素，从而达到去毒的目的，例如对花生中的黄曲霉毒素用稀碱处理，就可以完全除去毒素。

2. 黄变米毒素

黄变米是 20 世纪 40 年代日本在大米中发现的。这种米由于被真菌污染而呈黄色，故称黄变米。可以导致大米黄变的真菌主要是青霉属中的一些菌株，这些菌株侵染大米后产生毒性代谢产物，统称黄变米毒素。黄变米毒素可分为三大类，即黄绿青霉、橘青霉和岛青霉。

大米水分为 14.6%时感染黄绿青霉，在 12~13℃便可形成黄变米，米粒上有淡黄色病斑，同时产生黄绿青霉毒素。该毒素不溶于水，加热至 270℃失去毒性，为神经毒，毒性强。中毒特征为中枢神经麻痹，进而心脏及全身麻痹，最后呼吸停止而死亡。

橘青霉污染大米后形成橘青霉黄变米，米粒呈黄绿色。精白米易污染橘青霉形成该种黄变米。橘青霉可产生橘青霉毒素，暗蓝青霉、黄绿青霉、扩展青霉、点青霉、变灰青霉、土曲霉等霉菌也能产生这种毒素。该毒素难溶于水，为一种肾脏毒，可导致实验动物肾脏肿大，肾小管扩张和上皮细胞变性坏死。

岛青霉污染大米后形成岛青霉黄变米，米粒呈黄褐色溃疡性病斑，同时含有岛青霉产生的毒素，包括黄天精、环氯肽、岛青霉素、红天精。前两种毒素都是肝脏毒，急性中毒可造成动物发生肝萎缩现象，慢性中毒发生肝纤维化、肝硬化或肝肿瘤，可导致大白鼠肝癌。

3. 镰刀菌毒素

镰刀菌在自然界广泛分布，侵染多种作物。有多种镰刀菌可产生对人畜健康威胁极大的镰刀菌毒素。镰刀菌毒素已发现有十几种，按其化学结构可分为三大类，即单端孢霉烯族化合物、玉米赤霉烯酮和丁烯酸内酯。

单端孢霉烯族化合物是由雪腐镰刀菌、禾谷镰刀菌、梨孢镰刀菌、拟枝孢镰刀菌等多种镰刀菌产生的一类毒素。它是引起人畜中毒最常见的一类镰刀菌毒素。

在单端孢霉烯族化合物中，我国粮食和饲料中常见的是脱氧雪腐镰刀菌烯醇（DON）。DON 主要存在于麦类赤霉病的麦粒中，在玉米、稻谷、蚕豆等作物中也能感染赤霉病而含有 DON。赤霉病的病原菌是赤霉菌，其无性阶段是禾谷镰刀霉。这种病原菌适合在阴雨连绵、湿度高、气温低的气候条件下生长繁殖。如在麦粒形成乳熟期感染，则随后成熟的麦粒皱缩、干瘪，有灰白色和粉红色霉状物；如在后期感染，麦粒尚且饱满，但胚部呈粉红色。DON 又称呕吐毒素，易溶于水，热稳定性高。烘焙温度 210℃、油煎温度 140℃或煮沸，只能破坏 50%。

人误食含 DON 的赤霉病麦（含 10%病麦的面粉 250g）后，多在 1h 内出现恶心、眩晕、腹痛、呕吐、全身乏力等症状。少数伴有腹泻、颜面潮红、头痛等症状。以病麦喂猪，猪的体重增重缓慢，宰后脂肪呈土黄色、肝脏发黄、胆囊出血。

玉米赤霉烯酮是一种雌性发情毒素。动物吃了含有这种毒素的饲料，就会出现雌性发情综合症状。禾谷镰刀菌、黄色镰刀菌、粉红镰刀菌、三线镰刀菌、木贼镰刀菌等多种镰刀菌均能产生玉米赤霉烯酮。

玉米赤霉烯酮不溶于水，溶于碱性溶液。禾谷镰刀菌接种在玉米培养基上，在25~28℃培养2周后，再在12℃下培养8周，可获得大量的玉米赤霉烯酮。赤霉病麦中有时可能同时含有DON和玉米赤霉烯酮。饲料中含有玉米赤霉烯酮1~5mg/kg时动物才出现雌性发情综合症状，500mg/kg含量时出现明显症状。玉米中也可检测出玉米赤霉烯酮。

丁烯酸内酯在自然界发现于牧草中，牛饲喂带毒牧草导致烂蹄病。哈尔滨医科大学大骨节病研究室报道：在黑龙江和陕西的大骨节病区所产的玉米中发现有丁烯酸内酯存在。丁烯酸内酯是三线镰刀菌、雪腐镰刀菌、拟枝孢镰刀菌和梨孢镰刀菌产生的，易溶于水，在碱性水溶液中极易水解。

4. 杂色曲霉毒素

杂色曲霉毒素是杂色曲霉和构巢曲霉等产生的，基本结构为一个双呋喃环和一个氧杂蒽酮。其中的杂色曲霉毒素Ⅳa是毒性最强的一种，不溶于水，可以导致动物患肝癌、肾癌、皮肤癌和肺癌，其致癌性仅次于黄曲霉毒素。由于杂色曲霉和构巢曲霉经常污染粮食和食品，而且有80%以上的菌株产毒，所以杂色曲霉毒素在肝癌病因学研究上很重要。糙米中易污染杂色曲霉毒素，糙米经加工成标二米后，毒素含量可以减少90%。

5. 棕曲霉毒素

棕曲霉毒素是由棕曲霉、纯绿青霉、圆弧青霉和产黄青霉等产生的。现已确认的有棕曲霉毒素A和棕曲霉毒素B两类。它们易溶于碱性溶液，可导致多种动物肝、肾等内脏器官的病变，故称为肝毒素或肾毒素，此外还可导致肺部病变。

棕曲霉产毒的适宜基质是玉米、大米和小麦。产毒适宜温度为20~30℃，*Aw*值为0.953~0.997。在粮食和饲料中有时可检出棕曲霉毒素A。

6. 展青霉毒素

展青霉毒素主要是由扩展青霉产生的，可溶于水、乙醇，在碱性溶液中不稳定，易被破坏。污染扩展青霉的饲料可造成牛中毒，展青霉毒素对小白鼠的毒性表现为严重水肿。扩展青霉在麦秆上产毒量很大。

扩展青霉是苹果贮藏期的重要霉腐菌，它可使苹果腐烂。以这种腐烂苹果为原料生产出的苹果汁会含有展青霉毒素。

7. 蕈类毒素

蕈类中有一些是具有剧毒的。目前，我国食用蕈（食用菌）有300多种，有毒蕈有100多种，能够危及生命的有20余种。由于一些使用者对有毒蕈的形态不熟，所以中毒事件时有发生。蕈类毒素成分复杂，一般为环肽化合物（图12-3），以环八肽的毒性最强，中毒一般以肝损伤致死较多。避免毒蕈中毒的方法就是不食用不熟悉的蕈类。

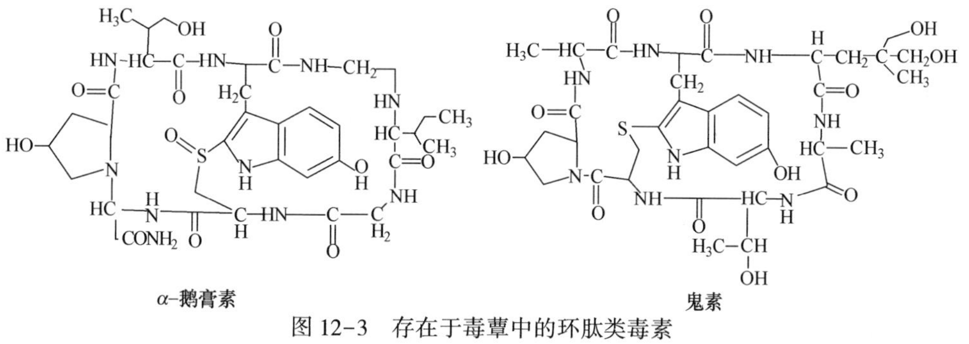

图12-3　存在于毒蕈中的环肽类毒素

小资料

发霉食物，去掉坏的部分，还能不能吃？

一些生活节俭的人，在遇到食物发霉的时候，经常把发霉的部分去掉，剩下的继续吃，尤其是面包、米饭、水果和肉类等。这样做，并不能避免霉菌的危害。

看到的发霉部分，是霉菌菌丝完全发展成型的部分。在其附近，已经有许多肉眼看不见的霉菌存在。此外，霉菌产生的细胞毒素会在食物里扩散。扩散的范围跟食物的质地、含水量、霉变的严重程度有关。因为你很难准确估计扩散范围有多大，所以最安全可靠的选择就是把它扔掉！

发霉的食物表面洗干净，再高温加热就可以去除毒素吗？

加热可以杀死霉菌，但还有很多顽强的毒素能够扛住加热的考验。如展青霉素，可存在于苹果、桃、梨、香蕉、葡萄、杏、草莓、樱桃、李子、菠萝、番茄等多种水果上，制成的果汁中也可能存在。如果苹果发霉了，毒素会进入苹果汁，经过杀菌处理含量会降低，但无法完全消除。粮食与坚果发霉往往是因为黄曲霉，产生的黄曲霉毒素更加顽强，280℃以上才会分解，通常的烹饪方式对它无可奈何：一般的油炸温度不超过200℃；爆炒的“旺油锅”“八成热”也不超过230℃。

哪些是你误以为发霉的食物？

那些按照规范工艺生产出来的发酵食品，比如黄豆酱、腐乳、臭豆腐、臭奶酪等，在符合保存要求的前提下，可以放心食用。

知识点三 环境污染造成的食品嫌忌成分

食品由于环境污染而产生的不安全性主要来源于两个方面：一是现代农业生产中广泛使用的农药、兽药、激素、生长激素等饲料添加剂和抗生素产生的农药、兽药残留。二是工业污染导致土壤、水体和空气污染。土壤和水中的天然有毒无机物被植物、禽畜和水生动物吸收和富集后达到引起人中毒的水平，如铅、汞、镉等重金属污染物。

一、农药残留

农药是指能杀灭、抑制和驱除有害生物的天然或人工合成的物质。由于农药的使用，农作物病虫害得到有效的控制，产量大幅增加，同时也提高了农作物质量。但另一方面，农药过量使用和滥用，当超过最大残留限量时，将对人、畜产生不良影响或通过食物链对生态系统中的生物造成毒害。由于人类处在食物链的最顶端，所受农药残留生物富集的危害也最严重。食品中农药残留主要来源于四个方面：一是直接污染，如农药喷洒农作物导致农产品污染；二是环境中吸收，包括食品原料受到土壤、水体和大气中的农药污染而导致食品农药残留；三是通过食物链污染；四是通过加工、贮运或意外污染等。

1. 有机氯农药

有机氯农药以前主要用于杀灭农、林、牧业害虫。有机氯农药绝大部分残留非常严重，而且该类农药在环境中有很强的稳定性，容易在生物体内蓄积，对人有一定的致癌活性，因此，除了少数有机氯农药用于疾病预防外，绝大部分都被停止生产和使用。即便如此，高残留和高稳定性导致该类农药仍对食品有严重污染。有机氯农药可引起代谢紊乱，干扰内分泌功能，降低白细胞的吞噬作用与抗体的形成，损害生殖系统，导致孕妇流产、早产和死产。中毒者常四肢无力、食欲不振、抽搐、头痛和头晕等。

2. 有机磷农药

有机磷农药广泛用于农作物的杀虫、杀菌和除草等。在我国是用量最大的一类农药。包括高毒（如对硫磷、甲胺磷等）、中毒（如敌敌畏、乐果等）和低毒（如敌百虫、马拉硫磷等）三种。该类农药蓄积性不强，半衰期短，但由于用量大和反复使用，使得其污染比有机氯农药严重。大量摄入含有有机磷农药残留的食物可导致食物中毒，主要表现为中枢神经系统功能紊乱等症状，如恶心、胸闷、运动困难等，严重的可表现为抽搐、昏迷甚至死亡。

3. 氨基甲酸酯农药

氨基甲酸酯农药是针对有机磷农药而人工合成的一类农药。可有效杀死螨虫、线虫和其他害虫以及除草等。具有高效、低毒、低残留的特点。常见的有西维因、速灭威、克百威、灭草灵等。中毒者症状与有机磷农药中毒症状基本类似，但中毒者可很快恢复。

4. 拟除虫菊酯

拟除虫菊酯是模拟天然除虫菊酯化学结构而人工合成的农药。主要用于蔬菜、水果、粮食、棉花和烟草等农作物，具有高效、低毒、低残留的特点。常见的有氯氰菊酯、溴氰菊酯、氰戊菊酯等。该类农药主要作用于神经系统，但属于中毒或低毒农药，无蓄积性，一般对人毒性不强。该类农药对水生生物毒害大，不能用于 A 级绿色食品的生产。

二、兽药残留

为了预防和治疗动物患病而大量投入抗生素、激素类等兽药，往往造成药物残留于食品动物组织中。兽药残留主要来源于四个方面：一是改善营养、促进生长和防病的需要；二是兽药滥用；三是使用假兽药或劣质兽药；四是兽药使用不当或使用违禁或淘汰药物等。

1. 抗生素类兽药

抗生素作为饲料添加剂和动物药物被广泛应用以来，在动物组织中残留，对食品的安全性产生不良影响，直接威胁着人类的身体健康和安全，受到社会公众、政府和学术界的关注。我们这里所说的抗生素包括β-内酰胺类抗生素（即青霉素类）、四环素类、磺胺类（图 12-4 至图 12-6）、庆大霉素等。

长期以来，抗生素被广泛地用于人和动物疾病的防治，尤其是在治疗奶牛的乳腺炎方面取得了显著的效果。但是抗生素在应用于动物后，一定时间内残留于动物机体组织中，这对于经常食用含有抗生素残留食品的人而言，等于长期间接地吸收低剂量的抗生素，从而可引起病原菌对多种抗生素产生耐药性，现已证明青霉素、氯霉素、四环素等能诱导葡萄球菌获得耐药性。例如，残留在牛奶中的抗生素会造成对人体健康的危害，据报道目前

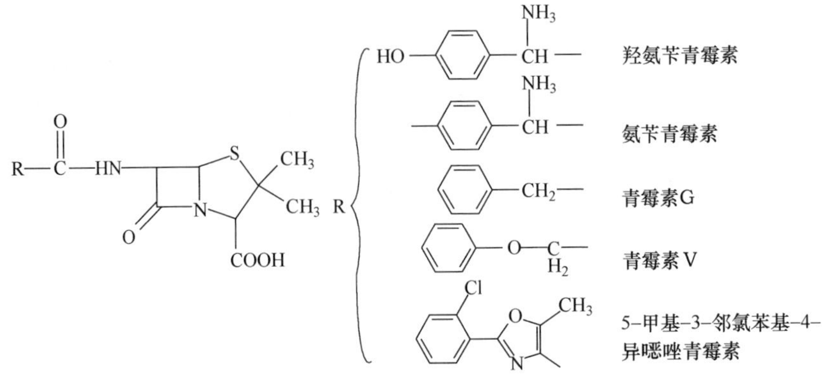

图 12-4　一些β-内酰胺类抗生素的化学结构

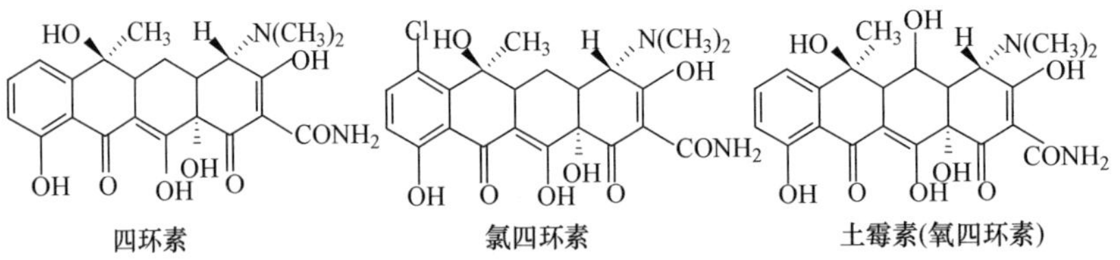

图 12-5　一些四环素类抗生素的化学结构

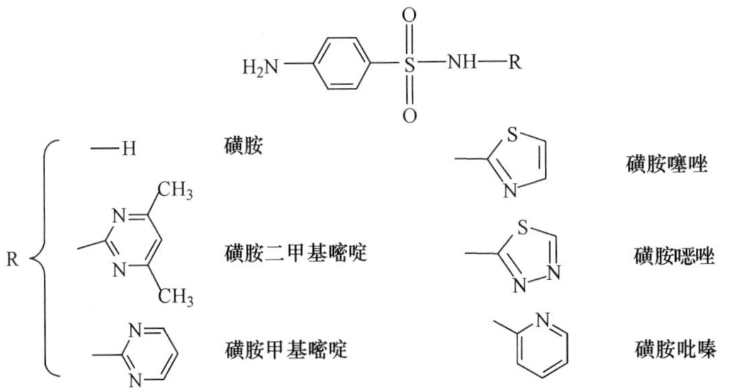

图 12-6　一些磺胺类抗生素的化学结构

金黄色葡萄球菌、致病性大肠杆菌耐药菌株高达 70%，由于产生耐药性问题，治疗牛乳腺炎抗生素剂量越用越大，残留在牛奶中抗生素的剂量也越来越高，长期饮用抗生素残留较高的牛奶可使寄生在人体中的正常菌群对抗生素敏感而受到抑制，破坏菌群间相互制约，扰乱机体的内环境平衡，造成菌群失调而不利于健康，而且饮用含抗生素残留的牛奶会使过敏体质的人出现过敏反应。又如，据资料介绍，用添加青霉素饲料喂猪的饲养员，从其皮肤和鼻子中分离的细菌有 30. 3%是抗青霉素的。由于抗药性细菌的发展，肠道细菌感染病人的死亡率增长。随着对抗生素药物残留的深入研究，世界卫生组织（WHO）及各国都有相应的主张，青霉素、链霉素、四环素类（金霉素、土霉素、四环素）、磺胺类药物、氯霉素不宜作饲料添加剂。美国还限制金霉素、土霉素用作饲料添加剂。现在世界各国正逐步开展以微生物添加剂和畜用抗生素来取代这些抗生素。

四环素类抗生素除防病治病外，还可促进畜禽的生长、发育，据了解，许多禽畜养殖场把抗生素作为饲料的添加剂，由于长期大量使用，造成动物体中抗生素残留过高。四环素类抗生素主要在人体心、肝、肾、肌肉、骨骼中积蓄，长期食用含有抗生素的食品，会导致人体患四环素牙，肌肉酸痛，肝、肾损害及影响人体骨骼生长等。随着人民生活水平的提高，肉类已成为人们膳食中不可缺少的动物食品，如果含有抗生素过高的肉类流入市场并进入人体，将对人体造成很大危害，为此许多国家对肉类中抗生素含量制定了限量标准。

2. 激素类兽药

存在于食品中的激素类物质包括植物激素、动物激素。典型的植物激素有生长素、细胞分裂素、赤霉素等；典型的动物激素包括甲状腺素、肾上腺素、雌激素、雄激素等。这里重点介绍影响我国动物食品生产的人工合成激素物质瘦肉精和雌激素、雄激素。

（1）瘦肉精　原是西药中的平喘药物，化学名称盐酸克仑特罗（图 12-7），既是人工合成的 β-肾上腺素的类激素之一，又是一种强效 β-2 受体激动剂。它能够改变动物养分的代谢途径，促进动物肌肉特别是骨骼肌中蛋白质的合成，抑制脂肪的合成和积累，从而改善胴体品质，使生长速率加快，瘦肉比例相对增加，一般来说，饲料中添加适量盐酸克仑特罗后（1kg 饲料添加 3~5mg），可使猪等畜禽生长速率、饲料转化率、胴体瘦肉率提高（可以使猪的瘦肉率提高 97%，脂肪则下降 14.1%），“瘦肉精”名称就是由此而来的。

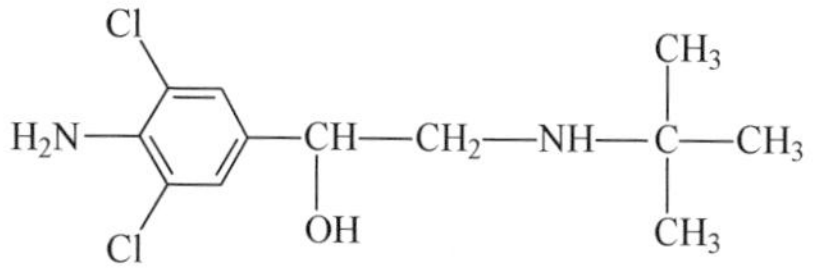

图 12-7　盐酸克仑特罗的化学结构

但是瘦肉精的摄入对人体是有害的，在各国均有大规模的消费者中毒事件爆发的经历。自 20 世纪 80 年代开始，欧美等国均将其定为禁用药品，它也是我国禁用的饲料添加剂。瘦肉精在猪肉组织和肌肉中的残留，尤其是在内脏中的残留相当大，并且代谢很慢，这种残留通过食物链进入人体后，必然使人体内瘦肉精严重超量而导致积蓄性中毒。瘦肉精进入人体后首先通过胃肠道吸收，且吸收快，人或动物服后 15~20min 即起作用，2~3h 血浆浓度达到峰值，作用持续时间比较长久；瘦肉精还能引起血钾降低，造成低钾血症，可导致心律失常；摄入量过大则可能出现肌肉震颤、心慌、心悸、战栗、头疼、恶心、呕吐等症状，特别是对于高血压、心脏病等疾病患者危险性更大，易导致意外发生。有研究表明如果长期摄入瘦肉精，还可导致染色体畸变，诱发恶性肿瘤等。所以要坚决杜绝在动物饲养过程中非法使用瘦肉精，保护广大消费者的健康权益。

（2）动物激素　人工合成激素，例如己烯雌酚、己烷雌酚、己二烯雌酚、雌二醇、雌三醇、去甲雄三烯醇酮、睾酮等（图 12-8），对人、动物以及环境存在潜在危害性，世界上许多国家禁止在动物食品中使用这些激素。

过去这些激素，特别是己烯雌酚由于结构简单、成本低廉，在饲料工业中得到应用。牛、羊、猪、鸡等家畜家禽，通过内服或者皮下埋植己烯雌酚，能够增加食欲、加快新陈代谢，动物体内的氮保留增加，促使氨基酸合成蛋白质的速度增加，从而达到改善饲料利用率、增加动物体重或瘦肉率的目的。但是动物在使用激素后，通常会在其内脏、肌肉中残留，这样激素就会在动物被食用后进入人体，产生相应的不良反应，特别是雌激素类物

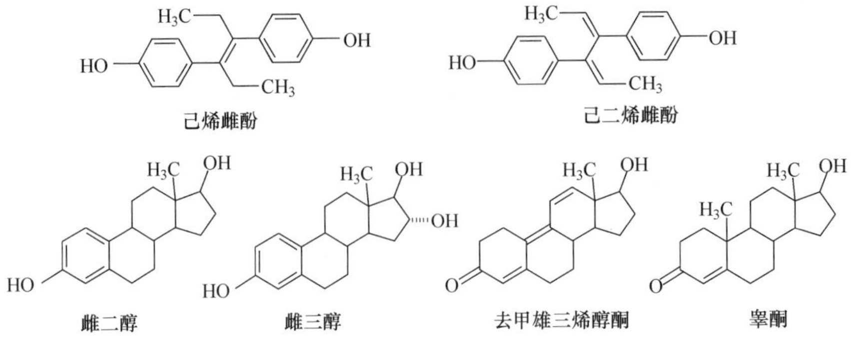

图 12-8　一些激素的化学结构

质具有明显的致癌作用。常见的不良反应包括干扰人体正常的激素平衡，例如女性出现男性化，肌肉增加、毛发增多、月经失调，或者是出现性早熟、抑制骨骼发育；而男性出现女性化，睾丸萎缩、胸部扩大和内脏功能障碍、肿瘤等。进入环境的激素类物质，已经被发现可以产生生态毒性，例如导致鱼类的雌性化或雄性化、引起野生动物的生殖器官畸形等。所以食品中激素类物质的含量虽然很低，但是对食品安全性带来的影响不容忽视。

三、工业有害物质对食品的污染

工业有害物质污染食品的主要途径和方式：①工业废水的污染；②利用被污染的食物作饲料；③加工设备、包装容器的污染。常见的几种工业有害物质有：汞、镉、铅、砷以及部分塑料和部分橡胶、涂料等。

（一）重金属污染物

1. 汞

汞是一种毒性较强的有色金属，常温下为银白色发光液体，俗称水银。汞在自然界中以金属汞、无机汞和有机汞存在。威胁人体健康的主要是有机汞，如甲基汞和乙基汞。

微量的汞在人体内不致引起危害，可经尿、粪和汗液等排出体外。如数量过多将损害人体健康。汞中毒的症状开始是疲劳、头晕、失眠，随后患者动作缓慢，言语障碍等。严重的出现精神紊乱，进而疯狂痉挛而死。

容易受污染的食品主要是鱼类，水生生物对汞有富集作用，而土壤中的植物一般不能富集汞，只有用含汞废水灌溉或含汞农药使用不当才会使农作物含汞量增加。汞主要蓄积在鱼体脂肪中，鱼是汞的天然浓缩器，鱼龄越大，体内富集的汞越多。

被汞污染的食品即使经加工处理，也不能将汞除掉，如被汞污染的粮食，无论用碾磨来提高其精度或用各种不同的烹调方法，如烘、炒、蒸或煮等都不能将其除净。鱼体内的甲基汞用冻干、油炸、煮、干燥等方法都不能除去。有人将含汞的鸭肉进行炖或烤，其汞含量仅减少 3.2%~12.4%，而且减少的汞转入汤中。因此，长期食用被汞污染的食品极易发生汞中毒。

2. 镉

一般食品都含有少量的镉，食品中镉的平均质量浓度为 0.004~5mg/kg，它主要来源于冶金、冶炼、陶瓷、电镀工业及化学工业（如电池、塑料添加剂、食品防腐剂、杀虫剂、颜料）等排出的三废。

各种不同食品被镉污染的情况差异很大。甜菜、豆类和萝卜最易受污染，而大麦、番茄、洋葱稍差，谷类能蓄积较多的镉。海产食品、肉类特别是肾脏、食盐、油类、脂肪和烟叶中镉的平均含量比饮料、水果和蔬菜高。在海产食品中以贝类含量最高。另外，食品器具和包装材料，特别是陶瓷和金属容器在与食品接触过程中也可能造成镉的污染。

镉主要使肾脏慢性中毒，能引起肾小管上皮细胞的损害，出现肾小管功能紊乱。继续发展可导致负钙现象，引起骨质疏松症。

粮食中含镉不多时，可采用稀释方法，使之减少到安全限量再食用。如果含镉量较高，可经磨碎、水洗等方法加工成淀粉，这样会使镉含量由 1.5mg/kg 降至 0.1mg/kg。

3. 铅

铅广泛存在于环境中，人体摄入铅的途径很多，主要有食品、饮水、吸烟、大气等。砷酸铅农药目前仍用于果园杀虫，从而造成果品的铅污染。蒸馏白酒的蒸馏设备是锡制的，但其中含有铅，酒中的醋酸与铅生成醋酸铅溶于酒中，引起铅含量增加。在陶瓷容器的釉料中加入过量的氧化铅时，容易与硅酸形成硅酸铅，易被食品中的弱酸溶出。使用这种陶瓷器盛装或烧煮食品，特别是长时间存放酸性食品即能使铅溶于食品中。某些色素添加剂也含有铅，如使用黄丹粉加工松花蛋，也会使松花蛋受铅污染。

铅主要损害神经系统、造血器官和肾脏，常见的症状有食欲不振、胃肠炎、口腔金属味、失眠、头昏、头痛、关节肌肉酸痛、腰痛、贫血等。

如果粮食中铅含量过高，可通过精加工来降低其含量。酒中铅含量过高，用石膏处理有一定效果。

4. 砷

砷广泛分布于自然环境中，几乎所有的土壤中都存在砷。最普遍的两种含砷无机化合物是 As_2O_3（砒霜）和 As_2O_5，三价砷的毒性比五价砷高。含砷化合物在工农业上广泛应用，作为除草剂、杀虫剂、杀菌剂、杀鼠剂和各种防腐剂的成分之一，它们的大量使用，使农作物中的砷含量增高。食品工业中使用质量不纯的酸类、碱类和食品添加剂等，也能引起食品原料和成品中砷含量增多。

砷的氧化物、盐类及有机化合物对人体都有毒害作用，砷的氧化物和盐类可随食品自消化道吸收，经体内转化或不经代谢由肾或粪便排出，也能从乳汁排出，但排泄很缓慢，因此常因蓄积作用而导致慢性中毒。砷化物中毒主要表现为恶心、呕吐、腹泻等，摄入量过多时，可出现神经系统麻痹，意识丧失而死亡。世界卫生组织暂定砷的最高允许摄入量为每日 0.05mg/kg 体重。

（二）二噁英类化合物

食品中的二噁英污染问题可能是 20 世纪末一个最大的、影响面最广的食品安全性问题。二噁英类化合物是一类对人体非常有害的有机化合物，它既不是天然产物，又不是化工业有目的生产的产物，而是一些工业生产时不希望产生的副产物。例如，在造纸工业中由于漂白而使用的氯及其衍生物，会形成少量的二噁英类化合物，并最终随废水排放至环境；化工业在用酚类化合物生产氯代苯酚时也有少量二噁英类化合物生成。它的最大来源是在日常生活对垃圾的焚烧，工业上石油的燃烧、废旧金属的回收等。在这些过程中产生的二噁英类化合物通过废水、废气、尘埃等各种途径进入环境，最终进入食品链从而影响食品安全性。

二噁英类化合物的研究历史不长，所以其食品安全性方面的许多问题仍然在进行相关的研究。二噁英类化合物中的2，3，7，8-四氯-二苯-二噁英在动物实验中显示很大的毒性，例如可以导致体重下降、肝损伤、内分泌紊乱，怀孕动物可造成流产或者严重的生殖缺陷（畸形、免疫力低下）；它可影响皮肤（产生皮疹），导致癌症产生。目前，2，3，7，8-四氯-二苯-二噁英已被WHO确认为致癌物。

（三）多氯联苯化合物和多溴联苯化合物等

多氯联苯化合物（PCB）和多溴联苯化合物（PBB）是一类含有多个卤素原子、苯环的有机化合物，它们是惰性分子，不能被水解或氧化，水中溶解度低，挥发性也低，作为绝缘体、防火材料、润滑油、其他工业产品的配料（如炭粉、油墨、油漆），在工业上有广泛应用，是目前化学污染物中较受关注的目标。美国食品与药物管理局等就食品中的PCB限量问题已经做出明确的规定。

PCB大约有210种异构体，其中有50种为工业常用的化合物，同环境污染有关的主要是二联苯的氯化物，少数为三联苯的氯化物。PCB不易降解，有较高的脂溶性，跟DDT相似，进入人体蓄积于脂肪组织。PCB常出现在鱼、家禽、牛奶和鸡蛋里，含量水平为1~40mg/kg，很少在新鲜水果蔬菜里发现。PCB的毒性一般为慢性中毒、蓄积中毒，并有致畸作用。在对大鼠实验时，其LD_{50}为1~3mg/kg。20世纪60年代，首先在瑞典的波罗的海域测得PCB在海水中存在，并发现其在食物链中有明显的富集；1968年在日本发生的PCB污染米糠油事件中，中毒者有恶心、呕吐、肌肉疼痛、肝功能紊乱等症状，严重者死亡。

含有PCB的工业三废大量排放到环境中是造成食品污染的主要原因，此外含有PCB的废品在焚烧时会造成PCB污染大气，随后PCB与尘埃或雨水沉降，造成环境的污染。目前，海水由于受到PCB的污染，使得水生动物体内PCB的蓄积量也明显增加，例如鱼类及水鸟。

氯萘主要用作木材防腐剂和润滑油，当饲料在加工过程中接触到氯萘时就产生安全性问题。已知氯萘可引起牲畜患角化病，死亡率较高。

知识点四 食品加工过程中产生的有害成分

常用的食品加工方法包括烟熏、煎炸、烘烤、盐腌、杀菌、冷冻等，食品加工会导致食品成分变化，同时经常会导致食品的营养素含量降低，还有可能导致毒害产生，危害人体健康。例如，长期食用熏制的鱼有可能诱导胃癌的发生。经常食用高盐含量的食品也易诱发胃癌和食管癌。

一、食品加工、贮藏过程中产生的危害

1. 苯并［a］芘

某些食品通过熏制（如鱼、香肠、火腿等）、煎炸（如油炸方便面、烧焦或炭化食品）、烘烤（如饼干、面包、糕点）可以产生有毒物质多环芳烃，主要是3，4-苯并［a］芘。食品加工是食品中含有3，4-苯并［a］芘的主要原因，尤其是当烟熏和油炸的温度

超过300℃时，食品中苯并［a］芘的含量会随温度的上升而急剧增加。该类毒素污染食品的另外一种相对次要途径是环境污染。

苯并［a］芘是一种较强的致癌物，主要可以导致上皮组织产生肿瘤。动物实验表明，用含有一定量苯并［a］芘的饲料喂养小鼠，可导致小鼠白细胞增多，产生胃癌、肺腺癌和皮肤癌等。预防和去毒方法主要包括：加强环境治理；改变生产方式；禁止在柏油路上晾晒农作物；改进烹调方法；尽量避免热解和热聚；改变饮食习惯，少吃烘烤、熏烤及烧焦炭化的肉；去毒处理，如用活性炭吸附去毒，粮食和稻谷可以用日光和紫外线照射。

2. 硝酸盐和亚硝酸盐

硝酸盐和亚硝酸盐是腌制食品（如腊肠、肉肠、灌肠、火腿）的防腐剂和护色剂。亚硝酸盐中的亚硝酸根离子对肉毒梭状芽孢杆菌有很强的抑制作用。亚硝酸盐与肉类的血红蛋白反应，从而使肉制品显现出诱人的桃红色。肉制品中亚硝酸盐的最大使用量根据产品的不同为30~70mg/kg（以亚硝酸钠计）。另外，氮肥的普遍使用也使得一些蔬菜（如卷心菜、菜花和菠菜）含有很高的硝酸盐。人们摄入亚硝酸盐的主要来源是腌制食品。如果大量摄入亚硝酸盐，人体内大量的亚硝酸盐与血液中的血红蛋白结合，使得高铁血红蛋白含量升高，因高铁血红蛋白不能与氧结合，因此导致机体缺氧。临床表现为口唇和指甲发绀，皮肤出现紫斑等症状，严重者可导致死亡。蔬菜中含有的维生素C和黄酮类物质可以阻断亚硝基化反应，从而降低硝酸盐和亚硝酸盐对人体的毒性。

3. *N*-亚硝基化合物

N-亚硝基化合物包括亚硝胺和*N*-亚硝酰胺。人和动物体内的硝酸盐或亚硝酸盐和胺发生亚硝化反应从而形成亚硝基化合物，该反应在酸度相对较高的胃中发生。许多食品主要是腌制的肉类、熏肉和咸鱼含有亚硝胺。鱼类在经亚硝酸盐处理后会自然形成亚硝胺化合物，其形成的速率与加工时的温度有关。用亚硝酸盐处理冰鲜鱼产生的亚硝胺较少。加热（如烟熏）会增加亚硝胺的形成量；氮肥使得土壤和水体受污染，导致了蔬菜中的硝酸盐污染，经过转化可形成亚硝胺；啤酒在酿造过程中，大麦芽的二甲胺、三甲胺和生物碱在干燥过程中与空气的氮氧化物发生亚硝化反应形成*N*-亚硝基化合物。亚硝胺是一种很强的致癌物质。在目前已检测的100种亚硝胺类化合物中，已证实有80多种可诱导癌症。目前尚未发现哪一种动物能耐受亚硝胺的攻击而不致癌症的。亚硝胺的致癌性还存在器官特异性。亚硝胺也具有较强的致畸性，主要使胎儿神经系统畸形，包括无眼、脑积水、脊柱裂和少趾。预防和处理的方法主要包括四个方面：一是搞好食品卫生，防止微生物污染，防止亚硝基产生和食品中蛋白质分解产生胺类化合物。二是改进食品加工方法，尽量减少亚硝基化的前体。如酸度为3时，蔗糖能阻断*N*-亚硝基化合物的形成。制作香肠时，加亚硝酸盐的同时加入维生素C，可以防止二甲基亚硝胺的形成。三是农业生产中推广使用钼肥，可降低水体中*N*-亚硝基化合物的含量。四是多食新鲜水果、蔬菜，可以降低*N*-亚硝基化合物的含量。水果、蔬菜中的维生素C、维生素E、大蒜素和茶多酚可以阻断*N*-亚硝基化合物的生成。条件允许的话可以多食用猕猴桃、沙棘果汁、红枣、大蒜和茶叶。

4. 美拉德反应产物

美拉德反应是蛋白质（氨基酸）的氨基与葡萄糖的羰基发生的聚合反应。美拉德反应可产生褐色素和风味物质，从而赋予很多焙烤食品和咖啡等诱人的颜色和独特风味。但同时可产生许多杂环化合物，其中有促氧化物和抗氧化物、致突变物和抗突变物、致癌物和抗致癌物。

5. 杂环胺

从烤鱼炭化表层中提取的化合物经过 Ames 实验发现具有高度潜在的致突变性，而且比苯并［a］芘强。研究表明这类物质主要是复杂的杂环胺类化合物，包括咪唑、喹啉、甲基咪唑、甲基喹啉等。杂环胺具有致癌性，主要表现为肝癌，并可以诱发其他癌症，如结肠癌和直肠癌等，另外对心肌有损伤。很多人认为美拉德反应的产物在杂环胺形成过程中占很重要的作用，其中氨基酸可能是决定性的前体。预防和处理方法包括：改进加工方法，避免明火直接接触食品，微波加热可以减少杂环胺化合物的产生；尽量避免高温、长时间烧烤或油炸鱼和肉类；不食用烧焦和炭化的食品，或将烧焦部分除去；烹调鱼和肉类食品时，加入适量的维生素 C、抗氧化剂、大豆蛋白、膳食纤维、维生素 E、黄酮类物质。

6. 油炸氧化及加热产物

油脂在 200℃以上高温长时间加热，发生热氧化、热聚合、热分解和水解多种反应，产生的有害物质有油脂分解物、聚合物、环状化合物，也改变了油脂的口味和营养价值。如吃了酸败的油脂及其食品，可导致急性中毒，潜伏期 1~5h，表现为突然发热，来势快，开始感觉恶心，继而出现呕吐、腹泻、发烧等症状。油炸氧化和加热产物有致癌作用，对肝脏、肾和肺等组织有损害，表现为肝脏、肺和肾脏肿大，组织坏死，脂肪沉积，血管扩张和充血。油脂应贮存在封闭、隔氧的容器内，低温和避光，防止自然氧化；用油脂烹调食品时，温度一般不应超过 190℃，烹调时间以 40~60s 为宜，以防止热解和热聚。

小资料

如何选购冷冻鱼？

质量好的冷冻鱼，眼球饱满凸起，新鲜明亮；眼睛下陷、无光泽的则质次。

质量好的冷冻鱼，外表色泽鲜亮，鱼鳞无缺，肌体完整；皮色灰暗，无光泽，体表不整洁，鳞体不完整的为次品。

质量好的冷冻鱼，肛门完整无裂，外形紧缩，无浑浊颜色；肛门松弛、突出，肛门的面积大或有破裂的为次品。

冷冻鱼解冻后，肌肉弹性差，肌纤维不清晰，闻之有臭味的为变质冷冻鱼；贮存过久的冷冻鱼，若鱼头部有褐色斑点，腹部变黄的，说明脂肪已变质，这种鱼不可食用。冷冻鱼一旦解冻，极易变质，故即使买回来的是质好的冷冻鱼也应及时食用，不要将其再放入冰箱内第二次冷冻。

二、食品包装污染物及其危害

食品包装的主要目的是保护食品质量，延长产品保质期，方便运输，促进销售，提高产品附加值。现代包装技术由于使用了各种包装材料，而且这些包装材料直接接触包装食品，包装材料中的很多成分可以迁移到食品中，从而增加了食品的不安全性。目前，普遍使用的包装材料包括纸材料、塑料材料、玻璃和陶瓷材料、金属材料和其他材料（如竹包装、亚麻包装等）。

纸包装材料在中国包装市场上占有 40%的比例，常用的食品纸包装包括牛皮纸（常用于外包装）、羊皮纸（如奶油、糖果、茶叶包装）和防潮纸（新鲜蔬菜包装）。纸包装材料潜在的不安全性与造纸原料是否被污染、造纸中添加的助剂、纸张颜料和油墨、纸表面的微生物污染有关系，如造纸原料的农药残留，造纸中加入的防霉剂和增白剂，油墨中的铅和二甲苯等污染物。

近年来，塑料包装由于其独特的优势在包装市场上异军突起，成为目前发展最快和用量最大的包装材料，也是现代包装技术发展的重要标志。常用的食品塑料包装包括聚乙烯、聚丙烯、聚苯乙烯、聚偏二氯乙烯、三聚氰胺等。塑料包装材料对食品安全性的影响主要有四个方面：一是残留的单体、裂解物及老化后产生的毒物；二是包装表面的灰尘和微生物污染；三是包装材料中的助剂；四是回收塑料再利用时色素和附着的污染物。

金属包装容器主要以铁、铝材料为主，也有少量包装使用银、铜和锡等其他金属。金属用于食品包装，其最大的优点是其优良的阻隔性能和机械性能。马口铁罐头的罐身为镀锡的薄钢板，盒内壁有涂料，防止锡的溶出，但是涂料也有可能溶出。铝制品包装食品安全性主要在于铸铝盒回收铝中的杂质，如砷、铅、铬等。铝可以造成大脑、肝脏、骨骼、造血系统的毒性。

玻璃是由硅酸盐、碱性成分（纯碱、石灰石和硼砂）、金属氧化物为原料，在1 000~1 500℃下熔融而成，玻璃包装相对比较安全，但也可能溶出铅和铜等。陶瓷是将瓷釉涂在由黏土、长石和石英混合物结成的坯胎上经过焙烧而成的。搪瓷器皿是将瓷釉涂在金属坯胎上，经过焙烧而成的。釉料上主要有铅、锌、铬、镉、钴、锑等，大多有毒。

重点小结

食品或食品原料中含有各种分子结构不同的，对人体有毒的或具有潜在危险性的物质，一般把它们称为嫌忌成分，主要包括食品及其原料中有害的天然成分、食品及其原料在加工和贮藏过程中由于成分的变化产生的嫌忌成分、各种性质的污染物、选用不当的食品添加剂等几类。植物中含有的天然毒素包括有毒蛋白质类、有毒氨基酸、生物碱类毒素、毒苷、有毒酚类和亚硝酸盐等。动物性食品中的天然毒性成分主要包括麻痹性贝类毒素、河豚毒素和组胺。

在食品加工和贮存过程中，常见的食品污染物有微生物毒素、化学毒素、*N*-亚硝基化合物、苯并［a］芘等。食品添加剂与包装材料使用不当也会造成食品污染。

技能训练

技能训练　香肠中亚硝酸盐含量的测定

一、目的要求

（1）了解亚硝酸盐的测定原理。

（2）掌握亚硝酸盐的测定方法。

二、实验原理

样品沉淀蛋白质、除脂肪后，在弱酸条件下其中的亚硝酸盐与对氨基苯磺酸重氮化，再与盐酸萘乙二胺偶合形成紫红色染料，在538nm处有最大的吸收，测定吸光度以定量。

三、实验仪器与试剂

1. 实验仪器

小型绞肉机、分光光度计等。

2. 实验试剂

（1）亚铁氰化钾溶液　称取106g亚铁氰化钾［$K_4Fe(CN)_6 \cdot 3H_2O$］，溶于水，并稀释至1000mL。

（2）乙酸锌溶液　称取220g乙酸锌［$Zn(CH_3COO)_2 \cdot 2H_2O$］，加30mL冰乙酸溶于水，并稀释到1000mL。

（3）饱和硼砂溶液　称取5g硼酸钠［$Na_2B_4O_7 \cdot 10H_2O$］，溶于100mL热水中，冷却后备用。

（4）4g/L对氨基苯磺酸溶液　称取0.4g对氨基苯磺酸，溶于100mL 200g/L的盐酸中，避光保存。

（5）2g/L盐酸萘乙二胺溶液　称取0.2g盐酸萘乙胺，溶于100mL水中，避光保存。

（6）亚硝酸钠标准溶液　精密称取0.1000g于硅胶干燥器中干燥24h的亚硝酸钠，加水溶解移入500mL容量瓶中，并稀释至刻度。此溶液每1mL相当于200μg亚硝酸钠，加水溶解移入500mL容量瓶中，并稀释至刻度，此溶液每1mL相当于200μg亚硝酸钠。

（7）亚硝酸钠标准使用液　临用前，吸取亚硝酸钠标准溶液5.00mL，置于200mL容量瓶中，加水稀释至刻度，此溶液每1mL相当于5μg亚硝酸钠。

3. 实验材料

香肠。

四、操作步骤

1. 样品制备

称取5.0g经绞碎混合均匀的香肠，置于50mL烧杯中，加12.5mL饱和硼砂溶液，搅拌均匀，以70℃左右的水约300mL将香肠全部洗入500mL容量瓶中，置沸水浴中加热15min，取出后，冷至室温，然后一边转动一边加入5mL亚铁氰化钾溶液，摇匀，再加5mL乙酸锌溶液以沉淀蛋白质，加水至刻度，混匀，放置0.5h，除去上层脂肪，清液用滤纸过滤，弃去初滤液30mL，滤液备用。

2. 测定

吸取40mL上述滤液于50mL比色管中，另吸0.00mL，0.20mL，0.40mL，0.60mL，0.80mL，1.00mL，1.50mL，2.00mL，2.50mL亚硝酸钠标准使用液（相当于0μg、1μg、2μg、3μg、4μg、5μg、7.5μg、10μg、12.5μg亚硝酸钠），分别置于50mL比色管中。于

标准及样品管中分别加入 2mL 4g/L 对氨基苯磺酸溶液，混匀，静置 3~5min 后各加入 1mL 2g/L 盐酸萘乙二胺溶液，加水至刻度，混匀，静置 15min，用 2cm 比色杯，以零管调节零点，于波长 538nm 处测吸光度，并绘制标准曲线。

五、结果计算

$$x=\frac{m_1\times 1000}{m\times(40/500)\times 1000\times 1000} \quad (12-1)$$

式中　x——亚硝酸盐含量，g/kg；

m_1——测定用样液中亚硝酸盐含量，μg；

m——样品质量，g；

500——样品处理液总体积；

40——比色时取样品处理液体积。

六、注意事项

（1）亚铁氰化钾和乙酸锌溶液作蛋白质沉淀剂，使产生的亚铁氰化锌沉淀与蛋白质产生共沉淀。

（2）饱和硼砂溶液作用：一是亚硝酸盐提取剂，二是蛋白质沉淀剂。

七、思考题

肉制品中亚硝酸盐的测定，为什么要用试剂空白作参照溶液？为什么用试剂空白调吸光度为零？

思政案例

预防农药残留　确保舌尖安全

德国纽伦堡大学和日本绿色和平组织，选择了两个普通日本家庭，做了一次深入生活的试验，目的是探究“吃普通食物后，人体内农药含量的变化”。试验流程：第一次尿检→吃 5 天普通食物→第二次尿检。尿液样本立即存储冷冻在-20℃的温度下，送往德国的纽伦堡大学（FAU）相关部门做检测。在吃完 5 天普通食物的第二次尿检后，发现总共有 5 类农药残留：苯氧基类、草甘膦、菊酯类、酚类、新烟碱类共计 31 种！他们体内的农药是从哪里来的呢？其实，日常生活中，农药残留几乎无处不在！农药的主要来源有以下四个方面：一是对作物的直接污染，通过喷洒、拌种、拌土、灌根等多种方式直接污染农作物。二是农作物从污染的环境中吸收农药，主要是土壤和灌溉水。三是对食品动物的污染，养殖过程中为杀寄生虫而用的农药。四是通过食物链污染食品，含农药的工业废水流入河流可污染水产品；污染的饲料使肉、奶、蛋等受到污染。

参考文献：来自网络。

育人目标：通过案例引导人们科学理性认识农药及农药残留，自觉承担应有的社会责任。培养环保意识，养成环保习惯，营造重视环保、积极参与环保的良好氛围，积极参与环保宣传活动，增强食品安全意识、法治意识、职业素养。

复习思考

1. 嫌忌成分的定义是什么？

2. 常见的动、植物的天然毒素有哪几类？

3. 哪种动物组织中存在常见的毒素？其特征是什么？如何预防其中毒发生？

4. 微生物毒素是如何分类的？重要的微生物毒素有哪些？其对人体健康影响如何？如何抑制微生物毒素的产生或脱除食品中的典型微生物毒素？

5. 来自环境中的有害污染物主要有哪些？它们对人体健康的潜在危害有什么特点？

6. 农药污染食品的途径有哪些？

7. 食品加工过程中产生的有害物质主要有哪些？它们的产生途径如何？如何采用一些有效手段抑制这些有害物质的产生？

8. 大豆是一种重要的油料作物，试综合说明存在于大豆中，对人体健康有不利影响的物质。

参考文献

［1］夏延斌，甄增立，谢笔钧．食品化学［M］．北京：中国轻工业出版社，2010.
［2］阚建全．食品化学［M］．北京：中国农业大学出版社，2002.
［3］王璋，许时婴，汤坚．食品化学［M］．北京：中国轻工业出版社，1999.
［4］江波，杨瑞金，卢蓉蓉．食品化学［M］．北京：化学工业出版社，2005.
［5］宁正祥，赵谋明．食品生物化学［M］．广州：华南理工大学出版社，1995.
［6］杨玉红．食品微生物学［M］．北京：中国轻工业出版社，2011.
［7］赵新淮．食品化学［M］．北京：化学工业出版社，2006.
［8］刘树兴，吴少雄．食品化学［M］．北京：中国计量出版社，2008.
［9］张坐省．有机化学［M］．北京：中国农业出版社，2010.
［10］祝美云．食品化学［M］．北京：化学工业出版社，2007.
［11］丁芳林．食品化学［M］．武汉：华中科技大学出版社，2010.
［12］马力．食品化学与营养学［M］．北京：中国轻工业出版社，2007.
［13］刘邻渭．食品化学［M］．北京：中国农业出版社，1999.
［14］夏红．食品化学［M］．北京：中国农业出版社，2005.
［15］李丽娅，梁芳君．食品生物化学［M］．北京：高等教育出版社，2005.
［16］程文燕，麻文胜．食品化学［M］．北京：化学工业出版社，2008.
［17］夏延斌．食品化学［M］．北京：中国轻工业出版社，2007.
［18］朱汝蟠等．生物化学［M］．武汉：武汉大学出版社，1989.
［19］魏述众．生物化学［M］．北京：中国轻工业出版社，1996.
［20］宋思扬等．生物技术概论［M］．北京：科学出版社，2007.
［21］沈同，王镜岩等．生物化学［M］．上册．北京：高等教育出版社，1990.
［22］罗纪盛，张丽萍等．生物化学简明教程［M］．北京：高等教育出版社，1999.
［23］梁文珍．食品化学［M］．北京：中国农业大学出版社，2010.
［24］冯凤琴．食品化学［M］．北京：化学工业出版社，2005.
［25］徐凤彩．酶工程［M］．北京：中国轻工业出版社，2001.
［26］熊振平．酶工程［M］．北京：化学工业出版社，1994.
［27］韩雅珊．食品化学［M］．北京：中国农业大学出版社，1998.
［28］胡慰望．食品化学［M］．北京：中国轻工业出版社，1999.
［29］丁立孝．酿造酒技术［M］．北京：化学工业出版社，2008.
［30］王传荣．发酵食品生产技术［M］．北京：科学出版社，2010.
［31］丁耐克．食品化学［M］．北京：中国轻工业出版社，1997.